# 三上義夫著作集

## 第2巻
## 関孝和研究

[総編集]
佐々木 力
[編集補佐]
柏崎昭文

[編集解説]
小林龍彦

日本評論社

# 凡例

1. 本著作集は，三上義夫の日本語で書かれた著書と論文(草稿も含む)から，編者の佐々木力・小林龍彦・馮立昇の判断で精選し，主題に即して全5巻にまとめ，学問的業績の全容がうかがえるように編集したものである．
2. 著者の生涯の事蹟に関しては，柏崎昭文著の補巻『三上義夫伝』とその巻末に付した「三上義夫年譜」を参照されたい．また，著書・論文・草稿などの著作(英文をも含む)の全容に関しては，第1巻末所収の「著作目録」並びに藤井貞雄編『三上義夫遺稿目録』(2004年)を参照されたい．
3. 全巻の構成と編集解説者は次のとおりである．第2巻・第4巻の編集には，それぞれ小林龍彦と馮立昇が主として当たったが，佐々木も総編集者として対等にそれらの巻の編集に参画した．ただし解説は，署名してある解説者が単独で責任を負うものとする．また解説には，適宜，三上の英文著作の内容をも盛り込んでいる．

   第1巻　日本数学史　(佐々木力)
   第2巻　関孝和研究　(小林龍彦)
   第3巻　日本測量術史・日本科学史　(佐々木力)
   第4巻　中国数学史・科学史　(馮立昇)
   第5巻　エッセイ集　(佐々木力)
4. 本文のテキスト底本は，原則として，原著者が生前目を通した最終版とする．
5. 本文は原文を尊重して組むことを原則とするが，読み易さをを重視する観点から，次のように若干改変の手を加えた．
   a. 明白な誤記・誤植の類を訂正する．
   b. 原則として，漢字は新字体に改め，仮名遣いは現代表記に統一する．
   c. 一部，漢字を仮名に書き改め，句読点も打ち直した．
   d. 漢数字と算用数字は適宜，編者の判断で使い分け，書き換えた．
   e. 西洋人名・国名は著者の流儀を尊重しながら，編者の判断で統一し直した．
   f. 引用文献については著者の表記を改め，和文文献に関しては，『　』，「　」などを用い，欧文文献に関しては，慣用に従って，統一を図った．
   g. 三上の原文のカタカナ表記を平仮名表記に改めた．
   h. 和算書から引用した漢文(白文)・訓読文・書き下し文は基本的に著者の三上の解読のままとした．
6. 原文中で頻用される「支那」(今日の「中国」)は今日的観点からは適当な表記ではないが，歴史的意義を尊重する立場から原文のままとした．
7. 必要最小限の範囲で，適宜，編者注を付し，脚注や〈　〉でくくって示した．
8. それぞれの巻末に現代的観点からの編者解説を付した．

# 目次

# 三　円理史論

# 一

# 関孝和伝研究

# 1. 関孝和先生伝に就いて

関孝和先生の伝記についても，またその業績についても，疑問の点がはなはだ多く，私は充分にこれを闡明したいことを心掛けている，しかもその疑団はいたって難解のものが多く，的確に論断することは極めて困難である，けれども確かに知らるることも少なくない，今これらのことについて少しばかり説いてみたい．

関孝和，通称新助，父を内山七兵衛永明といい，母は湯浅氏，先生はその二男であって，関五郎左衛門の養子となり，桜田殿において甲府公徳川綱重及び綱豊の二代に仕え，初めは勘定吟味役を勤め，綱豊卿(すなわち後の六代将軍家宣)が幕府の世子となって西の丸に移るに及んでこれに従い，西の丸の世子附の御納戸組頭になり，稟米三百俵を領し，宝永五年十月二十四日に歿したことは正しいであろう．

これらのことは『寛政重修諸家譜』中の内山家並びに関家の条，『寛政系図』編纂のときに内山家から差し出した系譜かと思われるものの写し，内山家子孫の家に現存する先祖書，東京牛込弁天町浄輪寺の先生の墓誌並びに碑文，同寺の過去帳の記載，及びその他の確実と思われる書類に見える．

孝和を「タカカズ*)」と訓んだことは，『寛政系図』の内山家の条にも見えるが，同書には考和と記せり，内山家現存の先祖書にも同様であるから，内山家で誤り伝えていたのであろう．また関先生と同僚であった新井白石の『白石紳書』中にも同じ訓読が記され，同時代の刊行算書『改算記綱目*)』にも仮名を附したものがある．『寛政系図』の関家の条には，関新助秀和と記し「ヒテトモ」

---

*) 編者注：*印を付した個所は，論考「2. 再び関孝和先生伝に就いて」において三上が「誤植を訂正する」として記したことに従って修正したことを表す．

と訓む，関先生が秀和と称したことは他に一つも所見がない，これにはおそらく錯誤があろう．『寛政系図』に考和と記し秀和とあるのは，活字本にもそうであるが，写本にも同じである．

関先生の役柄は，同書の関家の条の記載に拠るべきであろう．この記載には甲府公綱重の名は見えず，単に文昭院殿すなわち後の六代将軍をのみ記せり，けれども先生の高弟建部賢明が建部一家のものの伝記を記したる『建部氏伝記』の賢明伝の中に，関先生に就いて学んだときのことをいう所に「甲府相公綱重卿ノ家臣*)」といわれているから，綱重の代から仕えていたことは確実である．

『寛政系図』の関家の条には，同家の先生以前の家系はさらに記されておらぬ，寛政年中には絶家であった関家の系図が，この諸家譜の中に収められたのも，異様の感がある．

『寛永諸家系図伝*)』には関五郎左衛門の系図も出ているから，幕府に仕えていたのは事実である，同書には内山永明の系図はあるが，永明の子女は一つも記してない，この系図は先生の養家のことを知るためには，極めて貴重である，浄輪寺の過去帳にも多少の手懸かりがある，『寛政系図』の内山氏の条，及び同家の系譜等に拠るに，内山家は信州から出たもので，蘆田組と称して，武田氏滅亡のときに徳川氏に従属し，蘆田氏が上州藤岡に封ぜられ，内山氏も藤岡に移ったのであるが，蘆田氏の廃せられた後にも藤岡に知行を有し，毎年江戸へ御礼に出府するなどのことがあり，二代将軍の代(寛永三年)に召し出され，寛永四年には駿河大納言附となり，寛永九年に大納言のことが起きて，それ以後には藤岡に寓居したということである．

かくのごとき経歴のあった内山左京吉明は，弘治二丙辰年に生まれ，寛文二壬寅年五月三日に病死したが，年百七歳であった，内山家の「寛政呈譜」と思われるものには「葬地未詳」と記せり，吉明には男子なく女子が二人あり，その内の姉娘は重または繁という名で，初め蘆田侯に仕えたが，後に安間三右衛門国重に嫁した．安間はもと蘆田氏の旗本であるが，後に浪人したと見える，さらに後には幕府の士となる．吉明は外孫たる安間氏の嫡子七兵衛永明を養うて嗣とした．永明は「年月日不詳於上州藤岡出生」駿河大納言家へ部屋住みから召し出され寛永九年の事件以後には養父と共に上州藤岡に寓居し年々扶持米を下されたれども，その数量は知れずと記されている．そうして寛永十六年に御天守番に召し出され同十八年辛巳年十一月十五日には下総国千葉郡上飯山満村*)で知行を受けることになり，正保三丙戌年五月二日に病歿したが「年齢不詳」という．

永明の妻湯浅氏もまた同年六月十七日に歿した．永明には四男二女があった．長男七兵衛永貞は「年月日不詳於上州藤岡出生」「宝永五戊子年七月二十五日病死年齢不詳」と記されている．

次男関新助孝和のことは，関氏の養子になったことと，宝永五年に病死「年齢不詳」というだけ記され，養子新七郎が追放されて家が断絶したことを記す．

三男新五郎永行，松軒といい，医を業とし，宝永七年五月二十八日歿，年不詳．

四男小十郎永章，享保十年十二月六日歿，

女子二人は病死等年月不詳，とある．

以上は「寛政呈譜」らしいものの記載であるが，『寛政系図』に関新助の年齢も出生の地名も書いてないのは，この「呈譜」(？)の記載と一致する．

天明元年に藤田定資*)が聞き書きしたものには，内山松軒は上州へ浪人の由と見える．

上州藤岡に伝えられた「蘆田氏五十騎」の書類にも内山七兵衛及び関五郎左衛門の名は記されている，故に内山，安間，関の諸氏が藤岡に密接な関係ある家柄であったことには何らの疑いもない．

『寛永系図』の内山氏の条には，駿河大納言の関係が全く記されておらぬが，これはおそらく事件後まだ間のないことでもあり，特に記載を避けたのであろう．

関先生が寛永十九年三月上野国藤岡で生まれたとは，故遠藤利貞翁の『大日本数学史』(明治二十九年刊)以来，ほとんど定説のようになっているが，上記の書類に拠ると，内山家では全く不明であったらしい，この所説の初めて見えたのは，私の知る所では雑誌『数学報知』に「在山口，九一山人」の名で明治二十五年十一月から三回に亘って関先生伝を記されたものから始まる．和算家の数多き記載中には一つもかくのごとき所説を見出し得ない，上州の諸算家が数学の系図を記したものやもしくは関先生のことを書いたものの中にも記されておらぬ．

『開承算法*)』(寛保三年)の序には関先生は東武に生まるとあり，水戸の小沢正容が寛政十三年に作れる『算家譜略』には「江戸人也」という，故川北朝鄰翁が明治二十三年二月に編した『本朝数学家小伝』には「江戸小石川ニ生ル」

と見える，この後に寛永十九年三月藤岡生まれの説が出たのである，川北翁が明治四十年に書いたものには「寛永十四年上野国藤岡ニ生ル」とある.

関先生の父も母も正保三年に歿した，これは過去帳にも見えるし，それに先生には弟が二人ある，二人の女子は姉か妹か判らぬが，弟が二人あるといえば，少なくも寛永十九年より以後の出生であるまいことは思われる．同十四年であっても不合理ではない，十九年には父は江戸へ出ていたはずであるが，十四年には藤岡におったと思われる，系図には寛永九年駿河大納言の事件後に藤岡に寓居したとあるが，あの事件は九年に起こって，十年に切腹されたのであるし，高崎へ預けられているのであるから，その時代に藤岡へ帰っていることは不可能であったろう，『徳川実記』の記載に拠ると，寛永九年十一月十六日に，大納言が新たに召し抱えられたものはこれを追放して，厳重に関東に帰ることを禁じたというし，幕府から付けられたものもそれぞれ武蔵，相模，伊豆の三国へ流されたのであるから，内山父子のごときも相当の処分を受けたことであろうから，藤岡へ帰臥した年代は，あるいは考慮を要するであろう．しかし兄永貞は藤岡で生まれたという，これは前に藤岡におったときのことではなく，事件後に帰臥してからであろう，しからば関先生の誕生は十四年か十九年というのは，適わしいと見てよい，父母共に正保三年に歿したとき，おそらくはさまで年を取っていなかったように想像したい.

父永明は如何にも寛永十六年には江戸へ出たはずである，しかし祖父吉明は続いて藤岡にいたかも知れぬ，葬所が不明とあるのは，江戸にいなかったからとも思われる.（実のところ過去帳に少し不審を挟むべき点もある）父は江戸へ出ても，母は老人の世話をするために藤岡に居残ったかも知れない．故に寛永十九年に関先生が藤岡で生まれたとしても，これは不合理ということはできない.

けれども寛永十九年はニュートンの生年であるから，関先生も同年の生まれとしたらよいと思って想定したという主張があるからには，うかうかと信用はできない充分の吟味を必要とする.

九一山人とははたして何人であるか，おそらくは弘鴻（ひろひろし）翁であろうと思うが，翁の子弘寿熊氏は翁が九一山人と称したことを知らぬという書信があった，九一山人の関孝和伝は実ははなはだ注意すべきものがある．内山の家譜を引いて記してあるのは，『寛政系図』ではない，同系図には下総の知行は千葉郡とのみありて村名がないが，山人はその村名をもいっている．また徳川綱吉から桜田殿へ召されて云々といいて，高原吉種に学んだこと，六歳のときの逸事，十歳のときの逸事，養子新七郎の不身持ちで家が断絶することなどいっている．関先生が会田安明と論争したとあるのは，関流藤田定資*)と会田との論争を誤り伝えたので，百年足らずも年代に相違があるが，しかし何かの史料がなくては，あれだけの記述はできない，新七郎とあるのは，『寛政系図』並びに「寛政呈譜」(?,)の所載に一致する，しかし他のことは一致しない所もある．九一山人の所説は間違いでもあるか*)，また全部すべて拒否すべきでない．問題は寛永十九年三月藤岡に生まるという一点の出典如何に懸かる．

この事項ははたして川北翁から出たであろうか，九一山人と川北翁との関係も不明であるし，また記載の全部が川北翁から出たものであるようにも思われない，しからば九一山人は何か吾々の知り得ない珍貴な史料を有したのであろうが，これを知ることができないのは何とも遺憾の極みである．故に寛永十九年藤岡生まれの説は，これを否定することもできないが，またこれを信用することもできない．

寛永十四年説もまた同様である，この説は川北翁が駿河辺りにおった内山氏の子孫から聞いたというのであるが，その人というのは内山信久氏であったろうと思われる．維新後における内山氏の当主内山永茂が歿したとき，弟永英氏は幼少であったので，姉婿を迎えたのがすなわち信久氏である，永英氏の弟佐藤永利氏は，本所亀沢町に住して，内山家の系図並びに関先生贈位のときの書類など保管されていたが，この人はすでに故人となり，その遺族は大震火災の災厄に罹り，書類も失われたようである，けれども内山永英氏は現に神奈川県厚木に住し，「先祖書」を所蔵されている．内山信久氏も今は故人で，その子内山晋氏について書類を調べてもらったけれども，未だ判然せぬようである．内山永英氏は川北翁を全く知らぬといわれている，また同氏の談に，関先生が上州生まれであるとは，家伝で聞いたことはないということであった．

確実な史料によって正確に知らるることは，以上のごときものであるが，関先生出生の地は多分藤岡か江戸かであろうと思われる．けれども何かの事情によって他の地で出産されたかも知れない，今のところ正確にいえば不明としておくほかはないのである．

関先生が寛文元年(1661)に『宋楊輝算法』を写したものの写しが越中石黒氏に伝わっているから，その頃に相当に算法に心懸けていたことも思われる．しかも先生が数学史上の表面に現れるのは，延宝二年(1674)に『発微算法』を著したときに始まる．先生の著述稿本類に年紀のあるものは延宝の末から貞享二年(1685)の頃までに限られ，その後には比較的に重要でない暦書などあるくらいのものに過ぎない．先生の偉大な業績は貞享二年を限りとして終わっているといってもよろしかろう．建部賢明が『建部氏伝記』の中に，元禄中年頃のこととして「孝和モ又老年ノ上爾歳病患ニ逼ラレテ考験熟思スルコト能ハズ」といっていることから見ると，関先生の晩年は長らく不健康のために独創の研究は中絶されたのであったろう．関先生と同時代における英国のニュートンが，あれだけの大家でありながら，後半生の四十年間は全く独創研究をなし得なかったのとおそらく同様であったろう，何とも惜しいことであった．

関先生は一方に高原吉種の門人といわれ，また一方には師なしといわれているが，これも解釈に苦しむところである．

関先生の業績と門下の手になったものと混同されたものもあるらしい，これを明瞭に甄別して，和算発達の真相を明らかにすることは，極めて大切であるが，しかもはなはだしい困難がともなう『乾坤之巻』所載の算法すなわちいわゆる円理が関先生の発明であるか，門人建部賢弘から始まるかというごときことも，極めて難解である，関先生と京坂算家の関係の有無のごときもまた容易に真相を明らかにすることができない．私はこれらのことにつきて幾たびか研究の結果を日本数学物理学会で談話し，二三の雑誌上に記したこともあるが，なお努めてできる限りは難点の闡明に当たりたいつもりである．関先生の伝記については，近く数学物理学会で研究の結果を発表したい予定であるが，本篇に記したのはその概要である．

関先生の家紋は鶴丸として伝えられているが，墓標の紋は鶴丸よりも鳳凰丸といいたい，しかし今これを験しても充分に判然としない．百余年(？)前に菅野元健等の作った遺牌には，明らかに鳳凰に記している．しかるに『寛永系図』の関家の条には，家の紋は上羽蝶とありて，鶴丸とも鳳凰丸ともない．もちろん家紋はただ一つに極まっているというものでもないけれども，しかしこれも怪しい一つである．

関先生のことといえば，何でも必ず間違いが付随するように思われ，因縁でもあるのではないかと，恐ろしく感ぜられる．かくいえば，直ちに迷信として排せられるであろうけれども，事実ははなはだ間違いが多いのであって，私は甘んじてその非難を受けるとは，去年九月に数学物理学会において，関先生と支那数学並びに京坂算家との関係を論じたときに，簡単に先生の伝記を述べ，同時にそういうことをも話したのであった.

『寛政系図』に先生の弟内山小十郎永章の系図もあるが，これによると，永章は享保十年(1725)六十五歳で歿したとあるが，父母共に正保三年(1646)に歿しているから，この年齢ではあまりに少ない，何か誤記がなければならぬ，弟の年齢で先生の出生年代を推してみたいと思ったけれども，その目的は遂げられなかった.

（昭和七年二月十六日識す）

# 2. 再び関孝和先生伝に就いて

**1.** 私は『上毛及上毛人』第百八十号(昭和七年四月)に,「関孝和先生伝に就いて」論ずる所があった.その文中において日本数学物理学会で先生伝のことを談話すべきことをも述べておいたが,去る三月十二日の同会常会において「関孝和伝記の新研究」と題し,約一時間の談話を試みた.本誌上に記したのはその要旨であるが,記述以後に調査した事項並びに考え直したことなどもあり,また多少添加したいこともあるので,これらのことについて少しばかり記させてもらいたい.私の原論文はかなりの長篇となり史料など一々記載してあるが,今その詳細を伝えるつもりではない.

**2.** まず誤植を訂正する.

孝和を「サカカズ」と訓むは「タカカズ」の誤り.

『後算記綱目』は『改算記綱目』.

「甲府公綱重卿ノ家臣」は「甲府相公綱重卿ノ家臣」,

『寛政諸家系図伝』は『寛永諸家系図伝』の誤り,これはすなわち『寛永系図』である.

上飯山溜村は上飯山満村の誤り.

蒔田定資は藤田定資の誤り.

『関流算法』(寛保三年)は『開承算法』の誤り.

原田定資は藤田定資の誤り.

「九一山人の所説は間違てもいるか」は「間違いでもあるか」の誤り.

**3.** 渡辺敦氏の文中(「関孝和先生と藤岡の頌徳碑」『上毛及上毛人』第一百八十号掲載論文,pp. 26-31)に,『寛政重修諸家譜』巻第八百六十八の関五郎左衛門家の系図を引用されているが,これは私の見落としていたもので,今これを知り得たことを深く感謝する.

これは私の挙げた『寛永諸家系図伝』中の関家の系図に接続するもので，これにより関五郎左衛門家のことはかなり明らかになるのである．これについてはなお『寛政系図』を披見して，他の史料と比較研究を試みたいと思う．このことは後に譲る.

**4.** 関先生の父内山永明の実父安間三右衛門国重のことについて，「後には幕府の士となる」と記したのは思い違いであった．『寛永系図』巻百一，「内山氏系図」に附して「安間氏系図」があるが，これによると，安間三右衛門貞次は甲斐の人で，武田信虎，信玄父子に仕え，足軽大将となり，信州善光寺において上杉謙信との合戦のときに戦死した．その子三右衛門貞国は信玄，勝頼父子に仕えて上野松井田禿山曲輪を守り，徳川家康が新府城にうつるとき，蘆田右衛門大夫康貞に属して忠功を励み，康貞浪人の後に井伊兵部少輔直政に従い，慶長十八年(1613)江州佐和山において病死した．三右衛門国重はこの貞国の子で，上州に生まれ「蘆田康貞没落の後上州において死」とのみ記され，「内山氏系図」の条において実は安間三右衛門国重が子なり，幼少より祖父左京が養子となる，その後吉明が子なきにより，永清その遺跡をつぐ．と記されている．これにより『寛永系図』編纂のときには，内山永明は未だ永明と称せずして，初めの名永清を名乗っていたのであろう．同「系図」は寛永十八年(1641)に幕府から命を下して，同二十年に編纂されたものである.

永明の父安間国重は蘆田氏没落後に上州で歿したことも，この『寛永系図』によって知られる．国重の父貞国は江州の井伊直政に仕え，佐和山で歿しているからおそらく国重は父に附いて行くことをしなかったのか，もしくは父が井伊氏に仕える以前に上州で歿したのであろう．しかして内山家の系図に永明は国重の嫡子とあるのは，父が歿して早く孤児となったので，外祖父内山吉明に子養されることとなったのであろう.

その後にいたり『寛政系図』にも安間氏が出ており，また牛込浄輪寺の過去帳に安間氏があるのは，安間氏関係のものが後に幕府あるいは関係の家筋に召し出されて出府したためであったろう.

**5.** 『寛永系図』巻百七十九に藤原氏秀郷流の関家の一つとして関五郎左衛門の系図が見えているが，同書は写本にして活字本はないから，上州人士の参照される便宜を思い，ここにその全文を記しておく．〈次頁〉

この系図からして，渡辺氏の挙げられた『寛政系図』巻八百六十九の関五郎

吉真
若狭，生国信濃，法名善永.
葦田修理太夫につかへ，騎馬同心三人，足軽三十人をあづかる.

吉兼
五郎左衛門，生国同前.
天正十年東照大権現甲州新府御陣の時，吉兼息男一人を質として北條氏直に渡といへども，山小屋にこもり，忠節をつくす，慶長五年関ケ原御陣の時大権現のめしに応じて供奉をつとむ，同十年四月七日六十四歳にして死す，法名道霍.

吉直
五郎左衛門，生国上野.
台徳院殿につかへたてまつる，慶長十九年元和元年大阪両度の御陣に供奉をつとむ，その後将軍家につかへたてまつる.
家紋　上羽蝶

左衛門吉直の系図に続くのである．このほかにも『寛永系図』の中に同じ秀郷流の関家が他にも見えているが，その一つはもと生国尾張とありて系統を異にするが，他の二家はいずれももと生国信濃で，葦田氏の関係があり，家紋は両家共に上羽蝶とある．この両家の一つは光正，正安，正重の三人を記す．

『寛政系図』巻八百六十八の関五郎左衛門家の系図においては，前記の関若狭吉真(よしさね)は「武田家につかへ，蘆田右衛門佐信蕃に属し……」とある．また「某年死す」と記す．

五郎左衛門吉兼(よしかね)については，前記のほかに，嫡男甚兵衛吉里(よしさと)を北條氏に質とし，信濃国三沢の山小屋といい，慶長五年(1600)台徳院殿(秀忠)に従いて信州上田に赴くことをいう．吉里は如何になったとも書いてないが，おそらく北條氏から帰って来ぬであろう．吉里の弟五郎左衛門吉直(よしなお)が父の後を襲く．この人のことは次のごとく見える．

台徳院殿につかへたてまつり，上野国藤岡において采地百石をたまひ，のち大坂両度の御陣に本多佐渡守正信が手に属して供奉をつとむ，元和元年三月駿河大納言忠長卿に附属せられ，廩米五十俵を加へられ，大番をつとむ，彼卿事あるののち，武蔵国府中に潜居す，寛永十六年閏十一月七日めしかへされ，御宝蔵番となり，十七年二月二十六日上総国武射郡の内において采地百石をよび廩米五十俵をたまふ，延宝元年四月十三日死す，年八十三，法名宗空，府中の高安寺に葬る，後代々葬地とす．

妻は駿河大納言忠長卿家臣依田佐五兵衛重政が女．

この吉直の子は吉次一人のみ記され，

吉次

権左衛門，半左衛門，五郎左衛門

延宝元年七月十一日遺跡を継，のち御天守番をつとむ．

とあるだけで，歿年月日も見えぬ．吉次の子孫〈編者注：吉次の子孫の系図が以下に続く〉

―富明

辰之助，左兵衛，伝蔵

母は大関氏の女，

元和二年七月十二日遺跡を継，のち御天守番となり……寛保……三年死す，年七十二，法名了髄，妻は大井氏の女，

―忠考

権八郎

石井半助則氏か養子

―某　卯之助

―某

―雅経

明和五年七月十五日死す，年六十，法名等空

―義標

寛政五年九月二十七日死す，年六十三，法名義標

―儔義

家紋，揚羽蝶，丸子揚羽蝶

**6.** 関五郎左衛門家のことは，上述のごとく寛永，寛政の両系図によって知られるのであるが，五郎左衛門というのは吉兼，吉直，吉次の三代相承けているが，関先生が関五郎左衛門某の養子になったことは内山家の系図に記されているから，正しいもののように思われる．和算家の伝えには，五郎左衛門の養子としたのもあるが，また養孫としたのもあり，この場合には養父の名は不明と

する．しかも寛永，寛政の両系図の関五郎左衛門にはいずれにも関先生を養子にしたことをいってない．そうして先生以外に家系が連綿として断えていない．故に渡辺氏が関先生は五郎左衛門吉直の養子になって，他の関家を立てたのであろうとされる所説は尊重すべきものがあるように思う．しからば養孫とした伝えはよくないのであろう．これについては過去帳の記載によって判断を試みてみる必要があるが，それは後に説く．

『寛政系図』巻千三百四十に平氏清盛流の関氏があり，この家にも関五郎左衛門豊好（とよよし）という人があるが，しかしこの人は天和三年(1683)に家を嗣ぎ，享保八年(1723)に六十歳で歿しているから，この関五郎左衛門が関先生の養父であり得ぬこともちろんである．この人の先代も先々代も五郎左衛門とはない．

**7.** 関先生の家紋については，私はかねてから鶴丸というよりも鳳凰丸であろうと見たのであるが，未だこれを正確に立証すべき典拠を得ないけれども，他の関家の例によってもこの見解を強め得るのではないかと感ぜられる．

『寛永系図』中における前記の二三の関家の家紋はすべて上羽蝶一種のみを記す．けれども『寛政系図』にありては，藤原氏秀郷流の関家はいずれも揚羽蝶を用いそのほかに他種の紋所を記されたのもある．しかし鶴丸または鳳凰丸というのはない，しかるに前記の関五郎左衛門豊好の家では

家紋，　鳳凰の丸，丸に風車
もと揚羽蝶をもちふ

とあり，また『寛政系図』巻千四百二十四に関備前守長政，同長治父子の系図があるが，この家は藤原氏秀郷流であって

家紋，　揚羽蝶，鳳凰の丸，五三桐

とあり，この関氏の「呈譜」にも同様に記す．故に秀郷流と清盛流とに揚羽蝶のほかに鳳凰の丸のあることが知られる．『荒木村英先生茶話』によるに，関先生は関備前守と同族でもあるし，相往来したと見える．同族というのはおそらく秀郷流の関氏として同族だというのであろう．しからば先生の家紋が鶴か鳳凰か疑わしい場合にはかかる同族の関家で用いられた鳳凰丸がやはり関先生の家紋であったと見るのが適当であろう．

越前鯖江の斎藤氏と越中高木村の石黒氏とに関先生の画像が伝えられ，前者は描写が粗であり，後者は密になってはいるが，前者を修飾して後者が作られたものらしい．直接に前者から後者が出たものでないまでも，そういう系統を引いたものであろうと思われる．この両画像には明らかに鶴丸の紋所が見える，

故に鶴丸とする見解も存したことは明らかである.

しかるに浄輪寺の位牌は年紀は記されておらぬが，菅野元健の門人三人の作製したもので，これには墓誌上の紋所とは尾や足などの形の異なれる形式に記された鳳凰丸が画かれ，鶴丸と見まごうべくもない．また明治八年に千葉胤英が『古説記』の中に記すところは位牌も墓誌も共に鳳凰丸というといっている．墓誌の紋所は今は充分に判然せぬとはいえ，私の見るところでもどうも嘴も首も長いものでなく鳳凰丸らしく思うのである.

故に別の関家に鳳凰丸の紋所があったと知られたからには，関先生の家紋もまた鳳凰丸と推定してよかろうと考える．なお他の関家の「呈譜」を見ることができるならばおそらく一層この見解を確かめ得られるであろう.

浄輪寺の位牌には菅野元健門人三人の名が書いてあるから，この三人の作ったものと見るのが適当であろうから，菅野その人も関係していたように見たのはあるいは不適切であるらしい.

**8.** 私は前に内山家の「寛政呈譜」であろうと思われるものの写しを参照した．しかるにその後に至り，内山家から寛政十一年に幕府へ差し出した真の「寛政呈譜」の写しを東京市の市史編纂室で見ることを得た．前に「呈譜」かと思ったものもやはり寛政十一年の年紀があるし，その大部分は一致するようであるが，しかし全然一致しているのではない．重要な点に異同がある．その異同はこれを明らかにしておかなければならない．前に私が述べたのは「呈譜」であろうと考えたものであるが，実は「呈譜」ではないのである．これは明治十三年に川北朝鄰翁が見出して写したものである．私の単なる想像ではあるけれども「呈譜」の原稿になったもので,「呈譜」の方では多少書き改めて差し出したのであったらしい.

関先生の実家の祖父内山左京吉明は，弘治二年(1556)に生まれて寛文二年(1662)五月三日に病死し，年百七歳であったとは，今いう「寛政呈譜」の原稿に記されているのであるが，真の「寛政呈譜」の方には吉明の生年も不詳とあり，また歿年月日は記さずして享年及び葬所共に不詳と記されている．一方には判然と書いてあるのに，一方には不詳となっているのは，如何にも怪しい．現存の「内山家先祖書」には寛永三年に御書院番に召し出されたとあるが，これも「呈譜」並びにその原稿には年月不詳とある．かくも多く不詳の二字を記しているのは，充分に確実でないから，一旦記しはしたものの，実際幕府へ差し出すときにはこれを削って不詳としたのであろうと思われる．しからばこれらの年月はやや判然しているとはいえ，充分に確実なものではないことを，寛政十一年(1799)の頃に内山家でも考えていたのであろう．

しからばこれらの年月は現存の「内山家先祖書」，及び本所亀沢町の佐藤永利氏の保管されて今は大震火災に焼失した「内山家系図」に書いてあるとはいえ，やはり充分の正確度をもって信を置き難きもののように思われる．しかも或る程度までは信頼してもよいであろう．

『寛政重修諸家譜』の記載は全く「呈譜」に拠って抄録したものである．

**9.**「内山家寛政呈譜」の原稿らしいものに拠ると，内山吉明のことは

寛文二壬寅年五月三日病死仕候年百七歳，葬地未不詳，法名正受院義天道虎

とあり，内山家現存の「先祖書」には

寛文二壬寅年五月三日病死仕候，歳百七，江戸牛込七軒寺町浄輪に葬，法名正受院義夫道虎

と見える．「寛政呈譜」においては，法名のほかにこれらはすべて不詳とされているのである．いずれがはたして真であろうか，ここには疑念なきこと能わぬ．

今浄輪寺の過去帳を按ずるに，寛文二年(1662)五月三日の条に

正受院義夫道虎　　　　関　新助祖

とある．これは「内山家系図」中の内山吉明の法名及び歿年月日に一致するのであるが，しかも関新助祖と記して内山某の祖などとは書いてない．場合によっては関家の人であって，内山家の人でないかも知れない．三河の和算家石川喜平遺蔵の『見題之法』に附載された文書に拠れば

関家祖　　寛文壬寅年五月三日
　　　　　正受院義夫道虎

とあるが，これは全く関家の人と見たのである．けれども元来この寺へ葬られたのでなく，後に関先生が法要を申し込まれたので，過去帳へ「関新助祖」と記入したものとすれば，内山家の人であっても差し支えはあるまい．（この文書は高井計之助氏の採録に拠る）

**10.** 浄輪寺の過去帳から内山，関両氏に関するものを摘記してみよう．

| | | |
|---|---|---|
| 正保三年五月二日 | 縁了院日正 | 内山祖父 |
| 同　年六月十七日 | 勝行院妙珠 | 内山七兵衛祖母 |
| 明暦三年六月十日 | 自双道復 | 関新七祖 |
| 寛文二年五月三日 | 正受院義夫道虎 | 関新助祖 |

寛文五年八月九日　雲岩宗白信士　関新助養父
天和二年三月廿九日　茂奄貞繁　関新助母
貞享三年正月十六日　妙　想　関新助娘
元禄十二年八月廿一日　夏月妙光　関新助子
宝永五年十月廿四日　法行院殿宗達日心大居士　関新助孝和ヿ(こと)

これは現住職大山受海師の作製された新過去帳に拠ったのであるが，文政年中の旧過去帳には関先生の法名の所に「関新七養父」とあるから，他にも多少記載の様子の異同があろう．けれども大体は同じであろう．未だ旧過去帳を調査する機会を得ないのである．一層古い旧過去帳は現存しておらぬという．

この過去帳の記載において，内山永明夫妻の歿年月日は系図と一致するのであるが，しかも「内山祖父」「内山七兵衛祖母」とあるのは，埋葬当時に直ちに過去帳へ記入したものでないからであろう．おそらく初めにこの寺へ葬ったのではないであろう．『寛政系図』には永明が歿して，牛込の浄輪寺に葬り，後，代々の葬地とすといっているけれども，実はどうかと思う．

関先生の養父が寛文五年(1665)に歿したことは過去帳で明らかである．関新七祖とあるのは今一応旧過去帳を調べなければ明らかでないけれども，これもおそらく関家の人だとすれば，関先生の養祖父かも知れないし，先生には養父と養祖父とがあったというのが，必ずしも誤りでないかも知れない．

これにおいて『寛政系図』中の関五郎左衛門家の人と対比してみる必要がある．尤も同家は府中高安寺が葬地であり，牛込浄輪寺に葬ったとは記されていないのであるから，これは浄輪寺の過去帳と対比してみるまでもないかも知れないが，しかもなお念のために試みてみることにしよう．

『寛政系図』によるに，関五郎左衛門吉直は延宝元年(1673)四月十六日に八十三歳で歿したというから，過去帳の関先生養父に該当しないことは明らかである．吉直の父五郎左衛門吉兼は慶長十年(1605)四月七日に六十四歳で歿しているから問題にはならない，吉兼と吉直との間があまりに年代が隔たり過ぎているようでもあるが，両系図共に吉兼の子が吉直となり，『寛永系図』では吉直は存命のように見えている，故にこの点は必ず誤りありとはいわれない．

これにおいて関五郎左衛門某なるものが関先生の養父または養祖父であったという証拠は，浄輪寺の過去帳からは証明し得られない．かえってこれを否定しなければならなくなる．これは五郎左衛門家の系図に関先生を養子にしたという記事もなく，またその家の承継の上からは先生の名を入れるべき余地もないことと併せ考えて，これを否定するのが当然になるようにも思われる．もちろん「内山氏系図」には関先生は関五郎左衛門の養子になったとあり和算家の所伝にも見えているけれども，誠に怪しいのである．内山氏の「寛政呈譜」及びその原稿らしいものには先生のことにつき

年月不詳関五郎左衛門(名乗不相知)養子に罷成候

とあるが，内山家現存の「先祖書」には

右新助考和儀(年号月日相知不申)勤相知不申関五郎左衛門(名乗不相知)養子罷成候

と見える．要するに内山家の書類では，関五郎左衛門某の役柄も名乗りも相知れなくなっていたものであり，これらの記憶が失われてから，すなわちかなり後年になって始めて記入されたかどうかという事情がありそうに思われるし，その事情のために誤りをも生じたであろうから，五郎左衛門某の養子になったということには，錯誤があるのではないかと見てもよかろう，しばらくこれを疑問として提出する．

上述のごとく関先生が関家の養子になった年月日についても，内山家では不明であったのであるが，三省堂発行の『日本百科大辞典』の関新助の条には，これを正保二年(1645)のことのように記す．如何なる典拠があるかはもとより判らぬ．この「関新助伝」は林鶴一執筆の署名にはなっているが，前担当者川北朝鄰翁の草稿によったもので関孝和寛永十四年藤岡出生説の出典も知らぬとは，かつて林博士の来信であるから，この正保二年関氏養子説もまた同様なものであろう．出典の有無すらもとより判らぬのである．誠に無責任の記事であって確実な典拠の挙げられるまでは何ら信ずるに足らない．

関先生の実際の養家については，『寛政系図』所載の関氏数軒の中においてこれを求むべしとするならば，およそ二つを挙げることができる．その一つは次の一家である．〈次頁の系図〉

これは孫兵衛信久が「寛文五年死す」というのが，過去帳の関新助養父の歿年と一致する．しかし信久には市十郎某という男子あり，その家を嗣ぎて後に斬罪に処せられ家絶ゆというから，関先生の養家であるらしくも思われない．

しからば渡辺氏の挙げられた関清左衛門の家のほかにはないが，この関家もやはり蘆田氏関係であり，三代将軍のとき以来御天守番を勤めて，この点において内山氏と同僚でもあり，この家を養家に擬することは最も適わしいようにも思われる．この関家のことは『寛永系図』にも見える．すなわち

関　　市十郎某かとき罪ありて家たゆ

信吉（のぶよし）

淡路，蘆田下野守につかふ

信正（のぶまさ）

次太夫，

蘆田につかへ天正十年東照宮甲斐国新府に御出馬のとき信濃国三沢の山小屋にこもり忠節をつくせしによりめされて御家人に列す，慶長五年台徳院殿にしたがひたてまつり信濃国上田におもむく，七年三月六日死す，年六十一，法名道伸

信久（のぶひさ）

孫兵衛

台徳院殿につかへたてまつり大阪両度の御陣に供奉し，元和九年駿河大納言忠長卿に附属せられ，小十人をつとむ，彼卿事あるののち処士となり，寛永十六年閏十一月七日めしかへされ，大猷院殿に奉仕し，御宝蔵番を勤む，十八年十一月十五日采地をよび廩米をたまふ，寛文五年死す，

某

市十郎，

寛文五年十二月十一日遺跡を継，御宝蔵番を勤む，のち罪ありて斬罪せらる

家紋，揚羽蝶

才兵衛光正（みつまさ），才兵衛正安（まさやす），杢左衛門正重（まさしげ），

清左衛門某

の四代が記され，前三代は『寛永系図』に見え，清左衛門は『寛政系図』にのみ出ている．四代ともに歿年並びに年齢を欠く．しかも正重の代で『寛永系図』の記載が終わっているから，この書編纂の寛永十八年乃至二十年頃には正重はなお存命であったのであろう．清左衛門某はその後の相続であろう．しかも『寛政系図』には

清左衛門某より以下其系嗣を詳にせず

とあるから，これはおそらく何かの旧記に拠ったのであろうが，寛永寛政の両系図では多少記載が違っているから，後者は前者にのみ拠ったのではない，あるいは「貞享呈譜」とか何かに拠ったものかも知れない．清左衛門の歿年が判らぬので，誠に判断に迷うのであるが，もし「貞享呈譜」の所依であるならば，貞享頃に清左衛門が存生したこととなり，それでは関先生がこの家に養われて

相続したというのも，また怪しむべきこととなる．しかし正重も清左衛門も歿年が判らぬのであるから，あるいはこの家をもって比定し得られぬこともあるまい，しかもそれも判然せぬ．また清左衛門には実子の継承者がなかったという証拠もないのである，しかしながら多分この家であるらしい．

関先生の養家が如何なる家筋であったかは，全く判然しておらぬというのが，結局の結論となる．ただ藤原姓の関氏であることは，先生が宝永元年(1704)に宮地新五郎に与えた免状の署名及び印章，並びに他書中の署名などによって知られるのである．家紋に鳳凰丸を用いたことも，『寛政系図』中の関氏一家と一致し，同族であることを思わしめる．

関先生の養家のことも確実なところは後考に待つほかはない．

**11.** 過去帳には関先生の娘一人と子一人との法名が見えているから，本多利明翁の建てた碑文に先生子なしというのは，必ずしも当たらぬであろう．

先生の夫人の法名は未だ過去帳中に見当たらぬ．

**12.** 先生の諱は寛文元年(1661)の『宋楊輝算法』の写しの奥書にも孝和とあり，著者並びに稿本類にもすべて孝和であって，和算家の記述にも一様に孝和とされている．中に就いて稀には考和と書いたものもあるが，書き誤りであろうと思われる．それも極めて稀である．秀和と書いた例はただ一例のみ見たことがある．

しかるに『寛政系図』の「内山氏系図」には考和と記し内山家現存「先祖書」並びに内山家の「寛政呈譜」にも同じく考和とあり，『寛政系図』の編纂者が孝和を考和と書き誤ったのではない．川北朝鄰筆写の「呈譜」原稿らしいものの写しには，孝和とあるが，この考和を誤写と考えて，意をもって書き改めたものであろうと思われる．

故に内山家で考和と伝えていたのは事実である，けれども現存「先祖書」のごときは，内山永明を長明と書き誤ったところなどもあるから，考和と書いたのも，おそらく誤記であり，誤記のままに伝えられたのではないかと思われる．『寛政系図』の関新助の条に秀和とあるのはあるいは誤りを伝えたものであろう．けれどももし誤りでないとすれば初名であったろう．建部賢弘は初め秀賢といったが，二代将軍秀忠の名を諱んで秀字を避けることにしたのであるから，関先生も同じ意味で秀字を避けて改めたであろうとも思われる，しかもただ想像し得るのみに過ぎない．

**13.**『寛政系図』の「関新助系図」には，養子が二人あり，この記載では二人共に某氏の男とありて，何人の子ともない，二人が常憲院殿すなわち五代将軍綱吉へまみえたというのは，謁見を許されたということである，出仕とは関係はない．関先生は世子家宣附として西の丸の勤めであっても，幕府の御家人として西丸附になっているのであるから，その資格によって養子へも相当の待遇を与えられたのである．前の養子平蔵が如何になったかは「系図」に記載はないが，何か事故でもあって，その後に新七郎が新たに養子となり，改めて第二の養子へも謁見を賜ったのであろう．

「寛政呈譜」並びにその原稿らしいものに

孝和　　号関新助

母，安藤対馬守家来湯浅与左衛門名乗不相知女，年月不詳関五郎左衛門名乗不相知養子に罷成候，宝永五戊子年十月二十四日病死仕候，年齢不詳，後年養子新七郎(郎の字は「呈譜」には代とある)享保九甲辰年八月十二日甲府勤番被仰付，同二十乙卯年八月十七日不身持に付追放被仰付家断絶仕候．

とあるが，現存「先祖書」には新七郎のことは見えない．

この「系図」に養子新七郎のことが記されているのは，追放後に内山家へ厄介を掛けてその感じが深かったために特に記したのではないかと見える，現在の当主内山永英氏も関家断絶後に厄介が掛かって非常に困らされたということは，子供の頃にしばしば聞いていると語られたのである．

『寛政系図』の内山家の条には新七郎のことは見えないが，関新助の条には新七郎追放のことが見える．甲府勤番を命ぜられた年月日は前記のものと一日の差があり，追放の年月日と年と日とに異同がある，月日の相違はともかく，一方は十二年であり，一方は二十年であるが，これはいずれが正しいであろうか，容易に判断ができない．

和算家の伝えはすべて「内山系図」の方と一致し，追放の年は享保二十乙卯年とのみ記す．これは内山家からの伝聞と思われる．享保十二年とするのは『寛政系図』の関新助の条だけであり，二十年とするものは他の既知文献すべてであるから，この方が一層正しいようにも思われるが，しかし必ずしも爾(しか)く決定することはでき難いであろう．これはしばらく疑いを存しておく．

なにぶん関家は断絶したのであるから，『寛政系図』に出ているのも，関家からの「呈譜」に拠ったものでないことはいうまでもなく，今のところ，内山氏かもしくは別の関家からでも差し出したものであろうか，追放のときの記載などは関新助の家で書いておいたものかどうかも不明であり，充分には信を措き難いかも知れない．

本多利明が文化五年(1808)年に『円理綴術』の識語にいう所によれば，関新七郎は建部賢弘の家に寄食したようであるが，追放の処分を受けたものが公然江戸に帰ることはむずかしかったであろう，建部賢弘のごとき立派の人物が，秘密に寄食せしめるようのことがあったかどうかもはなはだ疑わしい，このことにも疑いを置きたい．

新七郎に相当するものは，浄輪寺の過去帳には見当らないので，あるいはこの人は行方不明になったのではないかと思われる．

この過去帳には関先生の法名を記して，関新七養父としているから，寺での伝えが新七であったらしく，寛政中の本多利明翁の建てた碑文に新七とあるのもこれに拠ったのであろう，和算家にほとんどすべて新七と記している．内山家の「寛政呈譜」にも新七とあるのを見ると，新七郎とする方が必ず正しいともいい難いであろう．

「関新助系図」にもまた内山氏の「系図」にも新七郎が何人の子なるかをいってない．けれども寛政の碑文には姪新七といい，天明元年(1781)に藤田定資が記したものには，内山庄兵衛の男とし，庄兵衛は「上州浪人ノ由」と記す．石川喜平文書には「弟新七為養子」と見える．これは多分「子」の一字を私が写しに脱落したのであろう．この文書は寛政五年(1793)の記載と見える．『算話拾穫集』(文化七年 1810)には内山家と伝聞として

弟(不明養実)之子新七某為養子

と記す．「算家伝来系図」には

以二弟松軒子一為二養子一，終断絶

と見える．これらの記載の中にて兄庄兵衛というのは，もちろん誤りであって，この庄兵衛は上州へ浪人したといえば，弟新五郎永行すなわち松軒のことを誤って兄としたのであろう．しからば弟松軒の子とするのが諸説の一致するところといってよい．この典拠はやや薄弱であるけれども，江戸時代の史料としては他に反証はない．故にしばらく信じてよいと考えられる．

遠藤利貞翁の『増修日本数学史』(365 頁)に

先生子ナシ，弟小十郎ノ子ヲ養フテ子トス，新七ト称ス

とあるのは，関先生を三男と誤り伝え，そうして弟の子としたものによって，弟小十郎の子と推定したのであろうが，これは明らかに正しくない．

**14.** 関先生の母は安藤対馬守家臣湯浅与左衛門某の女であることは，内山家

の「系図」で明らかであり，普通にもその通りに伝えているが，その安藤対馬守が何国の大名であるかは，今まで関先生の伝記の中で記されたものがないのである．しかるに「安藤家譜」に拠ると，安藤重信は

慶長五年庚子四月九日叙従五位下，任対馬守，元和七年辛酉六月二十九日卒，六十歳

とありて，元和五年十月上野国高崎の城を賜う五万六千石との頭註がある．その子重長は元和七年に家を嗣ぎ，慶長二十年乙卯閏六月十九日叙従五位下，任伊勢守，後改右京進，寛永十年十二月上野国総社において一万石を加増されて六万六千石となった．明暦三年九月二十九日五十九歳で卒した．この安藤家は元禄八年に備中松山に移封し，正徳元年に美濃加納に移った．

『寛政系図』巻千百十四にも安藤高崎侯の系図が見えているが，「安藤家譜」とは多少の相違がある．これによれば，安藤重信は弘治三年(1557)三河国に生まれ，慶長九年(1604)従五位下対馬守に叙任し，初め食禄千六百石を賜い，同十五年上野国多胡郡において五千石の加恩あり，元和五年(1619)十月，上野高崎城を賜い，同国群馬，片岡，近江国神崎，高島四郡の内において五万六千六百石を領し，七年(1621)六月二十九日に年六十五で卒した．

重信の嗣子重長は実にその外孫にして，養子となり，寛永十年 (1633)六月二十七日惣社において一万石の加増あり，明暦三年(1657)九月二十九日に五十九歳で卒した．

「安藤家譜」と『寛政系図』の記載は大名の身分ですらもかくも異同があるから，年月等の記載に異同の生じやすき例証とも見ることができよう．今そのいずれが正しいかを詳らかにせぬけれども，関先生の母湯浅氏がこの高崎藩主安藤対馬守重信の家臣の娘であったことが判れば今は満足したい．対馬守の在官の頃すなわち元和七年以前に湯浅氏の女が内山永明に入嫁したというわけでもあるまいが，その頃に対馬守の家臣であった与左衛門の娘なのであろう．高崎藩主の女が高崎から程遠からぬ藤岡在住もしくは藤岡に関係の深い内山家に嫁したというのもはなはだ自然のことである．

**15.** 関先生の祖父内山吉明が寛文二年(1662)に年百七歳で歿したというのはやや不明であるけれども，もしこれを信ずるときは，その外孫である養子永明が正保三年(1646)に歿したとき，祖孫の年齢の差が三十年であったとすれば，このとき永明は六十一歳であったはずであり，おそらくこれより年長ではなかったであろう，四五十歳前後と見てもよい，故に四人の男子と二人の女子とは

父の病歿よりあまり年所の隔たらぬ年代の頃に生まれたものと見てよかろう．故に寛永十四年(1637)生まれ及び同十九年(1642)生まれの説は共に年代からいえば適当なのであるが，なにぶん明治中期以後に初めて現れたいかがわしいもので，あるいは作為の点も疑われ，信じてよいか，排すべきであるかが決しかねるのである．

寛永十九年説を明治二十五年に初めて記した山口の九一山人なるものは，弘鴻翁ではあるまいかと思うように前に記したけれど，『数学報知』を精査するに，その頃山口におった上野朔郎という人ではあるまいかと見てよいようである．

これより先，遠藤利貞は明治十九年に『大日本教育会雑誌』に和算史の一般を説き，その中において関先生の生年と及び年齢は不明だといっている．かつ先生の事業をニュートン，ライプニッツに比し，彼ら二人よりも先だって歿しているから，もし先生の生年が判ればよいというようなことも述べられている．

しからば川北朝鄰がニュートンと生年を同じとして寛永十九年としたという主張も，この遠藤の希望に接続して実際に作為したことが，実らしくも思われる，そういうことは川北翁には適わしいようにも思われるのである，しかし真偽の保証はできない．

要するに，十四年も十九年もおよそその頃の年代は，実際関先生の生誕された年代に，近いことに疑いはないのである．

**16.** 駿河大納言忠長卿の事件は，その父二代将軍秀忠が長子家光よりも弟の忠長を愛して世嗣ぎにしようとしたことがあり，春日局が家光のために活動するということがあって以来，兄弟の反目によって醸成されたものであるこというまでもあるまい．故に単なる狂気の病者としての処分とのみ見ることはできない．幕府の警戒は大きいものであったろう．故に寛永九年(1632)十月二十日に大納言は高崎城主安藤右京進重長へ預けられ，家臣の主なるものは諸大名へ預け，余りのものは武相豆の三ケ国へそれぞれ配流された(『徳川実記』に拠る)とき，内山吉明，永明父子のごときも相当の処分を受けたのは当然であろう，このときにあたって大納言の幽閉された高崎から程遠からぬ藤岡へ帰臥したのも疑問であるし，藤岡に空居したというのは，少なくも同十年十二月六日に大納言が切腹(『徳川実記』に拠る．他に九年とする説もある)して以後のことと見る方が適当のようにも思われる．そうして寛永十六年(1639)に永明が召し返されて御天守番になって以後も，老年の吉明は引き続いて藤岡におったろうと見てもよろしいし，また永明の妻も老人の世話をするために藤岡にいたろうという事情も考えられる．けれども将軍家光が諸大名の参勤交代の制を立て，妻子を江戸に置くことにしたのは，駿河大納言の事件から直後のことであり，寛永十六年から十九年の頃は未だそのときからわずかに数年を隔つるに過ぎないのであり，大納言の遺臣としていわば恩恵をもって召し還されたばかりであるのに，老人はともかく，妻子を藤岡に住まわせておくというごときことはどうであったろうか，許されないことではなかったとしても最も遠慮しなければならぬことではなかったであろうか．これらのことも考慮してみなければならぬであろう．故に関先生が寛永十六年以後の生まれであるとすれば，上野国藤岡生まれということは，どうも可能性に乏しいように思われるのである．

内山氏の系図には，駿河大納言忠長の事件後に藤岡に閑居したことをいう．けれども『徳川実記』のこのときの記事を見るに，武相豆の三ケ国へそれぞれ蟄居せしめたとあって，上野へ配流したことはいわず，蘆田氏の旧配下で藤岡に関係のある人達が忠長に附属せられた者のことは，『寛政系図』中に幾らも見えているが，私は未だその全部を調べてみないけれども，関五郎左衛門吉直は武蔵府中に潜居したといい，大井新右衛門政景は初め外家柴田筑後守康長に預けられ，後また池田出雲寺長常へ預けられて備中国松山に赴いた．また藤岡関係ではないが，依田五左衛門継治は処士となりて相模国に飄泊すと見える．他は多く処士になるなどいいて，いづこに蟄居したかを示さないのが多い．そうして藤岡に帰臥したことを記したものは一つも見当たらぬ．ただ内山氏の系図にのみ藤岡に空居したなど見えるのである．そうして忠長卿のことある後とのみ記して年月をいわず，寛永十六年に召還されたことも月日は不詳といい，扶持米を受けたがその数量は知れずといい，かなり不明になっていたようであるから，藤岡へ空居したというのも確実な事実を伝えたものであるか，後の想像もしくは推定の結果であるかも，未だにわかに知り難いように思われる．このことのごときは他の藤岡関係者の場合などからして類推することも必要であるが，その点の明らかにされることを深く希望する．扶持米を受けたというのはもちろん配流の手当であろう．

これらのことは種々に想像し得られるのであるが，要するに想像に過ぎない．駿河大納言の事件後における藤岡の関係者がはたして如何なる事情の下にあったか，藤岡へ帰臥したものがあったかなかったかというごときことも，正確に確かめられることができるならば，誠に面白い研究題目を提供するのである．

**17.** 九一山人の「関先生伝」においては，内山家の祖先に関して『算法玉手箱』と同じ間違いをしているし，『数学雑誌』(明治二十一年)に熊本の井田継衛の書いたものと同じく，関先生が徳川綱吉から天文頭に任ぜられ数学統理の任を受けたというごときこともいっているから，この両者のごときは参照したのであったろう．そうして次のごとく

> 内山吉明は……当時又蘆田組に加はり……後上野国藤岡に移り，御書院番松平志摩守重成組を勤む，吉明老ひて子なし，是に於て外孫安間三右衛門(一本に三左衛門に作る)の子を養ふて後を襲がしむ，之を七兵衛永清と云ふ，永清後永明と改む，寛永十六年父の功に依りて御天守番を勤め，同十八年下総国千葉郡上飯山満村にて知行……遂に正保三年五月二日を以て歿す，永明三子あり，長を永貞と云ふ，而して其次は実に先生也矣，先生母は安藤対馬守の家臣湯浅与左衛門の女にして，寛永十九年三月某日を以て藤岡に生る．

これから先生の事蹟を述べ，それからさらに

> 然りと雖，宝(実の誤り)家内山は子孫相受けて断へず，其後，江戸に移りて神田今川小路に住して……

と説く，この記載で見ると，永明が御天守番となり，下総で知行をもらったことなどいいながら，内山家は藤岡におったもののように思い做したのではあるまいか．しからざれば「其後ち江戸に移り」とはいわないはずである．もしかく考えたものとすれば「藤岡に生る」というのも，親が藤岡に在住したと見たからの推定のようにも思われる．

もしかくのごとき推定が加わっているならば，九一山人の文中に藤岡生まれとあることが，別に価値あるものではないのである．

九一山人は「内山家譜」参照のことをもいっているし，関新七郎の甲府の事件を記した年月日なども内山の「呈譜」及びその原稿らしいものの記載とやや一致し，内山の「系図」による所は多いようである，しかも関先生を三男中の次男としたなど誤りも多い．

また新七郎は実弟内山永行の子としている．

寛永十九年三月生の説を記しているけれども，もちろん出典は示してないのである．これが今まで私の知り得た関先生生誕の年を書いた初見である．しかも未だにわかに信じ難きものであることを遺憾とする．

寛永十四年藤岡生まれとする川北朝鄰翁の所説もまた出典が不明であり，同様に信ずべきや否やが判らぬのが如何にも残念である．

**18.** 関先生の役柄のことは『寛政系図』の関新助の条の記載が信ずべきだと思われるのであるが,『建部氏伝記』中の建部賢明伝にいう所によりて，甲府公綱重の代から仕えたものであることが知られるとは，私は前にも記した．この『建部氏伝記』は賢明の後裔で現に丹後宮津に住する建部賢徳氏の所蔵に係り，同氏の好意で謄写しておいたものであって，一二の複写が作られているに過ぎないのであるから，ここにこれを紹介しておく．

建部隼之助賢明伝

一　是ハ直恒次子…万治四年…生ル

一　少年(十六歳)ヨリ其弟賢弘ト相共ニ数学ニ参シ甚此芸ニ志有テ，異国本朝ノ算書ヲ披テ其旨ヲ暁ストイヘ共，解難ノ理會テ以テ得ル事ナシ，于時関新助孝和(甲府相公綱重卿ノ家臣)ガ算数世ニ傑出セリト聞テ，兄弟各是ヲ師トシテ学ブニ，暦法天文同ク心ヲ留メテ昼夜寝食ヲ忘レテ功夫ヲナシ，共ニ術理貫通ノ道ヲ深ク発明ス，蓋孝和ガ数ニ於テ稟ル処生知安行ナリ，賢弘モ又太ダ叡智ニシテ是ニ亜ゲリ，凡倭漢ノ数学，其書最モ多シトイヘドモ，未ダ釈鎖ノ奥妙ヲ尽サザル事ヲ歎キ，三士相議シテ天和三年ノ夏ヨリ賢弘其首領ト成テ各新ニ考ヘ得ル所ノ妙旨悉ク著シ，就テ古今ノ遺法ヲ尽シテ元禄ノ中年ニ至テ編纂ス，総テ十二巻，算法大成ト号シテ，粗是ヲ書写セシニ，事務ノ繁キ吏ト成サレ，自ラ其微ヲ窮ル事ヲ得ズ，孝和モ又老年ノ上，爾歳病患ニ逼ラレテ，考験熟思スル事能ハズ，是ニ於テ同十四年ノ冬ヨリ賢明官吏ノ暇ニ躬ラ其思ヲ精フスル事一十年，広ク考ヘ詳ニ註シテ，二十巻ト作シ，更ニ大成算経ト号シテ手親ラ草書シ畢レリ(此書元和ノ季ニ創テ宝永ノ末ニ終ル，毎一篇校訂スル事数十度也，此功ヲ積ムニ由テ総テ二十八年ノ星霜ヲ経畢ンヌ)然レドモ元来隠逸独楽ノ機アル故，吾身ノ世ニ鳴ル事ヲ好マズ，名ヲ包ミ徳ヲ隠スヲ以テ本意トスル者ナレバ，吾功悉ク賢弘ニ譲テ自ラ痴人ト称ス

この記載は『大成算経』二十巻の著作に関する史料として貴重なものであるが，また関孝和伝の史料としても決して逸してならないのである．関先生晩年の健康状態を伝えたものとして，今までに接し得た唯一の史料である．先生の業績が貞享二年(1685)の頃を境としておよそ終わっていると思われることと併せ考えて，先生は永らく不健康に苦しめられたと認むべきである．しかも引き続いて役柄は勤めているのであるから，神経か何かの病患らしく，富士川游，藤浪剛一両博士等，日本医史学会の諸先生にも尋ねてみたが，関先生のごとき

偉人には時にはあり勝ちのことだということである．

建部賢明は，万治四年(1661)の生まれで，十六歳のときといえば，延宝四年(1676)に当たる，このとき弟の賢弘は十三歳であった．この年直ちに兄弟共に関先生へ入門したかどうかは判らないが，これから以後，甲府公綱重の代に入門したのであるように解してもよかろう．それはともかく，関先生が綱重の代から甲州家に仕えていたことは賢明の記載で明らかである．

綱重はその弟綱吉と共に，四代将軍家綱の弟であるが，慶安四年(1651)三月三日，父三代将軍不予の折から，甲駿上信江濃六ケ国の内にて，各厨料十五万石ずつ給わり，兄家綱が将軍職を襲ぐに及んで，同年七月七日に邸宅の地を賜り，綱重の邸は桜田に綱吉の邸は神田に置かれたので，これを桜田殿，神田殿という．寛文元年(1661)閏八月九日に，十万石ずつ加増ありて，綱重は甲府に，綱吉は館琳にて城地を下され，二十五万石ずつの大名となる．しかるに綱重は延宝六年(1678)八月十四日に三十五歳で卒し，子綱豊がその後を襲ぐ．そうして将軍家綱は同八年(1680)五月に薨し，綱吉が五代将軍となり，この年九月十六日に甲府宰相綱豊卿は十万石を益封せられて，三十五万石となる．宝永元年(1704)十二月五日将軍の世子となりて，桜田殿から西の丸に移り，同年九月に名を家宣と改め，宝永六年(1709)正月十日に綱吉薨し，家宣はその後を襲いで六代将軍となるのである．

故に桜田殿が如何なる性質のものであるかも，これで明らかであるが，和算関係の諸先輩は桜田殿の何ものであるかを知らないために，ずいぶん誤解をも生じ，誤りをも伝えたことが多かった．将軍綱吉が関先生を桜田殿に召し云々と記したもののごときもこの種の誤りである．

元文頃の編纂と思われる『武林隠見録』に「関新助算術に妙有」という一篇があり，

> 関新助は甲府御家人にて在しが，家宣公御養君の後は御旗本の諸士なり．此芸術上聞に達し，御賞翫に思召れ，甲府御家に於て御勘定奉行の格と成しと也．

とあるが，神沢貞幹の『翁草』巻八に「関新助算術之事」とあるのは，全く『武林隠見録』から採ったものと思われる．しかもこの書には，

> 関新助ハ元甲府御家来也，文照院殿御治世に至り御旗本ノ士と成

と記す．「御養君」が「御治世」に改作されて，ここに年代に錯誤を来たすごとき書きぶりになったのである．淡路広田氏に伝わった『数学紀聞』には

　演段ノ術ハ異国ニナシ，甲府君ノ御内関新介カ工夫也，当時其君算法ノ難題数多新介ニ命ズ，新介蟄居シテ考㆑之経㆑年終此術ヲ作ル，橋本ヨリ後ノ人也．今建部彦十郎ハ其弟子也．

とあり，新介と記し彦十郎というのは，新助，彦次郎(賢弘)の誤りであるが，これは大島喜伝(享保十八年歿)の所伝である．ここに橋本というのは，同書に

　日本ニテ天元之祖ハ大坂川崎之手代橋本伝兵衛也，但啓蒙ニヨツテ也

とある人のことで，その姓名の右傍に「寛永明暦之比」と書いてある．『数学紀聞』のこの記載が信ずべしとするならば，関先生は演段術発明以前から甲州家に仕えたということになる，演段術は『発微算法』に使われている算法で，延宝二年(1674)作の刊本である，これよりも幾年も前から甲州家に出仕したのであろう．

『荒木村英先生茶談』は，関先生の高弟荒木村英の談話を門人の筆録したものであろうが，この写本に附載の「算家系図」には，関先生のことにつき「甲府君召㆑之，賜㆓三百石㆒」と記す．天明元年(1781)藤田定資が書いたものには

　高三百石，甲府様江被召出，後公儀御納戸役

とあり，古川随誌(文化七年 1810)『算話拾葎集』には，一方には「高三百石，甲府様ニ被召出」といいながら，一方には内山家からの聞き書きとして

　孝和領三百石，小納戸組頭ヲ勤ム

と記し，甲府家とは書いてない．この種の書き方をしたものが他にもある．古川氏一の『算話随筆』には『武林隠見録』の記事を引用してある．馬場正統編『算法伝系』(嘉永二年 1849)には

　甲府の御館に司計の職を掌り，廩米三百俵月俸十口を賜はり，後召されて台府に仕ふまつる(蓋宝永元年文照院殿西城にうつらせ給ふ時従ひ奉るにや，御膳奉行をつとむといふ)

と記す．今の宮城県佐沼在佐藤氏(長谷川弘の実家)所伝の『古今算名人記』(『数学興廃記』の一本)には「此人は御直参の士也」とあり，陸前佐藤栄助氏所伝の『数学興廃記』には「此人は御新参之士也」と見える．『算学伝来系図』には

　初桜田御殿御勘定吟味役，後宝永元甲申年十二月五日御本丸御納戸組頭，宝永三年丙戌十二月二十四日六十行年(三字欠)高二百五十俵，無㆓実子㆒，以㆓弟松軒子㆒為㆓養子㆒，終断絶

とあり，「六十行年」は「卒行年」の誤写であろう．行年は不明で書いてなかっ

たのであろう．

上記の諸文献に拠るに，その大部分は甲府公に仕えたことをいっているのであり，甲府公が将軍世子になってからは，公儀の役とか，本丸の役とか勤めたように書いたものがあるのだといってよかろう．これには多少の錯誤があるとして『寛政系図』の「関新助系図」の所載を正しいと見てよかろうと思うのである．

しかるに明治年代のものになると，榊原芳野の『文芸類纂』(明治十一年)には，徳川綱吉が館林から甲府へ移ってから召し出したといい，九一山人の記述には

> 後ち徳川綱吉之を桜田御殿に召して御勘定吟味役を勤めしむ，後天文頭に任ぜられ，帝邦算学統理の任を握る，宝永元年十二月御本丸御納戸組頭を勤め，米二百五十石を賜はる，

と見える．綱吉が館林から甲府へ移ったという事実は全くないのであり，甲府公というものを解し誤ったものと思われる．九一山人も桜田殿へ綱吉を誤り配したのであろう，そうしてその記載は『算学伝来系図』の所説と符合する．この系図は川北朝鄰の收録中に見られるのであるが，至誠賛化流古川氏から出たものではないかと想像したい．ここにも川北と九一山人の記述との間に直接もしくは間接に何か関係があり得ることを思わしめるものがある．また天文頭云々のことは『数学雑誌』(明治二十一年二月)に井田継衛が

> 爾後将軍徳川綱吉ノ撰抜ヲ以テ天文頭ニ任ゼラレ，且ツ海内推シテ算学ノ統領ト為シタルニ至リテハ，其名望実ニ非常トナリタリ

と記したものに拠ったのであろう．しかもこれはおそらく渋川春海の事績との混同であろう．

遠藤利貞の『大日本数学史』(明治二十九年)中巻には

> 幕府(桜田殿)ニ仕フ，勘定吟味役トナリ，後納戸(本丸)組頭ト為レリ，三百石ヲ領ス

とあり，川北朝鄰の『本朝数学家小伝』(明治二十三年)には

> 三百石ヲ領シ，甲府公〔寄(宰の誤記)相綱重卿〕ニ任ヘ後徳川六代将軍家ニ奉仕シ，御納戸役ヲ勤ム

とある．川北翁は明治四十年の関先生二百年祭の式辞においては

> 四代将軍ニ仕ヘ，始メ御勘定吟味役タリ，宝永元年御納戸組頭トナル

とした．また同年編の『関子七部書』並びに関先生記念の『本朝数学通俗講演集』中の林鶴一氏の記述中にも，四代将軍家綱に仕えて云々と記す，昭和五年

中の林博士の来信によるに『大日本数学史』に幕府(桜田殿)に仕うとあるのに対し，解釈したものに過ぎないということである．もしかくのごとき解釈に基づくものであれば，何らの意味も価値もないのである．

かくして遂に藤岡の頌徳碑にも，四代将軍家綱に仕えたと記さるることとなったが，これは明らかに何らの新史料にも拠ったものでないようである．

明治以後になって，甲府公に仕えたという正しい史実を棄てて，かえって誤りを伝えることになったのも，全く無批判的に伝えられた結果である．

**19.** 寛政年中本多利明等所建の碑文に「時称為二算聖一」とあるが，『開宗算法』の序には

> 数学之来也尚矣．而其術愈出愈精．及下近世東都有二関先生者一出上焉．則大二成乎和華一．卓二越乎古今一．而見二謄前忽後之妙一．於レ是乎．世称二算聖一．仲尼曰．後生可レ畏．其斯之謂与．

とあり，この序は「寛延三庚午(1750)九月日山本格安序」という年紀を有し，山本格安も尾張の人であるが，この著の作者葛谷実順も尾張の人である．葛谷は関先生の孫弟子松永良弼の門人であった．刊本であるけれども流布に乏しい．この序文によって，関先生を世に算聖と称したことは思われるが，今までこの書以前の史料を見出し得ないのである．

これより先数年，松永良弼が久留島義太に宛てて書いたと思われる無記名書状に，建部先生(すなわち賢弘)が算聖たることは足下の知る所なりというように見えている．関先生の外に建部先生もまた算聖と見られたものらしい．

**20.** 寛政甲寅(1794)に本多利明等の建てた浄輪寺の碑文はしばしば引き合いに出されるのであるが，またしばしば誤解を招くものである．

浄輪寺には二つの墓の図とこの碑文とを表裏に刻した版木があり，私は摺ってもらっている．この摺物によると碑文に「偶遇断表」とあるのが，偶の字を脱している．そうして墓の形及び墓誌並びに蓮花の模様などが，墓の原形とは相違がある．しかし墓石の欠損を図に表したのが，現形に相当するので，その図は現存の墓碑を示すものと思われる，按ずるに，墓碑の前で実写したのでなく，記憶によって模写したので，形状模様等に錯誤を生じたのであろう．

『算法玉手箱』(明治十二年)にも墓の図と碑文が見えているが摺物と同じであり，実物から直接に写したのではない．『大日本数学史』には本多利明等が浄輪寺を過ぎ云々とあるが，碑文には本多利明等が寺を過ぎ云々とは出ておらぬ．

碑文には，関先生存生中には「書行人伝藹乎盛矣」であったのに，関家断絶

後には「盛業令聞日衰」とあるが，実のところ関流の数学は次第に発展繁栄したのであり，日に衰うとは事実でない．しかしその墓を知らざるに至ったというのは事実であろう．墓地内で見られなくなったのであろう．ここにおいて思うに，関流の算家は幾らもいるのに，先生の墓が見えなくなるまでに放棄しておくとはあまりにひどいことではないか，慨歎の至りであるというのが，建碑者の心情であったろう．かくなるというのは，盛業令聞が日に衰えたというものではないか，そういう風に考えたものと見ればよかろう，文字通りには解釈はできない．

斎藤，本多，木村の三人が「同過二此寺一偶遇二断表一」というのは，この寺に過りてすなわち参詣して云々というのか，それとも門前を通りかかったとき偶然にも云々というのか，この両様に解し得られるであろう．

断表というのは，隅の方へでもころがしてあったのをいうものと見てもよかろう．また墓材が折れていたと見てもよかろう．それを運んでいるところに出会ったとも解し得られる．この意味に解した人もしばしば談話中に聞いたことがある．けれどももし折れていたとすれば，その旧碑はそのままには復原されないはずである，碑文を刻した新碑を建てると共に，旧碑に模したものを新調したとも考えられよう．かく考えれば摺物にある古碑の図は，現存のものでないともいわれよう．しかし現存のものは，その形式も寛政頃のものではないということであり，摺物に示された欠損もあるから，そのときの新調ではあるまい，つまり古碑が片付けられていたのを建て直して別に碑文をも作ったのであったろう．

九一山人の「関先生伝」にも碑文を挙げながら，本多・斎藤・横井等外八人が碑を建てたと説く，実は外八人ではなく，すべて八人で建碑したのである．

現に碑文がありながら，上述のごとき誤りも生ずるのであるから，古い史実が次第に誤り伝えられることになるのも普通の過程であろう．

**21.** 関先生の伝記については従来多くの誤りが伝えられていたのであるが，要するに正確な史実が伝わっていないために，いかがわしい記録類に基づいて誤った解釈が重ねられ，ついに先生の二百年祭並びに贈位記念の際における講演や出版物にも誤りを伝え，新たに建てられた頌徳碑もはなはだしい杜撰なものになったのであるけれども今や大分その錯誤が明らかにされたことは，喜ぶべきであろう．なお，正確な史料を検討して一層明らかにしたいと思う．たとい先生が上野国藤岡で生まれたかどうかは，今のところ的確にいい得られないのは，上野人士の感情であるばかりでなく，われわれ和算史を研究するものにとってもまた同様に遺憾に堪えないことであるが，しかしながら確実な証拠が挙がらないでは如何ともすることができないのである．上州は江戸時代の後半期において和算の諸大家の多く輩出したところで，他に比してはなはだ著しいのであるが，しかもこれらの和算諸大家のごときも，一つとして関先生が上州出身の人なることをいったものはない．上州で関先生が上州人であることを知られたのは『数学報知』の九一山人の記述または『大日本数学史』が出てからのことであったろう．すなわち明治二十五年乃至二十九年以後のことであったろう．『数学報知』は竹貫登代多氏の編輯であり，竹貫氏は前橋藩士であったし，また前橋で教鞭を執られたこともあるから，この雑誌は上州で比較的に多く看られていたように感ぜられる．『大日本数学史』の著者遠藤利貞翁もまた竹貫氏の妹婿である．竹貫氏は昭和六年四月十四日七十六歳で歿した．

たとい関先生は上州で生まれたにせよ，生まれないにせよ，上州藤岡に密接の関係のあった内山氏の出であるから，これを上州人なりというも，誰か否というものがあろう．上州からこの偉人の出たことは上州人の誇りであるに違いない．藤岡で生まれたかどうかを気にするには当たらないのである．藤岡の頌徳碑が藤岡関係の人とせずして断定的に藤岡生としたことは，誠に悲しい錯誤であったが，藤岡出身の偉人を記念されたことは床(ゆか)しく感謝する．なにぶん碑文は取り消しや訂正のできないものであるし，また極めて尊重すべきものであるから，碑文に誤りや不正確な記事が伝えられることは，努めて避けなければならないのである．頌徳碑の処置については，充分に研究を積んで再考されることを望まざるを得ない．

（昭和七年四月六日識す）

雲外子曰[1)]．本稿は四月十六日自分の手許まで送られたものである，全部を一度に掲載することが先生としてもまた読者としても便宜と考へたのであるが都合上三回に分載することにしたことの御諒承を乞ふ．此稿を送らるるとともに次のやうな手紙を寄せられた．

蘆田氏が駿州田中の孤城を守つて多年の間，徳川氏に抗し，武田氏滅亡の時に開城の条約を訂して信州に引上げ，勝頼の最後を見届けるまでは進退を二

1）　編者注：「雲外子曰」以下は，「再び関孝和先生伝に就いて〔下〕」『上毛及上毛人』第183号，1932.7.1，pp.17–24の末尾に掲載されたものである．佐藤雲外（錠太郎），郷土史研究家，前橋図書館長．

三にせず，其後も三沢の山小屋で北條氏直と戦ひし其動作は，随分称賛に値するものがあつたやうに思はれますし，蘆田氏が藤岡を去つたときに配下の武士が藤岡に居つて扶持を貰つた如き，特別の処置をされたものらしく，蘆田組の人達は優れたものであつたのかと思はれますが何うでせうか，此の如き蘆田組の子孫の中から関先生の如き偉人が出たのも決して遇然ではないと思ひます．蘆田組の正確な歴史が明らかになれば関先生の生誕の事に就いても光明が見出されるかも知れませんし，社会関係の方からも有益な事がありさうに存ぜられます，何うか充分に研究する人のある事を希望します．

尚，先生の著「関流数学ノ免許段階ノ制定ト変遷」を寄せられた，関流算学につきてのことを知る貴重なる著述である．これは前橋市立図書館に保存することにいたしました，幸に閲覧あらんことを望むで止まぬ次第であると共に，重ねて先生に謝意を表す．

# 3. 関孝和伝論評

1. 近頃，群馬県師範学校から創刊された『群師紀要第一輯郷土研究』を贈られて，中に，「関孝和及其事績」と題し，「和算研究への導き」との副題の添加された一篇に接したが，郷土教育に資すべき目的をもってこの種の企てを見るに至ったことは，慶賀に堪えない．関孝和の研究については，私も明治の末以来注意して来たことでもあり，それにあたかも「関孝和の業績と京坂の算家並に支那算法との関係及び比較」の一篇を『東洋学報』の誌上で発表し終わったところであって(〈注．雑誌『上毛及上毛人』の〉編者曰くこの論文前橋図書館にあり)，私はことのほかに興味をもってこれを読んだのであった．私の従来の見解が引き合いに出されていることも，深く感謝する．これについて少しばかり卑見を開陳するのも，当然の責務であろう．

2. 伝記と事績との二部に分けられ，事績とは学術上の成績に関することを説く，前者においては，普通に流布しているごとき記述を試みて，さて

> これが普通行はれている先生の伝記の概略である，併しその生地生年に対しては，異説があつて確定したものでない．之に対する三上義夫氏の説の大略を次に記してみよう(頁80)

と見える，頁90-94にその記載がある．その普通行われている所説という中に，蘆田氏五十騎の一件が見えているが，これはもちろん，流布説の関する所でない．私がその書類を初めて見たのは，大正四年の末に上州太田において同地の中学校長角田伝氏からこれを示されたものである．昭和四年十一月藤岡において関先生頌徳碑建設の際の刊行物には，その一件のが附加されているので，おそらくこの刊行物に依拠したものであろう．

3. 引用の流布説の中に

> 四代将軍家綱に仕へ，初は勘定吟味役，後に納戸組頭となり，禄三百石を得た(頁 84)

とあるが，『武林隠見録』『寛政重修諸家譜』それから算家系図の類などにも，江戸時代の諸文献には一つとして四代将軍家綱に仕えたという記事がない．かえって桜田殿，甲州公，甲府君に仕えたなどといいて，四代将軍の弟甲州公綱重並びにその子綱豊(後の六代将軍家宣)に奉仕したことをいうもののほかはない．特に建部賢明のごときも『建部氏伝記』中において，自分が十六歳，弟賢弘が十三歳のときに数学に志し，甲府相公綱重卿家臣関新助が最も数に達すと聞き，相携えて入門したことをいっているが，史科として最もよるべきものである．関孝和の役柄については『寛政重修諸家譜』中の関新助秀和の系図の記載が最も稀(くわ)しい．勘定吟味役というのも，幕府の役柄ではなく，甲州家でのことである．

しかるに明治中期以後に至りて，四代将軍に仕えたというごとき所説を見ることになったのは，桜田殿に仕えたというのを，桜田殿が如何なる性質のものであるかを了解せずして，幕府の何かであろうというぐらいに解釈し，粗忽にも四代将軍家綱に仕えたなどと書き記したものと思われる．桜田殿はいうまでもなく，甲州家の邸であり，上州館林に封ぜられた弟綱吉の神田殿と相対するものである．

関孝和は家宣が将軍世子たるに及んで，従って西ノ丸に奉仕し，これにおいて幕府の御家人となるが，しかし宝永三年に隠居し，宝永五年に歿したので，その翌六年に家宣が六代将軍になる以前であって，ついに幕府本筋の役目に就いたことはない．

このことのごときは依拠すべき史科も充分に存するのであり，関孝和が四代将軍に仕えて勘定吟味役等に任じたという所見の採るに足らざることは，全く明白である．

**4.** 関流に五段階の免許制度があったことは，あまりにも明瞭な事実であるが，しかしその制定の年代は実は判然せぬ．関孝和が宮地新五郎へ授与した免状は幸いにもその実物が現存するが，この五段階に関係のものではない正徳五年及び同六年の二通の免状写しの一つは，宮地の免状と近い類似のものであり，二通共に関孝和時代の免状の原形を思わしめる．その一通は印可状であるが，後の印可状と同じではない．

五段階の免状について最も古い依拠となるべきものは延享四年の年紀あるも

のであり，山路主住の名を記す．私の見るところをもってすれば，このとき山路がこの五段階を制定したのであろうと思う．

この五段階においては前の印可を伏題と印可とに分割したとも見るべき理由がある．

川北朝鄰の伝えた別伝印可については，如何にも松永良弼を筆頭とするけれども，他には山路主住を筆頭とするものもある．免状の文句もまた多少の出入りがある．

**5.** 関流算家の系譜において，荒木村英のみ独り関孝和の皆伝を得たろうとする見解は，おそらく事実ではあるまい．荒木村英と建部賢弘とでは賢弘の方がずっと優れているし，かつ賢弘は家宣，吉宗の両将軍に深く親任されたほどの人物であり，別して少年時代よりその二兄と共に関孝和に師事し，桜田殿での同僚でもあるし，関孝和が荒木にのみ皆伝して，建部に皆伝しなかったろうという事実があろうとは，如何にも考え難い．

荒木の門人松永良弼は，久留島義太と懇親の間柄であり，久留島の推挙によって，久留島と同じく岩城侯内藤政樹に仕えたという関係もあり，久留島は建部の高弟中根元圭の指導を得て，その天才を発揮したというし，建部は内藤侯へ算書など供給したこともあるし，その辺のことを思えば，この時代における伝系は決して単なる一筋道に家督の系図が続くように進行したものではない．全く入り乱れている．しかるに山路主住が中根，久留島，松永の三人から伝授を受けながら，山路は一本筋の系図を家系のごとくに作り出すことを主義としたものと見えて，この見解からして初めて関氏の道統と称するようになったのであろう．

山路は安島直円へのみ免許皆伝したのではなく，戸板保佑並びに藤田貞資へも皆伝した．現に藤田が山路から授与された別伝印可二通の免状が，実物のままに存在する．山路及び藤田の頃には道統といっている．

宗統というのは安島の高弟日下誠及び日下の高弟内田恭(のち五観)，白石長忠等の称するところであり，さらに降っては宗統と正統との区別を生じ，宗統は別伝を受けたもの，正統は印可を得たものということになる．しかしこの意味でなしに正統と称した例もまま見られる．

**6.** 東京牛込区弁天町浄輪寺にある関孝和の墓には法行院殿宗達日心大居士の法名が刻せられているが，往々その墓誌を記したものを見るに，院殿とか大居士とかいう文字はない．これは寛政六年に本多利明等が墓側に碑を建てたときに，その碑文を木版摺りにしたものに刻せられたものによったと思われるが，その木版は今も浄輪寺に現存する．木版上の墓の図と墓その物とが多少の相違があるのであり，実はその解釈に窮した．

しかるに上州の算家石田玄圭の記す所を見るに，文化五年の百回忌にあたりて，院殿大居士の位を贈るとあるから，これ以前に作られた木版摺りには従前の墓誌が刻せられていたもので，現に見るところの墓誌はこのとき改作の結果であったことを知る．

**7.** 関孝和が内山氏に生まれたことは，「内山氏諸系図」並びに「関新助秀和系図」等によって，少しも疑いはない．関五郎左衛門に養われたとは，「内山系図」にも見えるのであるが，しかし関五郎左衛門家の「系図」には関新助孝和の名を見ず，また実子によって相続している．五郎左衛門が駿河大納言一件のときに武州府中に潜居したことは「系図」の所載であるが，府中の弘安寺には関氏一門の墓があり，弘安寺からすぐの所に五郎左衛門の宅趾があり，今でもその屋敷を二つに分けて，二軒の関氏のものが住んでいる．五郎左衛門は幕府に召還されて，その正系の子孫は後までも仕えているが，府中の屋敷には妾腹の子が居住して，農となり，ついに今日に及んだのである．旗本の関氏は今は墓参するものもない．このことはいずれ今少し委しく紹介したいと思う．しかもここでは関孝和のことも何一つ手掛かりだにない．それに寺も違えば，宗旨も同じでない．関孝和は関五郎左衛門家の養子になったとしても，その家を嗣いだものではあるまい．

しかるに流布説ではその家を嗣ぐというのは，全くの憶断から出たことと思う．

かくのごとく関孝和に関する流布説には，はなはだいかがわしいものが多い．容易にこれを採ってはならない．

**8.** 次に関孝和の生地生年に関して私の所説の概要が挙げられているが，実は私の最終の意見によったものでないから，少しばかり補っておきたい．

関孝和が寛永十九年三月藤岡に生まれたとの説は，山口の九一山人が明治二十五年十一月以後三回に記したものに見えているが，その九一山人とはその頃に山口におった上野朔郎という人であろうと思う．

しかしこれが初見ではない．同年八月川北朝鄰は『数学協会雑誌』附録に，関孝和の実家内山氏の系図を挙げて，関孝和のことをも書いている．その中に孝和生誕の年月場所の明記がある．内山氏の系図にこの記載ありといえば，誠に有力な史料たることを失わぬ.

しかるに川北朝鄰が明治二十三年に伊藤雋吉の手を経てフランス人ベルタンに書き贈った算家の列伝には，孝和は江戸小石川に生まるといい年月の記載はない．伊藤雋吉は日清戦争当時の海軍次官であり，男爵を授けられた人，私はこの人から川北自筆の稿本を示されてこれを知った.

「内山氏系図」は川北が明治十二年に筆写したものがあるが，これには関孝和の生年生地の記載はない．その他の部分は『協会雑誌』に刊行したものと変わりはない.

明治四十一年に至り川北は関孝和祭典の式辞において関孝和は寛永十四年藤岡で生まれたと説き，その後にも前説をすてて十四年説を採る.

しかし「内山系図」の所載に，寛永十九年三月藤岡に生まれたと記されているものならば，他によほど有力な証拠がない限り，その「系図」の所載を破棄して，別の史料に依拠することはむずかしいはずである，川北はそれをあえてした.

これにおいて『協会雑誌』所載の記事を検するに，条文と仮名交りとが交錯し，竹へ木を接いだごとき文体のものとなりて，生年生地などの所が如何にも後の加筆らしい感じがする.

「内山系図」というものは，幸いに数種のものが伝えられてこれらを点検することを得たのであるが，これらの中には一つとしてその記載を有するものがない，かえって不詳との明記もある.

大正五年川北朝鄰は私と『伊能忠敬伝』の著者大谷亮吉君とに対し，関孝和寛永十九年三月上野国藤岡生誕の説はニュートンと同年の生まれとするために自分の構成したものであると語ったこともある．上述の事情を思うとき，この告白は全くの事実であろうと思う．私はこの理由により，その説は作為の虚構に過ぎずと推断する.

作為の所説とはいえ,「内山系図」のごとき有力なる文書を参照しての作為であるから，父母の歿後とか，全く関係もない土地の生誕というようなことになっておらぬのも当然である.

私のこの推論はこれほどの論拠に立つものにして，もはや憶説視すべきものでないと信ずる.

関孝和の生年生地を明示し得べき史料が，現に存するや否やは，もとより我等の知らざる所である．それは全く別の問題である.

**9**. 天元術は元の朱世傑の発見ではない．和算家の中には朱氏から創まったとの説もあったが，その著『算学啓蒙』の著作(西紀 1299 年)より約五十年前に宋の秦九韶，元の李治(近年李治を正しとすとの説がある)等の書にもすでに見えている．これら諸書は現存のものあり，数学史家の間に普ねく知られている．

正負の符号のことは，古算書『九章算術』等にも見える．朱世傑の初めて説くところでない．その文句すらも『九章』の所載である．

天元術と関連して，算木を用いて高次方程式の近似解法を行い，英国のホーナーの方法と対比されるものは支那では秦九韶の『数書九章』(1247 年)に，その算法が詳述されている．「関孝和先生あるいはそれ以前の和算家の手によったものとすべき」ではない．

算木を布列して数を表すのは，『孫子算経』などにも見るごとく，古くから一位は縦，十位は横と，縦横を交互にするものであった，一十百千の数詞もこの算木の縦横の布列に基づいてその文字を構成されたものであろうし，これでは一横縦十でなければならないが，算木の布列には一横十縦から一縦十横に布列の原則を転換したことがあったものと私は思う．

算木布列の縦横の交互はかくも古くからの習慣であり，その布列の様式を書き表したのが，和算家の使用した算式の記数法であった．算木の布列にはすべて一位と同様に行うけれども，書き表すには交互にしたという性質のものではない．縦横を交互にせざる布列法を用いた人もあるにはあろうが，しかし普通にはこれを交互にしたようである．算木の盤上には縦横の線を引いて小方格を施してあるけれども，その格形は普通に小さなものであり，算木を並べると隣りの格との布列が混じ易いおそれがある．

天元術では算木の布列によって算式を列するので，方程式を表すためにも位置によって次数の高下を示すほかはない．その形式を見るときは，西洋数学上の分離係数の方法に類するけれども，しかし位置で次数を表すという原則から来たものであり，その算式を書き表すためにも，やはり同様な形式を使用するのが自然のことであったので，西洋の分離係数と必ずしも同一視することはできない．

**10**. 関孝和の功績の第一着は，演段術の創意にあった．支那数学の羈絆から離れて，特殊の日本数学を樹立した根本の基礎は，全く演段術の工夫にほかならぬ．かかる演段術とは何か．関孝和は天元術を改良して天元演段術を作り，それから進んで点竄術を発明したとは，よくいわれることであるが，事情は決してかくのごときものではない．普通に天元演段術とはいわぬ．ただ演段術といえばよい．演段術は如何にも天元術から発足した．しかし天元術とは根本的にその原則を同じうせぬ．天元術では算木を使って一元方程式を布列する．その本来の性質からして，布列した算式は諸係数がすべて数で表された場合に限る．数字方程式相当のものに限られるのである．したがって或る数量に等しき，かくのごとき二つの算式を列して，これを相消する，すなわち相減じて，ここに一つの一元方程式が成立する．

こういう算法を行うことが，天元術の特色であり，これ以外には一歩も出ることができない．如何にも支那では四元術がある．朱世傑の『四元玉鑑』にこれを見る．四元術では算木を上下左右に布列して四元以下の方程式を構成し，その間に消去を行うて，一元の方程式を作ることを行う．それにしても四元までに限られるのであり，また諸係数はすべて数に限られる．算木を使用しての器械的代数学としては誠に巧妙なものであって，支那特殊の発達であり，誠に珍とすべきである．しかも算木によれる布列であることに制約されて，その発達の進路はここに行きづまってしまう．

この四元術はわが国に伝わった形跡もないし，和算家の記述中にその痕跡だも見出すことはできない．それはむしろ仕合わせであった．

天元術は支那で忘れられた内に我が国に伝わり，沢口一之の『古今算法記』(寛文十年)においてはよくこれを応用して諸般の問題を解いたものである．そうして十五問の新題を提出して解答を求めた．これを解いたのが，関孝和の『発微算法』(延宝二年)である．これらの問題は単なる天元術の適用によって解き得るにはあまりに複雑であった．しからば如何にして処理すべきか，所要の未知数のほかに別の数量を採りて，これをいわば補助数とし，この補助数についての二つの方程式を作る．その両方程式から補助数を消去すれば，所要の未知数の一元方程式が得られる．この方法を試みたのが，関孝和の演段術である．しかしながらその両方程式の作製，並びに補助数の適用に関して，天元術では到底処理し得べからざるものがある．その補助数はどうしてこれを表すべきか．補助数に対して所要の未知数は如何に表してよいか．それらのことは新たに工夫を凝らさなければ，成立もしなければ，運用さるべくもない．それを適宜に処理し得たのが，関孝和の大きな功労である．

この目的のためには，算木の布列では役に立たない．補助数の方程式は算木で列するのと同じように試むるとして，所要の未知数をも別に表しようがないから，これを文字で書き表すことにする．これだけ書き表すこともできないから，算式全体を紙上に書き表す．書き表すことになれば，未知数だけでなく，如何なる既知数でも文字を記号として書き表すことができる．かくして文字を記号に用いて，紙上に書き表した算式につきて，補助未知数消去の算法を行う．その算式の構成も，演算も，ことごとく紙上に書いてこれを行うのであって，もはや，算木を用いての器械的代数学ではなく筆算式の代数学となる．

天元術の器械的代数学と演段術の筆算式代数学とでは，その原則は全く異なる．別種の代数演算の世界に踏み入ったのである．支那で天元術，四元術の器械的代数学が樹立されたことが，数学史上の一大事象であったと同じく，関孝和の演段術の構成は，わが数学界に絶大の進歩を齎らしたものというべく，将来代数演算の自由な運用によって，和算の諸部門が開拓されることになったその基礎は，全くここにありといわねばならぬ．算筆式の代数演算を工夫し巧みにこれを運用したもの，近世の西洋を除いては関孝和から始まるところの我が国の数学の他に類例を求めることはできない．

**11.** 関孝和の演段術における代数演算では，いわゆる傍書式の記法を使用する．記号として具体的の意義ある漢字を用うるが故に，すこぶる入り易いものとなり，比較的容易に成功したというのも，一つには漢字の効能にも俟たなければならぬ．しかし支那では同様の発達を見られないのであったから，この点に関し関孝和の独創能力は誠に偉大である．

傍書の筆算式代数記法は，演段術には必然的に附随するものであって，演段術が開発された後に，さらに進んで点竄術が発明されたというべきものではない．点竄術とは傍書の代数記法を用いて，代数演算を行うものを指すとすれば，演段術の発生は，すなわち同時にまた点竄術の誕生であったのである．

しかるに演段術では一つもしくは若干の補助数を用い，消去によって所要未知数の一元方程式を構成することを眼目とするが故に，この制限の下においては，一般に代数演算の一切が演段術であるとはいわれぬ．点竄術といえば一切の代数演算を含む．点竄は範囲が広くして，演段はこれに及ばぬ．特に時代の進むに従いて，代数演算はいろいろと考案せられ，進歩の一途を辿るのであるが，諸般の円形の解法にも代数的処理を施して，これを点竄問題と呼び倣わすまでに，点竄というものが普及し，演段は古風の消去方法に限局されることとなって，両者の区画はいよいよますます截然と間隔を置かれるようになったが，それは全く制約のあるものとないものとの，争われぬ運命の帰趨であった．

**12.** 点竄術の演算においては，加減乗除皆併せこれを行う．除算の傍書式記法のごときも，関孝和のすでに用うる所のごとく，普通に思われている．遠藤利貞の『大日本数学史』(明治二十九年刊)のごときも，そういう風に見ている．

しかしながら誠に怪しむべきことは，関孝和著述として確実疑うべからざるものには，一つとして除算の記法を見出すことができない．年紀ある算書でこの種の記法の初めて現れたのは，私の知見の許す限りでは，享保十三年の『円理発起』を初見とする．当然これより先だって作られたと思わるる所の建不休先生撰すなわち建部賢弘の『円理綴術』内題『円理弧背術』及び関流最高の秘伝書といわるる所の『乾坤之巻』などにも，除算記法がある．『乾坤之巻』には繁簡両種があり，その簡なる方にも異同がある．そうしてこれらの同じ円理の算法を説く所の諸書において，除算記法が一定していないという著しい事実がある．

松永良弼と久留島義太とは岩城平侯の家中においての同僚であり，はなはだ懇親の間柄で，数学に掛けては互いに切瑳琢磨したものであるが，それにもかかわらずこの二人は別に異なれる除算記法を使用したというのもまた著しい．それがあたかも円理諸書中の記法に該当する．

松永良弼が球の算法を記した両部の書あり，享保十一年作にして同十三年の序のあるものには，除算記法を用いず，後の作と思われるものには同種の算法に除算記法を適用して，算法の整備を見る．松永の編著の書中で，享保年間までのものにはすべて除算記法を見ず，岩城平侯に仕えて以後の著述中にはこれを使用しているが，これは除算記法の創始された年代を考うるための一つの標準となるものでなければならない．これを考定することは誠に難事であるけれども，これらの事情から推すときは，和算上における除算記法の出現は享保中の創始であったろうと見てよかろう．

関孝和が除算記法を使ったであろうことは私はすこぶるこれを疑う．もちろんこれにはまだまだ繁雑な推論を要するものがある．しかも今これを説くの煩に堪えない．

**13.** 円理という術名は，関流初期のものにありては，前述の『円理発起』と『円理綴術』もしくは『円理弧背術』の書名に見るのみに過ぎぬ．京坂算家の間においては，これより先すでに円理の語を使ったものもあるが，関流ではこれを嚆矢とし，かつ円の算法でも別種のものには円理の名称を使ったものを見ぬ．円理の語が盛んに見え広い範囲に使われるようになるのは，遥かに時代が後れる.

この故に私は享保頃から以後においての円理というのは，円弧の算法に関し，二項展開法を用いて，無限級数を使用し，極限を求むる算法に限定するのが当然であると思う．妄りに広い意味を賦与して，別種の算法をまでも包括するなどは，当時の実際に即せぬ非歴史的の見解に過ぎない.

私はこの意味での円理が関孝和の時代に成立していたろうとは，未だ考え及ぶことができない.

**14.** けれども円の算法について関孝和は誠に注意すべき業績を遺している．『括要算法』所載の定周，定背と名づくる術文がそれである．一種の補正の公式であるが，これを孝和の後継者が算定するところによれば，円内に次々に四角，八角，十六角……を容れて，その周を算定し，次々の差を求め，次に比を求め，その接続する所の法則を考えて，無限等比級数に比し，よってその和の極限を作り，これを角数無限に至れる場合すなわち円周の値とするのである．この算法は数学上の値を打算してのものであるが，しかも無限に至れる極限を算定するという点において，誠に巧妙といわねばならぬ.

この算法において，初めから数字上の値を算出することなく，すべて代数記号を使って一般的に処理することに努めるならば，その結果は『円理綴術』または『乾坤之巻』に見るごとき算法に到達するはずであり，求極限法の原理としてはすでに関孝和の手で成立していたといってよい.

しかしこの概略的補正的の数字的処理からして『円理綴術』の解析的方法に向かって進展するのは決して容易の業ではない.

次々の無限級数を比較して，無限に至った場合の級数を推定算出するのであって，その処理の上に一周零約術を適用しているが，関孝和が約術などのことを記した書中にも一周零約術は見当たらない，一周零約術は循環小数に関する.

しかるに『円理綴術』においては単にこれを零約術と称するをもって，故沢田吾一編『日本数学史講話』には普通の場合と混同して，連分数によるものと解したのであったが，今再びその同じ誤解が繰り返されている．沢田は私の指摘に対し承服したものであった.

また関孝和のいわゆる零約術は，特殊の算法であって，連分数ではない．零約術が連分数になるのは『大成算経』に始まり，建部賢明の始むる所という.

二次方程式の級数展開法は，二項展開法に相当するもので，算木の方程式解法の処置を公式化して適用したものであった．この算法は関孝和が知る所であったかどうかを知らぬ．しかも前顕の円理の諸書中に所載のもの以外には，それ以前の文献は一つも存ぜぬのであり，円理から切り離して考える必要はない．

後には高次方程式の展開方法も講ぜられるようになる．この種の展開方法を後には普通に綴術と称した．他種の無限展開法をも綴術と称したこともあるが，しかし『算法点竄指南録』のように，この種のものに限定したものもあった．

綴術の名称は建部賢弘の『不休綴術』(享保七年)に始めて現れ，一から二，二から三と，次第に推して算法を立てるという方法論的の意味でいうものであったが，『円理綴術』においてもまた同様の意味でいうものなることを思うべく，その名称が建部の意に基づくことに論はない．

ついで『円理発起』においては，二項展開術の結果を綴術と呼び，松永良弼の『綴術草』にもほぼ同様であった．

『円理綴術』という名称は，建不休撰の『円理綴術』と，建部の系を引いた今井兼庭の『円理綴術』と他に同じく同系の著者未詳の『円理綴術』の三部の写本あることを知るだけで，後には再び用いらるる所はなかった．後代においては単に円理といい，もしくは円理豁術の名称のみ行われた．

**15.** 関孝和は円弧の数字上の値を用いて一般の公式を求めることをも試みたが，これは一種の招差法によるもので，いわゆる混沌招差法に比すべき処理方法であった．誠に理解し難いけれども，その立つ所の原則を了解してみれば，これも当然の処理方法であったといってもよろしかろう．ずいぶん巧みにできている．

**16.** 招差法並びに剰一術のごときは，支那にあらかじめ成立した算法であり，もとより新奇の創意ではない．しかしこれをよく整頓して巧みに適用したことは多とすべきであった．関孝和の招差法に直差の場合はない，これありとされているのは，依拠を知らないけれども，おそらく誤解であろう．

**17.** 行列式のごときも京坂算家の間にも見られるし，はたして関孝和の発明であったかどうかは不明であるが，しかし交式斜乗の算法を使ったものは他にこれを見ぬ．両算法共に誤ってはいるが，しかし原則においてすこぶる称すべきものである．

**18.** 関孝和の方程式論は『開方翻変』『病題明致』『題術弁議』『開方算式』等に説くところであるが，この種の論究は他にはほとんど見られぬ．『開方翻変』所載の適尽諸級法は，逐次微分によるものと外形においては一致するが，しかしこれは算木の方程式解法を公式化して記載しその結果に基づいて速断したものと見るべく，高次微係数相当の場合には，関孝和の挙げた唯一の実例も誤ったものであり，その所論は成り立たぬ．これを微分法と見るべき理由は認められぬ．

**19.** 求積の算法において，回転体の体積，表面積を求めたごとき，注意を要するものもある．関孝和以外においても『改算記』に十字環のことが見え，『算法勿憚改』に立円環が出ているが，しかし関孝和が求積の難問題を処理したことは，如何にも著しい．『勿憚改』には円錐を三角壔で穿去せる問題があり，関孝和がこれに答えたものもある．

**20.** 関孝和が行列式のことを説いた『解伏題之法』は未刊の稿本ながらに流布の多いものであり，私は十余部の本を対校してみたが，行列式の展開方法として考案された交式及び斜乗の両方法について，五次以上奇数次の斜乗に誤りのあるのは，諸本の例外なく一致する所であり，戸板保佑，有馬頼徸等のごとき忠実なる註解家の註解するところも，同じく誤りを伝えたものである．しかるに交式については諸本中には誤ったものの方が多いけれども，しかも往々誤らざるものもある．そうして『解伏題交式斜乗諺解』には，関孝和の歿後数年の年紀を奥に記したものもあるが，この書には正しい交式の作製方法が見えている．極めて稀にではあるが，この本には関孝和編と署したものもある．

この事情から思うときは，関孝和の『解伏題之法』には初めに交式を誤った形式で記されていたのであり，孝和の在世中もしくは歿後間もなく訂正されたのであったろうが，しかも本来の誤りのままのものが多く伝えられたことを知る．別して関流中の錚々たる戸板保佑，菅野元健のごとき人物も交式に誤りのある方の本を伝えられたと見えて，そのことをいっている．この方が本来の『解伏題之法』であることには疑いはない．

この本の本文中に交式の誤りを是正したのはかなり後のことであったらしい．

これは些々たる問題であるが，この是正は何人が何時代に試みたかを突き留めるにしても，決して容易ではない．

これと同じく関孝和のごとき偉人で，しかも年代が隔たって来ると，ずいぶん伝説附会が附いて来るので，その真の史実をつかむことは容易ならざることとなる．

**21.** 関孝和の斜乗には誤りがあるにもかかわらず，松永良弼，戸板保佑，有馬頼徸等がそのことを説きながらついに一百余年間もこれに錯誤のあることを知らずして，寛政中に至って始めて菅野元健と石黒信由とがこれを知覚し訂正したというのも，ほとんど信じ難きほどに誤謬の長く伝承されるものであることを示す．

関孝和の適尽諸級法が意義のない空虚のものであるにかかわらず，別して適尽初廉級法に関するただ一つの実例が挙げられたものが，誤っており，その目的に適わぬものであるにかかわらず，和算家中にこれを指摘したものは，私の知る所では独り藤田嘉言があるだけで，他に一つとしてこれを見ることなく，和算の終末に至るまでも歴々の諸大家が意味もなく適尽諸級法云々といっているのが実状であって，二百年ばかりの長い期間を通じて，和算家の間では適尽諸級法の本質は了解されないで終わったともいうべき有様であった．これなども誤ったものが，長く伝えられることの一つの実例である．

関孝和の適尽方級法は一次微分法の結果に相当するものであり，極大極小の算法に好んで適用されることにもなったが，しかし微分法らしい解説の現れて来るのは，ずっと後のことであり，そうして方級法以外の適尽諸級法を逐次微分法らしいものによって解説したものなどは，和算家のついに試むるところとはならなかった．この種のことは昭和九年五月史学会大会の際に「日本極数術史の検討」と題してその結論だけ講述するところであった．

**22.** ついでに記しておくが，適尽初廉級法すなわち二次微係数相当のものと原方程式とから未知数を消去して得る所の関係式は，原式の三根相等しき条件に一致すと説かれているけれども，これも誤解であると思う．如何にも三根相等しければ，この関係式は成り立つ．しかしながら三根の相等しきためには，今一つ別の関係の成立を必要とする．

関孝和の実例によれば，三次方程式

$$3+X-YX^2+X^3=0$$

において，正根の存在するために $Y$ の極限を求めんとするものであるが，今いう関係式を作って $Y$ の正値を算出して適用しても $Y$ の極限にはならない．かつ $Y$ の如何なる正の値を取るにしても，原式の諸項の符号が一定している限りは，三根ことごとく正とすることもできないし，したがって三根相等しくなることも不可能である．この方程式が二つの正根と一つの負根を持ち得べきものであることは，坂部広胖閲の『開式新法』等にこれを記す．関孝和が三根相等の条件を求めたものでもないようである．

**23.** 関孝和の伝記といい業績といい，従来すこぶる伝説的の附会に包まれて真相の変色隠蔽されたもの多く，これが闡明は誠に容易ならざるものあるとき，師範学校の公的刊行物に，しかも「和算への研究の導き」などと銘打って発表されながら，われらの所見とははなはだ隔ったものがあり，あるいは誤解のさらに重ねらるることを杞憂するをもって，ここにいささか卑見を記して上州の人士に問う所以である．

終わりに希望しておきたいことは，この種の発表においては必ず引用の出典を挙げて，従来の所説と新しい見解との区別を示し，原典から直接の解説と孫引きとが一目瞭然たるようにしておくことは，覧者の参考上に最も望ましいと思う．関孝和の招差法に直差があるとか同じく零約術が連分数であるなどいうことは，われらの知見に触れざる珍貴の文書でもあるというならともかく，原典を一瞥しただけで直ちにその正邪に気づくはずである．同じ冊中の他の諸論文においては刻明に出典も挙げられ考証観察も厳に試みられている．数学史関係の事項といえども，いやしくもこれを論ずる以上は，歴史研究の態度と方法を厳重にさるべきことを，われらはすべての場合に要求したい．

（昭和十年一月二十三日識す）

# 4. 関孝和伝に就いて

1. 関孝和は和算の創始者ともいうべき偉人であって，その人の数学上における功労もまたすこぶる見るべきものであるが，しかもこの人の閲歴といい，またその業績といい，実は従来世に伝うる所に誤謬不正確のものははなはだ多く，精緻透徹した研究は未だかつて試みられたこともないのである．私は深くこれを遺憾とし，及ぶ限り確実な史料に基づき，考証観察を厳にし，できるだけは実際の真相に近いところを闡明したいことを心懸けているのである．私が昭和五年二月以来幾たびか日本数学物理学会の常会で研究の結果を発表したのも，すべて直接もしくは間接に関孝和の事蹟に関するものにあらざるはない．これらの研究において従来の何人よりも真相に近い結果に到達し得たことを信ずる．もちろん私の研究は今なお中道にあるもので，将来これを終結し得るまでにはなお幾多の難関を突破しなければならぬことは，あらかじめこれを覚悟しているのであるが，しかも今までに明らかにし得たところだけでも，世に流布した普通の所伝を是正し得たことも少なくないことを確信する．

私が『高等数学研究』の誌上において，関孝和の事蹟につき少しばかり記しておいたのも，今から約一ヶ年前のことであった．その記載は和算発達の一般に関したものであったが，実はその前年(すなわち昭和五年)の秋に東京高等師範学校の数学会の講演会から依頼されて説いたものの原稿に拠ったのである．この簡単な記述に記したことも，普通の流布説に比すれば是正したものであった．

しかるに今『初等数学研究』一，二月号を見るに，林鶴一博士の「関孝和の事蹟に就いて」という一節があり，全く私が論破し得たと信ずる所の旧説が述べられているので，少しく驚いたのである．もっとも「はしがき」に明治四十年の『本朝数学通俗講演集』中の所載を「少しく修飾して責を塞ぐことにする」とは明記されているが，今においてこれを改めて発表するのは，私は林君のためにこれを遺憾に思うのであり，また数多き読者諸君がこの論文によって誤れることなきやを憂うるものである．

『高等数学研究』並びに『初等数学研究』上に私はかねて執筆したけれども，この数ケ月間はこれを手にしなかったので，今日(昭和七年四月二十九日)再び『初等数学研究』の一，二月号二冊を贈られ，ここにこの篇の起草に倉皇として筆を執ることとした．この点は読者の了承を望む．

今年三月十二日の数学会常会で私は「関孝和の伝記の新研究」について講演発表したが，所用時間は約一時間であって，私は研究の概要だけ談話し得たのみに止まる．委細の論文は未だ文書では発表してない．大体の概要のみは関孝和の生国といわるる上州の雑誌『上毛及上毛人』の四月号に説いておいた[1)]．これは私の書いたものが機縁となり，上州で問題になったからである．そうして私はさらに再稿を作り，同誌五月号以下で発表さるることになっている[2)]．しかるところ『東京物理学校雑誌』上でもこの問題を発表してもらいたいという希望があったので，数学史に興味ある人のために必要であろうと思い，すでに一篇を作って脱稿したので，数日内に送付することを回答しておいたのも，二三日前のことである．しかも今日『初等数学研究』の林君の記載を見て，あまりに驚かれたので，さらにこの篇を作って本誌の読者の覧に呈せんとするのも，また全く止むを得ない．便宜のある諸仁は『物理学校雑誌』に載せらるべき拙文[3)]をも併せ見ていただきたい．『高等数学研究』去年二三月の分[4)]をもまた閲読して林君の記載と比較していただきたい．

**2.** 私は主として関孝和の閲歴のことについて旧説を是正するつもりであるが，林君の記述中にはその他のことにもずいぶん謬説が少なくないので，これらの中の或るものをもついでに是正しておくこととしよう．これらもやはり読者を誤るべきことを憂慮するからである．

第一に『周髀算経』をもって「周の時代に出来た支那で古い天文書である」

1)　編者注：本著作集第2巻所載「1. 関孝和先生伝に就いて」．

2)　編者注：本著作集第2巻所載「2. 再び関孝和先生伝に就いて」．

3)　編者注：「関孝和伝記ノ新研究ノ概要」『東京物理学校雑誌』(東京物理学校同窓会)第488-490号，1932.7-9.［Ⅱ.92.66-68］

4)　編者注：「日本数学史概要(数学史研究ノ難事)」『高等数学研究』第2巻第2-3号，1931.2-3.［Ⅱ.30.1-2］

といってあるが(一号，頁 2)，周代の作という証拠があるであろうか．この書の名称は『漢書』の「芸文志」にも見えないのであり，その著作時代ははなはだ疑問である．

第二に「九章には二通りあるが，其の一つは周公が作つたと云はれ，他の一つは隷首が作つたと云はれてゐる」(同頁)とあるが，これは明らかに遠藤翁の『大日本数学史』の所載を襲套したものであろうが，実は単なる架空の想像に過ぎない．『九章』もまた「芸文志」に見えておらぬ．後漢の鄭玄が『九章算術』に通じたというのが，この書に関する初見である．その内容にはあるいは戦国以来の所伝があってもよかろうと思われるが，『九章』という算書の著作が何時代のものであるかは，全く不明である．

第三に『九章算術』の中には句股といい，鈎股の文字は用いられておらぬ．金偏を附した鈎字を使用したのは，我が国で和算家の始めたことではないかと思われるが，あるいは明時代の支那算書などには見られるのかも知れない．支那の文献中に鈎字を用いたものは，私の未だ知らざる所である．

第四に『孫子算経』について，

> 猶ほ此の外に兵略家として有名な孫子の作つた孫子算経と云ふもの……がある(一号，頁 3)

といわれているが，『孫子算経』の作者を兵法家孫武なりとすべき理由がはたして那辺にあろうか．もちろん林君は孫武と明示してはおらぬ．けれども「兵略家として有名な孫子」といえば，兵書『孫子』の著者として有名な孫武を指すものと思われる．孫武は春秋時代の人で，西紀前六世紀に当たる．しかも兵書『孫子』すら孫武の作にあらずして孫臏の作であろうとの説があり，その方が正しいように思われる．『孫子算経』が孫武や孫臏の作であろうとすべき理由は，何らの根跡だにない．これを孫武の作としたのは，清の朱彝尊が初めであり，『大日本数学史』にも同様に見ていたかと記憶するが，他に同様の説を成すものはほとんどあるまい．清の戴震のごときも，書中に仏書云々のことが見えていることに注意し，後漢以後のものとする．兵法の『孫子』と関連せしむるごときは，謬妄もまたはなはだしい．

第五に『周髀』，『九章』，『孫子』，『五経算術』等につきて，

> 此等の書物は翻刻になつて手に入れることの出来るものもあるし，又手に入れることの出来ないものもある(一号，頁 3)

とあるが，この文の意義は了解し難い．翻刻というのは村井中漸の『五種算経』

のことをいうのか，それならば『九章』は入れられておらぬのみか，和算家が『九章算術』を有したかどうかも，すこぶる疑問といいたい．私は未だ和算家が真にこれを見たであろうという証拠に接したことがない．

しかし支那での翻刻ならば，『算経十書』があり，比較的に手に入れ易いものである．林君はただ漫然と不正確なことを書いたのである．

**3.** これら支那の古算書のことについては，林君は久しき以前にオランダの雑誌上に和算略史を執筆された[5]中にも記され，私はその所説が不穏当であることを思い，同誌上で評論したことがある[6]．私は林君のその寄稿あることを聞き，これを参照したいことを希望したので，必要の場合には批評の執筆をも辞しないことを条件として先方へ雑誌の供給方を依頼して手に入れたのであり，その条件を果たすために論評をあえてしたのである．

故竹貫登代多氏は私のこの評論に同感であり，特に同氏の依頼で同氏が主幹の『数学世界』上に論じたこともあった[7]．

林君はオランダの雑誌上でも，また『数学世界』においても，他の誌上においても，かつて私のこの論評に対して対(こた)えられたことはない．しかるにその後二十余年を経たる今日，再び支那の古算書につきて極めて杜撰不正確のことを繰り返されるというのも，私は何の意たるを解するに苦しむのである．

**4.** 豊臣秀吉のときに毛利重能が明に遊びて『算法統宗』を得て帰り，これから始めて十露盤が造られることになったように説いてあるが(一号，頁4,5)，この記事にははたして如何なる史料があるものか，私はこれを知りたい．

故岡本則録翁の談によれば，この説話は内田五観が本郷湯島の紅葉山文庫[8]とかで某書中にこれを見出しこれを談話したのが初めであるが，そのときにはその文庫の書物は散逸したということであった．私は湯島大成殿とか紅葉山文庫とかいう風に聞いたように記憶するが，高井計之助氏には単に紅葉山文庫と語られたということである．それはともかく，内田五観から出たということである．

---

5） 編者注："A brief history of Japanese mathematics." *Nieuw Archief voor Wiskunde*. 6, 7. 1905, 1907）.

6） 編者注：Remarks on T.Hayashi's "Brief History of Japanese Mathematics" *Nieuw Archief voor Wiskunde*. 9. 1909-1911. ［Ⅳ. 10. 5］

7） 編者注：「林鶴一氏日本数学略史ニ見ヘタル九章算術ノ記事ニ就テ」『数学世界』第4巻第12号，1910. 9. ［Ⅱ. 68. 10］

8） 編者注：現国立公文書館内閣文庫．

文献として伝えられたものには，福田理軒の『算法玉手箱』(明治十二年)があり，榊原芳野がその前年に説いていることは，高井氏がこれを見出したのであった．およそ同じ頃にドイツ人 Westphals もまたこれを説いたが，毛利重能が朝鮮へ行ったものになっている．その後にもまた朝鮮渡航説を記したものがある．

しかるに江戸時代の文献には一つもその所伝を見ぬ．ただ，白石長忠の『数家人名志』に極めて簡単な記事があるが，はたして白石自身の記述であるか，それとも後の加筆であるかを知らぬ．

毛利重能の門人であった吉田光由は『塵劫記』の著者として有名であるが，この人は京都の西郊嵯峨の角倉家の一族であって，角倉氏の系図中に光由のことを記し，その末に毛利重能の事蹟もまた略記されている．しかもこの記載の中には毛利が支那または朝鮮へ渡航したことをいっておらぬので，渡航の事実はおそらくないのであろう．後世の所伝は信憑し難いものが多いので，明治時代の毛利重能海外渡航説は容易に信ずべきではないのである．

**5.** 十露盤が始めて支那から日本へ伝えられた歴史は，実は極めてむずかしい．しかし今仮に毛利重能渡航説を採るとして，毛利重能は秀吉の死後に帰ったとし，また『算法統宗』をも伝えたとし，『算法統宗』によって十露盤が始めて我が国で行われることとなったとしてみよう．秀吉は慶長三年(1598)に薨じたから，それ以後のことになるのであるが，しかし前田侯爵家所蔵の前田利家遺物の十露盤が，同家所伝のごとく利家が肥前名護屋に携えたというのが拠るべしとするならば，これは慶長三年よりは以前のことでなければならぬので，前記の所説は信用し難いものとなる．毛利重能渡航説と前田家十露盤の所伝とがいずれが一層信ずべきかというに，これは前田侯爵家の重宝とされている十露盤に関する室鳩巣の案文の方が遥かに史料としての価値が高いのである．

耶蘇教の伝道師が 1595 年に我が国で刊行した辞書中に「ソロバン」という和名が出ているので，その頃に「ソロバン」と称した事は極めて明らかであるが，1595 年は文禄四年であって，もちろん秀吉の生前に属する．この一事から見ても秀吉の死後に至って十露盤が始めて伝えられたのでないことは，いうまでもない．これによって毛利重能渡航説中の秀吉死後に帰ったという部分は，自然に消滅する．

**6.** この辞書中の「ソロバン」という名称の記載につき，私はさきに『高等数学研究』中に記した論文中には，高井計之助氏からの示教として記しておいた．

しかるに長崎高商教授武藤長蔵氏はこれよりさき同校の記念文集中にそのことをいっておられたのであり[9]，私はあるいはこれを見ていたはずであるが，私の記憶に明記されたのは高井氏と相識って同氏から語られて以後である．高井氏が東洋文庫においてその辞書を探索されたとき，同文庫の石田幹之助氏がそのことを私に告げられたことがあるが，私が高井氏の氏名を知ったのはこれが初めであり，その後はからずも岡本則録翁の家で会い，それから同君の知遇を得たのである．

しかるに武藤長蔵氏は私の文を遠藤佐々喜氏が引用されたのを見て，自己の名の記されざるを遺憾とし，別に一篇を作って長崎高商から出る雑誌上で公にされたということで[10]，私は高井氏からこれを示され，談話中に一覧した．実のところ，私は去年の夏に武藤氏に伴われて麹町平河町のドイツ東洋学会を訪い，同会の文庫掛員から同会初期の記事を示され，Westphals が毛利重能のことなど書いたものなど見たのであった[11]．Westphals のその記事は西洋人の引用したのを読んだ記憶もあり，また多分英文で起草されたのは前に何かで披見したように記憶するが[12]，今この記事を見るに及び，武藤氏とも算盤の起原のことなど話し合ったのである．武藤氏が辞書中の算盤のことにつき，私が武藤氏の論文で見た朧ろげな記憶によって話したものにつき，高井氏の説が出たのであろうように発表されたようであるが，武藤氏のこの想像は当たっていないのであり，また同氏の発表中に去年の夏の談話のことが少しも記されておらぬのははなはだ遺憾である．

高井氏は 1603 年の他の辞書にも「ソロバン」の語のあることをも挙げているが，同辞書のことは武藤氏の記述中には見えないという．

高井氏は「ソロバン」の語の有無について，勝俣銓吉郎氏の談話により，古い辞書の取り調べに着手されたように，高井氏から聞いている．

このことはついでながらに，武藤長蔵氏が古い辞書中から「ソロバン」の語

---

9）編者注：「商業教育及商業学科の史的回顧と長崎（一）商業教育と商業算術」『創立二十周年記念講演及論文集』（長崎高商同窓会）1926. 1.

10）編者注：「我国に於ける算盤の歴史に関する一二の資料に就て」『長崎高商教育会誌昌明』第 11 号，1931. 12.

11）編者注：Alfred Westphal, “Beitrag zur Geschichte der Mathematik in Japan”, in the Mitteilungen der Deutschen Gesellschaft für Natur-und Völkerkunde Ostasiens in Tokyo, IX. Heft, 1876.

12）編者注：A. Westphal, “Contribution to the History of Mathematics in Japan”, *The Japan Times*, June 1, 1878.

を検索されたことと，高井氏の検索が武藤氏よりは後れてはいるが，しかし全く独立のものであろうことを記し，両君の功労を世に拡めたいのである．私の疎漏のために両君などに累を及ぼしたことは，切に陳謝する．ただ，武藤氏の初めの記載のことは今に記憶に上って来ないのが，私ははなはだ残念である．その頃の私ははなはだ不健康であったために，読んでも忘れたか，あるいは読み得なかったのであったろう．

**7.** 関孝和の閲歴について林鶴一君は次のようにいっている．

> 関先生は寛永十九年(西暦 1642 年)の三月群馬県藤岡に生れ，通称は新助，姓は藤原，諱は孝和，字は子豹と云ひ，自由亭と号した．本姓は内山と云ふのであるが，関五郎左衛門と云ふ人の養子になつた為め関姓を冒したのである．関家は後で述べる通り今は絶えて仕舞つたが，内山家は今も続いてをるさうである．それで関先生は江戸に出て，徳川四代将軍家綱に仕へ，初めは勘定吟味役，後には納戸組頭と云ふ役になり，三百石の禄を得たのである．……関先生は宝永五年(西暦 1708 年)旧十月廿四日に六十七歳でなくなられ，そして牛込区弁天町(俗に七軒寺町と云ふ)に在る浄輪寺と云ふ寺に葬られてあつて，戒名は法行院宗達日心大居士である．(二号，頁 1-2)．

この記載ははたして正しいかどうか．私が今年三月の数物会常会で「関孝和伝記の新研究」を講演したのも，また上州で問題になったのも，実はこれだけの閲歴に関することが主である．確実な史料を探索し，正当にこれを処理して論ずるときは，これだけの閲歴を験覈するにも，充分に手数も懸かるし，また種々の難問題にも逢着する．しかし今その論究の委細を記すつもりではないから，極めて簡単に説いてみよう．

**8.** 関孝和の名前と歿年月日及び法名等には問題はない．和算家の旧記などには牛込七軒寺町の浄輪寺と書いてあるが，もと七軒寺町と称し，今は弁天町になっている．その寺は日蓮宗である．

弁天町の浄輪寺には関孝和の墓が二つある．一つは旧碑にして，一旦不明になったといわるるものであり，一つは寛政六年(1794)に本多利明等が建てて，碑文を記したものである．旧碑には法名と歿年月日と俗名など記したのみで，家の紋もまた法名の上に刻み附けられている．この紋所は鶴丸といわれたこともあるが，鶴丸ではなくして，鳳凰丸と見るべきである．

この旧碑にも，新碑の碑文にも，また寺の過去帳にも，関孝和の歿年月日は見えているが，生年月日並びに享年は書いてない．

和算家の数多き算家系図などにも，一つとして関孝和の生年並びに享年を書いたものがない．

『寛政系図』中の関新助の系図にも同様であり，同書中の関孝和の実家内山氏の系図にも見えない．内山氏の他の系図にも同様であるばかりでなく，年齢詳らかならずと明記さえしてある．内山家でも不明になっていたのは確実で，かくも旧記に一つとして生年並びに享年が不明であるといえば，林博士の所説に見るごとく寛永十九年(1642)三月の生まれで，享年六十七というのは，すこぶる怪しい．

寛永十九年三月の生まれという説は，私の知る限りでは明治二十五年十一月に山口の九一山人という人が『数学報知』へ書いたのが初見であり，もちろん出典は挙げてない．そうして享年は宝永五年に六十四であったと記す．これは誤植でもあろうが，ともかく，生年，歿年と年齢とが一致せぬのである．この九一山人の所説には正しいこともあるが，また明らかに誤ったものもあり，寛永十九年三月生六十四歳説が如何なる典拠があってのものかも，全く不明である．

旧記にはすべて不明であるものが，この晩出の一篇中において初めていかがわしい記事の顕れたものに対し，どうして充分の信用をおくことができよう．

上野国藤岡の生まれとするのも，またこの九一山人の所説が初めである．

明治二十三年に川北朝鄰の書いたものには関孝和は江戸小石川に生まるとあり，年月はいってない．

『開承算法』の序には，関孝和は東武に生まるとあるから，これも江戸生まれと見たのであろう．これは孝和の歿後三十年ばかり後のものである．

明治四十年に川北朝鄰は，関孝和は寛永十四年(1637)上野国藤岡に生まれたとしたが，これも出典は疑わしい．これから数年後に三省堂の『日本百科辞典』の中の関新助の条に「林(鶴)」と署名して，やはり寛永十四年生と記されている．林君へその出典を尋ねたところ，前担当者川北翁の旧稿に拠ったということである．

大正五年に川北翁は私と大谷亮吉氏とへ，関孝和が寛永十九年生まれとしたのは，Newton と同年の生まれとしたので，自分の作為であると語られたことがある．九一山人の所説に関係があるかないかは判らないが，要するにはなはだあやふやなものである．

事情かくのごときものなるが故に，私も大谷君も共に関孝和の生年並びに享年は不明とする方が適当なりと考え，あるいはその記載を省き，もしくはこれを不明と明記するに至ったものである．もちろん研究の委細はその頃は成り立っていなかったが，しかしこのように二人で相談したのは事実である．

**9.** 関孝和は内山七兵衛永明の子で，関氏を冒したことは事実であるが，あるいは四男中の三男とされ，もしくは三男中の次男とされたこともある．しかし四男中の次男というのが，内山家の系図諸書の一致した記載であり，これが正しいであろう．内山氏の系図によれば，内山氏はもと信州の人で，甲州の武田氏が滅びてから蘆田氏と共に徳川家康に属し，蘆田氏が上州藤岡に封ぜらるるに及んで，内山氏も藤岡に移り，蘆田氏の除封後には幕府から知行を給せられて藤岡に在住し，寛永三年(1626)(？)に旗本に召し出され，後に駿河大納言忠長の附となり，寛永九年(1632)に大納言の事件があってから藤岡に空居し，同十六年(1638)に召還されたのである．

故に内山氏が上野国藤岡に関係のあることは疑いない．

けれども寛永十九年(1642)には関孝和の父は江戸へ出ていたはずである．同十四年(1637)ならば，系図の記載では藤岡にいたこととなる．兄七兵衛永貞は藤岡で生まれたと，系図に見える．

しかるに寛永九年(1632)に駿河大納言が除封されたとき，その家臣は諸大名などへ預けられたり，また武相豆の三ケ国の内へ配流されたとは，『徳川実記』に見え，大納言が預けられた高崎は藤岡に近接の地であるから，その頃に藤岡へ帰臥したらしくもないようである．故に藤岡生まれということにも疑いがある．

**10.** 関孝和の母は安藤対馬守家臣湯浅与左衛門の娘というが，これは高崎藩であったと知られる．

**11.** 関孝和が関五郎左衛門に養われたとは，普通に伝えられているのであり，内山氏の系図にも見えている．けれども関五郎左衛門家の系図は『寛政系図』中に見え，やはり蘆田氏関係の出身で，駿河大納言附となり，武蔵の府中に配流されて，後に再び旗本となった家柄であるが，この系図の中には関孝和を養子にしたことは見えないし，その家は『寛政系図』作製の頃までは連綿として継続していたことが知られる．また浄輪寺の過去帳を見ても，関新助養父というのが，関五郎左衛門家の何人とも歿年月日が合わぬ．故に関五郎左衛門の養子というのは事実ではあるまい．この五郎左衛門家の系図は，私は見落としていたのであるが，上州の渡辺敦氏が探索記述されたことを感謝する．

**12.** 関孝和の役柄は，四代将軍家綱に仕えたという林博士の記載は，全く誤っている．林君の記載によれば，勘定吟味役も御納戸組頭もその禄三百石も共に四代将軍時代のことと思われるが，それもまた誤る．林氏が『本朝数学通俗講演集』中において四代将軍に仕えたとしたのは，遠藤氏の『大日本数学史』に桜田殿(幕府)に仕えたとあるのを解釈して，四代将軍としたのだとは，昭和五年に同博士から報ぜられたことであり，その解釈であれば見当違いであるから，これについて私は幾たびか博士と文書を往復して議論したのであった．その当時私は博士が私の見解を承服されたものと思ったのであるが，今なお全然錯誤せる旧解釈を主張されるとは，博士の剛腹もまたはなはだしい．

江戸時代の旧記によれば，多くは関孝和が甲府公に仕えたという．甲府公とはすなわち四代将軍家綱の弟綱重とその子綱豊とであり，綱豊は後に六代将軍家宣となる．その邸は桜田にあったので，これを桜田殿という．綱重は甲府二十五万石に封ぜられ，綱豊の代に至り，五代将軍綱吉就職の初めに三十五万石に加増された．

『寛政系図』の関新助の系図によれば，関新助は桜田殿において綱豊に仕え，勘定吟味役を勤め，宝永元年(1704)十二月五日に綱豊が将軍の世子となりて，新助も従いて西の丸附となり，四月十二日に御納戸組頭となり，廩米三百俵を受け，宝永三年(1706)勤めを辞して小普請に入り，同五年(1708)に歿したということになっている．

この記載が最も信ずべきであるが，これでは綱重の代のことはいわず，その子の綱豊に仕えたので，四代将軍に仕えたことをいわず，そうして西の丸の御納戸組頭は五代将軍の末年のことであり，四代将軍時代ではないのである．故に四代将軍に仕えて云々というのは全くの誤りであることは，何人といえども直ちに首肯する所であろう．林博士がこれをしも首肯し得べからずと主張するならば，博士のごときは畢竟史料の正しき取り扱い方と解釈とを全然了解せざるものなりと断ずるのほかはないのである．私は博士のためにこれを採らない．

**13.** 林鶴一博士は初め桜田殿が何者であるかを知らないで，漫然と四代将軍家綱としたのであるが，桜田殿が甲府公の邸なることを学ぶに至っても，なおかつ四代将軍に仕えたといってもよいと主張されるのであった．たとい甲府公は一諸侯に封ぜられているにしても，将軍の近親であり，他の一般の諸侯と同一視することはできないのであり，したがって甲府公の邸なる桜田殿に仕えたものは，これを将軍家綱に仕えたといってもよいはずだというのが，この人の主張である．これは幾回も繰り返して主張された所である．文句はもとより異同があるが，要するにこの意味の主張を力強く試みられたのである．

私はあまりに馬鹿馬鹿しいこととは思ったけれども，その誤った主張を打ち破るために一つの例証を出してみた．すなわちこういうのである．父と子と別居するとし，子の家に奉仕する女中がいるとしよう．この女中が子の方へ仕えるというのは当然であるが，しかしまた同時に父に仕えるといってもよいか．これは明らかに左様はいわれぬであろう．この例がしかる以上は，桜田殿の甲府家に仕えた関孝和が，四代将軍に仕うというべきでないのも，また自明の理である．

林君があまりに詭弁ばかり弄して，正しい見解を承服しないために，この種の例を持ち出さねばならぬほどの必要になったのであった．

これは桜田殿に仕えたときのことであるが，西の丸附になってからは，幕府の御家人になって，幕府の役人として西の丸に奉仕したのである．将軍の近親とはいえ，一諸侯になっている甲府侯の家臣であったときとは違い，今は立派に幕府の士である．それでも『寛政系図』などのごとき権威ある書類にも，五代将軍に仕うとはいっておらぬ．これが当然なのである．しかるにいわんや一諸侯としての桜田殿に仕うというのを，特に幕府という註記を加えたり，四代将軍家綱と書き改めたりする必要があろうぞ．かく書き改むるときは，勘定吟味役というのも，御納戸組頭というのも，幕府全体での役柄ということになり，小さい世帯の桜田殿や西の丸での役柄ということにはならなくなる．林鶴一博士のごときは，一通りの説明を加えられた上でも未だこの当然の理が了解されないものと見える．私は特に林博士の態度の不条理であることを指摘しておく．

**14.**『寛政系図』の記載では，上述のごとく甲府公綱豊の代のことのみ記されているが，綱重の代から奉仕したことは，建部賢明の『建部氏伝記』に甲府公綱重卿の家臣関新助孝和とあるので明らかである．

**15.** 関孝和には子がなかったとあるが，実はその生前に娘一人と子一人の歿した法名が過去帳にあるから，子なしというのが必ずしも事実ではない．また養子は平蔵と新七もしくは新七郎という二人があった．平蔵は前であるが，この人はどうなったか判らぬ．

新七か新七郎かは充分にこれを判断すべき史料がない．林氏は関孝和の兄の子としているが，これは孝和を四人兄弟中の三男とし，新七は兄庄兵衛の子とした和算家の記載によったのであるが，他には弟の子としたのがあり，庄兵衛は上州へ浪人の由とあるから，実は弟新五郎永行号松軒といって，部屋住みで医者であった人の子であろうと思われる．これは充分に確実だとの保証はできないが，かく断定するのが最も妥当らしい．

新七または新七郎が享保九年(1724)に甲府勤番となり，同二十年(1735)に追放されて，家が断絶したとは，内山氏の系図にも記され，和算家の伝えもまた同じであるが，『寛政系図』の関新助の系図では，追放は同十二年(1727)となる．十二年と二十年のいずれが正しいかは，的確な判断はできない．しかし二十年の方には干支があり，また二三の記載があるから，この方が確からしいようである．

新七または新七郎は行方が不明になったものか，浄輪寺の過去帳に記載がない．

新七が追放後に建部賢弘の家に寄食したとは，林君も記しているが(二号，頁2)，これは事実であるかどうかすこぶる疑問である．追放の処分になったものが公然と江戸に入ることはできないのであり，建部賢弘のごとき人物が法規を犯してまで寄食せしめたであろうとも思われない．建部氏云々のことは『円理綴術』の本多利明識語に見えたのが，おそらく唯一の史料であるが，この識語ははなはだいかがわしいものであり，これによって確実な判断はできないし，いわんや林君のごとくこの人の「居候になつて世を終へ」た(二号，頁2)というごときことは，全くの妄想に過ぎまい．かくのごとき記載のある史料は我等の未だ知らざる所である．

**16.** 寛政六年(1794)に本多利明等が関孝和の碑を建て，碑文を刻したものは今も浄輪寺の境内に現存するのであり，建碑のときの事情はこの碑文によるほかには何らの所見もないと思われるのであるが，しかも碑文の誤読によって種々に誤りが伝えられている．何人の伝えたものも大概は誤りがある．『大日本数学史』などももちろんその部類に属する．林君の文で見ても本多利明が

> 其友人と相談の結果，分らなくなつてゐた先生の墓を探し出して法養を営んだり，又新たに関先生之墓と云ふ碑を建てたりした．(二号，頁2)

とあるが，碑文にはそうはない．三人のものが寺へ参詣してか，または寺門を通りかかって，たまたま「断表」に遇い，関先生の墓と知って，それからこの三人ももろともに本多利明等幾人かが建碑し，また廃冢をも復原したというように，碑文からは解すべきであるらしい．碑文の書き方が紛らわしく，「過此

寺」とあるのも，「此寺の境内に過ぎりて」であるか，「寺の門前を通行して」というのかも，実は判然とはしないのである．

現に碑文がありながら，今まで正しく解釈したものは一つもないという事情から考えても，如何に歴史の事実が歪曲されやすいものであるかが，極めて明瞭に思われよう．

建碑のときに定めし法養を営んだではあろうが，碑文にそのことを記してはない．林君が法養のことをいっているのも，単なる想像である．

**17.** 関孝和六歳のときの逸話は林博士もいっているが(二号，頁2)，これは『精要算法』並びに寛政の碑文に見え，その前の『武林隠見録』には出ておらぬ．なお別に十歳または十一二歳のときの逸話というものもある．この方は『武林隠見録』の記事から来たろうかと思われる．もちろんこの書には十歳のときなどとはない．そうして若き頃には数学を知らなかったとある．

高原吉種の門人云々ということも，『荒木村英茶談』に疑問を附して書いたのが始めで，また極めて軽い意味に見えているのである．関流免状の古いもの並びに『精要算法』には師なくして云々とある．この方がおそらく事実であろう．高原吉種の関係があったとしても，極めて初歩のものに過ぎないであろうし，確実に断定し得べきでもない．

林君はまた関孝和が数百巻の著述があったといっているが，これは『精要算法』の所載による．寛政の碑文には数十種と改められている．関孝和にはたしてどれほどの著述があったかは，詳らかでない．

関孝和を当時の人が算聖と呼んだというのも，寛政碑文の記載であり，この前には『開宗算法』の山本格安序に見える．孝和存生の当時からのことは，これも充分に詳らかではない．

**18.** 関孝和が晩年に神経の疾患に悩んだらしく，そのために独創的研究ができなかったと思われることのごときは，林君ももちろんいっておらぬが，『建部氏伝記』の記載と，貞享二年(1685)をおよそ境として孝和の業績が終わっていると思われることによって判断し得られる．これは誠に惜しむべきであった．

**19.** 林博士は元の朱世傑が天元術を発明したと書いているが(二号，頁2)，これはあまりにはなはだしい誤りである．朱世傑の前に宋の秦九韶及び元の李冶(李治というのが実なりとの新説がある)等もこれを説いているのであり，朱世傑の『算学啓蒙』が作られた大徳三年(1299)は，秦李二人の著書が出てから五十余年後に当たる．

**20.** 関孝和が支那の天元術に基づいて演段術と称する新数学を創意したのは事実であるが，天元術は算木を使用しての器械的代数学であるのが本来の特色であるのに反し，関孝和の演段術は算木使用の算法ではなくして，筆算式を原則とする一種の新代数学であり，その性質においてすでに雲泥の相違がある．点竄術というのもやはり筆算式の代数学であり，演段術からして自然に開発さるべきものであった．そうしてこの種の筆算式代数学が構成されたことが，我が国の和算の大きな強味であり，自由に筆算式の代数演算を運用し得るに至るのも，その必然的の帰結である．和算の優秀なことの半ばはこの点から来ている．林君のごときはこの間の消息を正統に了解しておらぬのである．

**21.** 林君は十露盤の行われた以前に，竹策法と算籌法とが行われ，前者は長さ四寸くらい，後者は一寸くらいのものであったといっているが(二号，頁3)，『大日本数学史』にも同様のことをいっているけれども，実は如何なる史料に基づいたものであるかを知らぬ．

支那では古くから筭，策，籌など称して，算法用に用いられ，文字に区別があるから，その形状，大小，用法等にも区別があったらしい．しかし判然としたことは判らぬようである．籌策という熟字もあるし，その用法に関して筭字が出て来るなど，要するに，支那では古くから算木が用いられ，算術，代数の算法が器械的に行われたと見ればよい．

その器械的の代数学から，我が日本の筆算式代数学が生み出されたというのが最も大切なところである．

**22.** 林鶴一博士が関孝和の事蹟と題して，本誌一月号，二月号に載せられたものは，我等が先年来発表しつつあるところの新研究の眼光に照らしてこれを見るときは，上述のごとく極めて敬服し難きものである．「はしがき」に明治四十年の旧文を修飾したものとはいってあるが，明治四十年頃の当時においてすら，少しも敬服すべきものではなかった．しかるに昭和七年の今日に至りて，多少手を入れたというものの，多くの誤謬と不正確を存しつつ，これを再び発表するとは，あまりのことであったのに驚かされる．林博士にしてもし真に学的良心を有する人であったならば，決してこの篇のごときものを今日において開示するはずはなかったと確信する．この種のはなはだしい誤謬不正確を妄りに発表して，数多き初心の士の感受性に富める若き心に深く植え付け，迷妄に導き陥らしむることは，私はその可なる所以を見出すことができない．東北帝国大学名誉教授という尊敬すべき肩書きに対し，今にして二十五年前の旧稿を再び発表するといえば，初心者は如何ばかりこれに信頼するであろうかを思い，そうしてその発表されたものがはなはだしく価値なきものであることを思い，私は真におそろしく感ずる．私が一ケ月ばかりやや所労に苦しみつつ，また目前に迫られたる火急の用務に追われつつ，あえて本誌読者のために評論是正の筆を執ったのは，心底から寒心に堪えないからにほかならぬ．

無批判的な謬説が世に多く横行することは，これを払攘すること誠に容易でないのであり，我等が正確な研究を期するものも，容易に報いらるべくもないことを真に悲しむ．

（昭和七年四月二十九日，本誌一二月号接手の日に識す．）

（附記．『数学協会雑誌』第六十五号(明治二十五年八月発行)附録に川北朝鄰編の「本朝数学史料」が附せられ，関孝和の実家内山家の系譜が見えている．この中に関孝和は「寛永十九年三月上州藤岡に生る」と説く．この記事は近項初めて注意し得たのであるが，九一山人が同年十一月に発表したものよりは前であった．しかも川北氏が明治十二年に写した「内山家系図」にもその記事はないのであり，他の「内山氏系図」にも出ておらぬ．これは明らかに川北氏の作為と判断すべきである．くわしくはいずれかの雑誌へ出したいつもりである．昭和七年八月十八日，三上義夫識す．）

# 5. 沢口一之と関孝和の関係

遠藤利貞著『増修日本数学史』(頁 100-1)[1]に次の記事がある.

沢口一之，三郎右衛門ト称ス．初メ高原吉種ノ門人ナリシガ，後チ関孝和ノ門ニ入ル．関備前守ニ仕ヘテ姓名ヲ後藤角兵衛ト改メタリ．其家僕ニ五郎八ト云ヘル者アリ．平生角兵衛ガ算術ヲ傍観シテ，終ニ其奥旨ヲ覚レリ．後チ故アリテ角兵衛ノ放ツ所ト為ル．五郎八直ニ姓名ヲ改メテ，安藤源左衛門ト称シ，江戸麹町ニ校舎ヲ設ケ学生ヲ集メテ教授ス．旧主角兵衛ニ対シテ不敬ノ言多シ．加之角兵衛ガ師，関孝和ニ及ボシヌ．角兵衛憤リテ官ニ告ゲテ之ヲ追放ス．源左衛門廼チ髪ヲ落シテ僧ト為リ，名ヲト信ト改メテ京師ニ走レリ．京師ノ算学此ト信ヨリ始マルモノ多シト云フ，当時ノ人一之ヲ目シテ算学ノ達人ト曰フ．少壮ノ時関孝和ト並ビ立チテ互ニ譲ル所ナシト云フ．算法根源記ヲ得テ其難好一百五十条ヲ解ク事三十日ニ満タズシテ完シ．其解法皆天元術ニ依リ，殊ニ高次式ヲ得ル者少カラズ．其達算ナルコト推シテ知ルベキ也.

この記事に対して，前の部分については「荒木村英茶談ニ拠ル，三上」という頭註があり，終わりの部分については「天元指南ノ序ニヨル，岡本」という頭註がある．この記事ははたして正しいであろうか．もし正しいとすれば如何なる程度に正しいであろうか．その判断は充分に吟味することなしには漫然ということはできない．

沢口一之の通称を三郎右衛門とあるのは，三郎左衛門の誤りである．これは沢口一之の著書『古今算法記』の記載に拠る．同書は寛文十年(1670)の作にし

1) 編者注：平山諦補訂『増修日本数学史』決定版(恒星社厚生閣，1960 年刊)では p. 94. この平山補訂版では，三郎右衛門は三郎左衛門と訂正されている.

て京都で刊行されている．この書の序跋等には著者沢口一之は関孝和の門人ともいってないし，何人の門人とも記されておらぬ．

今引く所の文は『増修日本数学史』には出典を挙げておらぬけれども『荒木彦四郎村英先生茶談』の記載に拠ったものであることは明らかである．試みに『茶談』の文を記して，比較の料としよう．

関氏ノ門人多キ内ニ建部兵庫賢之，同隼之助賢明，同彦次郎賢弘三人ノ事ハ世ニ知所也．三滝四郎右衛門郡智，三俣八郎左衛門久長両人発微算法ヲ著ス．沢口三郎左衛門一之ハ古今算法ヲ著ス．今ハ世ニ知レル者モ無ケレドモ，関氏門人ノ内高弟ニシテ，甚ダ数ニ悉シクアリシ，関備前守ニ仕ヘテ其名ヲ後藤角兵衛ト云ヘリ．少シノ越度アリテ家ヲ出サレシガ其行方ヲ知ラズ．此角兵衛ガ家来ニ五郎八ト云フ者アリ．年期者也ケレバ，数年角兵衛ガ術ヲ見テ己レモ能ク得タリケリ．備前守殿ヘ出入スル米屋荒木次左衛門ト云ヘル町人ニ勧メラレテ剃髪セシ程ニ，角兵衛怒テ追放シケリ．未ダ一月モ過ザルニ，安藤源左衛門ト名乗リテ，麹町ニテ算術指南仕ケリ．余リニ大言シテ関氏及ビ角兵衛マデモ己レガ弟子ノ様ニ云ケリ．関氏是ヲ角兵衛ニ語リ玉ヒシ故，角兵衛官ヘ訴ヘ，又追放セシカバ，出家シテト信ト改メ京都ヘ登リケリ．京師ノ算師多クハ此ト信ノ弟子ナリ．

この説話は後には和算家の記述中に多く見えているけれども，その根本の史料としては，一つの『荒木茶談』あるのみに過ぎない．荒木村英は関孝和の高弟にして，その門人松永良弼がこれを筆記し『机前雑記』の中に収めたということであるが，後にこの部分のみ抽出されたものが，世に伝えられている．『机前雑記』の全部を伝えたものを見出し得ないのははなはだ残念である．

かくのごとく談話の筆記が伝わったものとすれば，その談話者自身の筆録したろうものよりも，多少の相違のあろうことは，初めからこれを考慮しておくべきであろう，また伝写の誤りがないともせぬであろう．

今『茶談』と『増修日本数学史』の両記事を比較するに，後者は前者の抜き書きであるが，必ずしも原文の意味をそのまま忠実に写したものではない．

一，後藤角兵衛が関備前守の家を出されて，行方の知れなくなったことは，『数学史』に伝えてない．

二，『茶談』には五郎八が剃髪したために，角兵衛はこれを逐うたとあるが，『数学史』には官に訴えられてから剃髪したとする．これは剃髪したというのと，出家し云々というのを併せて合一したのであろう．

三，次には『茶談』に三滝，三俣の二人が『発微算法』を著したとあるが，この書は実は関孝和編と署せられ，二人の奥書を附してあるに過ぎない．特に関孝和の創意に成れる演段術を使って『古今算法記』の一十五問に答えたものであり，二人の作ではなくして，関孝和の編であろうと思われる．しかるに『増修日本数学史』にはこの点は『荒木茶談』の記載だからという理由で，二人の作としている．同書(頁 131)〈同前 p. 123〉に次のごとくいう．

> 延宝二年(1674)三滝郡智，三俣久長，発微算法ヲ著ハセリ．発微算法ハ古今算法記ノ答術ヲ施シ且ツ巻末ニ新題若干問ヲ附シタル著書ナリ．其解法皆演段法ニ依レリ．関演段法ヲ施シタル書此ニ始レリ．（発微算法ノ著者ハ関孝和トス．然レドモ荒木村英曰フ，発微算法ハ，郡智，久長二氏ノ編スル所ナリト．村英ハ同門人ニシテ，親シク見ル所ノ者ナリ．今該書ヲ閲スルニ，序文ニ見ヘザレドモ二氏ノ編ニ係レルモノヽ如シ．故ニ村英ノ言ニ従フ）

和算書には師の作を門人の名義で刊行したものは多いのであるが，門人の作を師の名義にしたものは聞かないのであり，『荒木茶談』のこの記載は疑わしいし，『増修日本数学史』に荒木村英の所説なるの故に，直ちにこれに従うというのもまた受け取り難い．

四，沢口一之が後に関備前守に仕えて，姓名を後藤角兵衛と称したというのは，『茶談』の記事に拠ったのであるが，普通には爾かく解するのが至当であろう．和算家の記載にも多くは同様に見えている．けれどもまた，沢口一之と後藤角兵衛とを別人として記したものもある．

この両見解はいずれが正しいであろうか．『茶談』中の沢口一之の記事は「古今算法ヲ著ス」で終わるものとし，「今ハ世ニ知ル……」からは別の記事だとすれば，沢口一之と後藤角兵衛とは別人となる．同一記事の続きとすれば同一人となる．この両様の解釈は実にむずかしい問題で，『荒木茶談』の記載だけでは解決し難い．

仮に同一人としても，関備前守に仕えて後藤角兵衛と称したのは，沢口一之と称した時代の前であったか，後であったか，これも『茶談』の書き方では判然とはしない．故に沢口一之が関備前守に仕えることになってから，姓名を後藤角兵衛と改めたのだと判断することは，困難であるように思われる．故に私は『増修日本数学史』の所載通りにはにわかに賛同し得ないのである．

『発微算法』の巻末に新題若干を附してあるという記載も事実ではない．

沢口一之が『古今算法記』を著したのは，寛文十年(1670)のことであるが，その書は京都で刊行された，そうして沢口一之は初め大坂に住しのち京都に移り，この地で終わった．このことは従来全く知られていなかったのであるが，幸いにこれを記した史料がある．淡路広田氏及び阿波徳島岡崎家の文書と『京羽二重』とがそれである．広田氏文書中の『数学紀聞』に

　日本ニテ天元之祖ハ大坂川崎之手代橋本伝兵衛也，蓋啓蒙ニヨツテ也．

とあり，姓名の右傍に「寛永明暦之頃」と記す．また

　算学啓蒙ハ紀州ノ士人玄哲ト云算者洛ノ東福寺ノ書虫之トキ初テ見之，金銀ヲ贈求セル也．

という．岡崎家文書には，橋本伝兵衛正数に関して

　右ハ大坂川崎ニ住居，算術ヲ以名高，本朝ニテ朱世傑ノ天元術ヲ始而仕始候人，古今算法記，天元術等之書ヲ著シ候人ニテ，丁見(テウケン)(普通に町見とも書く，測量の事なり)ヲ橋本平右衛門ニ相伝仕候．(朱氏は『算学啓蒙』(1299年)と『四元玉鑑』(1303)の著者)

とあり，橋本平右衛門吉隆は京二条に住居，その名高く『算法明解』を著す．吉隆の門人に田中十郎兵衛吉真あり，京都椹木町に住し，丁見を喜多新七治伯に相伝し喜多から大島善右衛門喜侍(芝蘭と号す)へ伝えたことをいう．

『数学紀聞』の一本には，橋本伝兵衛正数の門人に橋本平右衛門吉隆，古市算助正信，沢口三郎左衛門一之後号宗隠，島田左大夫があったことをいう．同じ広田氏所蔵の『見盤』離の巻には橋本伝兵衛正数に関し

　住二大坂一……正数与二其門人大坂鳥屋町之住沢口三郎左衛門一之一相共作二古今算法記一．行二于世一．此本邦以二天元術一著レ書之始也．以伝二橋本吉隆一．於二大坂一而終．沢口一之後住二京都出水一．号二沢口宗隠一．終二京都一．

といい，貞享二年(1685)作の『京羽二重』巻六には算者として田中吉実(吉真であろう)と，聚楽におった沢口宗隠の二人を挙げてある．

これらの記事あるが故に，沢口一之は大坂におって，橋本正数に学び，『古今算法記』は沢口一人の作ではなく橋本正数との共著であったらしい．そうして後に京都に移り，出水及び聚楽に住して，貞享二年の頃には田中吉真と相並んで算者として名を知られたものらしく，遂に京都で終わったというのである．

この伝えによれば，沢口一之が江戸におったということも見えないし，関孝和の門人ともなく，また後藤角兵衛と称したこともいってないし，行方不明になったものでもないのである．この伝えは多くは大島喜侍の所伝と思われるが，

喜侍は京坂算家の伝統を幾重にも受け，また関孝和の孫弟子になった中根元圭からも学んだ人で，八宗兼学式の免状を伝えた人である．かくのごとき大島喜侍が沢口一之は関孝和の門人とはいっておらぬのを見ると，はたして関孝和の門人であったや否やは，実はあまり判然せぬようにも思われる．それに関孝和は沢口一之の『古今算法記』の問題の答術を刊行したのであるから，まさか門人の問題に対して師たる孝和が答術書を出すようなことがあったろうとも，これもはなはだ了解し難く思われる．故に沢口一之がはたして関孝和の門人になったとすれば，おそらくは『発微算法』が刊行されてから，感ずる所ありて入門したようのことがあったのではないであろうか．私はしばらくそういう風に解しておきたい．

沢口一之の京坂における経歴が，右いうごときものであれば，もし仮に『荒木茶談』中の後藤角兵衛と同一人と見るときは，江戸ではその人の後半生が全く知られなくなったのであったろうが，これも怪しいようにも思われる．しからば，沢口一之と後藤角兵衛とは，同一人と見るよりも，別人と見た方が，一層妥当ではないであろうか．関氏高弟の中に後藤角兵衛というものがあって，この人は関備前守に仕えたが，故ありて家を出され，行方不明になったというだけのことを，『荒木茶談』にいっているのではないかと思われる．これは沢口一之とは関係はないのであろう．

後藤角兵衛の家僕であった五郎八，後の卜信が京都へ行き，京都の算家は多く卜信の弟子なりというのもまた卜信に相当するらしい人物を京都の算家中において求めかねる．しかし京都におった柴田清行，すなわち後の宮城清行は，あるいは関孝和破門の弟子といわれることは，『増修日本数学史』(頁 166)にも見え，

或人曰ク，宮城清行ハ関孝和ノ破門ノ弟子ナリト．其レ或ハ然ラム．

とあるが，これは会田安明の『改精算法』〈『改精算法全書』〉の序にも見えているのであって，

関門ノ輩ノ曰，宮城清行〈宮城外記〉ハ義絶ノ弟子ナリト，此事何ニテモ証トスル所ナシ，誠ニ以テ無稽ノ事ナリ．

といっている．事の真偽は判然せぬけれども，宮城清行は京都におりながら，何人の門から出たかも明らかでないし，そうして他の京坂の諸算家が関孝和とは異なれる代数記法を使っているのに反して，関孝和と同じような記法を採ったというのは著しい事実であり，場合によっては関孝和の破門の弟子というの

が，全く無実のことでないかも知れないのである．尤も関孝和の代数記法は『発微算法演段諺解』(1685)で公刊されたので，これに基づいて採用したのかも知れないが，要するに今いうような事実が存在する．しからばこの宮城清行は場合によっては『荒木茶談』中のト信に該当すべき人物であるかも知れない．

しかし宮城清行は，橋本正数，橋本吉隆，沢口一之，田中吉真等に比すればむしろ後輩であって，京都の算家が多くは宮城清行の弟子であったようにも思われない．関孝和の数学が京坂に関係があるとするならば，それは宮城清行が数学史上に現れるよりは以前のことでなければならない．

関孝和の業績と京坂算家のそれとは，代数記法に著しい相違があるごとき事実は見られるのであり，また田中吉真の『洛書亀鑑』は関孝和の『方陣』よりも遥かに精細であるごとき事実もあるが，しかし両者同じく演段術の筆算式代数学を説き，その演段術は『発微算法演段諺解』の序において，建部賢弘は関孝和の発明だといっているし，後に大島喜侍もまた同様にこれを説く．そうして甲府君の命によって多くの問題を研究し，そのときこれを発明したようにもいっている．この記載が信ずべしとするならば『発微算法』が刊行されるよりもかなり以前に創意していたもので，これを使って『古今算法記』の問題を解いたのであろうと思われる．そうして京坂算家が演段を使っているのはこれより以後と思われるものとしか見えておらぬ．大島喜侍のごときも京坂で演段術が発明されたとはいわないのである．何人が如何に伝えたとの記述はないが，しかも関孝和と京坂と別々におよそ同時，もしくは相前後して創意工夫されたのでない限りは，京坂の演段術は関孝和が伝えたのではないであろうか．それも関孝和の使ったのと同じ形式には伝わらないで形式を異にしたものになったのであるから，直接に伝授され，そのままに受け入れたのではなかったであろう．おそらくは『発微算法』の術文を見て，また大体如何なるものだという伝聞に基づき，それから工夫を凝らしたので，全く同様の記法にはならないで，形を異にしたものに到達したのではないであろうか．直接に関孝和の門に入って学んだとしても，充分に伝授を得たのでなく，半ば学んでそれから独自の工夫を積むというようなことになったのであったろう．しかもその人がありとして，必ず沢口一之であったや否やも，私は未だ明瞭にこれを断定することはできない．

沢口一之の『古今算法記』には，諸問題を説くために，解答が必ず一通りに限ることを条件としている．方程式に二つの根のある場合にも遭遇したのであるが，問題に与えられたる数を制限したり，もしくは条件を附して，必ず一通りの解答しか出さないようにして解法を試みたのである．二通りの解答のあるごとき問題をば，これを翻狂と称し，病的のものと見たのであって，正常のものに変改することに努めたのである．

この翻狂ということは関孝和もこれをいうのであり，問題の吟味は関孝和の力を注ぐ所であった．関孝和の方程式論ともいうべき研究はかくして起きたのであろう．おそらく関孝和は『古今算法記』の記載によってすこぶる刺激せられ，それからこの種の研究に向かって進んだのではないかと思われる．もし万が一にも沢口一之が関孝和の門人であったというのが事実であり，関孝和の研究は早くからできていたとすれば『古今算法記』の解法は，関孝和の研究に基づいたものでなかったとも，また充分明らかに断定することはできない．また同書に附した一十五問の新題のごときは難解のものであって，普通の天元術をもって解くことは容易でないから，演段術によるその解法を知って提出したものであるならば，すでに関孝和の算法に通じたものでなかったろうとも，保証の限りではない．しかし解法の可能なりや否やを知って提出したのかどうかも，これも明瞭でないし，これらのことは全く判断に苦しまざるを得ないのである．それにしても，『古今算法記』の一十五問と『発微算法』におけるその答術とが共に相俟って関孝和その人の自問自答というようなものでもなかったであろう．要するにこの事情の中には，解き難き謎を包蔵するともいいたい．

（昭和七年七月十一日稿）

# 6. 川北朝鄰と関孝和伝

『数学協会雑誌』は明治二十年四月に第一号を発兌したものであるが，明治二十四年五月発行の第五十号以下に川北朝鄰編の『本朝数学史料』が附録されている．この雑誌は明治二十一年八月以後には横書きに改められたが，附録の史料はやはり縦書きである．これには

吉田光由氏之伝
保井春海先生実記
渋川氏代々記
高橋氏三代記
建部賢弘子之伝
関自由亭先生の由緒を知らん為め内山家の系図を調ぶ
山路氏代々記

の七編が収められ，私の見た最後の号は明治二十五年八月発行の第六十五号であり，「山路氏代々記」は第七十六頁という中途で終わっている．おそらくこれを最後として最早発行されなかったのであろう．畏友蘆田伊人氏の所蔵に

川北朝鄰
松岡鹿州 稿
数学史料

という肉筆の表記のある刊行小冊子があり，前記の川北朝鄰起稿『本朝数学史料』の第七十六頁までと，ほかに

算術史料　　　石川県　松岡文太郎編

の一頁より十二頁までで中絶したものとを合綴してある．その両者は一つは輪廓があり，一つはこれなく，字配りも同様でないから，同一雑誌の附録ではな

いように思われるが，未だ松岡氏に聞いてはみない．この小冊子中の『本朝数学史料』は明らかに『数学協会雑誌』の附録を取って綴じたものであるが，これも七十六頁で終わるところを見ると，その辺で同雑誌が廃刊されたもののように思われる．この辺のところは未だよく調べてはみない．

この川北朝鄰の『本朝数学史料』は関孝和伝に関して，見遁し難き重要な記事を包蔵する．この記事はいうまでもなく，関孝和の実家内山氏の系譜の中に見えている．この系譜は頁六十六から七十一までに亙り，明治二十五年八月発行の第六十五号に出たのである．その系譜の終わりに

〔考証〕 本文ハ旧幕臣内山家(代々御鷹匠支配)ノ由緒書ニシテ，寛政十一己未年，当時ノ相続者内山七兵衛永恭氏ヨリ柳営ニ出シタルモノナリ，関氏ノ家譜ハ別ニ記載スベシ．

と記す．この記載で見ると，『寛政重修諸家譜』編纂のときに内山家から幕府へ差し出した「呈譜」に拠ったものであろうと考えられよう．けれども実は内山家の「寛政呈譜」ではない．その「呈譜」の原稿として作製され，実際に差し出さなかったものを，川北朝鄰が触目し，これを参照したのであろうと，私は見る．川北朝鄰の『本朝数学史料草稿』に「内山氏系譜」が収められているが，この系譜の終わりには

右之通御座候以上

高二百石…………

寛政十一己未年

未四十七歳
内山七兵衛書判

とあり，かつ川北朝鄰は次のごとく附記している．

朝鄰附言ス，内山氏ノ家系本文ノ如シト雖モ，別ニ用ルニ非ズ，只関氏ノ系ヲ需ムル為メナリ，然ルニ偶々本文ノ如キ細密ナル譜ノ手ニ入リシヨリ玆ニ記ス，内山氏ハ当時其遺跡東京下谷徒町二丁目二十四番地ニ住シ，内山永茂ト云フ，内山永成ノ孫ナリ．

明治十二年一月某日記ス．

川北朝鄰は明治十二年に内山家の系譜を筆写したものであり，その系譜が寛政十一年にいずれへか差し出す為めに書かれたものであろうこともまた明らかである．したがって「寛政呈譜」であろうと見るのも，必ずしも不穏当ではあるまい．川北朝鄰が刊行の『本朝数学史料』において「寛政呈譜」に拠ったというごときことを述べているのは，この系譜に基づくことをいうのであろう．

川北朝鄰がかくのごとき貴重な史料を有したことは，事実である．故に刊行の方で，内山氏のことを述べたものは，この系譜の文章を多少書き改めただけに止まり，多く私意を加えたものではない．これは両者の行文を比較して直ちに認められる．

しかるに川北朝鄰はこの記載中において，関孝和のことをもいっている．孝和の祖父内山吉明，及び父永明，兄永貞のことを記したのは，すべて草稿の方の記載と一致する．関孝和のことはその次に見える．すなわち

関新助孝和，永明の二男なり，母は安藤対馬守家臣湯浅与左衛門の女にして，寛永十九壬午年三月上州藤岡に生る，関五郎左衛門の養子に罷成候，宝永五戊子年十月二十四日病死仕候，年六拾七歳なり，後年養子新七郎享保九甲辰年八月十二日甲府勤番仰付られ，同二十乙卯年八月十七日不身持に付追放仰付られ，家名断絶仕候．

とあり，その後に〔考証〕云々というのである．したがってこの記事もまた右いう系譜中の所載のごとく主張するのである．

もしこの記載が信ずべく，拠るべきものであるならば，真に得易からざる貴重の史料となる．関孝和は普通に寛永十九年三月上野国藤岡で生まれたといわれているけれども，その実，これを立証するに足るべき史料はないのである．しかるに今や内山家の系譜にこれが記載を見るというならば，人あるいはその所載は確実なりと考えるものがあっても，当然であろう．

しかるに川北朝鄰は明治十二年に写したという「内山系譜」を『本朝数学史料草稿』の中に伝えているのであるから，同草稿の記載を挙げて比較することは，極めて大切である．すなわちいう．

孝和　号関新助

　母　安藤対馬守家来湯浅与左衛門（名乗不相知）

　女

年月不詳，関五郎左衛門（名乗不相知）養子ニ罷成候，宝永五戊子年十月二十四日病死仕候年齢不詳，後年養子新七郎，享保九甲辰年八月十二日甲府勤番被仰付，同二十乙卯年八月十七日不身持ニ付追放被仰付，家断絶仕候．

この記載中には関孝和の年齢は特に「不詳」と記され，生誕の年月並びに場所は挙げてないのである．川北朝鄰が寛政十一年の年紀ある「内山氏系譜」の別本を有して，その別本に刊行の史料と同じ記載があったというならば，それもあり得ることであろうが，しかしそういうものを別に見たのでもなかろうか

ら，私はここに深く疑問を挟まずにはいられないのである．

川北朝鄰が明治十二年に写した「内山氏系譜」は，内山家から実際に差し出したものとは異なる．「寛政呈譜」は現に内閣文庫に所蔵せられ，また東京上野の東照宮にはその写しがあり，この両者を併せてかなり多数のものが現存し，これらの写しは東京市の市史編纂室に備え附けられているが，中に内山氏の「呈譜」も現存する．これを川北朝鄰の収録したものと比較するに，内山左京吉明のことに関して川北収録には弘治二年に生まれて，寛文二年百七歳で歿したとあるが，真の「呈譜」には生年も享年も不詳となっている．こういう相違があるのは，原稿には一旦これを記しておいたが，あまり確実でないから削り去って，不詳としたのであろうと思われる．

しかし関孝和の条においては，やはり生年生国及び年齢をいってない．故に川北朝鄰が上記の二本以外の別本を得たものでない限りは，関孝和の生年並びに享年の記載はなかったはずであろう．故にこれは系図の所載ではなく，川北その人の添加と見なければなるまい．

川北朝鄰は明治二十三年に伊藤雋吉の手を経てフランス人ベルタンへ差し出した『本朝数学家小伝』においては，関孝和は

江戸小石川ニ生ル

といいて，生年を記さず，また享年をもいっておらぬから，明治二十三年には寛永十九年三月上州藤岡で生まれたと考えてはいなかったのである．その考えはこれ以後に出たのである．明治二十三年に記した所説が，明治二十五年八月には全く改められているのであるから，その前説は川北朝鄰自身も二年ばかりの間に放棄したのであるが，その前説の出典ももとより不明である．けれどもその出所は朧ろげながらに，これを髣髴することができないでもない．すなわち内山氏の系譜に関孝和の父内山永明が寛永十六年に御天守番に召し出されて以後，牛込辺で屋敷を賜ったとかいう伝えがある旨を記しているから，記憶によって漠然とこれを小石川と思い誤り，小石川で生まれたものと見たのではあるまいかと考えられる．かくのごとき不確実な想像であってみれば，のち直ちに棄て去られるのも，またはなはだ当然であろう．

しからば寛永十九年三月上州藤岡生まれという記載はどうして出たか．もし「内山氏系譜」の一つに出ているのであれば，これを尊重しなければならぬことも，いうまでもないけれども，私は断じて系譜の記載ではないと信ずる．試みに上記の引用文を点検してみよう．刊行の方と史料草稿とで，初めに「永明二

男なり」とあるのは，記載の形式を書き改めたものに過ぎないのであり，これは明らかに原系譜の文ではなく，川北その人の筆であるが，「上州藤岡に生る」及び「年六十七歳なり」とあるのは，明らかにかく川北その人が書き改めたところと文体を同じうする．そうして他の部分は候文であって，両者が全く一致する．しからばかくのごとき文体の相違からしても，系譜の原文でなくして，後の添加と解すべきであろう．明治十二年川北朝鄰筆写の「内山氏系譜」にも，内山氏の「寛政呈譜」にも，また内山氏現今の当主内山永英氏所蔵の「先祖書」にも，永英氏弟故佐藤永利氏が保管された「内山氏系図」の巻物にも，すべてこの種のことは出ておらぬのである．

けれども雑誌『数学報知』明治二十五年十一月発行のものに，山口の九一山人なるものが関孝和伝を記した中に，寛永十九年三月上野国藤岡に生まるとあるのが，これまで私の知り得た初見であったが，上記の川北朝鄰の記載は明治二十五年八月の刊行であるから，九一山人よりも三ヶ月ばかり以前であった．故に川北朝鄰は九一山人の発表に依拠したものではない．かえって九一山人は川北の記載を採用したのではないかと思われる．

これにおいて切に思い出されるのは，大正五年に川北朝鄰が帝国学士院に私を訪い，私と伊能忠敬伝の研究中であった大谷亮吉氏とに向かい，寛永十九年生の説は，ニュートンと同年の生誕と見て川北氏自らの推定だと語られた一事である．川北翁は後，明治四十年に至り，関孝和は寛永十四年藤岡生まれといいて，十九年生の説を全く放棄したのであるが，これもその所説が前記のごとき架空の想像に過ぎないものであったればこそ，何らの執着もなかったためであろうと見たい．十四年説にも出典の手掛かりの得られぬことは，私が幾たびか説いた通りである．もし関孝和が寛永十九年三月上州藤岡で生まれたという記載が，内山家の寛政十一年の年紀ある系譜の一本に見出されたものであったならば，如何に川北朝鄰といえども，その記載を安々と放棄するはずは決してなかったであろう．寛永十四年という記載が他に見出されたにしても，系譜の記載以上に確実と思われない限りは，十九年説を全然放棄して，十四年説をもってこれに代えてしまうというまでの確信は，容易にでき難いのが当然である．しかるにもかかわらず，弊履のごとく棄ててしまったのであるから，川北自身も多く価値を置かなかったものであることが思われ，これを信憑し得べきでないことも，また当然である．

しからば上州藤岡生まれとしたのは，何から来たか．これは関孝和の兄七兵衛永貞が，系譜に藤岡の出生と書かれてあるので，兄と同様と見て関孝和もまた藤岡生まれであろうと推断したのであろう．

しかるに父内山永明は，系譜によれば，寛永十六年には幕府の御天守番に召し還されたとあるから，寛永十九年には江戸におったはずであるから，関孝和が十九年に藤岡で生まれたとしては，疑わしくなる．これにおいて訂正をも必要とする．故に川北翁はそのことに気付いたために，藤岡生まれという方をそのままに存置し，父が御天守番になった十六年よりも以前の十四年という年代を作為したのではないかと思う．十九年説が作為であるならば，十四年説もまた今いうごとき事情で作為されてもよいであろう．十九年説も十四年説も共に信を措き難いのは，こういう理由に拠るのである．

川北翁が大正五年に私と大谷亮吉氏とに語られた所の，関孝和生誕に関する事項は，実際の告白であったと確信する．もちろん，翁の談話だけでは確信するわけにはいかないけれども，上記の『数学史料』の記載様式といい，また実際にその記載が我等の見得たる初見であることなどから考えて，ついに今説くごとき結論に到達するのである．

かくして関孝和伝の一節は，その史料に根拠のないものであることが確かめられたのであるが，これについては最近に蘆田伊人氏から「数学史料」を借覧したことと，高井計之助氏から『数学協会雑誌』の附録ではないかとの注意を恵まれ，かつ実地に同雑誌を披見してこの研究を成就し得たことを特に感謝する．

昭和七年八月十九日識す．

二

# 関流形成史論考

# 7. 関孝和の業績と京坂の算家並に支那の算法との関係及び比較

## 1. 緒論

関孝和が和算創始の偉人なることは何人も異議はない．その業績は豊富であり，この人以前に匹敵すべき業績のあった人もなく，同時代の人に比しても嶄然頭角を抜く．和算すなわち我が日本で発達した数学が，その母体たる支那数学から脱出して，和算固有の樹立を見たのは，全くこの人から始まる．和算の後の時代における発達は関孝和が拓いた跡を追うて進んだのである．けれども関孝和のことといえば，すこぶる疑問が多い．第一にその伝記からが疑わしい．これまで定説のごとくに依従されたものも，根拠なき浮説に過ぎない．関孝和のことには何から何まで誤りが付き纏うのであって，何か因縁でもありそうに，恐ろしく感ぜられる．

私は嚮(さき)きに関孝和の発明と称せらるる円理について，考証する所があった(『史学雑誌』昭和五年[1])．私はもとより『円理綴術』(内題『円理弧背術』)及び『乾坤之巻』に記されたる円理の発明をいうのである．関孝和遺編としてその歿後に刊行された『括要算法』に載する所の円及び球の算法，並びに稿本『解見題之法』及び『求積』などに見えたる球や螺線および，側円すなわち現に楕円というもの，十字環，求積中心周の問題等はこれを関孝和の業績と認むることにおいて異存はないのであるから，これらはすべて前提とし，その上でいわゆる円理なる算法の発明がはたして何人から創まったかを論じたのである．しかるにこれについて理学博士林鶴一君は，「関孝和の円理」と題して二篇の論文

1) 編者注：本著作集第2巻所載「11. 円理の発明に関する論証」.

を作り，『東京物理学校雑誌』(昭和五年十二月及び昭和六年三月）で発表されたのであり，特に私へ書を寄せて，論旨は尽きたといわれたけれども，実のところ未だはなはだ要を得たものでない．私もまた同雑誌上において林君に対し答うる所があった[2)]．このことに関して林君の態度のために研究道徳に関する問題に触れ，私はそのことにも論及しておいたのであるが，林君が当然釈明しなければならぬ義務を果たさないことも，また重ねて深く遺憾に思う．『括要算法』所載の円弧の算法のごときは，その本質が如何なるものであるかも，またもとよりこれを解明しなければならぬのであるが，従来の和算史上においてこれを解明したものはかつてないのであり，その本質が判然と判っておらぬことが，議論の種子にもなるのである．私は進んでこれを明らかにしておきたい．

関流数学の伝授においては，五種の段階があったことは極めて明らかであるが，その五段階の免許の制定に関しても，これまで信ぜられていたものは実際の事実を語るものでない．故に私はその制定と変遷とについて論ずる所があり，実は世に伝えられたる免状に虚構のものがあり，そのために数学史家の判断を誤られていたことをも明らかにしたつもりである．これについては雑誌『史学』所載の「関流数学の免許段階の制定と変遷」(昭和六年）の参照を望む[3)]．免許制度の史的判明は，円理の発明に関する事項にも間接ながらに一道の光明を投げ懸けるものである．

関孝和の業績にはその門人の作があるいは混同してはいないかとも思われる．これを判別することははなはだむずかしいけれども，或る程度までは考えてみることができる．いわゆる円理が関孝和の発明と称せられたごときは，その著しい一つである．これらのことも研究を尽くして，算法発展の順序経過を明らかにすることが，はなはだ大切である．

関孝和と同時代には京坂地方の算家なども，かなりに活動したもので，その業績にも見るべきものがあるが，中には関孝和と同様のことを説いたものも珍しくない．両者相互の間は全く無関係ではないであろう．この問題のごときも充分にこれを闡明することを要する．場合によっては共通の起原があったかも知れない．

これにおいて支那西洋の関係がどうであったか，これについても論ずることを要するのであり，別して支那の数学との関係はこれを明らかにしなければな

---

2)　編者注：本著作集第 2 巻所載「12．円理の発明に就て」．

3)　編者注：本著作集第 2 巻所載．

らぬ．これを明らかにし，そうして比較を試むることによりて，日本の数学の真価が認定されることにもなるのである．

これら諸般のことについては未だ細部の研究が充分に整頓しておらぬので，今は未だ立ち入ってこれを論ずべき時機でないかも知れないけれども，一通りこれを説き，なお将来の研究によってこれを補正することにしたい．これすなわち本編に筆を執る所以である．

## 2. 関孝和伝の概要

関孝和は普通に寛永十九年(1642)三月上野国藤岡で生まれたといわれており，昭和四年十一月には同地において特に関孝和生誕の地として碑をも建てられたのであるが，その実ははなはだ疑うべきであり，その出生の場所も年月も未だ決定し難いのである．けれども寛永十九年よりも四年後に父母共に歿したのであり，弟が二人いるから，この年以後の出生であるまいことは，確実だといいたい．

実家内山並びに養家関の両家が共に藤岡に関係のあったことは事実であるが，その父内山永明は内山家の系図によれば，寛永十六年(1639)までは藤岡におり，この年幕府の御天守番に召し出されているから，『開承算法』の序に関孝和は東武に生まるとあるのが，事実かも知れない．

また関孝和は四代将軍家綱に仕えたともいわれているが，実は桜田殿甲州公綱重に仕えたのであり，綱重の子綱豊すなわち改名して家宣が将軍の世子になるに及んで，始めて幕府の御家人になった．けれども宝永三年(1706)に隠居し，同五年(1708)に病歿して，その翌宝永六年に家宣は六代将軍になるのであるから，甲州家と世子附とに終始したのである．

関孝和は普通に高原吉種の高弟だといわれているが，関流免状の初期のものの写しに，師なくして大成した旨が記されているから，高原吉種の門人ということも怪しい．師なく云々のことは，後に関流の大家藤田貞資もその著『精要算法』(安永八年，1779)自叙中にいっている．

けれども関孝和が如何に傑出の天才者流だとしても，何らの基礎なくして，あれだけの業績を作り出すことはできないのであり，少なくも多くの算書を見たものでなければならぬ．その諸算書は如何にして供給されたであろうか．一方には師なしといわれながら，また一方には高原吉種の門人だといわれるのは，高原から諸算書の供給を受けたごとき関係があるのかも知れない．あるいは高原でなくとも，他の算家からでも諸算書の供給を受けたことは必ずあるであろう．

桜田殿には関孝和の前に『格致算書』(明暦三年，1657)の著者柴村盛之も仕えていた．関孝和と柴村盛之との関係については伝うる所もなく，また柴村の歿年も分からぬけれども，桜田殿ではかなり数学に関する気分が，濃厚であったらしくも思われる．『武林隠見録』に伝うる所に拠れば，関孝和は数学の造詣深きがために特に優遇されたということである．

関孝和の人物性行については，ほとんどこれを徴すべき史料がないのははなはだ遺憾なことである．

関孝和の著述類には年紀あるものもかなりにあるが，これらは延宝中から貞享中までのものに限られ，年紀の見えないものでも，この時期より後れないであろうことが立証されるものも多いのであって，その業績は大体において病歿前二十二三年の頃までに終わっているらしい．この事情ははなはだ著しい．如何なる原因によってかくのごとき事情が醸されたかは判らぬけれども，場合によっては種子本が尽きたからだとも見て見られぬことはあるまい．けれども関孝和が天才的に創見に富めることは，高弟建部賢弘のごときもこれをいっているし，他にもこれを伝えたものがある．故に種子本の想定のみによって満足にこれを説き尽くすことはできない．『建部氏伝記』の所伝によれば，関孝和は老年の上に病患があって，沈思熟考することができなくなったものであるらしい．あたかも同時代における英国のニュートンのごときも，あれだけの独創的の能力に富んだ人でありながら，その後半生においては精神的健康状態のために全く創始の能力を失ったのであるから，関孝和もまたニュートンと同じように，健康状態のために独創能力を喪失したのであったらしい．

附記　関孝和の伝記については『上毛及上毛人』(昭和七年)に数回に亙って論述しておいた[4]．また『東京物理学校雑誌』へも特に同誌の依頼によって，昭和七年七月号以後に出すことになっている[5]．詳論に至っても，いずれ別に発表するつもりである．

---

4)　編者注：本著作集第2巻所載「1. 関孝和先生伝に就いて」「2. 再び関孝和先生伝に就いて」「3. 関孝和伝論評」.

5)　編者注：「関孝和伝記ノ新研究ノ概要」『東京物理学校雑誌』(東京物理学校同窓会)第488-490号，1932.7-9，昭和7.4.26執筆，(3.12日本数学物理学会常会講演「関孝和伝記の新研究」).

## 3. 関孝和奈良の一件

『武林隠見録』に，関孝和は奈良の某寺に何か判らぬ書物があることを聞き，定めて算書だろうと思い，暇を戴いて奈良に行き，これを見て，急ぎ写し取り，江戸に帰って三年の間勉強して，これから学力大いに増進した旨を記す．その記事は次の通りである．

……甲府御家に於て御勘定奉行格に成しと也．其頃南都に何頃渡しやらん，唐本にて仏書に混雑して有たるか，誰か読ても解する事なし．仏書にも非ず，儒書医書の類にも非ず，いか成書共知難き故，打込んで年々土用干などせし計也．新助いかがしてか是を聞，其趣の様子大方算書ならんと察し，御暇申，南都へ登り，漸々借り受，南都に逗留して夜を日に継で是を写し取，江戸へ帰て三年が間，昼夜工夫をこらしけるに，終に其奥義を極めしと也．依之算術に於て我朝にては古今無類の名人と云つべし．

もしこの説話を信ずるときは，関孝和の業績には必ず何かの種子本があったろうことが思われる．

『武林隠見録』は元文年中頃の作にして，関孝和の歿後三十年ばかりの編纂である．もちろんこの記事が事実を語るものなりや否やは判らぬ．中に家宣公すなわち六代将軍が世をしろしめして後に，関孝和が云々ということも見えているが，これはもとより正しくない．関孝和は六代将軍の就職の前年に歿しているから，全くあり得ないことである．その記載中にはこの種の不正確なこともあるから，記事全体が何ほどの事実を含めりやも保証はできないが，しかし全く根拠なき記事もしくは全くの小説でない限りは，全然根拠がないともいわれない．奈良というのはあるいは誤っているかも知れない．また中に書いてあることにも誤りもあろう．けれども奈良かどこかで或る算書を手に入れたというごとき事実は，あってもよさそうに思われる．この説話は関孝和が算書を手に入れるためにはなはだ熱誠であったという事実を物語るものと見てよかろう．

この物語りで見ると，その算書というのは支那のものであったらしく，場合によっては支那訳のインド算書であるかも知れない．

ともかく，この種の物語りが作られるほどに熱誠があれば，高原吉種などの先輩について知識の獲得に努めたこともあるであろう．関孝和の業績には程度はともかくも，或る種の種子本があったろうことに疑いはない．

また関孝和は種子本を焼いたという所説もある．会田安明の『豊島算経評林』に次のごとくいってある.

齢固斎ノ談叢ト云フ書ニ曰，関孝和ナルモノハ算術ニ於テ巧ナレドモ，其意ザシニ於テハ甚不仁ナリ，己レガ名ヲ揚ン為ニ古書ヲ焼捨ルニ於テヲヤ，不仁ニアラズヤ，ト云フ．是ニ依テ見レバ，若クハ明人ノ書ヲ焼捨テ窃ニ其術ヲ盗ミ，己レガ作意トスルニ非ズヤ，又疑ヒナクンバアルベカラズ.

これは会田安明が書いているのであるが，その真偽は不明である．齢固斎というのが何人であるか，談叢というのが如何なる書物であるかも，会田の記載以外に全く見聞がない．故に会田安明のこの記載は確実性に乏しいともいい得られよう．けれどもこれだけの理由で全然事実無根であるともいわれない．また一方に高原吉種の門人といわれ，他方には師なしといわれるのも，実は人の教えを受けながらこれを秘していたような事実があったための結果として出て来た所伝であるかも知れない．種子本を焼くというほどであれば，この後者のごときもまたありそうなことのようにも思われる.

私は事実必ずそうだと断定するのではないが，場合によっては測り知るべからざることであって，したがって関孝和の業績の上に他から伝わったものがあるかも知れないという疑いが存し得るという一つの拠点としたいのである．かくのごとき疑いあるが故に，業績上の比較研究の必要もいよいよ高められるというものである.

会田安明の稿本から引用した記事は，故遠藤利貞翁はその著『机前玉屑』という和算家関係の史料集の中に記載しているが，『豊島算経』の記事であることはいってない．そうして

杲思フニ，翁艸ヲ見ルニ，関孝和ハ奈良ニ於テ支那ノ算術書ヲ見テ其術意ヲ知リ，既ニシテ之ヲ焼キ捨タリトアリ，二書暗合スルヲ見レバ，或ハ事実ナルヤモ亦知ルベカラズ.

と附記している．如何にも『翁草』には関孝和奈良一件のことが見える．けれども『翁草』は神沢貞幹の著にして，『武林隠見録』よりも後のものであり，その記事は後者から採ったものに違いない．字句に多少の異同はあるが，記事の実質は全く同じいのである．したがってその記事中には，関孝和が種子本を焼いたというごときことは見えない．しかるに遠藤利貞が『翁草』の記事にも種子本焼棄のことが記されているというのは，おそらく朧ろげな記憶によって書いたのであり，そのために思わぬ誤謬に陥ったものであろう.

遠藤利貞編『机前玉屑』中のこの誤謬は，『翁草』の記事によって直ちに訂正

し得られるのであるが，しかしこの誤れる記載のあることから見ても，旧記の記載にも如何に多くの誤謬が混入しているであろうかを思うべき一つの例証ともなるであろう．

## 4. 日本へ伝えられた支那算書

和算すなわち江戸時代の数学が発達したのは，支那算書の関係が基礎になるのであり，明の程大位の『算法統宗』(万暦二十年(1592)及び同二十一年序跋)と元の朱世傑の『算学啓蒙』(大徳己亥，1299)とがその主要なものであった．この両書は我が国で翻刻もしくは注解も試みられたのであり，数学史上にすこぶる著聞する．『算法統宗』の和刻訓点本は延宝三年(1675)村松九太夫弟子湯浅市郎左衛門尉得之の跋文が附せられているが，その跋文中に次のごとく見える．

> 爰算法統宗有二渡唐一而以来世久ク褒用〆令レ為二秘本一，今予考二訂之一鋟レ梓矣．此書所下以備中算法之本源上者，於二異朝一綴二抜此書一，作二算学辟奇一，又註二解此書一名二算海説詳一．於二本朝一嶋田氏統宗班々捨集〆著二九数算法一．和漢志之一者也

石黒信由の『算法書籍目録』にも次の支那算書を記す．

| | | |
|---|---|---|
| 数術記遺 | | 漢徐岳撰 |
| 算学啓蒙 | 三冊 | 朱世傑 |
| 宋楊輝算法 | 三冊 | 楊輝 |

　本書ノ儘寛文元辛丑年関孝和写之也．

| | |
|---|---|
| 算海説詳 | 一冊 |

　此書ハ算法統宗ノ内ヨリ抜テ……

　雍正五丁未年

| | |
|---|---|
| 度田備攷 | 一冊 |

暦算全書……

この目録には簡単な解題が記されているが，今これを省く．この諸算書中にはほとんど今は知られておらぬものも見えている．そうして関孝和が寛文元年(1661)に『宋楊輝算法』を写したというのも極めて重要なる一事象である．私は石黒信由の目録によってそのことを知り，信由の玄孫石黒準太郎氏に托して調査してもらったところ，はたして同氏の蔵書中にその一写本が見出されたのであった．支那には『宋楊輝算法』の善本は伝えられていなかったのであるが，

我が国にこの書あるがために，さらに一部の写しを作って支那の数学史家〈李儼〉へ伝えたこともあった．もとより朝鮮版の写しである．

『宋楊輝算法』の朝鮮本は，版本が現に日本に三部はある．一つは東京高等師範学校，一つは宮内省図書寮，一つは内閣文庫に蔵せられている．東京高師本は「養安院蔵書」の印があり，『算学啓蒙』もまた同様であって，養安院曲直瀬正琳(慶長十六年，1611 歿，年四十七)が豊公から授けられたものであろうと思われる．『寛永諸家系図伝』巻三百八十七に曲直瀬正琳の系図があり，その中に次のごとくいう．

同(文禄)四年宇喜多中納言秀家の室秀吉の女怪疾を患，諸医是を治するに験あらず，正琳薬をあたへて，たちまち瘳るを得たり，秀吉感悦したまひ，数多錦衣金銀をたまふ，且秀吉朝鮮にをひて捜りもとめし所の数車の書籍ことごとく是を賜，今にをひて所持す，これよりこのかた医名ますますあらはる．

この同じ記載は『寛政重修諸家譜』巻第五百九十三にも見えているが，宇喜多秀家の室が秀吉の女とはない．そうして「且」字の代わりに「また」と記す．『寛政医家系図』曲直瀬氏の条にはやはり秀吉の女とはなく，

……秀吉ゟ為二謝礼一錦衣金銀ヲ賜ハリ，且秀家朝臣ゟ持来候数車之書籍悉ク賜(右書籍享保二年類焼之節焼失，其節焼残分，今ニ所持)，其後，秀吉ゟ小サ刀ヲ賜(右小刀今ニ所持)．

と見え，儒書目録，医書目録を附し，

右之外朝鮮刻本所持仕候得共，世上有之本故，認不レ申候

との附記がある．『官医系譜』にも同じ記載があるが，「秀家朝臣ゟ」の「ゟ(より)」字を欠く．これらの記載中に見えたる秀家の室は，前田利家の女にして，秀吉の娘分であった．故に秀吉がその難疾治癒の効験に感悦して，厚く正琳に賞賜したというのも，了解し得られる．その数車の書籍というのも，秀吉が秀家もしくは他の征韓軍をして将来せしめたものであったろうと見てよかろう．故にこれらの書籍は必ずしも秀家から授けられたと見る必要はない．その書籍中に算書があったことも極めて明らかであり，注意すべきである．

村瀬義益の『算法勿憚改』(寛文十三年，1673)の序には

実に桐陵九章捷径算法，算学啓蒙，直指(ちきし)統宗等ハ異朝の書なれば，たとへ考勘発明の人も文才なきは不レ能レ読

とあり，関孝和の『括要算法』中に桐陵という名称が見え，関孝和は桐陵の書

を見ていたものらしい.『桐陵算法』は現にその伝本の存在について見聞はないが, 水戸彰考館のものと思われる『天文暦算書総目録』中に『桐陵算法』の書名が見えているから, もと彰考館には所蔵されていたのであろう. 今ではこの『総目録』も同館には伝えられなかったのであり,『桐陵算法』も散佚されている. 支那では今のところ, 桐陵の算法のことは所伝がない.

伊勢の神宮文庫に明の柯尚遷の『数学通軌』(万暦六年, 1578)があるが[6], 支那にはその伝本がなく, 私がこの書のことを記したのが機縁となって, 私は数年前に支那の数学史家のために同文庫に托し一写本を造ってこれを贈ったことがある. この書には次の奥書がある.

天明四年甲辰八月吉旦奉納
皇太神宮林崎文庫以期不朽
京都勤思堂村井古巌敬義拝

仙台藩校養賢堂所蔵の『関流四伝書目』中の「関流後伝」にも『数学通軌』二冊の書名が見える.

帝国図書館には『詳明算法』の朝鮮版が所蔵されているが, これもはなはだ珍本である.

劉宋の祖冲之の『綴術』は失伝の算書であるが, 一の関の家老梶山主水次俊が所持していたとは, 故岡本則録翁の伝聞に存したのであるが, 梶山氏の子孫は現に他郷に転住し, 蔵書も散逸しているから, 今はその事実の有無をも徴することができない. 梶山次俊は関流の大家藤田貞資の門人であった.

なおこのほかにも支那数学に接したことの証拠は幾らもあるが, 支那で伝わっていないものや, またこれまで知られていないようなものも日本に伝わっていたといえば, もし関孝和がはたして種子本があったとすれば, その種子本の調査は極めて大切なこととならざるを得ないであろう.

---

6)　編者注:「数学通軌の原刻本が前田尊経閣にあり, 目録には二本とあるが, 内一本は寛文 12 年の我邦での覆刻本であることが分った. 後神宮文庫を訪ねて同文庫にある数学通軌は鈔本であることが分った. 三上氏は神宮文庫に一本あることを紹介されていたが, 之が鈔本であることをいっていられなかったのである.」藤原松三郎「余の和算史研究」『科学史研究』第 11 号, 1949.『東洋数学史への招待 ── 藤原松三郎数学史論文集』(東北大学出版会, 2007)所収.

## 5. 天元術と演段術

支那で発達した算術及び代数学は算木(さんぎ)の使用によったものである．方程並びに天元術，四元術などいう算法は，皆それである．支那では算木の使用によれる器械的代数学が特殊の発達をしたのであるが，しかしながら筆算式代数学が発達したらしい形跡は全く知られておらぬ．またこれを徴すべき拠り処もない．明末から清初に亙って西洋の暦算の学が盛んに伝えられたが，その初期においては西洋の代数学は未だ伝えられず，康熙の末年に至って借根法と称して伝えられたのが，初めである．その借根法の代数学ははなはだ幼稚なものであり，盛んに文字を記号に使って筆算式の一般代数学を運用し得ることになったのは，咸豊年間に至って『代数学』及び『代微積拾級』などの漢訳書が作られてからのことである．すなわち十九世紀の中葉以後のことである．

日本へ支那の器械的代数学である天元術が伝えられたのは『算学啓蒙』に拠る．宋の秦九韶の『数書九章』及び元の李冶(実は李治であろうとの説がある)の『測円海鏡』『益古演段』などもあるいは関係があるかも知れないけれども，これら諸算書の関係については表面に現れた証跡はない．ただ,『算学啓蒙』に至ってはしばしば翻刻もしくは註解などもされたのであり，その関係がはなはだ密接である.『算学啓蒙』によって天元術が了解されることとなったについては，その由来もあるらしいが，しかし何といっても，沢口一之の『古今算法記』(寛文十年，1670)が出て，ここに天元術は完全に了解され，巧みに応用されたのである．この書には佐藤正興の『算法根源記』(寛文六年，1666)の問題を解くに，ことごとく天元術により，中には解答が二様に出るものもあり得ることを知ったのであるが，この種のものはこれを翻狂と称し，それは問題中にいう所の数の撰び方が悪いのであって，ただ一様の答のみ出るように所与の数を改めることとし，その改めたものについて答解を記しているのである．今から見ると異様な感もするし，問題並びに算法の性質を充分に了解しなかったための結果であろうと思われるけれども，支那の天元術では一元高次方程式の一根のみ求めただけで，二根のあることや，負根のことなどについて注意したことの記載は一つも見られぬのであるから，その後を承けて二根の存在することを見出したというのも一大進歩である．故に翻狂と称して，問題を病的のものと解し，これを改訂しようとしたというのも，深く同情すべきである．これは全く日本の代数学発達の第一歩であった．

『古今算法記』には新たに一十五問の新題を提出した．関孝和は延宝二年(1674)に『発微算法』を著して，その十五問の答解を作った．後に門人建部賢弘は『発微算法演段諺解』(貞享二年，1685)を著し，いわゆる演段術なる新算法を用いて算法の委細を解説したのである．

その演段術なるものは，いわば天元術を二重に使用したごときものであって，それから消去を行うのが原則である．天元術では何か或る一つの物に等しい二つの算式を作り，その両算式を相消して，すなわち互いに相減じて，開方式を得るのである．開方式は現に方程式に当たる．

しかるにやや繁雑な問題になると，簡単にその天元術の原則に準拠して解し得ることがむずかしくなる．これにおいて求める所の数の外に他の補助数ともいうべきものを採り入れて，その両数の間に二つの式を作ることとする．その一つの式を作るのが天元術の仕方に該当するから，二つの式を作るのは，二重に適用することとなる．そうしてその両式から補助数なるものを消去すれば，所問の未知数のみを有する一つの開方式が得られる．関孝和の演段術では，この種の手段を採ったのである．演段術はすべてこの形式にのみ拠るというわけではないけれども，その標本的の適用は全くここに存する．

天元術と演段術との区別を簡単に叙述すれば上記のごとくなる．これを現代の算式によっていい表せば，天元術においては同一の $y$ に等しき

$$y = a_0+a_1x+a_2x^2+\cdots\cdots$$

$$y = b_0+b_1x+b_2x^2+\cdots\cdots$$

という二つの算式を作り，これを相消して

$$(a_0+a_1x+a_2x^2+\cdots\cdots)-(b_0+b_1x+b_2x^2+\cdots\cdots) = 0$$

あるいは書き改めて

$$(a_0-b_0)+(a_1-b_1)x+(a_2-b_2)x^2+\cdots\cdots = 0$$

という一元方程式を作るのである．

演段術においては $y$ に等しき両式を作る代わりに，$y$ についての両式

$$A_0+A_1y+A_2y^2+\cdots\cdots = 0$$

$$B_0+B_1y+B_2y^2+\cdots\cdots = 0$$

を作り，諸係数 $A$ 及び $B$ は $x$ を包括したものとし，この両式から $y$ を消去して，$x$ のみの方程式を作るのである．

天元術と演段術とはその原則においてかくのごとき区別に過ぎないものとすれば，その間に厳然たる相違のあるのはいうまでもないが，しかしその区別相

違といったところで，さまでのものではないようにも思われよう．現に林鶴一博士のごときは，演段術は天元術のやや進歩したものに過ぎないで，後に点竄術なるものが発達するに至って始めて偉大なる区別を生ずることになったというように見ている．（林氏「関孝和の円理」の中に見える．）けれどもかくのごとき見解は誠に思わざるのはなはだしきものである．元来，支那の天元術においては算木の布列によって代数演算を運用することを原則とする．故にその演算は算木の布列で表し得られるものに限る．別の言葉でいえば，係数が数字であるものに限る．故に

$$y = a_0 + a_1x + a_2x^2 + \cdots\cdots$$

のごとき算式を得るにしても，諸係数 $a$ はすべて数字に限られているのである．

しかるに関孝和の演段術では，$y$ について二つの式を作って，それから $y$ を消去するのであるが，その実，問う所の未知数 $x$ の開方式を作らんがために，仮の手段として $y$ をば補助数という意味でこれを用いたものに過ぎず，したがって $y$ の両式はその諸係数がすべて単なる数字のみであることはできない．一般に $x$ を含んだ算式であるべきはずである．故に $y$ の両式は単に算木の布列によって表すことはできない．これにおいて算木で布列するという原則を棄てて，文字をもって記号として書き表すことにしたのである．故に演段術は算木布列の器械的代数学たる天元術から発足したには相違ないけれども，最早かくのごとき器械的代数学という範疇に属するものではなく，これから全く擺脱して，文字を記号とする所の新しい筆算式代数学という新部門を造り出したのである．

天元術と演段術との間には，今いうごとき大きな隔たりがある．そうして記号使用の筆算式代数学が新たに樹立されたということに絶大の意味がある．この種類の筆算式代数学が樹立されてこそ，我が日本の数学は母体たる支那の器械的代数学とは全く見違えた進歩を成就し得ることにもなるのであり，この事象は数学史上に極めて重大視することを要する．これをしも見逃しては，発達上の真相を明瞭にすることはできない．記号使用の筆算式代数学が盛んに運用されたことは我が日本の和算史上における一大特色であって，西洋近世の発達を外にしては他に匹儔（ひっちゅう）を求め難いといってもあえて過言ではあるまい．

後の点竄術は演段とはもとより区別がある．けれども点竄術は記号使用の筆算式代数学であるということを外にして，他に何らかの意義があるであろうか．決して何ら別の意義はないのである．ただ，点竄術は一般にかくのごとき代数

学を指すものと見てもよいのであるが，演段術に至りては，かくまでも広い意味で呼ばれるものではない．どこまでも天元術から出たのであって，消去の算法に限局する．故に演段術という範囲は一局部に限られ，点竄術とは広い意味でいわれる．しからば演段術は点竄術の一部を成すものとも見得られよう．けれども演段術はすなわち記号使用の筆算式代数学であるから，この意味において演段術の樹立はすなわち点竄術の発生をも意味するのである．故に後に至って点竄術が整頓されるのは，後からの発育であり，演段術の樹立は発端としての誕生である．絶対価値の上からいえば，後に発達したものの方が重視さるべきであるが，しかし歴史的価値においてはその発端の誕生に重きを置かなければならぬ．私は演段術の樹立を極めて重く見る．

演段術の委細の解説については，目下起草中の『日本数学史研究』中に記しておいた．

## 6. 行列式

演段術の一種に西洋の行列式に相当する算法がある．関孝和編『解伏題之法』(元和三年，1683)にこれを見る．また大坂の島田尚政門弟井関知辰編『算法発揮』(元禄三年，1693)にもやはり行列式の算法を記す．この両者は同じく行列式の算法でありながら，算法の方面を異にする．『解伏題之法』には行列式を構成した上で，逐式交乗之法によって展開の諸項を得べきことをいいて，その諸項を列挙し，しかる後に交式及び斜乗という二種の方法を用いて展開を行うべき手段を試みたのである．

斜乗とは斜線によって行列式の各格を連結することによって展開中の或る項を採ることを示したものであり，一つの斜乗図で展開の諸項一切を尽くすことができないので，諸行の順序を替えて斜乗を行うときは，前に得なかった他の諸項が得られることからその諸行の順序を替えることを交式というのである．かくして交式と斜乗とによって，展開されたる一切の諸項を尽くすこととなる．関孝和の交式斜乗の方法は，行列式の展開方法としては誠に巧妙なりというべきである．

しかるに惜しむべし，その交式にもまた斜乗にも共に誤りがある．交式の方は寺内良弼(よしすけ)訂の『交式斜乗之諺解』(正徳五年，1715)において訂正されているが，斜乗の誤りに至っては，その後といえども戸板保佑及び有馬頼徸(よりゆき)等が誤ったまこれを解説していたのであり，遥かに降って寛政十年(1798)に至り，菅野元健と石黒信由とが，この同じ年に，しかもわずかに一ヶ月違いで，その誤りを指摘し，かつ正しい斜乗図の作製を記している．関孝和以来およそ一百二十年に垂(なんな)んとするまで，多くの諸大家が一つとして斜乗の誤りに注意しなかったか，もしくは訂正し得なかったというのも著しいのであるが，この年所を経るに至ってほとんど同時に菅野石黒の二人が同様の試みをしたというのもまた同じく著しい．この二人は相互の間に何らの関係もなく独自別々にこの同じ研究をしたのであろうか．それとも一方は他から受けて，別にこれを自著として記述したに過ぎないのであろうか．菅野元健は江戸におり，石黒信由は越中の算家であるが，しかも菅野元健は藤田貞資の門人にして，石黒信由は藤田貞資の門人たる富山藩士中田高寛の門人であった．すなわち藤田貞資の弟子と孫弟子とである．そうして石黒信由は多くの算書を集めた人であり，菅野元健の著書も現にその家に伝えられている．もちろんこれを伝えた年月は今これを知るべき由もない．

関孝和の『解伏題之法』には交式斜乗の方法は誤りながらに解説しているが，前にいえる逐式交乗之法なるものは，これを説いておらぬ．単に逐式交乗之法によって展開の諸項が得られることをいい，そうして別に交式と斜乗という二種の方法を適用して，その展開が得られることを記しているのである．関孝和のいわゆる逐式交乗之法とは如何なる算法を指すのであろうか．また何故にこの算法をば名称をいうのみで，如何なる性質の算法であるかを解説しておらぬのであろうか．この点に疑問が懸かる．

単なる推測ではあるけれども，『算法発揮』に説く所の展開方法は，すなわち関孝和のいわゆる逐式交乗之法ではないかと見てもよいようである．『大成算経』は関孝和も関係して，門人建部賢明，同賢弘の兄弟が編纂したことは，建部賢明が正徳五年(1715)に作れる『建部氏伝記』に見える．この記載は信じてよいと思う．『大成算経』にも行列式のことが記されているが，『算法発揮』の展開方法のごときものを説き，これを交乗法といっている．交乗法というのは，逐式交乗之法というのと同意義であり，その略称であろうと思われる．はたしてしからば，関孝和は『算法発揮』の展開方法をあらかじめ知っていたということになる．

『大成算経』には交式斜乗の方法は記してない．関孝和の算法は大概はすべて収録したらしいのであるが，しかもこの著しい算法を除外している．これは如何なる理由のためか判らぬけれども，場合によっては，交式斜乗の誤りを注意し，したがってこれを記載しなかったのかも知れない.

関孝和は何故に逐式交乗之法ということをいいながら，その算法を記さなかったであろうか. これには何かの理由があろう. また関孝和と同時代に大坂の島田尚政一派が同じ行列式展開の算法を説き，しかもこれを刊行しているというのも，両者の間に関係があろうか. これもまた問題である.『算法発揮』は行列式について刊行書中に公にしたものの嚆矢であり，独り我が日本でばかりではなく，世界の嚆矢である.

## 7. 関孝和の逐式交乗之法

関孝和の『解伏題之法』における逐式交乗之法というのは，その方法が記載してない. けれども島田尚政門流の『算法発揮』に見るごとき展開方法であろうと思われる. しかもこれについては今少し説明してみる必要がある.

『解伏題之法』においてはつまり

$$a_1+a_2x+a_3x^2+\cdots\cdots+a_nx^{n-1}=0$$
$$b_1+b_2x+b_3x^2+\cdots\cdots+b_nx^{n-1}=0$$
$$\cdots\cdots\cdots\cdots\cdots\cdots\cdots\cdots\cdots$$
$$l_1+l_2x+l_3x^2+\cdots\cdots+l_nx^{n-1}=0$$

という $x, x^2, x^3, \cdots, x^{n-1}$ についての $n$ 個の式からして，$x$ の乗冪をすべて消去して，諸係数間に成り立つところの関係を求めようというのである. この消去はあたかも支那古来の算法たる方程の解法のごとくしてこれを行うことができる. 方程は一次連立方程式解法であるが，上記の式中における $x, x^2, x^3, \cdots$ の代わりにそれぞれ $x_1, x_2, x_3, \cdots, x_{n-1}$ と書くこととすれば，

$$a_1+a_2x_1+a_3x_2+\cdots\cdots+a_nx_{n-1}=0$$
$$b_1+b_2x_1+b_3x_2+\cdots\cdots+b_nx_{n-1}=0$$
$$\cdots\cdots\cdots\cdots\cdots\cdots\cdots\cdots\cdots$$
$$l_1+l_2x_1+l_3x_2+\cdots\cdots+l_nx_{n-1}=0$$

となりて，全く $x_1, x_2, x_3, \cdots$ を求むべき方程すなわち一次連立方程式となる. ただ異なる所は方程においては $n$ 個の未知数のある場合には $n$ 個の式を立てて解くのであるが，今の場合には $(n-1)$ 個の諸元の間に $n$ 個の式があるのが異なる.

これだけの相違はあるけれども，一次連立方程式であるということには変わりはない．そうして$n$個の式の中のいずれかの一式，例えば最後の一式を取り去りて他の$(n-1)$個の式を取るときは，$(n-1)$元を有する$(n-1)$個の式となり，完全に方程の問題となる．故に方程の算法によって諸元$x_1, x_2, x_3, \cdots$の値を算出し，これを取りのけておいた一式中に代入するときは，$x_1, x_2, x_3, \cdots$すなわち$x, x^2, x^3, \cdots$を含まざる所の諸係数のみの間に成立する所の関係式が得られることとなる．

故にこの消去の方法は古算法たる方程の解法を適用することによって達成される．しかも今いうごとく一々諸元の値を算出した上でこれを代入するまでもなく，方程の方法の適用は今一層簡単に当てはまる．方程においてはまず第一元を消去し，次に第二元を消去し，次に一元ずつ消去していくのが，その根本の原則であるから，$(n-1)$元を有する$n$個の式についてこの方法を施すときは，最後には$(n-1)$個の諸元はことごとく消去されて，その諸元を一つも含まざる消去の結果に到達するのが当然である．

故に方程の方法によって消去を行うといってもよいのである．もし諸係数がすべて数字に限られているならば方程の通りにして，それで目的は達せられる．

けれども諸係数が数字のみとは限らないで文字を記号に使ったものを包有するので，その取り扱い方に面倒が起きる．しかしたとい面倒なことはあっても，方程の解法と順序や取り扱い方に少しも違ったことはない．古算書『九章算術』の方程の解法では，第一式の第一数を他の諸式へ乗じ，これら諸式の第一数を第一式へ乗じたものをそれぞれ相引いて第一元を消去し，得るところの$(n-1)$個の式についても同様に試み，次第に消去を進めることにしたのである．いま

$$a_1+a_2x+a_3x^2+a_4x^3+\cdots\cdots=0$$
$$b_1+b_2x+b_3x^2+b_4x^3+\cdots\cdots=0$$

等の諸式について，$a_1$を他の諸式に乗じ，その結果から第一式へそれぞれ$b_1, c_1, \cdots$を乗じたものを引き去り，各式共に$x$にて割るときは，

$$(a_1b_2-a_2b_1)+(a_1b_3-a_3b_1)x+\cdots\cdots=0$$
$$(a_1c_2-a_2c_1)+(a_1c_3-a_3c_1)x+\cdots\cdots=0$$
$$\cdots\cdots\cdots\cdots\cdots\cdots\cdots\cdots\cdots\cdots$$

となり，その乗数も式数も一個だけ低下する．この結果についてやはり同じ算法を適用し，繰り返してこれを行うことによって最後の消去の結果に達する．

これは全く方程の方法と同じに試みるのであり，かつ方程の方法に基づいて考案されたものであることもまたはなはだ明らかである．

けれども方程の算法そのままの形のものではない．第一に諸元 $x, y, z, \cdots$ の代わりに $x, x^2, x^3, \cdots$ のごとき一元の諸乗冪を消去することであり，またその消去に当たっても $x, x^2, x^3, \cdots$ を順次に消去するのでなくして，これを含まぬ絶対項を消去し，そうして乗冪数を一乗ずつ次第に低下せしめるのである．また $x, x^2, \cdots$ 等の諸乗冪の値を算出することをもせぬ．これ故に方程そのままの形ではないということになる．

故に方程の方法のごとくして消去を行うとはいわずして，特に逐式交乗之法によるともいったのであろう．この算法を称して逐式交乗というのは，次々の諸式について互いに掛け合わせて何とかするという意味で，その名称は適切なように見える．

故に関孝和の行列式の算法がその根本において支那の古算法たる方程から出たものであることに疑いはない．

これは行列式の展開方法に関していうのであるが，行列式を構成する所の $n$ 行 $n$ 列の式が考案されることについても，また同じく方程の算法を眼中に置いて思い着いたものであろう．

所問の未知数の外に補助数ともいうべきものを採り，その補助数についての高次方程式二つを作って，これからその補助数を消去するのが，演段術の標本的のものであるが，行列式の算法もまたかくのごとき両式から消去を行う目的のために作り出されたのである．故に演段術の一種であって，また演段術としては最も重要なものの一つである．演段術の中には行列式のごとき極めて重要なものを包括するのであって，これを天元術に比すればすこぶる趣きを異にする所の一例を提供する．しかるにもかかわらず，林鶴一博士のごとく演段術は天元術から少しばかり進歩したものに過ぎないなどいうのは，全くその発達の真相を明視し得ないのであることが，ますます明らかになるのである．二つの高乗開方式，すなわち高次方程式

$$a_1+a_2x+a_3x^2+\cdots\cdots+a_nx^{n-1}=0 \qquad \text{(a)}$$

$$b_1+b_2x+b_3x^2+\cdots\cdots+b_nx^{n-1}=0 \qquad \text{(b)}$$

からして，次第に $x$ の乗数を低下せしめることは，演段術の消去方法において必ず企てなければならぬのであるが，これについて種々に工夫を凝らすに当たり，この両式を変形することによりて $m$ 行 $m$ 列の式に作り上げることができ

るならば，ここに方程に類似したものになるのであるから，これを試みようというような考えも生起したであろう，またいくつもいくつも同じような式ができるので，それらを並列して方程のようにしてみようという希望も起きたことであろう．その結果が端なくも行列式の新算法の創始になったのである．

上記の両式から行列式を構成するところの諸式がいかにして作られたかも，試みにこれを記しておこう．

まず(a)へ $b_n$ を乗じ，(b)へ $a_n$ を乗じて相減ずるときは，

$$\begin{array}{r|l|r|l} a_1b_n & +a_2b_n & x+\cdots\cdots+a_{n-1}b_n & x^{n-2}=0 \\ -a_nb_1 & -a_nb_2 & -a_nb_{n-1} & \end{array} \qquad (1)$$

となり，(a)へ $b_{n-1}$ を乗じ，(b)へ $a_{n-1}$ を乗じて相減ずるときは，

$$\begin{array}{r|l|r|r|l} a_1b_{n-1} & +a_2b_{n-1} & x+\cdots\cdots+a_{n-2}b_{n-1} & x^{n-3}+a_nb_{n-1} & x^{n-1}=0 \\ -a_{n-1}b_1 & -a_{n-1}b_2 & -a_{n-1}b_{n-2} & -a_{n-1}b_n & \end{array}$$

となる．この式へ(1)×$x$ を加うるときは

$$\begin{array}{r|l|r|r|l} a_1b_{n-1} & +a_2b_{n-1} & x+\cdots\cdots+a_{n-2}b_{n-1} & x^{n-3}+a_{n-2}b_n & x^{n-2}=0 \\ -a_{n-1}b_1 & -a_{n-1}b_2 & -a_{n-1}b_{n-2} & -a_nb_{n-2} & \\ & +a_1b_n & +a_{n-3}b_n & & \\ & -a_nb_1 & -a_nb_{n-3} & & \end{array} \qquad (2)$$

となる．次に(a)へ $b_{n-2}$ を乗じ，(b)へ $a_{n-2}$ を乗じて相減じ，その結果へ(2)×$x$ を加えるときは，やはり前と同様に一つの $(n-2)$ 次の方程式となる．以下次第に同様の演算を継続するときは，ついには $(n-2)$ 次の方程式 $(n-1)$ 個を作り得べく，これらの式から $x, x^2, x^3, \cdots, x^{n-2}$ を消去すればよいのである．その結果がすなわち $(n-1)$ 行 $(n-1)$ 列の行列式である．

故に我が国の行列式の算法は二つの一元高次方程式からその一元を消去するという演段術の一種として顕現したのであり，西洋では一次連立方程式の解法から起きたのに比し，全く事情が異なるけれども，しかしながら我が国においても方程すなわち一次連立方程式の解法すなわち諸元の逐次消去の手段を眼中に置いて，方程に類似した諸式を構成することに努め，そうして一旦行列式の構成された上でも後で方程の算法に模して消去を行うことによって，その行列式の展開方法が案出されたのであり，方程の算法から出ていることはこれを認めなければならぬ．故に西洋での行列式発生の事情との相違は，一次連立方程式の解法として出て来たのと，一次連立方程式の解法を基礎として造られたというのとの違いに過ぎない．一次連立方程式に密接な関係あるものとしては，

同じである．

関孝和の逐式交乗之法というのは，上記のごとき手段によったものであろうと思われるが，しかしその同じ方法をもってまず最高次のものから消去していくのであったかも知れない．けれども行列式を構成した上でいえば，いずれにしても同じである．

ただこれだけに止まるならば，『算法発揮』の展開方法と同じとはいわれぬ．手段としては全く同じであるが，『算法発揮』においては今いうごとき手段で得たものをさらに具象的に整頓し法式化したものになっている．『算法発揮』の展開方法はここに示す所の図のごときものである．この図は四次の行列式ともいうべきものの展開方法を表すのであるが，右方における第一行の諸格につきてその小行列式（マイナー・デターミナント）ともいうべきものを乗じ，上から数えて第一格，第二格，……へそのそれぞれの小行列式を乗じたものは，図に示すごとく正負の符号を撰ぶべしとしたのである．かくのごとき図式を挙げて，現今の数学において小行列式というものを使っておったのは，誠に面白い．

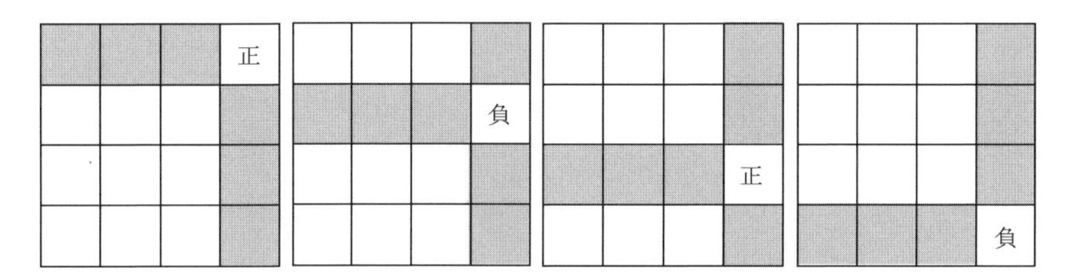


『大成算経』巻十七に行列式のことを説いたものには，交乗法ということが見えている．『大成算経』には『算法発揮』のごとき図は挙げてない．けれども，『算法発揮』と同じに一行の一格へその小行列式を乗ずるという手段を採ったものであることは，その解説を読んで容易に判断し得られる．しからば『算法発揮』の展開方法は独り大坂の島田尚政一派の間にのみ存したのではない．久留米侯有馬頼徸の『開方要旨』巻中の首に，行列式のことにつき関孝和の研究を述べ，さて

建部賢弘承而校合．加ニ添削一．雖レ属ニ諸大成算経巻第十七一．……

といっている．『大成算経』には行列式について関孝和の『解伏題之法』に説ける交式及び斜乗を採らずして，いわゆる交乗法といえる小行列式を使用する方法をいう所を見ると，この方法のごときは場合によっては関孝和の算法でなくして，建部賢弘もしくはその兄賢明の作であるかも知れない．また『大成算経』

の完成は『算法発揮』の刊行よりも後であるから,『算法発揮』を見てこれを採り入れたのであるかも知れない．故に関孝和の逐式交乗之法といえるものをもって,『大成算経』にいう所の交乗法に相違ないと堅く断定することはむずかしいかも知れないが，しかし場合によっては関孝和の逐式交乗之法もまた小行列式使用のものであったろうと見られぬこともない．私はこの方法であったろうと考えたい．

戸板保佑の『生尅因法伝』(宝暦九年，1759)においては関孝和の逐式交乗之法は小行列式使用のものであったように説く．ただし第一行の諸格の小行列式を採らずして第一列の諸格に対する小行列式を採っているが，その点は『算法発揮』並びに『大成算経』とは異なるけれども，行列式の性質としていずれでも同じであるから，逐式交乗之法の解釈としては至当であろう．

前説くところの方程の算法のごとくして，消去を行うた結果が，直ちに『算法発揮』のごとき法式にはならぬ．しかもその消去の結果を表した公式はずいぶん複雑なものになるから，どうかしてこれを法式化して簡略に求め得ることにしようというならば，二式の場合から三式の場合，三式の場合から四式の場合へと次第に進んで考えることもできよう．

例えば三式の場合の展開の結果を見るに，これを

$$a_1(b_2c_3-b_3c_2)-a_2(b_1c_3-b_3c_1)+a_3(b_1c_2-b_2c_1)$$

の形に書き表し得られるから，$a_1, a_2, a_3$ へ懸けられた数はいずれもその諸格の小行列式なる二行二列の展開結果に相当することが見られる．かくして三行三列の展開結果の公式が得られる．

次に四行四列の展開式を方程のごとき方法によって試み，これを書き改むるときは，やはり第一行の諸格へその各小行列式を乗じたものの代数和に相当することが知られよう．まずざっとこのような方便によってその法式を知り得たのであったろう．

故に小行列式を使用した展開方法は，方程の方法によれる消去の結果からして法式化して得たものであるが，この種の法式を『大成算経』に交乗法と呼んでいるから，関孝和の逐式交乗之法もおそらくこの法式を指すものではないかと考えたいのである．しかも方程の方法で消去を行うことも逐式交乗と呼んで差し支えないのであるから，一概にいうことはできないが，しかしながら場合によってはこの法式のものを関孝和もすでに知っていたらしいのである．

しかるにここに問題がある．関孝和がもしはたして小行列式を使用する展開

方法を知っていたものとすれば，何故にこれを『解伏題之法』の中に記しておかなかったであろうか，これは誠に疑わしい．『解伏題之法』の世に伝えられた写本類は幾らもあるが，すべて逐式交乗之法の術名を挙げながら，その算法を述べておらぬのは事実である．しかも別に『演段解伏題之法』と題する一稿本があり，同じく関孝和編と署し，流布本と大体は同様であるが，文章にも多少の相違があり，内容もまた流布本に比して一二の省略されたところがあり，この本には逐式交乗之怯によって云々ということをいわずして，

以$_{二}$生尅$_{一}$為$_{二}$寄消適当$_{一}$矣．三式以往者．文繁故略．特交式斜乗以代$_{レ}$之．

と見える．この本と流布本とが関孝和の原本にいずれが近いか，もしくは両者共に関孝和の手に成ったものであるかなどいうことも，不判明である．もしこの異本の方が原本であるならば逐式交乗之法ということは関孝和のいわざる所であったろうとも思われるが，それにしても方程のごとき消去の方法を試みないでは，行列式の展開はできないのであるから，多少の疑いを残しつつ，逐式交乗之法ということは関孝和がすでにこれをいったものであろうと思う．はたして関孝和が小行列式使用の図式をも知っていたとすれば，さらにこれから進んで別の図式を作ったのが，交式及び斜乗の方法であったと見るべきであろう．

要するに，支那の方程の解法では，係数がすべて数字の場合のみに限られ，また原則としては算木で布列して行うものであったのであるが，係数がすべて数字の場合とは違い，今や文字を記号に使って，一般の形式でこれを適用しているので，したがって繁雑なものとなり，その繁雑を処理するために一般の法式を工夫することになったのであって，『算法発揮』の小行列式使用の展開方法でも，また関孝和の交式斜乗でも，その一般の法式を求める試みの顕れたものである．

## 8.『算法明解』と行列式

『算法明解』は田中吉真作の刊行の算書ということであるが，今その刊本の現存することの見聞がない．この書のことについては山本格安の『遺塵算法』(享保辛酉，1741，刊本)の附録中の『本国印行算書目』の終わりに

算法明解　　三巻　　田中吉真
不作集　　　三巻　　中根元圭
算九回

右三書．予未レ見レ之．書肆亦或云．聞二其名一而未レ見二其書一也．然則欲レ刊レ之．而未レ刊歟．

と見える．『算法明解』が流布本の多くなかったことはもちろんであろう．しかるに上州の和算家萩原禎助所蔵の算書中にその一写本が存在し，これを見ることを得たのである．現にその写しの存するのは上巻のみであって，下巻は目録のみ記されている．上巻は『古今算法記』の答術であり，関孝和の『発微算法』と互いに出入りするものである．延宝六年(1678)の序文があり，田中正利と署せられ，田中吉真とはない．けれども田中正利と田中吉真とはおそらく同一人であろう．

因みにいう，中根元圭の子中根彦循から水戸の算家へ送った書状控えが現に水戸の彰孝館に所蔵されているものに拠るに，中根元圭の『不作集』はその実はこれを著作せんと欲して未だ著作せず，いわんや刊行したことのないものであることが，問い合わせに対して答えられているのである．

『洛書亀鑑』は天和三年(1683)に田中吉真作の写本であるが，この書の序文中に方陣のことについて

桑華之算経間載レ之．而未レ有二明説一．頃歳算法闕疑抄題二之一問一．根源記答以二其図一．尚未レ暁二其義一．継而至二至源記一．挙二方五十間之疑問一．則不佞為レ草三其図与二一百五十術一．掲二是於明解中一．而今復明二其義一．詳二其術一．以作二為此編一．

といい，「時天和三年歳亥孟陬之月．十郎兵衛田中吉真謹題」と署している．故に田中吉真が『算法明解』の著のあったことは明らかであるし，その著が天和三年(1683)より以前であったこともまた明らかである．けれども現存の『算法明解』の写本はこの序文中にいう所の『明解』と同一書なりや否やは充分には判然せぬ．これはしばらく疑問としておくが，この写本の下巻附録には

廉率本源図並解儀

交和演段　二交和演段　三交和演段　……………

と見える．しかも廉率本源図が何であるか，交和演段というのが何であるかは，全く判らぬのである．田中由真編と署せる演段の諸書は現に若干の写本が伝えられているが，その演段諸術中に交和演段という術名は未だ一つもこれを検索することができない．廉率本源図と交和演段というのが別々のものか，それとも互いに連絡のあるものかもまた判らぬ．

廉率本源図についてはおよそ二様に解釈推測することができる．後代のこと

ではあるが，廉率または廉術といえば一から二，二から三，三から四と次々に推していくことに関する或るものを指すことになっている．逐索術というのもまた同種の算法に関する．『算法明解』の中に廉率本源図というのもおそらく同種のものであろう．場合によっては二項展開式の諸係数を示す所の図表様のものと解することもできる．すなわち西洋でパスカルの三角形と称するものであったろうとも見られる．たとえば『算法稽古絵図大成』の巻首に開方求簾図と称するものがあり，ここに示すごときものである．

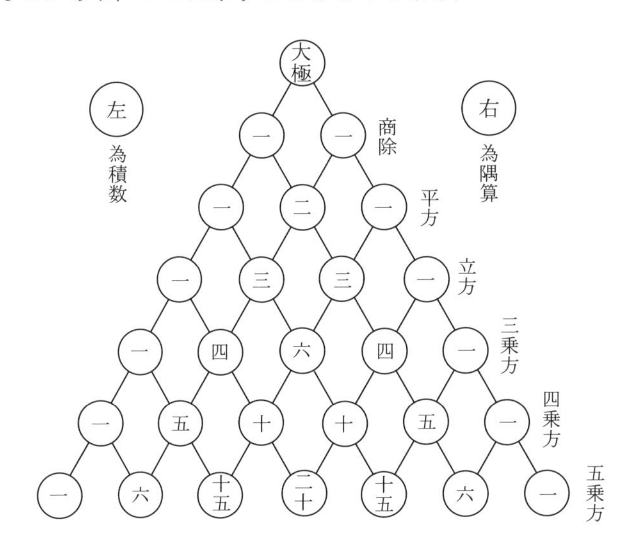


この図には明らかに刊誤があるので，これを訂正した．一つの解釈としては，この種の図を意味し，これを算法上に如何に利用するかを説いたものとも見られる．支那の算書では元の朱世傑の『四元玉鑑』(大徳癸卯，1303)に古法七乗方図と称して同様の図を記す．そうして最上に本積と記し，各格の右方には方法，平方隅，立方隅，三乗隅，……と記し，左方に商実，平方積，立方積，……と記し，下方には左端からして次々に本積，方法，上廉，二廉，三廉，四廉，……とあり，図の上方の右と左に中蔵皆廉，開則横視と記す．この種の図は『宋楊輝算法』にもまた見る所である．

もし廉率本源図というのがこの種の図を指すものとすれば，開方の方法に関するこというまでもないのであるが，これについては関孝和の業績に関しても考うべきことがある．その論究は後に譲る．

この種の解釈も可能であり，またはなはだ有力なるものであるが，しかしこれだけが唯一の解釈ではない．なお別に行列式関係のものではないかとも見られる．著作の年代は判らぬけれども，田中由真(吉真)の行列式に関することを説いたものがある．『算法発揮』の算法のごときことをも述べているし，また斜乗ということをもいう．その斜乗は関孝和の斜乗とはやや趣きを異にする．

『算法発揮』のような算法にしても，また田中由真のいう斜乗にしても，共に二行二列の場合を使って三行三列の式に適用し，三行三列の式を使って四行四列の式に及ぼうという趣意のやり方であって，この意味からして廉率また廉術と称してもよいはずであろう．故に廉率本源図とはこの種の算法の本源に関する或る種の図式を指すものとも見られるのである．

この場合に交和演段というのが，その廉率本源図に関係のあるものかないものかも判らぬが，しかし『算法発揮』のごとき算法をもって和を交えたる算法なりと解してもこれまた全然無理ではあるまい．逐式交乗または交乗法というのと交和演段というのが，やや意味の似通うようにも思われる．田中由真は関孝和と同種のことを説きながら，往々術名を異にすることも珍しくない．

もしこの解釈が許されるならば，廉術と交和という間に連絡があることとなり，上述の開方方法に関する解釈ははなはだ適切な解釈の一つを提供する．

これ以外にもなお解釈の道はあろう．廉術と交和とが連絡がないものとしての解釈ができてもよい．けれども上記の両解釈がはなはだ適切なように思う．

田中由真は行列式のことを説きながら，廉術とか交和とかいうことをばいっておらぬので，これを行列式のことに当てるのは不可なりと説くことはできよう．これも一理がある．同一事項にして種々の名称をもって呼ばれるものもあるから，名称の異同のみで否定するには当たるまい．

『算法明解』の写本の上巻には『古今算法記』の問題を解いているのであるから，下巻にはその解法たる演段術の解義があってもよいはずであり，その演段術の一種として行列式の算法が説かれたとしても，また適切なことであったろう．

私は必ずかくのごとき史実があったに違いないと主張することはできないが，多分そういうことであったろうとの臆説を提出するのである．

もしこの推測が当たっているならば，行列式の使用は関孝和の『解伏題之法』(1683 年)の年紀よりも以前において京都の田中由真が試みていたということになる．

そうしてその算法が『算法発揮』に見るごときものであったとすれば，かつこれをもって関孝和のいわゆる逐式交乗之法に当たるものなりとすれば，関孝和が逐式交乗之法なるものを解説せずして，別に交式と斜乗とを解説しているのは，何か意味のあることらしく思われる．何らの意味もなくして，逐式交乗之法を名称のみ記して解説しないでおくという理由はあるまい．もし意味あってのこととすれば，いわゆる逐式交乗之法なるものはすでに人の説いていることであるから，そのことをばこれを記さずして，別に自ら工夫した交式と斜乗のことをのみ解説したのであったろうとも見られよう．

このことのごときはもちろん断定的にいうことはできないのであるが，しかしてこういうことも場合によってはあり得たろうことを胸中に描いておく必要はあろう．しからざれば関孝和と京坂の算家との関係を適当に了解することはできないのである．

関孝和の門下において，『大成算経』には如何にも交乗法が説いてある．関流中の荒木松永派と称せらるるものの中でも戸板保佑は『大成算経』の交乗法のごときものとして，逐式交乗之法を解釈している．しかもこの派で伝えた関流免許の目録においては伏題目録中に『解伏題之法』はあり，『交式斜乗之諺解』もあるけれども，逐式交乗之法または交乗法というべきものを伝えておらぬことは，注意しておくべきであろう．

これにおいてこれを思うときは，関孝和編の『演段解伏題之法』においては，『解伏題之法』の流布本とは違い，逐式交乗之法ということもいわれておらぬことが，何か意味がありげにも思われる．

けれども廉率本源図という名称は『算法統宗』に見えているのであり，この書では前にいうところのパスカルの三角形に相当するもののことであるし，『算法統宗』は初期の和算家の間に重きを成した支那算書であるから，『算法明解』にいわゆる廉率本源図というのも，『算法統宗』所載の意味であろうと見るのが適当なようにも考えられる．はたしてしからば，田中吉真が関孝和の『解伏題之法』に先だって行列式を使っていたという証拠にはならないこととなる．

また現在の『算法明解』の写本は，『古今算法記』の一十五問の答術を記したもので，『算法至源記』の問題には関係ないのであり，そうして方陣に関する記載もないのであるが，田中吉真が『洛書亀鑑』中にいう所の『算法明解』は『至源記』の答術に関して方陣のことが記されているというのであるから，その二つの『算法明解』は必ずしも同一書ではないかも知れない．

かくのごとくして田中吉真と関孝和の行列式に関する関係はますます不明に

陥る．けれども田中吉真及び島田尚政等の京坂の算家の行列式に関する業績と関孝和及び『大成算経』の行列式との間に全然無関係であるや否やは，決して容易に断定し得られぬであろう．

因みにいう，上記の廉率本源図に廉率と称するものは，和算家の間に廉術と称する術名の発生した本源であろうと思われる．元来，廉とは開平，開立の算法においてこれを図で解説するとき，平方もしくは立方の四隅間における稜に沿う部分をいうのであり，これに対応する算式上の項をも隅もしくは廉と称したのであるが，高乗の開方式が顕れることになってからは，廉なるものは幾つもあることとなり，上廉，下廉，または一廉，二廉等の名称も発生することとなった．かくて廉率本源図なるものも構成されるのであるが，これはつまり諸廉の構成される法則を示すものであった．この意味を考えておかなければ，和算家の廉率または廉術と称したものの真意義もまた正当に了解することはできない．廉術とは二から三，三から四と，次第に構成法則の進んでいくことを主眼として考案された算法をいうのであり，またこれを逐索術などともいう．かくのごとき意味での廉術が，前記の廉率本源図における廉率から出たものであることに少しも疑いはない．

## 9. 円の算法と方程

関孝和遺編『括要算法』(1709 年編，1712 年刊)に円及び球に関する算法がある．この中でいわゆる括要弧術として知られたものは，極めて巧妙なものであるが，その作製にはたして如何なる工夫を要したものであるかは，実はあまり判然しておらぬ．けれどもその根源は一種の招差法であり，普通とはやや異なれる適用をしたものらしく思われる．これもまた根本において方程の算法から発足したらしく見える．

これについて田中由真述の『円率俗解』の記載がある．『円率俗解』は一写本として伝えられたものもあるが，また『算学紛解』の中に入られている．何故に俗解の二字を使ったかの理由も判らないが，この二字の意義は問題になるべき性質を含蓄する．

『円率俗解』には初めに『括要算法』中の円の算法のごときものを説く．これについても論ずることを要するのであるが，しばらく後に譲り，『円率俗解』三における求平円截積の条を記し，その中に

$$(\text{弧積}) = \frac{\text{弦}^2+25\times\text{矢}^2+25\times\text{矢弦}}{50}$$

という公式を得ているが，これは『括要算法』には見えぬ．この公式を得るべき算法も記されているが，これはすなわち

$$(\text{弧積}) = \text{弦}^2\times a+\text{矢}^2\times b+\text{矢弦}\times c$$

という形になるものと見て，方程の術によって未定係数 $a, b, c$ を決定したのである．これについて

右ハ思ヒヨル所ヲ少許リ記ス耳ナリ．右ノ外，径矢弦ノ員数ニ不尽ナキ数ヲ設テ組式ヲ増シ，乗ヲ重テ方程ニナス時ハ，微細ナル法術ヲ得ベシ．

といい，さらに複雑な仮定式を用いて別の公式も作り得られることをいうのであって，また

$$(\text{弧積}) = \text{矢}^3\times a+\text{矢}^2\text{弦}\times b+\text{矢弦}^2\times c+\text{弦}^3\times d$$

と置きて，未定係数 $a, b, c, d$ を決定する算法を説く．これも同じく方程の算法による．そうして次のごとく説く．

右ノ図ヲ以テ常ノ如ク方程シテ四品共ニ各段数ヲ得テ，又更ニ欠積ヲ求ル法術トスベシ．文繁多ナル故略レ之．好人推テ知ルベシ．……

かくのごとく田中由真の『円率俗解』には方程の算法を利用して弧積の公式を求める方法を説いているのであり，その算法は『括要算法』の弧術とはやや異なるけれども，これによって，括要弧術の作製にもまた類似の手段が採用されているであろうことも察せられよう．かくのごとき算法は『円率俗解』の著者が新たに工夫したものであろうか，それとも支那で古くから祖冲之などの算法にも何らかの関係を有したものであったろうか．この点においても注意しておくべきである．

これほどのことは十年前に私の記しておいたところである．

## 10.『算学紛解』の垜積術

『算学紛解』は中に田中由真述とした部分もあり，その他もこの人の著述を集めたものであろうと思われるが，この書の巻之六に招差法並びにその応用として垜積術がある．この事項は『括要算法』には巻一に出ている．

累裁招差の条は両書共に文章も，記された数字も皆同一で，まま字句が一字ずつ違ったところがあるくらいのものである．両者の一方は他から籍りたか，

もしくは第三の共通起源から取ったものに違いない.

垜積術の条もまたはなはだ相似ているが，全部文章まで写したものではない.『括要』の方が少し記載が多い．その中にて十乗方垜のことは，『括要算法』には脱文がある.『算学紛解』の方は正しく記されている．この脱文のところは関孝和編『垜積術解』には正しく記されているから，『括要』の原稿浄写の際に脱落したものと見える.『算学紛解』のその脱文のままになっておらぬのは『括要算法』から盲目的に写したものでない.

『括要算法』には垜積のことは累裁招差法の応用として挙げられているのであるが，『算学紛解』には「以㆓方程術㆒求㆑之」と記され，四つの場合についてその算法をも記す．すなわち

$$積 = 底\times a+底^2\times b+底^3\times c$$

などいう形の仮定式を立てて，方程の算法を適用して，未定係数 $a, b, c$ を決定することにしたのである．その終わりにいう.

> 右依㆓方程術㆒各雖㆑記㆓乗除加減㆒. 是唯就㆔当前之宜㆓所演㆒也. 強不㆑可㆑拘. 予法畢竟随㆓其垜乗㆒. 既至㆓帰除式㆒之時. 底子之従㆓直数㆒而次第不㆑失. 一乗増㆑之各求㆑之. 各求㆑之則仮令雖㆑至㆓垜積千万乗㆒. 得㆑之如㆑示㆑掌. 故三乗以上之解義者略㆑之焉.

この記載で見るときは，方程術によるものは「予法」であり，すなわち田中由真の工夫した算法だというごとくにも見える．もしかく解すべしとすれば，累裁招差によるものは田中由真自身の創意ではないということにもなる．この片鱗の記載もよく注意しておくべきであろう.

## 11. 累裁招差法

『括要算法』巻一に説く所の招差法は，累裁招差法である．招差法には種々のものが考案されるのであるが，同書には単に累裁招差法のみ説きて，その他の招差法を説いておらぬ．招差法は元来，垜積すなわち

$$積 = 1^2+2^2+3^2+\cdots\cdots+r^2$$

などいうごとき有限級数の総和を求める問題についていうならば,

$$積 = 底\times a_1+底^2\times a_2+底^3\times a_3+\cdots\cdots+底^n\times a_n$$

と置きて，底 = $底_1, 底_2, 底_3, \cdots\cdots$ に対する $積_1, 積_2, 積_3, \cdots\cdots$ の値を知って，これに基づいて未定係数 $a_1, a_2, a_3, \cdots\cdots$ を決定すべき算法である．この算法は

日本で始まったのではなく，支那でも用いられている．元の郭守敬が『授時暦』の中において垜畳招差の法を用い，定平立の三差を求めたことははなはだ著しい．『元史』「暦志」中の『授時暦経』には極めて簡単に出ているのみに過ぎないが，『明史』「暦志」には『大統暦草』が載せられ，その中には累裁招差の形式を具えて記されている．『大統暦草』は『授時暦草』に拠る所なりとは，「暦志」の編纂者が証言している．

『括要算法』にも

一次相乗之法．古所ㇾ謂相減相乗之法也．

二次相乗之法．古所ㇾ謂三差之法也．

といっているから，関孝和も支那に前からその算法が存したことを知っていたのである．相減相乗之法は唐末に辺岡が作った『崇元暦』の暦法中に見える．三差法は『明史』に出ているけれども，『明史』の編纂は時代が後(おく)れるので，関孝和がこれを参照したろうはずはない．明らかに他の資料に拠ったものである．あるいは『元史』中の些細の記事からヒントを得たろう．現に『元史』中の『授時暦議』及び『授時暦経』は我が国でも寛文壬子(十二年，1672)六月庚寅の年紀を附して翻刻されたこともあった．また『授時暦草』又は『大統暦草』の写本に接したことがないともすまい．要するに支那の文献から学んだものであることは，確乎として動かぬ．ただ問題は如何なる程度に記述されたものを見たかということである．清の黄鼎の『管窺輯要』は順治壬辰(1652)，癸已(1653)，乙未(1655)の序跋のある刊本であるが，この書の一部分に基づいて関孝和は暦術上の算法を説いたものもあり，また後に戸板保佑もまたこの書中の招差法に関して説いたものがあるから，関孝和はあるいはこの書中の招差法の記載に基づいて累裁招差法を解説し整頓したのではないかとも思われる．また明の刑雲路の『古今律暦考』(万暦三十五年，1607)も刊行の書であり，累裁招差法の形式も明瞭に記載されているが，あるいはこの書も関孝和の参照する所でないともすまい．

招差法は元来が前記のごとき性質の算法であるから，方程の方法を使って解き得られることはいうまでもない．招差法によって垜積を求めるために，田中由真が方程術を使ったのは，それがためである．

『大成算経』にも累裁招差法を説いた上で，さらに方程招差法をも説いている．方程招差法とは直ちに方程の方法を適用したものに外ならぬ．

けれども方程招差法を使っただけで，招差法の算法が完成したとはいわれぬ．

たとえば垛積の問題にしても，上記のごとく

$$積 = a_1底+a_2底^2+a_3底^3+\cdots\cdots+a_n底^n$$

と置いて，未定係数 $a$ を決定するというものの，その未定係数は幾つだけ採ってよいのであるか，それも考えてみなければならぬ．そうして

$$底 = 底_1, 底_2, 底_3, \cdots\cdots \qquad たとえば \quad 底 = 1, 2, 3, \cdots\cdots$$

と置くのは，幾つでも取ることができるのであるから，幾つ採っても適応するものでなければならぬ．方程の術においては $底_n$ まで採るものとすれば，$n$ 個の式を得てそれで算法を立てるのであるが，今や式の数は $n$ 個に限らないのであるから，単に方程の算法だけでは物足りない．これにおいて累裁招差法の必要も起きてくる．累裁招差法ではたとえば

$$y = a_1x+a_2x^2+a_3x^3+\cdots\cdots$$

と置きて，

$$x = x_1, x_2, x_3, \cdots\cdots$$

に対して

$$y = y_1, y_2, y_3, \cdots\cdots$$

なりとし，

$$y_1' = \frac{y_1}{x_1} = a_1+a_2x_1+a_3x_1^2+\cdots\cdots$$

$$y_2' = \frac{y_2}{x_2} = a_1+a_2x_2+a_3x_2^2+\cdots\cdots$$

$$y_3' = \frac{y_3}{x_3} = a_1+a_2x_3+a_3x_3^2+\cdots\cdots$$

$$\cdots\cdots\cdots\cdots\cdots\cdots\cdots\cdots\cdots\cdots$$

を作って，次々の二つずつ相引き，$x$ の二つの値の差でこれを割れば，

$$y_1'' = a_2+a_3(x_1+x_2)+a_4(x_1^2+x_1x_2+x_2^2)+\cdots\cdots$$
$$y_2'' = a_2+a_3(x_2+x_3)+a_4(x_2^2+x_2x_3+x_3^2)+\cdots\cdots$$
$$\cdots\cdots\cdots\cdots\cdots\cdots\cdots\cdots\cdots\cdots$$

となる．ここに

$$y_1'' = y_2'' = y_3'' = \cdots\cdots$$

となるとすれば，

$$a_2 = y_1'' = y_2'' = \cdots\cdots, \qquad a_3 = a_4 = a_5 = \cdots\cdots = 0$$

となる．$a_2$ が決定すれば，それから $a_1$ は直ちに決定される．

$y''$ の値がすべて相等しくならない場合には，$y''$ の次々の二つずつを相引いて，それぞれ

$$(x_3-x_1),\ (x_4-x_2),\ \cdots\cdots$$

で割れば，

$$y_1''' = \frac{y_2''-y_1''}{x_3-x_1}$$

$$= a_3+a_4(x_1+x_2+x_3)+a_5(x_1^2+x_2^2+x_3^2+x_1x_2+x_1x_3+x_2x_3)+\cdots\cdots$$

$$y_2''' = \frac{y_3''-y_2''}{x_4-x_2}$$

$$= a_3+a_4(x_2+x_3+x_4)+a_5(x_2^2+x_3^2+x_4^2+x_2x_3+x_2x_4+x_3x_4)+\cdots\cdots$$

$$\cdots\cdots\cdots\cdots\cdots\cdots\cdots\cdots\cdots\cdots$$

となるから，$y'''$ がすべて相等しくなれば，前と同じく $a_4$ 及びその先は零となり，$a_3$ が決定される．

かくして $y^{(r)}$ が相等しくなるのを俟って，同様の算法を採ればよい．

この算法においては初めから未定係数の数を決定しておかないでもよいわけで，その点が方程の算法とは同じくない．けれども未定係数を立てて，若干の式を作り，それからその未定係数を一つずつ次第に消去して，ついに最後に残れる一つの未定係数を定め，これを得た上で，他の未定係数を一つずつ求めていくというやり方は，方程の算法と同じである．

如何にも方程の算法では普通には二つの式の係数を互いに掛け合わせて相引き，これで消去を行うのであるが，累裁招差法では掛け合わす代わりに割っておいて相引き，それで消去を行うのであるから，掛けるのと割るのとの相違はあるが，これはどちらでもよいはずであるから，累裁招差法が方程の算法から出たという点には一点の疑いもない．

『括要算法』では累裁招差法を説くのに，初めに上記のごとき未定係数を有する式を仮定して，それから次第に引いては割り，引いては割りして消去を行うという根本的の原則をばいわないで，単に引いては割り，引いては割りして，次々の値が相等しくなれば云々という結果だけを説いているので，算法の性質がちょっと解りかねるけれども，上記の解説によって，方程の算法と同様に取り扱っていくものであることが，明瞭に了解されるのである．

その次々に割るのは，除数として次々に

$$x_2-x_1,\qquad x_3-x_2,\qquad x_4-x_3,\qquad \cdots\cdots$$

$$x_3-x_1,\quad x_4-x_2,\quad x_5-x_3,\quad \cdots\cdots$$
$$x_4-x_1,\quad x_5-x_2,\quad x_6-x_3,\quad \cdots\cdots$$
$$\cdots\cdots\cdots\cdots\cdots\cdots\cdots\cdots\cdots$$

を採るべきことをいってあるが，これらの次々の除数も前に未定係数を立てて算式を仮定して試みた算法から直ちに出てくるのである．これは別に算式を作って説明するまでもあるまい．

故に方程招差と累裁招差との別はあるが，その実は根本から異同ある別々の算法ではないのであって，方程招差は算法の拠って立つ所の原則をそのままに露骨に現したものであり，累裁招差は方程招差の適用によって得る所の結果を採って一種の方式となし，これを特に累裁招差と呼ぶことにしたというだけに過ぎないのである．

『授時暦』の三差法も累裁招差法の形式を備えているから，累裁招差法は支那ですでに工夫されていたのであるが，支那でも方程の算法との関係からして工夫されたものであったろうと思われる．

関孝和及び田中由真，もしくは『大成算経』の著者などが，方程招差と累裁招差との関係に思い及んでいたか，もしくは方程招差によって必然的に累裁招差を構成したものであるかは，これを的確に徴すべき文献上の記録的史料はないけれども，その算法の性質上からして，極めて密接の関係のあったことは，充分にこれを断定してよい．

方程の算法に基づいて行列式を構成し，かつ展開の方法をも理論的に考案するほどの能力ある人達が，方程の算法を応用して累裁招差法の方式を説き得たろうことも，少しも不思議はない．支那で二差法，三差法が成立していたことを知っているとはいえ，これを一般に幾差についても同様に理論的の方式を立てて説き得たというのは，方程の算法を利用し，かつ巧みに代数演算を行いて得る所の結果を直視し得たからである．

累裁招差法の方式が解説されたことと，行列式の展開方法が構成されたことと，いずれが先であり後であるかは今これを知ることはできないが，しかしながら同じ系統に属する発達であることも充分にこれを認むるに足るべく，また同じ智力の産物であることも認むべきであろう．

行列式の展開もまた累裁招差法の算法も共に方程に基づいて立てられたのは同じであるが，行列式の展開においては『算法発揮』に見るごとく，第一行の諸項をすべて他の諸行に乗じて処理することにしてあるが，累裁招差法においいては第一と第二，第二と第三という風に次々に相引くことになっている．かく順序の上に異同はあるけれども，問題の性質に基づいて適用上に変化を生ずるというまでで，方程の算法には『九章算術』の本術では行列式展開の場合のように行うけれども，劉徽の方程新術ではいずれの行と行とを採って組み合わせてもよいことになっている．招差法においてはその方程新術の場合を適用することにしたともいわれよう．

また招差法では次々に引いて割ることにしてあるのが，行列式では見られないのであるが，これも取り扱う所の諸数の関係から来ているのである．行列式の場合には中に入り来たる所の諸数がすべて任意のものであるが，招差法では次々の接続が順序よく垜数をなすので，次々にやっていくことが好都合になるのである．かくのごとき相違こそあれ，方程の算法を適用することによって累裁招差法も成立し，また行列式の構成並びに展開方法が成立したというのは，両者の事情が共通するのである．

## 12. 円に関する招差法の適用

円に関して方程の算法が適用されているのは，田中由真が試みたことであり，また累裁招差法が方程の算法から出たものであることが了解されたからには，円について招差法が適用され得ることもまた自ら判然するであろう．

これにおいて招差法を使用して，円に関する無限級数の公式を求める算法もまた試みられることとなった．

大坂の宅間流にこの種の算法を記したものがある．このことにつき私はかつて『日本数学物理学会記事』中にて公にしたことがある．しかるに故遠藤利貞翁は，同会の常会において反対意見を談話せられ，宅間流の算法は招差法ではないと論ぜられたけれども，翁の挙げられた十数ヶ条の理由もすべて誤ったものであり，結論もまた誤ったものであった．私は宅間流の円理が招差法の適用であることを今も正当に主張する．

けれども円に関して招差法を適用して無限級数を求める算法は，宅間流に限ったものではない．関流においても松永良弼の『算法集成』中にも見えている．すなわち最初の若干項を招差法によって求め，得る所の結果に修正を施して無限級数に造り上げるのである．

この同じ算法が松永良弼の著書中にも見え，また大坂の宅間流にもあるというのは，互いに独立のものでないかも知れぬ．大坂では宅間流の外に麻田剛立及び坂正永(まさのぶ)も同種の算法を使ったのであり，間重富はこの種の算法からして別種の特色ある算法を立て，『弧矢索隠家秘』の著があった．同書中の算法は別に解説を記しているけれども，今はこれを省く．これは未だ公表してない．この書は享和元年(1801)の作であるが，高橋至時は間重富からこれを贈られて，その返事の手紙が現に存している．中にいう．

> 昔関孝和始而此法を得候由，其起原は関流に秘し置候故存知不レ申候へ共，恐らくは如レ此平易成事に而は有レ之間敷と奉レ存候．返々感服仕候．日外山路の咄しに関の弧術の秘法乾坤之巻と名け候由，弧法の数やはり角術より入候て，終に○○○○○○……と空位に帰り候処に眼を付て法を立て候ものの由ニ承り候．ケ様計にては如何様の術やら分り不レ申候．今を以て見候へば，貴術の如く弧弦の較の尽る所を求め候事にも候哉．されども関は招差法より入候様にも相聞，乍レ去関の仕方は未だ見不レ申事故論ずるも無益に御座候．麻田翁及び坂新蔵抔(など)も皆招差より求め被レ申候．算家の仕方は大様此筋より入候事に而，貴術の如く格別の所より手を入候事は存付候人は余り不レ申，大成算経の増約より求め候もの稍貴術に近く奉レ存候．

この書状には関孝和もあるいは招差法によって円の算法に進んで行ったようにも聞くといい，そうして麻田剛立及び坂正永も招差法でその算法を試みたことをいうのである．『坂先生遺法弧背術』に記すところは如何にも招差法によって円に関する無限級数を求めたものである．高橋至時は麻田剛立の門人であり，坂正永もまた麻田に師事して，寛政改暦のときには坂正永は高橋至時及び間重富に伴われて江戸へ来た人である．故に高橋至時が麻田，坂の二人のことについて記しているのは全くの事実であり，この二人が大坂でその算法を試みていたのである．しかるに高橋至時はこの書状中において同じ大坂の宅間流でも同様の招差法による円の算法のあったことをいっておらぬ．しかも高橋至時は初め宅間流の数学を学んだ人である．しからば宅間流にこの種の算法のあるのは，場合によっては時代が後れるものかも知れぬ．

円の算法に招差法を適用する等は，すでに田中由真も早くから試みたことであり，一歩を進めて招差法の適用によって無限級数を作ることもただ一歩の隔たりであるから，関孝和などもあるいはこれを試みたことがあるかも知れない．『弧背詳解』に見えているのは，あるいはそうかも知れない．しかしこれは今少し確実な証拠を見出さないでは，何とも断言はできないのである．

要するに，関孝和の孫弟子たる松永良弼が招差法によって，円弧に関する無限級数展開の算法を説いているのは事実であり，円に関する級数展開上に招差法の関係が密接であったことには，少しも異議はあろうはずがない．

建部賢弘の『不休綴術』(享保七年，1722)にも，初めに数字上の値を使って円弧の無限級数展開を説いているが，これなどもやはり招差法との関係の浅からぬものである．松永良弼の『方円雑算』，『算法集成』及び著者未詳の『弧背詳解』等に記載された円の算法は取り調べているけれども，本篇中にはしばらくこれを省く．

## 13. 括要弧術

これにおいて考えてみたいのは，括要弧術である．これは『括要算法』に記載されているが，その算法の性質は了解し易くはない．水戸の算家大場景明は相当の学者であるけれども，三十年の苦心を積んでなおかつこの算法を了解しかねたので山路氏に就いてこれを学び，『括要弧術之解』と称する一写本を作ったこともある．このことから見ても，難解のものであることが察せられる．しかも『括要算法』所載のままでも，その性質は充分に認めることもできる．

この算法は委しくこれを解説することが必要である．私はもとよりこれを試みている．けれども今はその詳論を略し得る所の算式を挙げることとしよう．

すなわち

$$
\begin{aligned}
\text{弧}^2 = {} & \text{矢}^2(\pi^2-4)+\text{弦}^2-\text{法}_1\times\frac{(\text{径}-2\,\text{矢})\text{矢}^2}{\text{径}-\text{矢}}+\text{法}_2\times\frac{(\text{径}-2\,\text{矢})(\text{矢}-\text{矢}_1)\text{矢}^2}{(\text{径}-\text{矢})^2}\\
& -\text{法}_3\times\frac{(\text{径}-2\,\text{矢})(\text{矢}-\text{矢}_1)(\text{矢}-\text{矢}_2)\text{矢}^2}{(\text{径}-\text{矢})^3}\\
& +\text{法}_4\times\frac{(\text{径}-2\,\text{矢})(\text{矢}-\text{矢}_1)(\text{矢}-\text{矢}_2)(\text{矢}-\text{矢}_3)\text{矢}^2}{(\text{径}-\text{矢})^4}\\
& -\text{法}_5\times\frac{(\text{径}-2\,\text{矢})(\text{矢}-\text{矢}_1)(\text{矢}-\text{矢}_2)(\text{矢}-\text{矢}_3)(\text{矢}-\text{矢}_4)\text{矢}^2}{(\text{径}-\text{矢})^5}
\end{aligned}
$$

というのがその公式である．この公式において $\text{矢}_1, \text{矢}_2, \cdots$ は円弧の矢の格段の値を指すのであり，円径一尺として

$$\text{矢}_1=1\,\text{寸},\ \text{矢}_2=2\,\text{寸},\ \text{矢}_3=3\,\text{寸},\ \text{矢}_4=4\,\text{寸},\ \text{矢}_5=4.5\,\text{寸}$$

と置いたもので，これに対する弧の値は $\text{弧}_1, \text{弧}_2, \cdots$ とする．そうして $\text{法}_1$,

法$_2$,… は或る種の既知量を表すものとする.

今この式を見るに，矢 = 矢$_1$ のときは，法$_2$ の懸かった項から先はすべて零となるから，その結果は

$$弧_1{}^2 = 矢_1{}^2(\pi^2-4)+弦_1{}^2-法_1\times\frac{(径-2\,矢_1)矢_1{}^2}{径-矢_1}$$

となり，これから 法$_1$ を決定し得られる．次に 矢 = 矢$_2$ と置けば,

$$弧_2{}^2 = 矢_2{}^2(\pi^2-4)+弦_2{}^2-法_1\times\frac{(径-2\,矢_2)矢_2{}^2}{径-矢_2}$$

$$+法_2\times\frac{(径-2\,矢_2)(矢_2-矢_1)矢_2{}^2}{(径-矢_2)^2}$$

となり，ここに 法$_2$ が決定される．同様にして次々に 法$_3$, 法$_4$, 法$_5$ もすべて決定され，弧$^2$ の公式は完全に決定されるのである.

されば括要弧術の算法の性質は大体において了解されたはずである．外形上に如何にも複雑な込み入ったものになっているので，すこぶる了解に苦しめられるのであるが，その実は極めて単純なものに過ぎない．これについてはなお説明を要することもあるが，しばらくこれを後に譲り，招差法と比較してみることにする.

訂正．『解伏題之法』の逐式交乗について，如何なる算法であるか記してないと述べたのは，少し不正確であった．如何にもその算法の性質は記してない．けれども行列式の展開結果を記したものは各行の首項の小行列式とも称すべきものの展開結果をこの行の各項へ乗じ，諸行についてすべて右いうごときものを作り，中に就いて，符号を考慮して相殺するものは棄て去り，残存の諸項を取るべきことを示しているのである．したがって逐式交乗というのは，右いう算法を指すものであること，極めて明瞭である．しからば『算法発揮』の展開方法も，この逐式交乗の法を施した結果を整頓叙述したものとなる．両者の算法の密接緊密であることは当然である．前に論述したところの散漫不正確であったのを，ここに訂正する.

## 14. 混沌招差法

招差法の一種に混沌招差法がある．この算法については後の時代のものはしばらく措き，関流の伝書中に『混沌式』という一写本がある．内題には『混沌

式』と記し,「関氏所謂探差式」との割註がある．もしこの割註を信ずべしとすれば，関孝和の手から出たものであるらしい．この同じ写本はまた別に『招差混沌式』,『垜類混沌式』,『別伝混沌招差秘伝』等の題簽をもって呼ばれたものもあるが，内題はすべて同じく，同じ割註をも附せられている．故に混沌式というのが元来の術名らしいが，今仮にこれを混沌招差法と呼ぶことにしても，必ずしも不都合ではあるまい．厳密にいえば単に混沌式と呼ぶ方が穏かなようでもあるが，招差法の関係を思うが故に，多少不穏当であろうとも混沌招差法といっておく．この事情はあらかじめ断っておく．

この混沌招差法においては，垜積の公式を求むることを説く．一例として $x = 1, 2, 3, \cdots$ のときに

$$y = \frac{1\cdot 2}{2} + \frac{2\cdot 3}{2} + \frac{3\cdot 4}{2} + \cdots\cdots \text{[7)]}$$

の公式を求むる場合を説いてみよう．ここに $x = 1, 2, 3, \cdots$ についての値は

$$y_1 = 1, \quad y_2 = 4, \quad y_3 = 10, \quad y_4 = 20, \quad y_5 = 35, \quad \cdots\cdots$$

となるものとし，$y$ の公式を求める場合を挙げてみよう．この目的のためにまず

$$y = x$$

と置けば，$x_1 = 1$ のときは $y_1 = 1$ となって成立し，$x = 2$ のときには

$$y_1 = 2 = 4-2 = y_2-2 \qquad \text{(甲)}$$

となる．ここに

$$-1+x \qquad \text{(子)}$$

という式を作れば，$x$ が 1 のときには零となり，$x$ が 2 であれば $-1+2 = 1$ となる．故に

$$\text{(甲)}+\text{(子)}\times 2 \quad \cdots\cdots \quad y = x+2(-1+x) = -2+3x \qquad \text{(乙)}$$

なる式は，$x = 1, 2$ のときには $y_1 = 1, y_2 = 4$ となりて成立し，$x = 3$ のときには

$$y = -2+3\times 3 = 7 = 10-3 = y_3-3$$

となる．ここに $-2+x$ なる式を採り，(子)を乗ずれば，

$$(-1+x)(-2+x) = 2-3x+x^2 \qquad \text{(丑)}$$

となり，$x$ が 1 及び 2 のときには零となる．また $x$ が 3 であれば 2 となる．故

7)　編者注：『東洋学報』の記事では $y = 1^2+2^2+3^2+\cdots\cdots$ となっていたが，東北大学提出論文に拠って訂正した．

に

$$(\text{乙})\times 2+(\text{丑})\times 3 \quad \cdots\cdots \quad y=2-3x+3x^2 \qquad (\text{丙})$$

は $x$ が 1, 2, 3 のときに $y$ の二倍を表し，$x$ が 4 となれば

$$2y=38=2y_4-2$$

となる．ここに $-3+x$ を作れば $x$ が 3 のときに零となる．これに(丑)を乗じて

$$(-1+x)(-2+x)(-3+x)=-6+11x-6x^2+x^3 \qquad (\text{寅})$$

は，$x$ が 1 より 3 までは零となり，$x$ が 4 のときに 6 となる．よってこの式へ(丙)の三倍を加うれば，得る所の

$$6y=2x+3x^2+x^3$$

は，$x=1, 2, 3, 4$ については $6y_1, 6y_2, 6y_3, 6y_4$ となるべく，この式は $x$ の如何なる値についても成り立つのである．

以上はすなわち混沌式すなわち混沌招差法の算法である．この算法の性質を簡単に説明すれば，まず $x_1$ のときに成り立つ式を作り，次にその式が $x_2$ のときにも成り立つように修正し，その次には $x_3$ のときにも成り立つようにこれを変じ，かくして次第に進むのである．

この算法の結果はつまり $x=x_1, x_2, x_3, \cdots$ として考うるときは，

$$y=\frac{y_1}{x_1}x+a_1(x-x_1)+a_2(x-x_1)(x-x_2)+a_3(x-x_1)(x-x_2)(x-x_3)$$
$$+a_4(x-x_1)(x-x_2)(x-x_3)(x-x_4)+\cdots\cdots$$

のごとき形の $y$ の式を求めることとなるのである．したがって言い換えると，この形の式によるものと仮定して，諸係数 $a_1, a_2, a_3, \cdots$ を決定することに帰着する．もしかくのごとき性質の算法なりと解するときは，すなわち累裁招差法とすこぶるよく類似したものとなる．累裁招差法では

$$y=a_1x+a_2x^2+a_3x^3+\cdots\cdots$$

のごとき形式の式を仮定して諸係数を決定するのに比して，今やその仮定の公式の形がやや異なるというまでで，未定係数を決定して公式を得ようという趣意は全く同一である．故にこの意味において立派に招差法を形成するのであって，これを混沌招差法と呼ぶもとより何らの不都合もないのである．

混沌招差法の仮定の公式は上記のごとく採ってもとより差し支えはない．けれどもまた別に

$$y=\frac{y_1}{x_1}x+a_1x(x-x_1)+a_2x(x-x_1)(x-x_2)$$
$$+a_3x(x-x_1)(x-x_2)(x-x_3)+\cdots\cdots$$

のごとく採ってもよかろう．垜積の場合のごとく $x$ を零とするとき $y$ もまた零となる場合においては，この形を採用する方が便利である．『混沌式』には彼様には試みてないが，実際そうであるに相違ない．しかもこの種のことは『混沌式』所載の算法からして解釈し概括してみたのみに止まる．

しかるにまた別に『垜畳招差之新術』という一写本がある．この写本の奥には

正徳六歳次丙申二月寺内平八良弼誌.

と記されている．寺内良弼はすなわち後の松永良弼である．この奥書は松永良弼の著述であるか，もしくは他人の著述にこの年紀において奥書の年紀を附したものに過ぎないかを決定すべき，厳密な意味においての証拠にはなるまいが，しかも正徳六年(1716)に松永良弼がこれを知っていたことの確実な証拠である．

この書中の記載を算式に改めて記すときは，$x_1, x_2, x_3, \cdots$ に対して $y_1, y_2, y_3, \cdots$ なりとして，

$$y=x\times\frac{y_1}{x_1}+x(x-x_1)\frac{y_2-\frac{y_1}{x_1}x_2}{x_2(x_2-x_1)}$$
$$+\frac{x(x-x_1)(x-x_2)\left\{\left(y_3-\frac{y_1}{x_1}x_3\right)-\frac{x_3(x_3-x_1)\left(y_2-\frac{y_1}{x_1}x_1\right)}{x_2(x_2-x_1)}\right\}}{x_3(x_3-x_1)(x_3-x_2)}$$
$$+x(x-x_1)(x-x_2)(x-x_3)\times\frac{(\text{丁段三乗積差})}{x_4(x_4-x_1)(x_4-x_2)(x_4-x_3)}$$
$$+x(x-x_1)(x-x_2)(x-x_3)(x-x_4)\times\frac{(\text{戊段四乗積差})}{x_5(x_5-x_1)(x_5-x_2)(x_5-x_3)(x_5-x_4)}$$
$$+\cdots\cdots\cdots\cdots\cdots\cdots\cdots\cdots\cdots\cdots$$

と置いたものに当たる．この式において初めから第三項目の大括弧内をば丙段再乗積差と名づけ，その次における丁段三乗積差，戊段四乗積差等もまた同様の算式を表すのである．これらの諸積差といえるものは次から次へと次第に複雑な形のものとなる．

『垜畳招差之新術』にはこの式に相当する術文を記すのみで，如何にしてこの

式を得べきかの算法は記す所がないが，しかしこれは

$$y=\frac{y_1}{x_1}x+a_1x(x-x_1)+a_2x(x-x_1)(x-x_2)+\cdots\cdots$$

と置いて，$a_1, a_2, \cdots$ を決定するものとして，当然上記の結果に帰着するのであるから，前いう所の混沌招差法の結果を法式化して述べた所の術文にほかならぬことが知られる．しかもこれを新術というのは，おそらくは前に累裁招差法が成立し，その後にこれを得たから命じたものなることを思わしめる．場合によっては累裁招差法は前に支那にあったが，この新招差法は新たに考案したから新術といったのであろう．

この新招差法ははたして松永良弼が新たに創めたものであろうか．それとも前から成立していたのであろうか．これは正徳六年の奥書ある一写本と，『混沌式』とのみからは容易に断定し難いのであるが，しかも私はこれ以前から成立していたものであり，関孝和が知っていたものに相違なかろうと思う．少なくも関孝和はかくのごとき算法を法式化するだけの要素を完全に得ていたことに疑いはないのである．このことを決定するためには括要弧術との比較を必要とし，この比較によって括要弧術が混沌招差法に基づくものであることもまた容易に認め得られるのである．

つぎにその比較に移る．

## 15. 括要弧術と混沌招差法

『括要算法』の弧術は前にもいうごとく，その実質において

$$弧^2=矢^2(\pi^2-4)+弦^2-a_1\times\frac{(径-2\,矢)矢^2}{径-矢}+a_2\times\frac{(径-2\,矢)矢^2(矢-矢_1)}{(径-矢)^2}$$

$$-a_3\times\frac{(径-2\,矢)矢^2(矢-矢_1)(矢-矢_2)}{(径-矢)^3}+\cdots\cdots$$

と置いて，未定係数 $a_1, a_2, a_3, \cdots$ を決定したものに相等するのであり，この意味のものとしては全く混沌招差法の適用にほかならぬ．

故に括要弧術の構成さるる算法の性質は全く明瞭になったのである．すなわち

$$矢=0,\frac{1}{2}径,矢_1,矢_2,矢_3,\cdots\cdots$$

のときに弧長が適当の値を取るように $a_1, a_2, a_3, \cdots$ を定めればよいのであり，やはり一種の方程の場合を形成するのであるが，基式の構造上からして，まず $a_1$ が決定せられ，次に $a_2$ が決定せられ，次第にその過程を進め得るようになっているのである．故に方程の算法の応用から生まれたものであることにも変わりはない．

もし普通の方程招差法もしくは累裁招差法であるならば，基式は

$$y = a_1x + a_2x^2 + a_3x^3 + \cdots\cdots$$

のごとき形式に採るのが普通であるけれども，しかしこの形式にしなければならぬという理由はない．如何なる形のものとしても，それから未定係数を決定し得ればよいのである．故に上記のごとき基式を仮定して混沌招差法を適用することももとより不当のことではない．しかも普通の混沌招差法では 径－矢 の乗冪で次々に割ることはしないのであるが，ここにはそれが試みられている．もとよりこれを 径, $径^2$, $径^3$, …… で割ったものとして試みても，一通りの公式は得られるはずであり，その方が普通の混沌招差法に近いであろう．しからばかくのごとき基式を採ったことの理由はこれを解明しなければならない．もちろん，$a_1, a_2, \cdots$ は数字になってしまうのであるから，径なり 径－矢 なりで割るのは，諸項がすべて同次式になるようにする必要に基づくことはいうまでもない．

この算法を遂行するためには，

$$(\text{冪較}) = \text{矢}^2(\pi^2-4) + \text{弦}^2 - \text{弧}^2$$

の次々の数字上の値を求める．そうして

$$a_1 = \frac{(\text{甲冪較})(\text{径}-\text{矢}_1)}{(\text{径}-2\,\text{矢}_1)\text{矢}_1{}^2}$$

となり，$矢_2, 矢_3$, …… について，

$$(\text{再乗較}) = a_1 \times \frac{(\text{径}-2\,\text{矢})\text{矢}^2}{\text{径}-\text{矢}} - (\text{冪較})$$

を作る．これはすべて数字上の値が挙げられる．しかるに 径－矢 で割る代わりに径で割ったものとすれば，

$$a'_1 = \frac{(\text{甲冪較})\text{径}}{(\text{径}-2\,\text{矢}_1)\text{矢}_1{}^2}$$

$$(\text{再乗較}) = a'_1 \times \frac{(\text{径}-2\,\text{矢})\text{矢}^2}{\text{径}} - (\text{冪較})$$

となりて，この場合の再乗較は前よりもその絶対値が多いし，かつ負になるのである．これは実際に計算を試むるときは直ちに験証される．故に矢$_1$についてあたかも適合することは両者同一であるけれども，矢$_2$以下に関しては前者の方が後者よりも差額が少ないのであり，その方が精密なりといわねばならぬ．故に径除を用うるよりも径矢の差で除する方が，一層目的に適わしいのである．関孝和はこの事情を注意したために径矢差除を用いることにしたのであろう．かく解するときはその理由は極めて明瞭になる．

すでに$a_1$の項においてかく試みるからには，$a_2$の項において径矢差の平方で割ることにしたのもやはり同じ理由に基づくのであろう，仮に実地の計算によってその事情を証明したものでないとしても，類推によって処理してもよいのであり，最早実際に用いられた基式の形状について少しも疑うべきものは残らないのである．

かくのごとき事情は『括要算法』中の記載上には見えないけれども，この解釈は合理的であるのはいうまでもなく，かつ建部賢弘の『不休綴術』(享保七年，1722)において円弧の級数を求むる算法を見ても，その採る所の手段は大体において括要弧術の算法から脱化したものであり，数字上の取り扱いの都合で作製さるべき算式の形式を考慮しているのであるから，同様もしくは類似の手段によって，括要弧術の作製にもその基礎的なる算式の形式が考案されたものであったろうと見たいのである．

しかしその基礎的仮定式は条件にさえ適するなら，如何なる形式を採るものとしても，全く差閊（さしつかえ）ないのであって，したがって数字上の値の都合に基づいて上記のごとく仮定されたというのも，もとより是認すべきである．

かくして『括要算法』の弧術は，混沌招差法の算法をやや変形して適用した結果として作製されたものであることに，寸分の疑いもないのである．故に単なる累裁招差法の適用によって生まれたものでないこともまた明らかであるが，しかも累裁招差法とは初めの仮定式をやや異にせる混沌招差法が成立して，その混沌招差法を企みに円弧の算法にも適用し得べき工夫を凝らして，ここに初めて成功したものであったのである．

この故に，括要弧術を作製し得たる関孝和が，その作製の原則となれる混沌招差法を知って，これを応用し得たであろうことも，少しも疑うべきではない．したがって『混沌招差法』並びに『垜畳招差之新術』は，すでに関孝和の手で成立していたと見て，少しも差閊（さしつかえ）はないのである．この両稿本のごときは恐らく関孝和の作であるか，少なくも関孝和の作に基づいて作られたものに違いないであろう．『垜畳招差之新術』は単に寺内良弼すなわち松永良弼の奥書があるばかりに過ぎないけれども，実は松永良弼の作ではなく，関孝和の著述を松永が得て，その奥に年紀と氏名を誌しておいたものであったろう．松永良弼は延享元年(1744)に歿したとき，およそ五十一二歳であったろうと思われるから，正徳六年(1716)にはまだ二十歳を過ぎて間もない頃のことであり，その年頃において関孝和の著述類の或るものを伝えられていたのであったろう．

## 16. 括要弧術著作の年代

『括要算法』の或る部分は関孝和編の写本が存在し，年紀の記されたものであるが，弧術の部分についてはその原稿になった写本の存在に関する見聞がない．したがってその著作の年紀もまた記録の上からは知られぬのである．けれども『研幾算法』には括要弧術に類する弧積の公式を表す術文が見えている．この公式が如何にして作られたものであるかの記載はないが，しかし，括要弧術と同様の手段によって作製されたものであろうと思われるから，括要弧術の作製方法は『研幾算法』の著作の以前から成立していたであろうことも，当然である．

『研幾算法』は関孝和門人建部賢弘の編にして，序文は天和癸亥(三年，1685)の年紀を有する．そうして同年九月板行と記されているから，その頃に上木されたのであろう．故に『括要算法』の弧術が作られたのも，この天和三年より以後でないと見てよい．

『括要算法』には前述の弧術の外に，円周及び円弧の算法について，円内に四辺形を容れ，次に八角，十六角と次第に辺数を倍し，また円弧内には二等斜を容れて次にはその数を倍し，そうしてその周を算定することを記し，かくして得たる結果について，定周もしくは定背と称して，かくして得たる最後の三つの値を $a, b, c$ とすれば，

$$\text{円周又は弧背} = b+\frac{(b-a)(c-b)}{(b-a)-(c-b)}$$

と置き，この値は $a, b, c$ のいずれよりも精密であるから，これを採用すべしとしているのである．この定周又は定背の公式を得べき算法は説明されておらぬ．また球及び球欠の立積についても同様に定積の公式を使用している．

しかるに別に『立円率解』という一写本があり，関孝和編にして，「延宝庚申七月上弦日襲書」の奥書がある．延宝庚申は同八年にして，西紀 1680 年に当たる．『括要算法』中の球の算法はすなわちこの写本中に記されているのであるから，『括要算法』にいう所の定周，定背，定積と名づくる術もしくは公式は延宝八年以前から，少なくもこの年には成立していたのである．定周，定背と関連して記されているところの括要弧術も，またおそらく同じ年代の頃には成立していたのであろう．

関孝和は宝永五年(1708)に歿したのであるが，その著述類の年紀あるもの，及びその業績中の製作年代を推定し得べきものは，すべて或る一定の時期以前に成立していたものであって，晩年の二十余年間には創始的の業績はなかったらしく思われる．暦書などにこれ以後の年紀の記されたものもあるし，また歿した二三年前，すなわち宝永三年(1706)に隠居するまでは在職もしていたのであるが，しかし建部賢明作の『建部氏伝記』に『大成算経』著作の事情を記したものに拠るときは，関孝和は健康が勝れなかったものらしい．おそらくニュートンの後半生と同じような健康状態であって，前に盛んに発露したところの創始的研究能力は，その健康状態のために全く阻碍されたのであったろう．

この故に行列式のことでも，招差法でも，円の算法でも，またその他の算法にしても，すべて貞享二三年頃(1685-6)より以前に成立していたというのが，実際の事実である．

この故に関孝和と京坂の数学との間に，もし何らかの関係がありとするならば，その関係のあったこともまた関孝和の生涯の上においてあまり年代の後れないものであったろうということになる．少なくも関孝和が京坂の影響を受けているということであれば，ますますしからざるを得ないのである．

## 17. 方陣

関孝和は『方陣円攅』の作があったが，京都の田中吉真もまた方陣に関して『洛書亀鑑』の作があった．両書共に同じ天和三年(1683)の年紀を有し，関孝和は単に一通りの布列法を述べているに反して，田中吉真は多数の布列を企図し，これを説いているのが異なる．別して田中吉真は『洛書亀鑑』の序文中において『算法至源記』に方五十間の疑問を挙げたので，

則不佞為レ草三其図与二一百五十術一．掲二是於明解中一．

といっているのであり，これは『算法至源記』に提出するところの方五十間の図を作って『算法明解』の中に記しておいたということである．すなわち五十方陣という大方陣を作製したものと見える．百五十術というのは『算法至源記』の一百五十問の問題の答術という意味であろう．五十方陣という大方陣を作ったといえば，その労苦は実にいうべからざるものがあったであろう．けれどもこれだけではいかなる方陣布列法を考えたものであったかを知るべき手掛かりにはならぬ．故に『洛書亀鑑』に記すごとき布列の方法を『算法明解』著作のときに有したや否やも不明である．しかも前に五十方陣という大方陣をも作ったという人が，今や方陣布列法について幾多のものを作るべき仕方を説いているのであるから，方陣布列法に関して深く考えた人であることはいうまでもあるまい．

故に田中吉真は方陣布列のことに関して，必ずしも関孝和から学んだに相違あるまいと断定することはできないであろうと思われる．田中吉真は洛書と称して方陣とはいっておらぬが，関孝和は方陳または方陣といいて洛書の名称を使用しておらぬことも，また異同あるところである．

## 18. 関孝和と沢口一之

関孝和と京坂の数学との間に関係がありとするならば，一方には奈良における未知の算書云云という見遁し難き著しい説話もあるが，また一方には『古今算法記』の著者沢口一之は関孝和の門人であったという説も伝えられているのである．そうして沢口一之の家僕に五郎八なるものがあり，後に卜信と称して京都に上り，京都の算学はこの卜信から伝わったといわれ，沢口一之もまた後に姓名を後藤角兵衛と変じて，行くところを知らぬというのである．

もしこの説話にして信ずべしとすれば，京坂の数学は大体において関孝和の業績が伝えられたものではないかという疑いもあろう．これ故に備(つぶ)さにこれを吟味してみなければならぬであろう．

この説話は『荒木彦四郎村英先生茶談』に記すところであり，松永良弼の『机前雑記』中に見えていたのを抜記したのだということである．荒木村英は関孝和の高弟であり，松永良弼は荒木村英の高弟にして和算史上に重要な地歩を占める人であるから，この松永良弼が荒木村英の『茶談』を筆記しておいたということだけでも，はなはだ尊重すべき史料というべきであろう．それに和算初期の諸算家のことについては，記載ははなはだ簡単でありながら，この一写本をもって唯一の根本史料とする事項が幾らも見られるのである．この『荒木先生茶談』は如何にも貴重な文献である．今その所載をここに記してみよう．

> 関氏ノ門人多キ内ニ建部兵庫賢之，同隼之助賢明，同彦次郎賢弘三人ノ事ハ世ニ知ル所也．三滝四郎右衛門郡智，三俣八左衛門久長両人発微算法ヲ著ス．沢口三郎左衛門一之ハ古今算法〈記〉ヲ著ス．今ハ世ニシレル者モ無ケレドモ，関氏門人ノ内高弟ニシテ，甚数ニ悉シク有シ，関備前守殿ニ仕ヘテ其名ヲ後藤角兵衛トイヘリ．少シノ越度有リテ家ヲ出サレシカ，其行方ヲシラス．此角兵衛ガ家来ニ五郎八トイフ有リ．年期者ナリケレハ，数年角兵衛カ術ヲ見テ己レモ能ク得タリケリ．備前守殿へ出入ス米ヤ荒木次左衛門トイヘル町人ニ勧メラレテ剃髪セシ程ニ，角兵衛怒テ追放シケリ．イマタ一月モ過サルニ，安藤源左衛門ト名乗テ，糀町ニテ算術指南仕ケリ．余リニ大言シテ関氏及ヒ角兵衛迄モ己ガ弟子ノヤウニ云ケリ．関氏是ヲ角兵衛ニ語リ給ヒシ故，角兵衛官へ訴へ，又追放セシカバ，出家シテト信ト改メ京都へ登リケリ．京師ノ算師多クハ此ト信カ弟子ナリ．[8)]

この記載を見るに，沢口一之あるいは名を改めて後藤角兵衛は，如何にも関孝和の門人であり，また高弟であったと見える．後の時代になると，算家系図などの諸書に沢口一之を関孝和の門人として記したものは，比々(ひひ)皆しからざるはなしという有様であるが，すべて『荒木先生茶談』に拠ったものらしく，根本史料としてはこの一写本あるのみに過ぎないのである．

『荒木先生茶談』は和算初期の諸算家のことに関して貴重な史料であり，その所載は尊重すべきこともちろんであるが，しかし沢口一之に関する部分はその小冊子の終末に記されているのであり，他の部分とは異なりてこの種の説話めいたことのみ述べられているのである．そうして関孝和の他の諸門人のことはさらにいってない．これは怪しいことでもあり，またはなはだ惜しいのである．

右いう『荒木茶談』の記載によれば，如何にも沢口一之は関孝和の門人のようであり，かつ後に関備前守に仕えて，姓名を後藤角兵衛と改めたようである．和算家の間でも普通に爾(し)かく伝えられており，数学史家もまた多くは同様に解していた．けれども和算家の系図を記したものなどには，まま，沢口一之と後藤角兵衛とを別人のように記したものもある．同一人とするのと別人とするの

8）　編者注：東北大学附属図書館「岡本写 1010」によって校訂．

は，実はそのいずれが正しいであろうか．もし『茶談』の記事をもって，「古今算法〈記〉ヲ著ス」までで一段落を成すものとし，「今ハ世ニシレル者云云」からは別の記事の起首を成すものと見れば，云云のことのあった所の後藤角兵衛という者ありとの意味で書いたのではないかと思われる．かく解することが許されるならば，沢口一之と後藤角兵衛とは別人であってもよいのであり，また当然かく見るべきこととなる．この見方も可能であろうことを，ここに改めて提出する．「イヘリ」は「云人アリ」または「云者アリ」であったか，それとも「云アリ」が誤写されたのであろうとも見られる．すなわち「ヘ」は「ア」の誤写とすれば，沢口と後藤は当然別人と見ねばならぬ．

一方には今いうごとき解釈も可能であるが，また一方には沢口と後藤を同一人と見る場合にも，沢口一之が名を改めて後藤角兵衛と称したと見るべきであろうか．それとも関備前守に仕えた頃に後藤角兵衛と称したものが，関家を去って後に沢口一之と称したというのであろうか．この辺もその文脈が充分に的確ではない．故に

（一）　沢口と後藤を別人とするか，

（二）　沢口が後に後藤角兵衛と改名して，関備前守に仕えたとするか，

（三）　後藤角兵衛なるものが，沢口一之と改名したと考えるか，

この三様の解釈が可能となるのである．

沢口一之は『古今算法記』の著者である．寛文十年(1670)の作で，『算法根源記』の問題一百五十の答術を記し，かつ一十五問の新題を新たに提出したのである．この一十五問の新題は関孝和の『発微算法』及び他の二三の算家の著書中にその答術が試みられたのであるが，『発微算法』は関孝和編とし，門人三滝郡智，三俣久長両氏の奥書を附しているのである．いわばこの二人の校訂という名義になっているともいわれよう．これは同書に見る所の実際の記載に拠る．しかるに『荒木先生茶談』には『発微算法』をもって関孝和の作とせずして，三滝，三俣の作なりといっている．遠藤利貞著『大日本数学史』及び同書増修本には，関孝和の高弟荒木村英の所説というのに重きを置いて，これを信じようとしている．すなわち『増修日本数学史』頁一三一〈p. 123〉に次のごとくいう．

延宝二年(一六七四)三滝郡智，三俣久長等，発微算法ヲ著ハセリ．

発微算法ハ，三滝郡智，三俣久長，二氏古今算法記ノ答術ヲ施シ，且ツ巻末ニ新題若干問ヲ附シタル著書ナリ．ソノ解法ミナ演段法ニ依レリ．関演段法ヲ施シタル書ココニ始レリ．（発微算法ノ編者ハ，関孝和トス．然レ

トモ，荒木村英曰ク，発微算法ハ，郡智，久長二氏ノ編スル所ナリト．村英ハ同門人ニシテ，親シク見ル所ノ者ナリ．イマ該書ヲ閲スルニ，序文ニ見エザレトモ，二氏ノ編ニ係ワレルモノノ如シ．故ニ，村英ノ言ニ従フ．）

私は同書の頭註において，

註，三滝，三俣ノ編トスルハ，荒木先生茶談ニ拠リシモ，実ハ二人ノ奥書アルノミ，巻末ニ問題ナシ．

と記しておいた．『発微算法』に新題若干問を附したりというのは，全く事実でない．『増修日本数学史』に『発微算法』の記載を捨てて，三滝，三俣二人の著なりとするのは，全く『荒木先生茶談』の所説に依拠しようというのであって，他に少しも理由はない．私はこのことをはなはだしく疑わしく思う．

和算書中の刊本には，実際は師の作であるのを門人の名義にしたものは幾らもある．しかしながら，これに反して門人の作を取って師の名で出したというものがあったという所伝はないのである．しかるに『発微算法』のみは，門人二人の共編なのを，師関孝和編という名前で刊行したものとするならば，これだけが独り例外の珍しいものということになる．これははたして事実であり得るであろうか．

『発微算法』はいわゆる演段術を使って，難解の問題を処理したものであって，演段術が数学史上に現れるのはこれが初めであるが，かくも一時代を画すべき貴重の刊行物であり，関孝和の業績として最もその根本の基礎になるものが，はたして二門人の手で作られたのであり，関孝和の作ではないという事実があり得るものであろうか．これは誠に怪しい．

建部賢弘編『研幾算法』は『数学乗除往来』四十九問の答術であるが，関孝和の業績の結果を多く発表したものともいうべきである．この書著作の元和三年(1683)に，建部賢弘は二十歳の青年であった．賢弘は後には如何にも偉い人である．けれどもこの時期においてはたしてあれだけの著作が独自の力で企てられ得たであろうかも疑わしいのであり，実のところは関孝和の作であったろうとも見たい．『建部氏伝記』には『大成算経』著作のことをいいながら，賢弘の業績として『研幾算法』のことをば少しもいっておらぬ．これは実際の著作でないからのためであろうと見てもよかろう．この『伝記』は賢弘の兄で，数学の造詣深き建部賢明の作であることを思えば，ますますこの感を深うするのである．

この推測にしてはたして採るべしとするならば，関孝和は自己の著作を門人名義で出すことをもしたのであり，その点は他の諸算家と選ぶところはなかったらしく思われる．しかるにもかかわらず，『発微算法』においては，門人の著作であるものを自分の名義で出したということになって，それはますます怪しいといわねばなるまい．

関孝和には『算法闕疑抄答術』という稿本もあるし，また『算法勿憚改』の答術をも作っている．この二部の答術書は現に存在する．しからば関孝和が『古今算法記』の答術を作ったであろうことも，またはなはだ実らしいと思われる．

しかるにこれを二門人の作だというのであるから，そのことは如何にも怪しい．ただこれだけでも，『荒木先生茶談』の記事は容易に信じ難いように思われる．

なお，沢口一之は関孝和の門人だと記されている．けれども『古今算法記』には関孝和の門人であることを示しておらぬ．沢口一之が京坂の数学に関係のあることは事実であるが，京坂側の史料には沢口一之が関孝和の門人であることをいってないのも，また事実である．

刊行算書中に提出されたる問題について，後の算書にその答術を公にすることは，ずいぶん盛んに行われたのであるが，門人の提出した問題を師なる人が答えたという実例は一つも見出し得られぬ．この事情は如何なる理由に基づいたものであるかは判らぬが，しかし実際にそういう事情が現れているのである．しからば関孝和といえども門人たる沢口一之の著書中に提出する所の問題の答書を発表するということをあえてしたであろうかも疑わしい．これは決してあり得ないことだということはできないけれども，しかしあまりに事実でありそうにもないと考えられる．もし沢口一之がはたして関孝和の門人であったならば，関孝和は自分の名前で『発微算法』を公刊することにしないであったろうと見るのが，至当であろう．

しかるに『発微算法』は関孝和の作として刊行されている．この事実あるにかかわらず，『荒木先生茶談』においては沢口一之をもって関孝和の門人とするので，『発微算法』を関孝和の作なりといっては不穏当にもなろう．これにおいて事実を曲げても，二門人の作だという説を出すことにもなったのであろう．はたしてしからば，その所説は真の事実を語るものではあるまいと思われる．

すでに『発微算法』に関して事実でないことをいうほどであれば，沢口一之が関孝和の門人なりというのも，事実の真否如何はにわかに信ずることはできないというものであろう．

それにもしも沢口一之を後藤角兵衛と同一人と見るならば，この人に関する説話は，他の事項とは様子が同じからず，たとい荒木村英の名で伝えられているとはいうものの，史料としてさまで信頼するに足らないようであり，もとより全然これを否定することもできないけれども，またその確実性の程度ははなはだ危ぶまれるのである．

沢口一之のことについては，京坂算家の伝来を調査してみることもまた必要となる．

## 19. 京坂諸算家の伝系

関孝和と京坂の算家の業績中に，たとい全般に亙ってのことではないにしても，類似のものがあるのは事実であり，また関孝和の門人沢口一之の家僕が京都へ行って，京都の数学がこれから伝統を引いたといわるる以上は，京坂諸算家が如何なる伝系を有するかを調べてみる必要がある．

京坂の算家といっても多くの人物があり，その中の一部分の人々のことではあるが，幸いに田中吉真(或いは由真)及び嶋田尚政に関する伝系は部分的ながらも記録に残っている．すなわち阿波徳島の岡崎家文書並びに淡路の広田氏に伝えられた『数学紀聞』などの記載がそれである．

『数学紀聞』には大本と小本との二部があるが，その小本の方に次の記事がある．

日本ニテ天元之祖ハ大坂川崎之手代橋本伝兵衛也．蓋啓蒙ニヨツテ也．

この記事中の橋本伝兵衛の姓名の右側に「寛永明暦之頃」と附記されている．

また次の記事がある．

算学啓蒙ハ紀州之士人玄哲ト云算者洛ノ東福寺ノ書虫之トキ初テ見レ之，金銀ヲ贈求メシ也．啓蒙ノ後，算海説詳等渡来トイヘトモ，天元之術再見コトナシ．蓋失ニ其伝一ナラン．

岡崎家文書に次のごとく見える．

橋本流丁見．

橋本伝兵衛正数．

右ハ大坂川崎ニ住居，算術ヲ以名高く，本朝にて朱世傑の天元術を始而仕始候人，古今算法記天元術等之書を著し候人にて，丁見を橋本平右衛門へ相伝仕候.

　　橋本平右衛門吉隆.

右は京二条に住居，其名尤高く，算法明解を著し，暦学にも達人にて御座候. 丁見を田中十郎兵衛へ相伝仕候.

　　田中十郎兵衛吉真.

右ハ京都椹木町に住居，算術を以名高く，丁見を喜多新七に相伝仕候.

　　喜田新七治伯.

……………………………

　　大島善左衛門喜侍.

『数学紀聞』の大本の方には次の記事がある.

橋本伝兵衛正数門人，橋本平右衛門吉隆，古市算助正信，沢口三郎左衛門一之，後号宗隠，島田左太夫.

吉隆門人，田中十郎兵衛吉真，小川市兵衛，喜多新七治伯.

左太夫門人，島田源右衛門尚政，始号半七.

同じ淡路の広田氏所蔵の『見盤』離の巻には次の記事がある.

橋本伝兵衛正数.

住㆓大坂㆒,……正数与㆓其門人大坂鳥屋町之住人沢口三郎左衛門一之㆒相共作㆓古今算法記㆒. 行㆓于世㆒. 此本邦以㆓天元術㆒著㆑書之始也. 以伝㆓橋本吉隆㆒. 於㆓大坂㆒而終. 沢口一之後住㆓京都出水㆒. 号㆓沢口宗隠㆒. 終㆓京都㆒.

また貞享二乙丑年(1685)作の,『京羽二重』巻六に,

暦学

　室町綾小路下ル町　　　安井算哲.

算者

　たる木町室町東へ入　　田中吉実.

　聚楽　　　　　　　　　沢口宗隠.

と見える.

これらの記事に拠るに，初め紀州の士人玄哲なるものがあって，洛の東福寺から『算学啓蒙』を得たのである. この玄哲というのは『算学啓蒙』を我が国で初めて刊行した久田玄哲であろう.

それから大坂川崎の手代橋本伝兵衛正数が『算学啓蒙』によって天元術を学んでこれを了解し,『古今算法記』を作った. またこの書は橋本正数と門人沢口一之との共編だともいう.

沢口一之は大坂鳥屋町に住し，後に名を宗隠と改め，京都に移り，出水及び聚楽に住したが，貞享二年(1685)の頃には京都におって存命であったらしく，京都で歿した．大坂及び京都における居住の町名まで書いてある所から見ると，この記載のごときは事実であろう．少なくも事実に近いものであろう．

これらの所伝によれば，『古今算法記』は沢口一之一人の作ではなく，一方にはその師橋本正数の作といい，一方には橋本正数と沢口一之との師弟二人の合作とするのである．いずれにしても橋本正数の関係があったものであろう．

けれども『古今算法記』には沢口一之の師伝を記さず，したがって橋本正数の関係あることをもいっておらぬ．また『算法天元指南』(元禄十一年，1698)の著者佐藤茂春は摂州高槻藩の人であるが，その序文中において沢口一之に学んだことをいい，かつ沢口一之は『算法根源記』の問題一百五十問を三十日に充たずして解いたのだと記している．

故に『古今算法記』については，沢口一人と，師弟二人というのと，師一人の作とするのと，つまり三説に岐かれる．したがってあまり確実なことは判らないともいわれよう．

けれどもこれらの京坂の算学に関係ある記録中には，沢口一之が姓名を後藤角兵衛と改めたことは見えず，またかつて後藤角兵衛といったことの記載もなく，また関孝和に関係のあったことも見えないのである．

かくも沢口一之が大坂及び京都におり，京都で終わったというのであれば，この沢口一之の旧家僕であった五郎八が京都に赴いて，それから京都の算学はこの人から起きたというのは，事実らしく思われない．故に沢口一之と後藤角兵衛とを同一人と見るのは，妥当であるまい．別人とする方が適切であろう．別人であれば，後藤角兵衛は必ずしも京坂地方へ行ったと見るには及ばぬ．全く行方知れずになったと見てよい．

沢口一之が関孝和に入門したことがあるやなしや，また五郎八，後の卜信が京都の算家中の何人に当たるかどうか，関孝和の数学が京坂に如何なる影響を与えたかというごとき問題は，未だにわかに判断し難いものがあるように思われる．

## 20. 関孝和と京坂における代数記法の異同

関孝和は演段術を発明したといわれ，そうして田中吉真及び嶋田尚政等の京坂の算家もまた演段術を使っているが，その両者の間には使用された傍書式すなわち代数記法に異同のあることがはなはだ注意を要する．

関孝和の傍書式においては，縦線の右方に並べて記されたのが相乗ずるものを表し，縦線の左方にあるのが除数を表すものであったといわれている．『大日本数学史』及び『増修日本数学史』などにはこの見解を採り，ほとんど定説ともいうべきである．右方に乗数を記すことは『発微算法演段諺解』(貞享五年, 1685)等にも見えているのであり，これには異論はない．けれども関孝和がはたして除法形式の記法を使ったかどうかは，未だその実否を確かめるに足る所の証拠を見出すことができない．建部賢弘，松永良弼，久留島義太等の手では，除算の記法が用いられているし，その後の関流では盛んに使われることになるのであるが，享保初年の頃から以前に用いられていたことは，未だ明らかでない．おそらく関孝和の時代には未だこの種の記法は成立しなかったのであろう．しかも並記によって相乗を表したことは誠に著しい．

しかるに田中吉真及び嶋田尚政等の京坂の算家の使った演段術の記法は，関孝和と同様に縦線の右方に並記したものをもって相乗を表すことにしたのではない．縦線の右方へ縦の一行に相乗ずべき諸数を列記してその正負並びに段数を記載し，かくのごときものを並べて書いて相加減することにしたのである．この種の記法は島田尚政門流の『算法発揮』(1690 年)にも用いられ，田中吉真の諸稿本にも見えているし，また鈴木重次の『算法重宝記』(元禄七年, 1694)にも見える．後に大坂で栄えた宅間流でもこの種の記法を使ったのであり，大坂から加賀の金沢へ伝われる三池流でもまたこの種のものから多少変形した記法を使っていたのである．その記法は関流の記法に比して著しく異なるをもって，すこぶる珍しく感ぜられる．

かくして関孝和と京坂の算家との間に代数記法を異にしたというのは，如何にも著しいことであり，その起原を異にするをもってこの相違を生じたのではないかと見ても，必ずしも不穏当ではあるまい．仮に関孝和の記法が伝えられて，これを改造したものであったにしても，関孝和及びその流派と同様の代数記法を使用しないほどであったといえば，その関係はやや薄弱なものであったろうこともまた思われる．

もし『荒木先生茶談』にいうごとく，沢口一之が真に関孝和の高弟にして，関孝和からその発明の演段術を受けてこれを京坂の地に伝えたものであったとすれば，関孝和と同様の記法を使いそうなものであったろうと思われるけれど，事実は左様ではないのである．

けれどもここに一つの問題がある．すなわち関流の算書『算法演段品彙』巻九は「算法演段雑記」にして，別に一部の稿本になっているものもあるが，その中には京坂算家と同様の記法をも記している．試みにこれを記載してみよう．

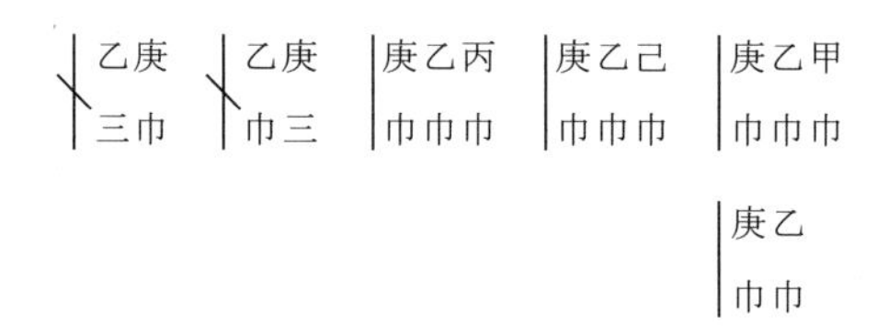

以下皆立式当レ如レ比。然甚広濶。故如二下式一書レ之。

甲巾乙巾庚巾正一
己巾乙巾庚巾正一
丙巾乙巾庚巾正一
庚三乙巾負一
庚巾乙三負一

乙巾庚巾正一

名子

この図式において上方に記されているのは，関流普通の記法であるが，下方のものはすなわち京坂で行われたものと全く同一である．そうしてその中間に説述されているところに拠れば，算式の記載は普通には上方の図式のごとく行うのであるけれども，しかしかく書いて表すときは「甚広濶」である．すなわち広く場所を取るという欠点がある．故に下方に記したごとく書き改めて，紙面を狭ばめて書き表すことにしようというのである．繁雑な算式を簡潔にするためにするというのである．

『演段品彙』の中にかくのごとき記載があるのは事実であるが，この書中においても単にこの一ケ条が見えているのみで，他の部分には同種の記法を使ったところはないのであり，関流の他の数多き算書中には一つも同種のものを見出したことがない．これは全く関流の算書中における唯一の所見である．

『演段品彙』は普通には著者名を欠くけれども，その一本には「関自由亭先生著述」と記したものがある．自由はすなわち関孝和の号である．これはもちろん著者名欠如の本へ後に記入したものには相違ないのであるが，万一にも関孝和の作であるか，もしくは関孝和の遺稿によって作られたものであるとするならば，京坂における特殊の傍書記法も，またあるいは関孝和が特殊の繁雑な算式を処理するために使い始めたものであったということにもなり得るであろう．事実はたしてそうであったとすれば，京坂の算家はこれを受けて，この種の記法のみを使用し，関孝和並びにその後の関流で慣用した記法をば採用しなかったのだということにもなろう．かくのごとき事情もあり得ないことではない．

けれどもまた京坂の記法が何かの事情で関流の人達に知られ，後にこれを関流の算書中に書き入れたことがないともすまい．

近江の人で京都におった算家中根元圭は，建部賢弘の高弟になったけれども，建部よりも年長者であり，初めには京都の田中吉真の一派でもあったらしく思われるから，この中根元圭を通じて京坂の記法が関流の中に流入し得たろうことも思われる．

如何にも関流中においてもいわゆる荒木松永派と建部中根派とが相別れて対立したがごとき形勢があるのは事実であるが，しかしその対立が著しくなるのは後のことであって，初めにはその対立の事実を認むべき如何なる事情も見られぬのである．中根元圭は久留島義太の天才を愛してすこぶるこれを擁護し，多く関流の数学を伝えたらしく，そうして久留島はこれからして著しくその天才を伸ばすこともできたらしい．かくして大成した久留島義太は松永良弼とはなはだ親善の間柄であり，松永は久留島から学ぶ所も多く，また久留島の推挙によって岩城平侯内藤政樹のために算学をもって抱えられることにもなったのである．久留島義太は関流以外に卓立したといわれるけれども，その実は関流の擁護によって大成し，またその業績はことごとくこれを関流中に伝え，関流数学の発展上に多大の貢献をした人というべきである．たとい名前こそは関流内の人にならなかったとはいえ，事実においては関流に随伴して関流を発展せしめたものであった．私はかくのごとく解するが故に，遠藤利貞などがこの人をもって関流外に卓立したという見解には外形だけはともかく，実際上には全く真相を逸したものとして，賛同し得ないのである．

また中根元圭の男中根彦循は久留島義太に師事し，そうして松永良弼とも友人の関係にあったという．

岩城平侯内藤政樹は自らも数学者であったが，久留島義太並びに松永良弼を抱えたのであり，そうして建部賢弘とも関係があって建部から珍しい算書など供給されたことがあるのは，内藤子爵家の文書によって窺い見るに足る．

山路主住は中根元圭，久留島義太，松永良弼の三人から学んだ人であり，筑後久留米侯有馬頼徸(よりゆき)は山路主住から数学を学ぶけれども，しかも中根元圭の門人で近畿地方の遊歴教授に任じた大島喜侍の高弟入江修敬を抱えたのであった．大島喜侍は中根元圭のほかに京坂の他の諸算家からも学ぶ所があり，田中吉真及び島田尚政等が使った傍書の代数記法をもこれを知り，またこれを使っていた人である．

関流中の荒木松永派と建部中根派との間には，かくのごとき関係が存在するのであって，『算法演段品彙』はそのいわゆる荒木松永派に伝われる算書であるとしても，その中に記されたところの京坂風の代数記法の一節は，場合によっては，建部中根派の京坂に対する関係のためにこれを学んで採り入れたものではないかという事情もあり得る．

また京坂風の代数記法も島田尚政門流の『算法発揮』ではこれを公刊しているのであるし，『算法重宝記』にもやはり公刊したのであって，この両書は共に元禄中の刊行であるから，たといその両書共に流布本は少なかったらしいとはいえ，しかしこの公刊の算書によって関流の諸大家の眼にも，関流の記法に較べてはなはだ奇異と思われるその記法が珍しく感ぜられることもあったであろうから，その結果として『演段品彙』の中に記されることになっても，また当然のことであろう．

故に『演段品彙』の中にこの種の記法の見出さるることは，この書物が実際に関孝和の著述に違いないという証拠でも出ない限りは，これをもって京坂風の記法がやはり関孝和から出たのだという論拠にはなり得ないであろう．

関流と京坂諸算家との間において，用うるところの代数記法に異同のあったということは，両者の間に相当の隔たりがあったという証拠にこそなるべきものであると私は思う．

## 21. 宮城清行

京坂の諸算家は関孝和及び関流とは異なれる代数記法を使っているけれども，しかし関孝和と同種の記法を使った人がないでもない．その人はすなわち宮城清行である．この人の著『和漢算法』は元禄八年(1695)の作であるが，この書中に『古今算法記』の一十五問の答術の演段を記したものは，田中吉真や島田尚政の使ったごとき代数記法によらずして，関孝和と同様の記法を採用しているのである．宮城清行のことに関して，『増修日本数学史』(頁 164-6)〈1960 年版 pp. 153-154〉に次のごとくいう．

> 宮城清行，外記ト称ス．初メ柴田理右衛門ト云フ．何人ノ門弟ナリシヲ知ラズ．自ラ学派ヲ立テヽ，宮城流ト曰フ．明元算法ノ著アリ(元禄二年)．天元演段ノ書ニシテ，平方ヨリ五乗演段ニ至レリ．今其書ノ全体ニ就テ考フルニ，何人ニ拠リタル所ヲ見ザレドモ，演段法ニ至リテハ関氏ノ法ニ依リ，他術ハ則古術ヲ改良シタルモノナラム．京師ニ居リ，早伝授ヲ以テ聞ユ．故ニ世人目シテ洛陽ノ名士ト曰フ．……或人曰，弧背詳解ハ清行ガ著ナリト．余ハ之ヲ知ラズ，誤レルガ如シ．……或人曰ク，宮城清行ハ関孝和ノ破門ノ弟子ナリト．其レ或ハ然ラム．

宮城清行は京都におって，その著述には『改算記綱目』(貞享四年，1687)，『明元算法』(元禄二年，1689)，『和漢算法』(元禄八年，1695)の三書を刊行した．けれどもこの人の作に成れる稿本著述類の現存するものを知らぬ．この三書には宮城清行が何人の門中から出たかを示してはおらぬ．けれども田中吉真及び嶋田尚政等が使用せる代数記法を使用せずして，関孝和と同様の記法を使用しているところを見ると，おそらくは田中嶋田等の一派ではないのであろう．しからば『増修日本数学史』に，関孝和の破門の弟子なりとの説もあるというのは，あるいは事実でないともすまい．今『改算記綱目』を見るに，宮城清行ははなはだ関孝和を尊信しているように思われる．『改算記綱目』は「柴田理右衛門尉清行門弟，持永十郎兵衛豊次，大橋又太郎宅清改撰」とはしてあるが，柴田清行すなわち後の宮城清行の作と見てもよかろう．序文に次のごとくいう．

此書撰述の意趣は数学の真術一貫の深奥に至れる捷径をなさんと欲して也．嗚呼謬れるかな，近世の算家多くは高遠の説を設け，是に似たる非をかまへて初学を邪路に赴かしむ．殊に佐治氏一平之算法入門のことときは，術理の正邪をだも知らず，却而正術を謗り其愚を顕す．予師清行先生曰，今時の算書を見るに，邪正雑術多して，難好を解の真術式を顕せる人鮮し．惟関氏孝和の編る所の発微算法演段諺解に平方冪に三位相消あり，又立方冪に十位相消あり，誠に如㆑斯の術式深く味㆑之，孝和之新意の妙旨至れる事を知るべし．

予別問を設て三乗冪，四乗冪及五乗冪の式を顕し，明元算法と名づけて梓に鏤めて学者を導かんと欲す．二子吾に先だつて一編の算書を作せよ．……

貞享丁卯三月穀旦書．

この序文は関孝和の諱に「たかかず」と仮名を附しているのが注意に触れる．そうして『発微算法演段諺解』を関孝和の編なりといっているのも，また注意すべきである．この書は関孝和門人建部賢弘の名で刊行されている．また『算法入門』も佐治一平門流松田四郎兵衛正則の著述として刊行されたのであるが，この書についても「佐治氏一平之算法入門」といっている．佐治一平が京都に住したことは『算法入門』の序に

爰有㆓洛陽住人佐治氏一平者㆒．遊㆓此門㆒学㆓算術㆒．……

とあるので知られる．『算法入門』は後に『算学詳解』と改題されたが，この書に宝永二年(1705)五月に附した跋文に拠れば，武州住松田氏正則と見える．この『算法入門』は如何にも誤りのはなはだしい算書であるが，『改算記綱目』の序にも，正しくこれを批評している．そうして関孝和の算法の正しいことをも認めたのである．

『算法入門』は関孝和の『発微算法』を不可なりとして，これが改術を企てたのであるが，この書の下巻五丁に次のごとくいう．

……佐治氏師田中氏吉真有㆓洛陽㆒．算法明解書編㆑之．則至源記答術．古今記一十五問答術．并従㆓古来㆒秘密算法術㆑之．今爰所㆑記．初学者閲㆑之．相違分明．改㆓術之㆒．殊第一十四両平錐好．一千四百五十七乗云云．無術也．又第十五分子斉同術．是等誤．不㆑残一十五術共明解術㆑之．

しからば佐治一平は田中吉真の門人であり，田中吉真と同じく京都にいるの

であるが，この記載中にも田中吉真が『算法明解』を作って『算法至源記』と『古今算法記』の一十五問の答術を施したことをいうので，現存の『算法明解』の写本は，その中の『古今算法記』の答術の部分と見てよいであろう．今この写本を見るに，関孝和の『発微算法』と大体に類似しているのであり，その答術は正しいのであるが，『算法入門』ではこれをも正しくないと見たのである．故に佐治一平はその師田中吉真の答術がありながら，これを推服し得ぬので別に『算法入門』の作があったのであろう．しからば独り関孝和に対して反対を唱えただけではなく，師田中吉真に対しても反対したのである．

しかるに宮城清行または門弟等は『入門』の非を説き，関孝和の名を記しながら，同じ京都におった田中吉真のことをいわぬのも，怪しいようでもあるが，それには何かの事情があるのであろう．要するに宮城清行は関孝和を推挙したといってよい．

後に『和漢算法』においては『古今算法記』の一十五問の答術と演段とをも記し，『発微算法演段諺解』に略記した部分をも委細にその演算を説いたのである．

この演段中において全く関孝和の代数記法と同じ記法を使用し，少しも田中吉真及び嶋田尚政等の記法に類似したものが出ておらぬこともはなはだ著しい．

しからば宮城清行ははたして関孝和の門流から出たものであろうか．破門の弟子なりといわれたというのも，あながち否定し難いようにも思われる．しかしながら，『発微算法演段諺解』が刊行されて以後のことであるから，この書によってその演段の記法を学び，これを使用したといっても，不思議はない．故に関孝和と同趣意の記法を使っていることが必ずしも関孝和の関係者であったろうという証拠にはなるまい．けれども京坂の算家が別種の記法を使っている中に立ち，しかも京都におって，京坂流の記法に拠らずして，関孝和の記法を採用したというのは，ともかく，関孝和に深く傾倒していた結果であるらしくも思われる．

しからば宮城清行は場合によっては，『荒木先生茶談』中の五郎八または後藤角兵衛の後身であるかも知れない．しかも全く不明であって，確乎たることはいい得られぬ．

ただ，京坂には京坂流の代数記法が行われておりながら，その中へ関孝和の使った記法の勢力が伸びていったという事実だけは，これを認めてしかるべきであろう．

## 22. 関孝和の業績と京坂数学との異同

京坂算家の著述類と関孝和の業績との間には,『円率俗解』と『括要算法』とにおけるがごとく，全然一致するものもある．けれどもすべてが一致するのではない．

田中吉真は『奇收約之法』と題する稿本があるが，これは連分数を使ったものに相当し,『括要算法』所載の零約術とは同じくない．しかも『大成算経』中の零約術は連分数に拠るものであるから,『奇收約之法』はこれと一致する．しかも奇收約という術名は関孝和及びその門下諸算家の著書中には見えぬのであり，術名は全く異なる．

田中吉真の翦管術もまた『括要算法』とは異なれるものがある．

かく一致するものと一致しないものがあるが，しかしながら関孝和の業績中にのみ見られて，京坂の数学中からは見出されておらぬものもまた幾らもある．もちろん京坂算家の著述稿本類は残存のものが極めて少なく，現存の僅少なものによって全豹(ぜんぴょう)を判断することはできないが，しかも現在では関孝和の業績中に特異なもののあることを認めなければならない．

方程式論に関するもの，求積に関するものなどは，この部類に属する．京坂算家の間にはこの部類のものが見られぬ．

この事情から推すときは，関孝和の業績がことごとく京坂地方から伝えられたのでないことも思われるし，それに関孝和が演段術を使ったのは，少なくも現存の史料に現れたところでは，京坂の諸算家よりも年代が早かったというのも事実であり,『発微算法演段諺解』には演段術は関孝和の発明であることをいっているなどの関係があるから，関孝和が独自の創意工夫のあったこともいうまでもないであろう．これは何人もこれを疑うものはない．

故に京坂地方へは関孝和の業績は程度はともかく，多少は伝えられたであろうと思われるが，如何なる径路によったか，またその時期が何時頃であったか，程度がどうであったかなどは，すべて不明であって，京坂の算家の独自の研究工夫が如何ばかり行われたであろうかも，充分にこれを明らかにすることができない．

しかも宮城清行が京都におりながら，関孝和の演段術の様式を採用したという事実があるのも，関孝和の勢力が京都に及んだことの著しい現れであり，京都におった中根元圭が年下の建部賢弘の門人になるというのも，やはり同じ事情から来たのである．そうして中根元圭及び同彦循の父子が全盛の時代になると，京都の数学は全く関流の勢力下に属することとなるのである．これにおいて思うに，京坂の数学にも造詣の優れたものがあったとはいうものの，関孝和には及ばなかったのであり，現存の諸算書中に記載が少ないばかりでなく，実際上の地平線も低かったのであろうと見ても，必ずしも不穏当ではあるまい．

## 23. 関孝和と方程式論

方程式論ともいうべきものは，現に知らるる所では全く関孝和の業績中にのみ見られるのであり，他に所見がない．初め佐藤正興の『算法根源記』(寛文六年，1666)においては開方式に二つの商，すなわち現にいう所の根のあることを知らないのであるが，その後に出た沢口一之の『古今算法記』では，二つの答数のあることを認めながら，これを翻狂と称し，問題が病的なのだとして，問題を造り改めてただ一つの答数あるだけにするように試みたのである．けれども如何なる方法を使ってこの目的を達成すべきであるかは，全く示してない．

関孝和もまたその著『開方翻変』〈『開方翻変之法』〉中においてこの同じ翻狂ということをいっているし，その研究には意を用いたらしく見える．場合によっては『古今算法記』を見て強く刺戟せられ，これから方程式論の研究に向かって進んだのではないかとも思われる．

けれども『古今算法記』が出て，場合によっては二つの答数があり得ることが思われ，従来唯一の答数に限られたものが打破されることとなったので，ここに興味を感じたのが方程式論の樹立された真因であったかもまた分からぬ．

要するに，『根源記』並びに『古今算法記』の両書の所載は，関孝和の方程式論の研究に進むべき道程を示すものといってよい．

『古今算法記』のごときも，方程式に一根より以上の根があることをすべて排除したのではなく，題意に適する根が一つに限るように試みたというのであって，ずいぶん深い洞察があったことを知るのである．

京坂の算家はすでにこれほどまでに問題の吟味を試みながら，それ以上に研究を進めないということがあったであろうか．沢口一之は『古今算法記』の一書を遺しているのみで，この人の稿本著述は一つも伝えられておらぬのが，はなはだ惜しい．

関孝和の方程式論ではもとより『古今算法記』におけるよりもはなはだ進ん

でいる．これに関しては，方程式に根が幾つあるということや，その全根数のない場合のことや，その諸根を求めることや，その解法の上に省略計算を行うことや，また方程式の吟味に関して適尽諸級法を立てたことなどが，その主要なものである．

中に就きて適尽諸級法は累次微係数を使用することに相当する．けれども単にその結果が示されているのみで，如何にして，この方法を得べきかは少しも説いておらぬ．

関孝和は時には微分法，積分法を創意したといわれている．このことについて昭和六年の夏に柳原吉次氏に会ったとき，同氏はその積分法というのは円理を指すものとするも，微分法とは何を指すのであろうと尋ねられた．私は適尽諸級法のことをでもいうのであろうと答えた．これはあたかも累次微係数を使ったものに相当するので，微分法を使ったものと見ることができるであろうか．これははなはだ問題である．これについては少しばかり解説してみたい．

適尽諸級法においては，方程式

$$a_0+a_1x+a_2x^2+a_3x^3+a_4x^4+\cdots\cdots=0 \tag{1}$$

についていえば，

$$a_1+2a_2x+3a_3x^2+4a_4x^3+\cdots\cdots=0 \tag{2}$$

$$a_2+3a_3x+6a_4x^2+\cdots\cdots=0 \tag{3}$$

$$a_3+4a_4x+\cdots\cdots=0 \tag{4}$$

$$a_4+\cdots\cdots=0 \tag{5}$$

と置きて，(1)と(2)とから $x$ を消去するのが，適尽方級法であり，(1)と(3)とから $x$ を消去するのが適尽上廉級法であり，以下次第に(1)と(4)，(1)と(5)，……から $x$ を消去したものを採ることになっている．

この(2)(3)(4)……の諸式が(1)の逐次微係数に相当することはいうまでもない．

この適尽諸級法なるものは，如何なる用途に適用されているかというに，原方程式(1)に正商がない場合に，適尽方級法を使って(1)の係数を変更して，正商あるものに作り改めることとしようというのである．これに関して一例を示せば，原立方式

$$3+x-x^2+x^3=0 \tag{a}$$

においては，負商はあるが，正商はない．正商がないというのは，正商 1 を立てて開くことにすると，

$$1+x+x^2+x^3$$

という形になるものと見ることができるが，この式を原式と比較すれば，廉級すなわち $x^2$ の係数は異名である．すなわち異符号である．故に適尽廉級法を使って諸係数を変更しようというのである．

かくして今いうごとき正商または負商の有無を験証すべき標準につきて，$x, x^2, x^3, \cdots$ のいずれかが異符号であるなら，この異符号である級に従って，その級の適尽法を適用することにしたものである．

(a)に関して $x^2$ の係数を変更するものとすれば，この式を

$$3+x-ax^2+x^3=0 \qquad \text{(b)}$$

の形をなすものと見て，適尽廉級法を適用して，

$$-a+3x=0 \qquad \text{(c)}$$

を得て，(b)と(c)とから $x$ を消去するときは，

$$-81-9a+0a^2+2a^3=0 \qquad \text{(d)}$$

となる．この(d)式を開いて

$a=3.868872$ 弱

という商を得る．これにおいて

故負廉．此数以下者．原正商無レ之．以上者．原正商有レ之．

と記す．すなわち(b)式において $a$ の値が今得た数より以上か以下なるかによって，(b)式は正商の有無が岐れるのだとするのである．

かく説いた次に，「視商極数第五」と題して，次のように見える．

置二原式一．依二前術一替二諸級数一．而各得レ式．随二適尽諸級法一．而自二其級一逐下乗二其級数一．(乃用二適尽方級法一．則自レ方逐下乗二方級数一．用二適尽初廉級法一．則自二初廉一逐下乗二初廉級数一．余倣レ之．）其得式開二除之一．得二商極数一．

これは前のごとく適尽諸級法を施して得た結果は，商の極数すなわち極大又は極小を与うるものとなることをいうのである．今，文意の委細の解釈はこれを省く．

故に関孝和が適尽諸級法に拠って，商の極数を得べきものなりと解したことに疑いはない．

もし関孝和のこの算法がはたして正しいものであるならば，如何にも巧妙なりといわねばならぬ．逐次微係数を使用して極大極小を求めたということにもなる．

けれどもこの算法については，なお取り調べてみる必要がある．故遠藤翁の『増修日本数学史』にもこれについて疑いを挟んでおらぬのであり，林鶴一博士が昭和六年中に『東北数学雑誌』上において和算の方程式論並びに方程式解法のことを説き，また和算の極大極小論のことを説きて，両篇共に関孝和の適尽諸級法のことに論及しながら，その正邪に関していささかの疑団を挟んだらしくもないのである．今これについては特に研究してみなければならぬ．

## 24. 適尽諸級法に関する和算家の解説

適尽方級法なるものは，如何にも正しい．疑わしいのは適尽廉級法以上のことである．今その算法は如何にして作製されたであろうかの推定はしばらく措き，和算家の解説に如何なるものがあるかを，一二の例について考察してみることとする．

関孝和の『開方翻変』以外に，『大成算経』においてもまた適尽諸級法のことが見えているし，やや解説が精細にはなっているけれども，趣意において『開方翻変』以上のものではない．

有馬頼徸及び戸板保佑など，『開方翻変』の解説を試みたものもあるが，別に発明するところはない．

藤田嘉言の『龍川雑書』には

> 開方翻変ハ関夫子開方式ヲ得テ商ヲ開出スルコトヲ示シ，又商ヲ開出スルコト不能トキハ其商ノ極数ヲ試テ無商式ナルコトヲ分弁スルコトヲ示シ玉フ書ナリ．然ルニ後世ノ人其意ニ背キ適尽方級法ニ依テ極数ヲ得ルコトノミヲ感シ翫フニ至リ，其商ノ極数ヲ求メ得ル術ナル故ニ，至テ多キ数或ハ至テ少キ数ヲ得ル題ヲ作リ，適尽方級法ヲ行テ其術ヲ得ル故，自ラ真意ニ背キ不合コトアルトキハ，却テ翻変ヲ疑惑スルニ至ル，慎ムヘキコトナリ．

といい，『開方翻変』の方法は開方式の開出商すなわち方程式の根の求め得られない場合の吟味をするためのものであるのに，後代の人はかえってその同じ適尽方級法によって極大極小の問題を研究することに腐心し，その問題に不審のことがあるために，かえって『開方翻変』の方法を疑惑するものあるにいたっては迷妄なりと説くのである．

かくのごとくいっているけれども，単に適尽方級法のことに関してのみ論ずる所があり，適尽廉級法以上のことはさらに述べておらぬ．藤田嘉言が『龍川雑書』を書いたころには，未だ適尽諸級法の本質について了解ができていなかったものと思われる．龍川とは嘉言の号である．

会田安明も諸級法のことを説きながら，実地の場合には方級法のみに拠っている．

『算法新書』(文政十三年，1831)は適尽方級法に拠って極大極小の説明を試み，その説明にははなはだ見るべきものがある．けれども廉級法以上のことは説明がはなはだ不充分である．すなわち次のごとく見える．

> 若原式実級を棄，残式無商式なるときは，亦法級を棄，上廉級以下の級数に仍て極商を求む．是を上廉級法といふ．実法二級を棄，残式猶無商式なるときは，実法上廉の三級を棄，次廉以下の級数に仍て極商を求む．是を次廉級法といふ．逐て此の如く有商の残式を得て極商を求む．其法開方翻変に見えたり．前理を推して求むるときは，解義自ら明白なり．故繁説せず．(巻三，頁二十五丁.)

この記述から見るときは，適尽方級以上の諸級法の解説の適否如何はしばらく措くとして，適尽諸級法なるものは，極商を求むべき算法なりと解したものなることが知られる．すなわちこれによって商の極大もしくは極小が得られるとしたのである．そうして関孝和の『開方翻変』に記すところの適尽諸級法が，商の極大極小に関するものとしての主張を是認しているのである．

この『算法新書』の記述ももとよりはなはだ明瞭なものでないこともちろんであるが，はたして適尽諸級法の本質を了解して論じたものかどうかも，はなはだ怪しまれる．『算法新書』は長谷川寛閲，千葉胤秀編として上木された算法の教科書であり，説明の親切なので広く賞用されたものであるが，この書のごときすらも，適尽諸級法についてかくのごとき粗雑な解説しかしていないのであるから，まず適尽諸級法というものは，和算家が一般に充分の理解のなかったものといってもよいのであろう．『算法新書』は実は閲と署せられた長谷川寛の著述なること疑うべくもない．このことについては十年前に別に「算法新書著者考」の一篇を起草したことがあるが，未だその詳論を発表してない．

適尽方級法並びに適尽諸級法についてはなお幾多の文献があるけれども，今はこれを詳論することを目的とせざるをもって，すべてこれを省き，藤田嘉言の『開方翻変詳解』または『開方翻変五条之解』と題する稿本中の所説を紹介し，批判の料としたい．この書は文化八年(1811)辛未閏二月の奥書がある．

この書には「験商有無第二」の条において

凡ソ開方式ヲ視テ此式正商アルヤナシヤ，又負商有ヤ無ヤヲ糺スノ法也．故ニ験商有無法ト云．猶次ノ数解ニテ分弁スベシ．本文中ニ適尽其級法ト云事不レ詳．他級中異名有者ハ，何級ニ拘ハラス，適尽方級法ニ依テ各級数ヲ替ルコトナルベシ．故ニ分注以上ノ級為レ主ト云事ニ及マシキヤ．

藤田嘉言がかくいうのは，如何なる場合にも適尽方級法だけで処理ができるのであるし，適尽諸級法というものの適用されるのは，その精神が了解されかねるというものらしい．

藤田嘉言はさらに進んで，適尽方級法は商の極数に協(かな)うこととあるけれども，適尽諸級法に至っては，その算法に用いられる所の変式の某級が零になるようにされるというだけのことで，それ以上の意味はないのだと述べている．すなわちいう．

如レ此変式ノ方級空ヲ得ルヤウニ適等ヲ取ル事ヲ適尽方廉級法ト云．又変式上廉級ノ空ニナルヤウニ適等ヲ取ルコトヲ適尽上廉法ト云．変式上廉級空ナレトモ商ヲ立ルニ妨ナキ故ニ，変式方尽ル商アリ．故ニ変商ヲ得ルユエ商ノ極数ニ非ス．只上廉級空トナル変式ヲ得ト云而已ノ事ナリ．適尽下廉級法モ是ニ同シ．余傚レ之．

「諸級替数第四」の条においても，

適尽他級法ハ嚮ニ云如ク極数ニ非ル故，諸級ヲ替ル適等ニ用ヒテモ極数ニ叶ハス．

といい，関孝和の本文に適尽其級法にしたがって異名級なるものを処理するというのは不レ詳，すなわち不可解だとして，実例によりこれを説明している．すなわち関孝和が取った例について立方式

$$81-9a+0a^2+2a^3=0$$

は，負商3.868872弱という商があり，そうして

故負廉此数以下者原正商無レ之，以上者原正商有レ之ト云．然トモ所レ求負商以下三箇八分ヲ負廉ニシテ試レ之ニ，正商三箇一分九厘二毛三八七弱ヲ得ル．如レ此以下ヲ用テモ正商ヲ得ル．是適尽廉級法ハ極数ニ叶ハサルナリ．

といい，関孝和が『開方翻変』中に例示した場合は当たっておらぬことを明らかに示したのである．

藤田嘉言は『龍川雑書』においては，適尽諸級法が怪しいようにいわれることを否定せんとしたのであるが，『開方翻変五条之解』においては全くその見解

を翻して，関孝和の適尽諸級法は方級法を除きては商の極数に関するものでないことを示したのである．この事情から思うに，『龍川雑書』は前に成り，適尽諸級法に関する疑団を与えられたために，専心このことを研究した結果として，前の謬見を棄てて，正しい歩みを進めることができたものであったろう．

適尽諸級法に関する和算家の解釈について，私が二三のものを示したのはもとよりそのことの片鱗に過ぎないけれども，しかもこれによって適尽諸級法が和算家の中において如何に難解のものであったかという事情は，明瞭に汲み取り得られるであろう．

関孝和は適尽方級法をば正当に樹立したのであるが，適尽諸級法のことはこれをもって無条件に極数を表すとしたのは誤りであり，また立方式の一例を挙げたものも正しいものでないのであり，少なくも二重の誤りを犯したのである．

## 25. 関孝和の適尽諸級法の構成に関する推定

関孝和の適尽諸級法は逐次微係数にも比すべきものであり，はなはだ重視すべきであるが，しかしこれには誤解のあることは，すでに示し得た通りである．しからば関孝和は如何にしてその構成を思い付いたのであろうか，また如何にして誤りに陥ることにもなったのであろうか．これももとより説明を要する．

これらについては正確な記録があるでもなく，単なる推定以外には試みるべき手段もないのであるが，なるべく実らしき推定をしてみたい．私は正しく方程式解法の仕方から来たものであると考える．

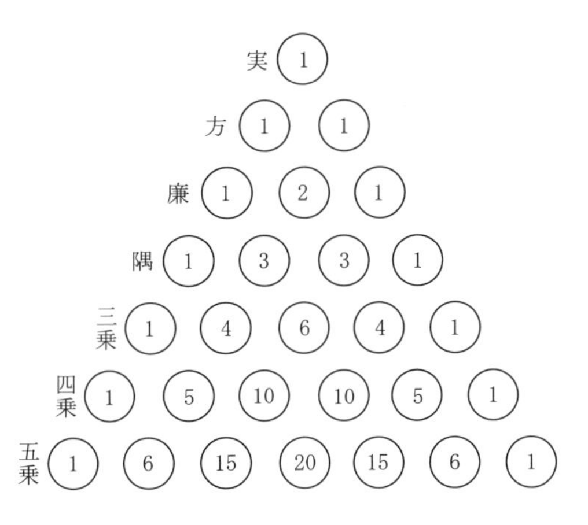

これには天元術の方程式解法の算法と，いわゆる廉率本源図のことを考えてみなければならぬ．廉率本源図は宋の楊輝並びに元の朱世傑及び明の程大位などが記しているのであり，その用途は方程式解法の原則を示したものであるらしい．その図はここ〈前頁〉に示す通りである．

たとえば方程式

$$a_0+a_1x+a_2x^2+a_3x^3+a_4x^4=0 \tag{1}$$

を解くために，初めに $x_1$ を取って開くときは，その結果は

$$\begin{array}{l|l|r|r|l} a_0 & +\ a_1 & (x-x_1)+\ a_2 & (x-x_1)^2+\ a_3 & (x-x_1)^3+a_4(x-x_1)^4=0 \\ +a_1x_1 & +2a_2x_1 & +3a_3x_1 & +4a_4x_1 & \\ +a_2x_1^2 & +3a_3x_1^2 & +6a_4x_1^2 & & \\ +a_3x_1^3 & +4a_4x_1^3 & & & \\ +a_4x_1^4 & & & & \end{array} \tag{2}$$

となるのであるが，この式を諸係数のみ取りて記せば次のごとくなる．

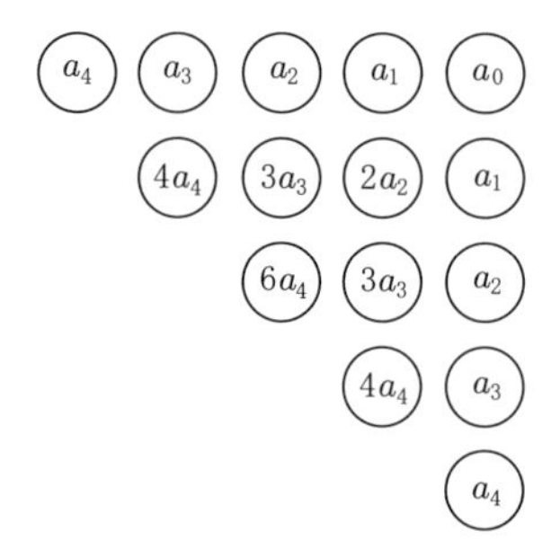


この図において $a_0, a_1, a_2,$ …… を省きて，数字係数のみ記すときは，すなわち廉率本源図と同じものになるのである．故に支那の廉率本源図は方程式解法の原則を示すものであると見てよろしい．

この廉率本源図もしくはその図のよって生ずる所の算式は，方程式解法の上において二つの意義がある．その一つは $x_1$ なる商すなわち根を立てて開き，これを開き尽くしたとして，第二の商を求むべき残余の式の構成を示すことであるが，また他の一つは，求むる商の一部分を得て，その残式からその商の接続部分を求むることに関するのである．すなわち百位の桁を見出した上で，次に十位の桁を求むるの類である．この二様の意味があるけれども，支那の算家は方程式にはただ一根しか注意していなかったらしく，したがってこの図または式を使って第二の根を求めることをしたものとは思われない．しかし一根の

最上位を求めた上で，さらに第二の桁を求め，第三の桁を求めることは，この算式に示された結果を使って試みたのである．

廉率本源図はすなわちこの開方の算法の形式を表徴していることに，少しの疑いもない．

支那の高次方程式解法の算法は元来算木を使用して行うものであった．算法の原則は英国のホーナーの解法に対比されるものであり，ホーナーに先だつこと五六百年前の頃から行われているけれども，全く算木の布列によって行うのであった．けれども実質においては上記のごとき算式に書き表し得られる．関孝和及び他の和算家が開方の方法を講じたのは，初期の頃においてはすべて同じ原則によったのであり，故に支那から伝来した算法に依拠したものであることもまたもとよりのことである．

しかるに支那では算木の使用に限られているので，係数が数字である場合にのみ限定されざるを得ないが，関孝和は文字を記号に使って筆算式の代数学を運用することになったのであるし，また方程式の根はただ一つにのみ限らぬことをも知ったのであるから，この算式またはその原則を使ってさらに研究を進めることをも企て，その結果として，ここに適尽諸級法のごとき算法をも産み出すことにもなったのである．

上記の算式は一根を算出した上で，次に第二の根を算出することに役立つのはもちろんである．その諸根の算出のことが適尽諸級法の成立のためには，必然的の前提となる．

上記の四次方程式を解くために(2)を作ったとするに，$x_1$ が一根であるためには

$$a_0+a_1x_1+a_2x_1^2+a_3x_1^3+a_4x_1^4=0 \tag{3}$$

であるから，残式を $x-x_1$ にて割りて，

$$
\begin{array}{l|l|l|l}
a_1 & +\ a_2 & (x-x_1)+\ a_3 & (x-x_1)^2+a_4(x-x_1)^3=0 \\
+2a_2x_1 & +3a_3x_1 & \qquad\quad +4a_4x_1 & \\
+3a_3x_1^2 & +6a_4x_1^2 & & \\
+4a_4x_1^3 & & &
\end{array} \tag{4}
$$

となる．この式においては $x-x_1=y$ の三次式であるから，原式(1)よりも一次だけ次数が低下するのである．そうして(4)のすべての根は原式の根よりも $x_1$ を減じたものとなる．

この式(4)において前と同様に行いて，根 $y_2$ を得べく，またさらに同様に試

みて他の根 $y_3, y_4$ をも得られるのである.

かくして得たる諸根は相加えて,

$$x_1+y_2 = x_1+(x_2-x_1) = x_2$$

$$x_1+y_2+y_3 = (x_1+y_2)+y_3 = x_2+y_3 = x_3, \qquad \therefore \quad y_3 = x_3-x_2$$

また同様に

$$y_4 = x_4-x_3, \qquad y_5 = x_5-x_4, \qquad \cdots\cdots$$

となることは, 高次方程式の場合に見られるのである.

かくのごとき算法は関孝和が『開方算式』などにこれを説いている. 関流の数学において「関氏七部書」なるものははなはだ重んぜられたのであるが,「七部書」の中に『開方算式』が入れられておらぬのは如何にも怪しい. 稀には『開方算式』を「七部書」の中のものとして, その題簽に記した本もあるが, 実はかくあるのが当然のように思われる. しかるにこれを普通に入れてないのは, 関流の当事者の重大な失策であったろうといっても, あえて過言ではあるまい.

今(4)式において原式(1)の第二根 $x_2$ が第一根 $x_1$ に等しとすれば, (4)の第二項, 第三項, 第四項はすべて零となり, したがって第一項もまた零となるべく, ここに

$$a_1+2a_2x_1+3a_3x_1^2+4a_4x_1^3 = 0 \tag{5}$$

となる.

この(5)式はすなわち適尽方級法を表す所の条件である. 関孝和が如何なる手段によって適尽方級法を案出したかのことは明記はなく, またこれを徴すべき手掛かりもないけれども, おそらく今いうごとき, 右の根が相等しくなるという条件によって求めたのであろう.

これは如何にも正しい仕方である.

しかるに適尽方級法以上の諸級法は如何にして求めたのであろうか. それは明らかでない. けれども(2)式において $(x-x_1)$ の係数を零として方級法を得るのに倣い, $(x-x_1)^2$ 及び $(x-x_1)^3$ の係数を零としこれを作ったのではないであろうか. おそらく深い考慮を用うることなしに, 無造作にこれを試みたので, 直ちにこれをもって商の極数を得べきものなりと考えて, 不測の誤りに陥ったのであったろう. はたしてしかりとすれば,『解伏題之法』の中における斜乗図につきて四つに区別すべきものを無造作に二つに区別して考えたために誤ったのと, 同じ事情の誤りであったろうと思われる.

『算法新書』(1831)には, 開方式の一商を開き得た上で, その残式について原

式と同様に試みて適尽廉級法の公式が得られるようにいっているが，試みに立方式について $x_1$ を立てて開いた残式を採れば，次に $x_2$ を立てて開き，$x_2$ と $x_3$ とが等しという条件を考察し，$x_1$ を消去するときは，適尽廉級法の公式に到達するのではなく，やはり適尽方級法の公式を得るに過ぎないのである．故に『算法新書』の著者はその算法を試みないで，漫然と立論したのであろう．

関孝和もまた同じように考えたものか，やはり漫然と速断したのであって，深い洞察を加えなかったために誤ったのである．故に関孝和の適尽諸級法は逐次微係数に対比すべきほどに深遠なものではない．

このことについて議論は最早尽きているけれども，念のためにさらに算式によって少しばかり，私の見るところを示してみよう．

上述の算式(4)は，$x_2$ を求めるために用いらるべきものである．今 $x$ を $x_2$ に等しく置き，かつ $x_2$ が $x_1$ に等しと置けば，$(x_2-x_1)$ の乗冪の掛かった諸項は皆消え去りて，

$$a_1+2a_2x_1+3a_3x_1^2+4a_4x_1^3=0$$

を得るのであるが，これは前にもいうごとく $x_1$ と $x_2$ の二根が相等しきことの条件を言い表す．

次に $x_1$ を一根とすれば，(4)式の実級すなわち絶対項は零となるから，これを除去して，その余りを $x-x_1$ にて割れば，$y=x-x_1$ と置きて，残式は

$$\begin{array}{l|l|l|l} a_1 & +a_2 & y+a_3 & y^2+a_4y^3=0 \\ +2a_2x_1 & +3a_3x_1 & \quad +4a_4x_1 & \\ +3a_3x_1^2 & +6a_4x_1^2 & & \\ +4a_4x_1^3 & & & \end{array} \qquad (6)$$

となる．この式において $y_2=x_2-x_1$ と置いて開けば，$x_2$ を得られるのであるが，その結果は次のごとくなる．

$$\begin{array}{l|l|l|l} (a_1+2a_2x_1+3a_3x_1^2+4a_4x_1^3) & +(a_2+3a_3x_1+6a_4x_1^2) & z+(a_3+4a_4x_1) & z^2+a_4z^3=0 \\ +(a_2+3a_3x_1+6a_4x_1^2)(x_2-x_1) & +2(a_3+4a_4x_1)(x_2-x_1) & \quad +3a_4(x_2-x_1) & \\ +(a_3+4a_4x_1)(x_2-x_1)^2 & +3a_4(x_2-x_1)^2 & & \\ +a_4(x_2-x_1)^3 & & & \end{array} \qquad (7)$$

この(7)式において $x=x_2$ なるときは，すなわち $x_2$ が原式の一根なるときは，この式の実すなわち絶対項は消去される．そうしてその余りを $z$ にて除して，

$$\left.\begin{array}{r}(a_2+3a_3x_1+6a_4x_1^2)\\ +2(a_3+4a_4x_1)(x_2-x_1)\\ +3a_4(x_2-x_1)^2\end{array}\right| \left.\begin{array}{l}+(a_3+4a_4x_1)\\ +3a_4(x_2-x_1)\end{array}\right| z+a_4z^2=0 \qquad (8)$$

となる．この式において $z=y-y_2=(x-x_1)-(x_2-x_1)=x-x_2$ であり，原式(1)の第三根が $x_3$ なりとすれば，$x_3-x_2=0$ と置きて，二根 $x_3$ と $x_2$ とが相等しきための条件は

$$(a_2+3a_3x_1+6a_4x_1^2)+2(a_3+4a_4x_1)(x_2-x_1)+3a_4(x_2-x_1)^2=0 \qquad (9)$$

となる．しかるに $x_2$ は原式の一根であり，(7)の実は零となるので，

$$\begin{aligned}&(a_1+2a_2x_1+3a_3x_1^2+4a_4x_1^3)+(a_2+3a_3x_1+6a_4x_1^2)(x_2-x_1)\\ &\quad+(a_3+4a_4x_1)(x_2-x_1)^2+a_4(x_2-x_1)^3=0\end{aligned} \qquad (10)$$

となる．(9)と(10)とから $x_1$ を消去するときは，

$$a_1+2a_2x_2+3a_3x_2^2+4a_4x_2^3=0 \qquad (11)$$

を得るのであり，全く適尽方級法の公式に帰着するのであって，適尽上廉級法の公式にはならない．

関孝和が実際に試みようと考えたと思われる算法は，すなわち今説くごときものであるが，しかも関孝和は実際にこの算法を施すことをなさずして，(4)式からその諸級すなわち逐次の諸係数を零に等しとしたものを取って，これを適尽諸級法と名づけ，原式の諸級数の極数を求むべきものなりと速断したので，思わぬ過誤に陥ったのではないだろうか．

かくのごとき過誤でありながら，一つの藤田嘉言を除くほかには，数多き和算家中にこれを指摘し得た人の見出されないのもまた不思議である．

私はかくのごとく見るのであり，適尽諸級法に深い基礎はないものと考えるのであるが，爾(しか)く単純に解説することの是非については，数学専門家の示教を乞いたい．

関孝和は適尽諸級法を作って，開方式の商の吟味に適用しているにかかわらず，一般の極大極小の問題を論じていないのであり，この点から見ても，またその適尽諸級法なるものは，微分の算法として深い基礎の上に立つ研究によって得たものでなかったろうと思われる．

## 26. 盈朒と逐次近似法

支那の古算法に盈不足と称するものがある．後には普通に盈朒と称した．一

例をいえば，方程式

$$f(x) = x+(100-x)\times\frac{6}{10}-70 = 0$$

に相当する問題において，

$$f(20) = -2, \qquad f(30) = +2$$

となるので，

$$x = \frac{2\times30+2\times20}{2+2} = 25$$

とするのである．すなわち

$$x = \frac{x_2 f(x_1)-x_1 f(x_2)}{f(x_1)-f(x_2)}$$

と置くことに当たる．この算法は一次方程式の場合には全く正しい．けれども一次方程式でない場合も見えている．

この算法は未知数の二つの仮定値を取って問題を解くのであり，あたかも回教国の複仮定法に相当する．仮定法の算法はエジプトにもあったが，単仮定法である．複仮定法はギリシャの Heron が用いたことはあるが，他に古い文献はない．回教国やインド等のはもちろん支那より後れる．回教国へは支那から伝わったであろうと説く人もある．盈朒は日本へ伝えられて好んで用いられ，方程式解法の上に著しい適用をも見るに至った．中根彦循の『開方盈朒術』はその最も早い一例である．享保十四年(1729)の作にして，序文によれば，この年秋将軍家から建部賢弘へ暦術の問題を下問されたものにつき，建部から中根元圭に托し，彦循が父に代わって解いたのであって，

於レ是又思二開方省レ功之法一．乃得二一法一．名為二開方盈朒術一．以二此法一求レ之．甚省二運籌之功一．其法雖レ曰二容易一．亦前人之所レ未レ発也．

といっている．しかも古の盈朒術と同様に一次方程式にならない場合にも適用したのであり，逐次近似法を試みたものであった．

この同じ算法は松永良弼もまたこれを用いて盈朒と称したらしく，また『絳老余算』中の統術秘伝もすなわち同種の算法にほかならぬ．また趕趁術の名をもって呼ばれたものなども同様である．後に円理還累術と称せられたもののごときも，また別に円理趕趁術ともいい，円理の問題に逐次近似法を適用したのである．

坂部広胖閲，川井久徳編の『開式新法』は享和三年(1803)の作にして，方程式

解法について一新考案を立てたものであるが，その算法の本質を摑みていえば，$f_r$ にて $r$ 次の式を表すものとし，

$$f_r(x)+x^{r+1}f_s(x)=0$$

を一つの代数方程式として，仮に $x_1$ を $x$ の代わりに取りて

$$x_2=-\frac{f_r(x_1)}{{x_1}^r f_r(x_1)}=f(x_1)$$

を作れば，$x_2$ は一つの近似値となり，次に

$$x_3=-\frac{f_r(x_2)}{{x_2}^r f_s(x_2)}=f(x_2)$$

を作れば，一層の近似を得べく，かく次第に逐次近似値を求める．この算法も明らかに仮定法によったものであるが,『開方盈朒術』などに見るごとき複仮定法の逐次適用というよりも，単仮定法の逐次適用と称すべきであろう．これだけの相違はあるが，しかし仮定法たるにおいては畢竟同様であり，同じ系統を引いた算法であることは，否むべくもない．

これらのほかにも逐次近似の算法は幾らも工夫され，重用されたものであるが，その根原をいえば，支那古算法たる盈朒から出て来るのである．そうしてこの種の逐次近似法の適用は，実は中根彦循もしくは松永良弼からではなくして，実に関孝和から始まる．すなわち『題術弁議』〈『題術弁議之法』〉の「砕」という条に見えた算法がそれである．

> 仮如有㆓句股㆒．句三尺．股四尺．只云．如㆑図従㆓句方㆒截㆑積二百一十六寸．問㆓截股幾何㆒．

この問題は次のごとくこれを解く．

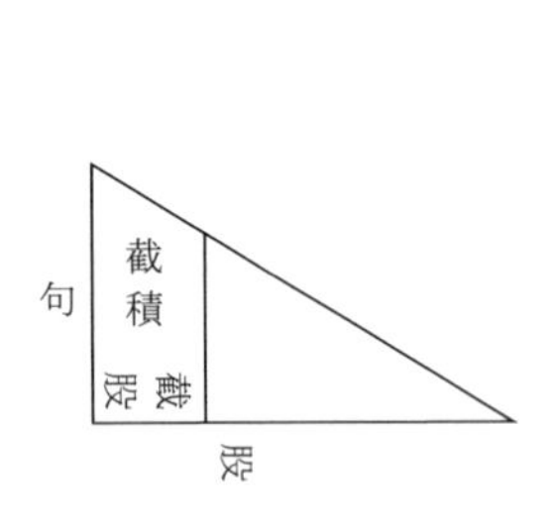


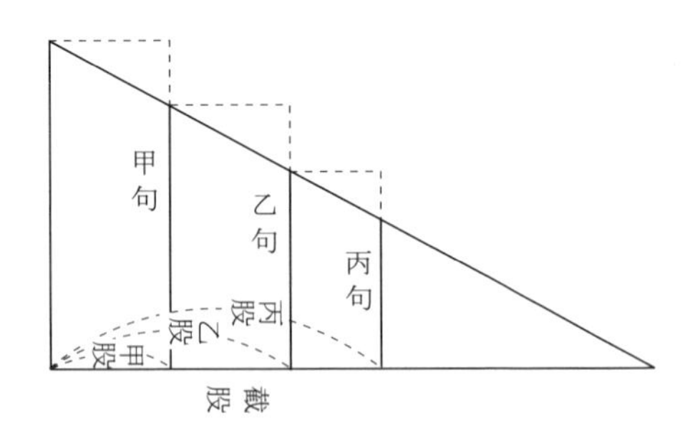


$$(\text{甲股})=\frac{(\text{截積})}{\text{句}}=7.2$$

$$(\text{甲句}) = \{\text{股} - (\text{甲股})\} \times \frac{\text{句}}{\text{股}} = 24.6$$

$$\left\{(\text{截積}) - \frac{\text{句} + (\text{甲句})}{2} \times (\text{甲股})\right\} = 19.44$$

$$(\text{乙股}) = (\text{甲股}) + \frac{19.44}{(\text{甲句})} = 7.990244$$

$$(\text{乙句}) = \{\text{股} - (\text{乙股})\} \times \frac{\text{句}}{\text{股}} = 24.007317$$

$$(\text{丙股}) = (\text{乙股}) + \left\{(\text{截積}) - \frac{\text{句} + (\text{乙句})}{2} \times (\text{乙股})\right\} \div (\text{乙句})$$

$$= 7.999972$$

かくのごとき算法を記した上で，「逐如ㇾ此而得ニ截股一」と結ぶ．これは

$$\frac{(\text{句} + y)x}{2} = a, \qquad y = \frac{\text{句}(\text{股} - x)}{\text{股}}$$

において，仮に

$$x_1 = \frac{a}{\text{句}} \quad \text{と置きて,} \qquad y_1 = \frac{\text{句}(\text{股} - x_1)}{\text{股}}$$

となり，それから

$$x_2 = x_1 + \left(a - \frac{\text{句} + y_1}{2} \times x_1\right) \div y_1, \qquad y_2 = \frac{\text{句}(\text{股} - x_2)}{\text{股}}$$

を得て，次々にこの同じ公式を繰り返し適用するのであり，如何にも逐次近似法である．逐次近似法たるにおいて，『開方盈朒術』等の先駆をなすのであるが，しかも複仮定法ではなくして，単仮定法に基づく．後に目の子開平方など称せられた算法は，同種の逐次近似法に拠る．この算法のごときは一種の逐次近似法たると同時に，また一種の級数展開法とも見られよう．

方程式の近似解法については，支那の算木による開方式の開き方ももとより一種の近似解法であって，次第に次々の桁を求めるのであるが，関孝和はかくのごとき解法についてもまた一段の工夫を試みるところがあった．すなわち次々に一桁ずつ求めることをしないで，幾桁かを求めた次には一次の項の係数をもって絶対項を割って，一時に幾桁も一緒に求め得ることにしている．これは『開方算式』の窮商の条に見える．今その実例はこれを省く．この種の近似法は支那算書には見当たらず，日本においても関孝和が初めであろうと思われ

る.

けれども『九章算術』及びその他の支那古算書においても，開平開立などに関して単位のところまで開いて後には，その剰余を最後の法数をもって割りて開方根の分数部位を定めることにしてあるから，これは全く関孝和が上記のごとき近似解法を試みたものと同趣意であって，本質的には少しも異同はない．故に関孝和はその古算法に基づき，これを一般に利用し，かつ逐次適用することにしたのではないかと思われる．

要するに支那の算法の後を承けて案出されたこの種の近似法や，単仮定法の逐次近似法や，全く盈朒の算法を逐次適用したものなどが次第に発生して，方程式の解法及び類似の算法について幾多の麗しい業績が挙げられることになったのである．

## 27. 円理

日本の数学，すなわち和算上において円理が極めて大切なものであることは，世に普(あま)ねく知られている．円理という名称は沢口一之の『古今算法記』に見えたのが初見であり，宮城清行及びその他の京坂算家もこの名称を使用したようであるが，江戸の算家，関流の中でこの名称が用いられたのは，年代がやや後(おく)れる．関流の算書中に『円法四率』及び『円率真術』などいう書名のものもあり，円法及び円率などいう名称はあるけれども，円理と称したものは，私の知る限りにおいては享保十三年(1728)編の『円理発起』が初見であり，建不休先生撰といわるる『円理綴術』，内題『円理弧背術』もまたその前後のものと思われ，この書から一歩を進めて作られた今井兼庭の『円理綴術』もまた同じ書名を襲用している．これらはすべて建部賢弘号不休に関係のものであり，『円理発起』には中根元圭の序文も記されているが，中根元圭は近江の人で京都におり，初めは京坂の算家の系統に属したように思われるが，後に建部賢弘の門に入った．その入門の年代は詳らかでない．けれども中根の高弟大島喜侍の碑文が，『史氏備要』中に収録されているものによると，大島は老成の後に中根の門に入ったと同様に，中根もまた老成の後に節を屈して建部の門に游んだのであった．この記載は全くの事実であろう．単なる想像ではあるけれども，円理という名称は京坂算家の間に行われていたところ，中根元圭の手を経てその師建部賢弘に伝えられ，そうして『円理綴術』等の諸算書所載の算法が成立するに及んで，それ以前の円弧に関する諸算法と区別して，ここに新しい意義をもって円理という術名が起きたのであったろう．故にその名称は京坂からの所伝としても，術意の内容本質に至っては全然新しいものであった．私はそういう事情のものであったろうように見る．

関流数学にはいわゆる荒木松永派と建部中根派との対立があるが，その対立の観を成したのは後のことであり，建部松永等の生存年代においては対立したらしい形跡は見られない．そうして建部中根派の業績も盛んに松永等の手に流入したように思われる．故に建部賢弘の手になった円理の算法もまた松永良弼等の説く所となった．けれども松永並びにその高弟山路主住等はほとんど円理の名称をいっていないようであり，この名称が盛んに行われるようになったのは，遥かに年代が下る．

今いう意味での円理は，普通に関孝和の発明であろうといわれているが，私はその所伝の根拠を攫(つか)むことができないで，かえって建部賢弘から始まったものであろうと見る．私が「円理の発明に関する論証」(昭和五年，『史学雑誌』)[9]を説いたものは，今も正しいことを確信する．理学博士林鶴一君は反対意見を支持し，関孝和の円理ということをいうけれども(『東京物理学校雑誌』，昭和五年，六年)，円理という名称を極めて広汎に解し，その意味でのことをいうのであり，『円理綴術』及び『乾坤之巻』等に見るところの円理については，説を曖昧にして故意に逃避しているに過ぎない．その態度のごときは我等の真に採らざる所である．

けれども『円理綴術』等の求極限法の原則は，関孝和の定周，定背，定積等と呼べる術文を得べき算法中に寓せられ，その算法を関孝和が知って使ったであろうことは，建部賢弘の『不休綴術』中の記載並びに『大成算経』等によって充分に推定し得られる．故にこの求極限法をもって円理と称し得べしとするならば，その意味においては関孝和が円理の創発者なりといっても，もとより不都合ではない．しかし普通にいうのは，これを指さずして『乾坤之巻』等に見る所のでき上がった算法をいうものなりとすれば，それは建部賢弘から始まったであろうというのが，私の見解である．

しからばかくのごとき意味での円理とは如何なる原則によってできたものであろうか．これは円弧の中に二等弦を容れ，四等弦を容れ，次第に等弦数を倍

9)　編者注：本著作集第2巻「11. 円理の発明に関する論証」.

加するのであるが，その次々の矢を求めるために二次方程式を生ずる．関孝和の『括要算法』所載では，数字上の値を求めることになっている．この目的のために，林鶴一博士は驚くべき高次方程式を使ったのだと説いたが，もちろん全くの誤解であり，次々に二次方程式を解くのである．そうして数字的に解くのと，解析的に解くのとで差異を生ずるのであるが，『円理綴術』においては，解析的に試みる．これは全く支那の算木による方程式解法の仕方を一般の二次方程式へ理論的に適用して，解析的の公式を作ることを工夫したのであって，原則の上には変わりはないが，数字上の計算からして解析的の公式に形式化するところに極めて大きな工夫を要したであろう．この算法は後には普通に綴術と呼ばれたものであるが，『円理綴術』においてはこれを帰除得商術または帰除求商術といっている．かくして得たる級数を次の二次方程式の中に入れて，さらに同様の仕方で級数に展開し，それから次々に同様に行うのであるが，この算法は無限に押し進めることはできないので，数ケ条の級数を得たる上は，その諸項の係数の比較研究によりて一般の公式を推定し，これに基づいて極限における級数を得ることにしたのである．

この算法はずいぶん複雑であり，面倒なものではあるが，要するにかくして曲がりなりにも解析的に無限級数に展開する算法の基礎を成就したのである．その成功の根源はもとより支那の方程式近似解法を一般公式化したところにある．

この帰除求商術は『円理発起』においては，別に名称を附してないが，その展開の結果を「綴術」と呼んでいる．『乾坤之巻』にはこれを歩術という．

松永良弼は『方円算経』の序文(元文三年，1739)中において，円の算法に関して綴術の真演のごときは云々といい，円に関する級数展開に関する算法について綴術というけれども，『円理綴術』におけるごとくその算法の全般を綴術というのか，それとも別の算法を指すのか，すなわち『不休綴術』や『弧背詳解』に見るごとき算法を指すのであるか，もしくは『円理綴術』における帰除得商術をいうものであるかなどのことは，今充分にこれを知ることはでき難いのである．けれども松永良弼は別に『算法綴術草』の一書があり，この書中には無限級数に展開された諸公式を挙げているのであり，その大部分は『円理綴術』にいわゆる帰除得商術の結果を示したものである．故に松永良弼はかくのごとき算法を知って使ったであろうこともまた思われる．

日本で「綴術」の術名を使い初めたのは建部賢弘の『不休綴術』(享保七年，

1722)が初見であるが，この書は帰納的に算法を構成して行く数学方法論を説いたものともいうべく，その意味ではなはだ注意を要するものである．故に特定の算法を指したのではない．招差法に類似したような仕方で級数展開法を示しているのも，帰納的に探会する方法の一種として挙げたるに過ぎない．故に『円理綴術』のごときも，またその算法の全般が一種の探会術であると見らるる．したがって『不休綴術』での意味でこれを綴術とも称し得られるはずである．綴術の名称はかくして用いられ始めたであろうが，『円理発起』，『方円算経』，『算法綴術草』等においては，その算法の全体を指すよりもむしろいわゆる帰除得商術による級数展開法またはその展開の結果を指すものとなったらしい．しかし単にこの意味に限られたとはいわれない．『算法綴術草』の最後に挙げたもののごときは，全く別種の無限展開式である．

すなわち句股弦について

$$弦 = 股 + \frac{句^2}{甲} - (一差)\frac{句^2}{乙} - (二差)\frac{句^4}{丙} - (三差)\frac{句^8}{丁} - \cdots\cdots$$

ただし　$甲 = 2股,\ 乙 = 甲^2 + 2句^2,\ 丙 = 乙^2 - 2句^4,$

$丁 = 丙^2 - 2句^8,\ 戊 = 丁^2 - 2句^{16},\ \cdots\cdots$

と置いたのである．この種の展開方法も後にはいろいろに試みられている．

『久氏遺稿』上巻，澹卒法の条には

$$甲 = 2弦^2 + 句^2,\ 乙 = 2甲^2 - 句^4,\ 丙 = 2乙^2 - 句^8,$$
$$丁 = 2丙^2 - 句^{16}$$

と置きて，

$$-甲 + 2股弦_1 = 0, \qquad -乙 + 4甲股弦_2 = 0,$$
$$-丙 + 8甲乙股弦_3 = 0, \qquad -丁 + 16甲乙丙股弦_4 = 0$$

を逐次の近似公式なりとし，「此綴術特妙妙妙」と附記している．

この種の級数展開もいろいろに試みられたのであるが，しかし円理に関係のあるのは，『円理綴術』等に用いられている二次方程式の展開方法並びにそれから進んだものに関する．最も普通に綴術というのは，この種のものを指す．かくのごとき方程式の展開方法は初めは二次の場合のみ見えているが，今井兼庭の『円理綴術』または『円理弧背術』においては高次方程式の展開方法をも記す．この種の展開方法は荒木松永派の方でも後には作られているから，高次の場合が何人から始まったかも不明であるが，松永良弼に万乗綴術の創意があったとの所伝もある．二次式の展開方法のごときも初めは形式が煩雑であるが，後にはずっと簡潔になり，そうして初めは展開される式中に級数を含む場合にこれを横列に記したが，後には縦に列することになった．これらの算法や形式にも変遷があり，また省略を行うことなども興味があるが，今すべて省く．その変遷は別に取り調べている．

かくのごとき級数展開法が成立したので，円理の発達を見ることとなったのであり，『方円算経』などには諸般の公式も出ているし，また円理を角術に応用して二重級数で表した公式をも作製した．けれども円理そのものの根本の原則には永くさまでの動揺を見ず，安島直円が出て始めてこれを変改するに至った．すなわち弦を垂直に等分することを始めたのである．後に和田寧等が出るに及んでは，円理ははなはだしく発展した．けれども今その変遷や来歴を説くのが目的ではない．それは別に委しく調査している．

円理がかくのごとく偉大な発展を成就するについては，一方にその求極限法が存したことと，一方には二次方程式並びに高次方程式の根を無限級数に展開する算法が成立して，巧みにこれを利用し得たことに基因するのであり，前者は明らかに関孝和から始まる．そうして後者は支那の方程式近似解法を理論的に公式化しての適用ができるようになった結果であり，代数演算が自由に運用されたからこそ成功を見たのである．点竄術の割算の記法が現れたのも，確実に知り得られる限りにおいては『円理綴術』，『円理発起』，『乾坤之巻』等から始まる．

『円理綴術』及び『乾坤之巻』等に見る所の円理の算法が発現するまでには，『括要算法』所載の算法や類似のものが種々に研究されたのも事実であり，その由来は遠しというべきであろう．

円の算法は清代の支那においても発展を見たのであるが，実は我が国の関孝和，建部賢弘以下諸大家の業績は清代の諸学者よりも優れていたのである．

けれども支那の古い円の算法について比較を試みることもまた必要である．

## 28. 魏の劉徽の円の算法

『九章算術』の劉徽の注は，『晋書』「律暦志」によれば，魏の陳留王景元四年(263)の作ということであるが，この中に円の算法が見える．円内に六角を容れ，次第に辺数を倍したものである．そうして面積を求めている．劉徽のいう所を見るに，極限の思想などもかなりに正しいものであったらしく，割レ之彌細．所レ失彌少．割レ之又割．以至於レ不レ可レ割．則与二円周一合レ体．而無レ所レ失矣．

觚面之外．又有二余径一．以レ面乗レ径．則冪出二觚表一．若レ失二觚之細者一．与レ円合レ体．則表無二余径一．表無二余径一．則冪不二外出一矣．

然世伝二此法一．莫二肯精覈一．学者踵レ古．習二其謬失一．不レ有二明拠一．弁之斯難．凡物類形象．不レ円則方．方円之率．誠著二於近一．則雖レ遠可レ知也．由レ此言レ之．其用博矣．謹按二円験一．更造二密率一．恐下空設二法数一．昧而難上レ譬．故置二諸験括一．謹詳二其記注一焉．

などいっている．ずいぶん厳密な証明をも企てたものらしく見える．

その算法は次々に開平方を施して行くのであるが，開平方の演算において

開方除レ之．下至二秒忽一．又一退レ法．求二其微数一．微数無レ名者．以為二分子一．以レ下為二分母一．約作二五分忽之二一．故得二股八寸六分六釐二秒五忽五分忽之二一．

というのは，小数の計算をしているのであり，忽の桁まで計算して，それ以下は割算を使って忽の五分の二という数字をも求めたのである．これはあたかも関孝和が割算によって省略計算をしたのと同じ原則を使用するのであるが，その使い方はもちろん関孝和の方が進んでいる．

この計算は九十六觚すなわち九十六角形まで至り，冪三万一千四百一十億二千四百万忽となり，百億にて除して冪三百一十四寸六百二十五分寸之六十四を得る．百億で除するのは単位を平方忽から寸の平方に変ずるのである．冪は面積をいう．

この一百九十二觚の冪より九十六觚の冪を引き去ると残り六百二十五分寸之一百五となる．これを差冪と名付ける．差冪の二倍は九十六觚の外弧田九十六箇，すなわち弦と矢との相乗の凡冪である．この冪を九十六觚の冪に加えると，三百一十四寸六百二十五分寸之一百六十九を得る．これは「出二於円之表一」，すなわち円冪よりは溢れて出るのである．円冪はこの数よりは小さいのである．故に一百九十二觚の全冪すなわち冪の整数値の部分三百一十四寸を取ってこれを円冪の定率とし，余分はこれを棄てる．

これから円冪百五十七で方冪二百とする．すなわち $\pi = 157/50$ とする．これはいわゆる徽率といわれるものである．

この算法が記された次に晋の武庫中にある王莽の銅斛のことを説き，「以二此術一求レ之」とありて，銅斛の円周率を論ずるのである．

続いて次の記事がある.

此術微少而斛差冪六百二十五分寸之一百五. 以㆓十二觚之冪㆒為㆑率消息. 当㆘取㆓此分寸之三十六㆒. 以増㆓於一百九十二觚之冪㆒. 以為㆗円冪三百一十四寸二十五分寸之四㆖.

この記事はなにぶん王莽銅斛のことの記された後に出ているのであり, 微少而の次に斛字のあるのも解し難いし, 怪しいようにも思われる. けれども具(つぶ)さにその意義を考察するに, 立派に算法を説いたものであろうと思われるし, そうして銅斛のことを除いた前の部分に接触するものと見てよいのである.

今一百九十二觚の冪三百一十四寸六百二十五分寸之六十四へ六百二十五分寸之三十六を加えると, あたかも三百十四寸二十五分寸之四となる. これ円冪としては一百九十二觚の冪を取るよりも精密だとしたのであろう.

十二觚の冪をもって率となして消息するというのは, 十二觚からして二十四觚, 次に四十八觚……と次々の差を考え, その次々の差が次第に減少する割合を定めて, 一百九十二觚の冪へ六百二十五分の三十六を加えることにすると, 一層精密になるということであるらしい.

今この意味の算法を試みてみよう.

前記の周径率を求める算法中に九十六觚及び一百九十二觚の冪は挙げてあるが, その前のものは挙げてない. しかしその算法中に示された方法によって容易に補うことができる. 清の李潢の『九章算術細草図説』によると, 十二觚の一面は五寸一分七六三八, 二十四觚では二寸六分一五二であり, これに一尺を乗じ, かつそれぞれ六と十二を乗ずるときは, 二十四觚と四十八觚の冪となる. よって

| 十二觚冪 | 300 | | | |
|---|---|---|---|---|
| | | 差 | 10.5828 | 625分の6614 |
| 二十四〃〃 | 310.5828 | | | |
| | | 差 | 0.6796 | 〃 1675 |
| 四十八〃〃 | 313.2624 | | | |
| | | 差 | 0.6720 | 〃 420 |
| 九十六〃〃 | 313.9344 | | | |
| | | 差 | 0.1680 | 〃 105 |
| 百九十二〃〃 | 314.1024 | | | |

この表のごとくなるのであり, かくして得たる諸分子を次々に割ってみると,

$$\frac{6614}{1675}=3.948\cdots\cdots,\qquad \frac{1675}{420}=3.988,\qquad \frac{420}{105}=4$$

となる．故に次々の差の比は四と一との割合に近いことが知られる．したがって百九十二觚の冪と次の三百八十四觚の冪との差は六百二十五分寸の $105\times\frac{1}{4}$ となり，その次の差は $105\times\frac{1}{4}\times\frac{1}{4}$ となり，次第に四分の一になると見ることができる．しからば，これらを次第に加えれば，次々の觚形の冪を得るわけで，つまり

$$105\times\frac{1}{4}+105\times\frac{1}{4}\times\frac{1}{4}+\cdots\cdots$$

の項数が限りなく増した場合の和を求め，これから円冪が得られるはずである．この無限の和は

$$105\times\frac{1}{4}\Big/\left(1-\frac{1}{4}\right)=105\times\frac{1}{3}=35$$

となる故に，かくのごとき算法を使用したとすれば，百九十二觚の冪へ六百二十五分寸の三十五を加えて円冪とすべきである．

しかるに注には三十六とありて，三十五でない．しかしこの三十五は三十六の誤写などではない．すなわち

$$314\frac{64}{625}+\frac{36}{625}=314\frac{100}{625}=314\frac{4}{25}$$

となるのであり，それであたかも結果が整合する．しかし三十五と三十六とではその差は六百二十五分の一寸に過ぎずしてはなはだ微細であり，かつ三十五とせずして三十六とすれば，分数は整除せられ二十五分の四という簡潔な形になるから，三十五を三十六に変えたのではあるまいか．かく三十五と三十六という些少の相違はあるが，しかしこの種の算法によって補正したものと見てよいであろう．

この算法には無限等比級数の和の極限を使用している．しかしかくのごとき和の極限は支那の古算書中には一つも見えておらぬ．等差級数は『九章』中の盈不足章の劉徽注にも一般的に取り扱った例があり，他にも実例が見られる．等比級数に関するものは簡単な問題はあるが，和の公式またはその極限のことを説いたものは見当たらぬ．けれども先秦時代の名家の詭弁中にも，一尺のものを半分取り，またその半分を取り，限りなく進むときの極限のことが見えている．これは疑いもなく等比級数の総和の極限を示すものである．

また『九章』商功章の劉徽注の中に，方錐などの立積のことに関して等比級数を使ったろうかと思われるような一節がある．これには等比級数によらない

で別の推論を使ったと見る方が適切かとも思われるが，しかし無限等比級数を作って応用するにはわずかに一歩であることを明らかに示しているのである．このことははなはだ重要なるをもって後節に説述することにしよう．この事情あることは，すなわち前記の円率の補正方法に等比級数を用いたであろうことを立論すべき有力な補助となるであろう．

かくして私は無限等比級数を使って補正の算法を用い，三十五という数を得たものを特に結果の簡潔を期するがために三十六という数に意をもって改めたものであろうと見るのである．

この算法に関孝和の『括要算法』に見るところの定周，定背等と名づくる術，すなわち円の内接多角形の三つの次々の周を $a, b, c$ として

$$(\text{円周}) = b + \frac{(b-a)(c-b)}{(b-a)-(c-b)}$$

と置いたものと，全く趣意を同じうする．今『九章』注の算法の上にこの公式を適用してみると，九十六觚と百九十二觚の冪とを $p, q$ とすれば，

$$p + \frac{1}{625} \times \frac{420 \times 105}{420-105} = p + \frac{140}{625} = q \times \frac{35}{625}$$

となり，全く前の結果と一致する．この事情から考えても前述の解釈推定の当たっていようことが思われる．

上記の結果は直径二尺の円の冪すなわち面積が三百一十四寸二十五分寸之四となるというのであるが，この値を得た上で

置レ径自二乗之一．方冪四百寸．令下与二円冪一通相約上．同冪三千九百二十七．方冪得二五千一．是為レ率．

とあり，円面積と外接正方形との比を作る．また内接正方形との比は方の数を半すればよい．半径一尺にて円冪を除し，二倍にすれば，六尺二寸八分二十五分寸之八となり，直径二尺と相約するときは径一千二百五十，周三千九百二十七という率を得る．これを径周の率という．この率につき，「若レ此者，盖尽二其繊微一矣」といって，はなはだ精密だとしている．しかも未だ満足し得なかったと見えて，「挙而用レ之，上法仍約耳」といい，これにおいてさらに

当下求二一千五百三十六觚之一面一．得二三千七十二觚之冪一．而裁中其微分上．数亦宜然．重二其験一耳．

と称し，さらに精密な算法を施すべきことを主張している．

右の算法の記された次に

臣淳風等謹按．……径一周三．理非二精密一．……劉徽特以爲レ疎．遂乃改二張其率一．但周径相乗．数難二契合一．徽雖レ出二斯一法一．終不レ能レ究二其纖毫一也．祖冲之以二其不一レ精．就レ中更推二其数一．今者修三撰-攗-摭諸家一．考二其是非一．冲之為レ密．故顕二之於徽術之下一．冀二学者之所一レ裁焉．

とありて，これは唐の李淳風等の注であるが，これで見ると，劉徽の周径率は充分に精密ではないから，祖冲之が一歩進んで研究したものがあり，諸家の成績を比較してみるに，祖冲之が最も密であるから，徽術の下に記しておく，よろしく学者の判断を望むというのである．

かくいってはあるが，祖冲之の算法を記してない．これにおいて上記の補正の算法をもって祖冲之の算法であろうと見る人もある．「王莽銅斛云々」という次に記されているのでもあり，祖冲之はこの銅斛の研究のあったことは『隋書』「律暦志」にも見えているから，これを祖冲之の算法と見るのは不合理ではない．しかし李淳風等が故意に劉徽注の続きに，直ちに祖冲之の算法を続記して，その区別を附せず，終わりに上述のごとく一言しておくようなこともしないであったろう．かつ祖冲之の周径率は『隋書』「律暦志」に記されているが，上述のものとは異なり，これよりも簡にして密であるから，祖冲之の算法としてこれのみ挙げてあるのも通じ難い．故に多少の疑いはあるが，やはり劉徽の注であると見ておく方がむしろ安全であろう．「王莽銅斛云々」の記事に続いて見えているために，王莽のときにおける劉歆の算法であろうと見た人もあるが，この見解などは成立すべくもない．

## 29. 魏の劉徽の方錐の算法

『九章算術』の「商功第五」には諸立体の立積の術が記され，魏の劉徽の注にはその算法をも説いているのであり，多面体に関する算法の有様が委細に知られて，誠に有益である．私は大正十一年に支那古算書の解説を試みた中に精しく記しておいたが，未だ委細に発表してない．今その全部を説くことはすまいが，無限等比級数関係の条のみ記してみよう．すなわちいう．ただし(a)(b)(c)……の合符は今説明の便宜上に附したのである．

(a)其使二鼈臑広袤各高(此二字顚倒)二尺一．用二塹堵鼈臑之棊各二一．皆用二赤棊一．又使二陽馬之広袤高各二尺一．用二立方之棊一．塹堵陽馬之棊各二一．皆用二黒棊一．棊之赤黒接為二塹堵一．広袤高各二尺．(b)於レ是中二効其広一．又中二分其高上．令三赤黒塹堵各自適二当一方一．高二尺．方二尺．毎二分鼈臑則一陽馬也．(c)其余両端各積二本積一．合成二一方一焉．(d)是為二別種一而方者率居レ三．通二其体一而方者率居レ一．(e)雖二方随レ棊改一．而固有二常然之勢一也．(f)按余数具而可レ知者有レ一．二分之別即一．二之為レ率定矣．其於レ理也豈虚矣．若為二数而窮レ之．置二余広袤高之数一．各半レ之．則四分之三．又可レ知也．半レ之彌少．其余彌細．至細曰レ微．微則無レ形．由レ是言レ之．安取レ余哉．数而求二窮レ之者一．謂二以レ情推一．不レ用二籌算一．(g)鼈臑之物．不レ同二器用一．陽馬之形．或随二脩短広狭一．然不レ有二鼈臑一．無三以審二陽馬之数一．不レ有二陽馬一．無三以知二錐亭之数一．功実之主也．

(a)の「各高」の二字は顚倒しているが，これは伝写の誤りであろう．

(c)の「其余両端」は清の李潢の『九章算術細草図説』に「其余両棊」の誤りであろうといっているが，その通りであろう．

(f)について李潢は「疑文有二錯誤一，不三敢強為二之説一」というているが，この条が最も大切なのであり，錯誤なく了解される．戴震の『訂訛補図』にも何ら論究を試みておらぬのも，難解のためであろう．李潢の解説は精細であり，参照に便であるが，要点には触れておらぬ．

(a)図を補うて説明する．図のごとく広袤高各二尺の陽馬と鼈臑を作り，これを分割するのであって，前者は小立方一，小塹堵二，小陽馬二に分かち，後者は小塹堵二と小鼈臑二とに分かち，かつ両者を併せて一塹堵を構成する．ここに陽馬を構成する五棊は黒棊を用い，鼈臑を構成する四棊は赤棊を用うることとした．すなわち赤黒の模型を使ってやってみるのである．

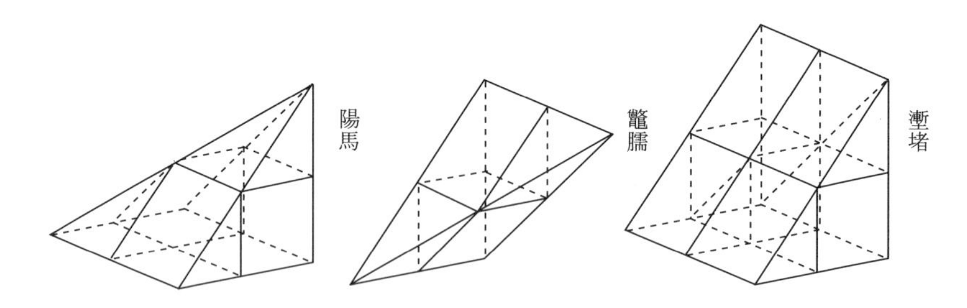


(b)赤黒の両塹堵を合して小立方一をなす．また二箇の鼈臑は合して一陽馬をなす．「二分」とあるのは「二箇」の誤りであろう．

(c)かくして立方の棊が一つと，合して立方になるものが三となる．大塹堵は小立方四箇からなる．

今これらの組み合わせを算式に記してみると，

$$(\text{大陽}) = (\text{小立})+2(\text{小塹})+2(\text{小陽}) = 2(\text{小立})+2(\text{小陽})$$

$$(\text{大鼈}) = 2(\text{小塹})+2(\text{小鼈}) = (\text{小立})+2(\text{小鼈})$$

故にこの両者の和より小立方三を引き去れば，残りは

$$(\text{小立}) = 2\{(\text{小陽})+(\text{小鼈})\}$$

となる．

(d)は右の関係における三つの小立方と後にできる小立方一とのことであろう．

(e)について李潢は説くところがないが，これは広袤高各二尺に限らず，如何なる場合にも皆同様の関係が成り立つということであろう．

(f)方二尺のものより，これを二分して方一尺のものを作るのが秘密を開く鍵だとしたものらしい．そうして右得るところの小陽馬などについて，その広袤高を二分して前と同様の関係を求める．前の小立方等を $\text{立}_1$ 等と記し，今得るところのものを $\text{立}_2$ など記すときは，前の関係は

$$\text{陽} = 2\,\text{立}_1+2\,\text{陽}_1. \qquad \text{鼈} = \text{立}_1+2\,\text{鼈}_1$$

であり，これと同様にして

$$\text{陽}_1 = 2\,\text{立}_2+2\,\text{陽}_2. \qquad \text{鼈}_1 = \text{立}_2+2\,\text{鼈}_2$$

となる．この考え方は限りなく続けることができる．けれども余数は次第に小さくなって形のないものとなるから，無限にはならない．そのことから結論を作り得ると主張したもののようにも思われる．この結果を算式に示せば，

$$\text{陽} = 2\,\text{立}_1+2^2\text{立}_2+2^3\text{立}_3+2^4\text{立}_4+\cdots\cdots$$

$$\text{鼈} = \text{立}_1+2\,\text{立}_2+2^2\text{立}_3+2^3\text{立}_4+\cdots\cdots$$

となる．そうして $\text{立}_1, \text{立}_2, \cdots\cdots$ は方面が次第に半分になるから

$$\text{立}_2 = \frac{1}{8}\text{立}_1, \qquad \text{立}_3 = \frac{1}{8}\text{立}_2 = \frac{1}{8^2}\text{立}_1, \qquad \text{立}_4 = \frac{1}{8}\text{立}_3 = \frac{1}{8^3}\text{立}_1, \qquad \cdots\cdots$$

となり，

$$\text{陽} = 2\,\text{立}_1+2^2\times\frac{1}{8}\text{立}_1+2^3\times\frac{1}{8^2}\text{立}_1+2^4\times\frac{1}{8^3}\text{立}_1+\cdots\cdots$$

$$= 2\,\text{立}_1\left(1+\frac{1}{4}+\frac{1}{4^2}+\frac{1}{4^3}+\cdots\cdots\right) = 2\,\text{立}_1\times\frac{4}{3} = \frac{8}{3}\times\text{立}_1$$

$$\text{鼈} = \text{立}_1+2\times\frac{1}{8}\text{立}_1+2^2\times\frac{1}{8^2}\text{立}_1+2^3\times\frac{1}{8^3}\text{立}_1+\cdots\cdots$$

$$= 立_1\left(1+\frac{1}{4}+\frac{1}{4^2}+\cdots\cdots\right) = 立_1\times\frac{4}{3}$$

故に陽馬は鼈臑の立積の二倍であることが知られる．注の本文に「四分之三」の語があるのも，右の関係によって陽馬，鼈臑の四分の三はそれぞれ小立方二及び一に等しきことに関するものであろう．

右に記したのは，代数的に演算を試みたのであるが，このようにすれば，無限等比級数もまた代数的に取り扱われる．しかし必ずしも爾かく厳重に代数的演算を施行したと見ねばならぬことはない．次のように推論してもよかろう．

大陽馬は小立方二と小陽馬二からなり，大鼈臑は小立方一と小鼈臑二からなる．したがって立方からなる部分だけは二と一との割合となる．次に小陽馬と小鼈臑とについても同様にやってみると，やはり同様の関係が成り立つ．故に前の小立方へ今得た第二の小立方を加えても，立方の和からなる部分はやはり二と一との比をなし，余数は同数の小陽馬と小鼈臑から成り立つ．この推論を幾ら繰り返しても同じであって，余数は次第に小さくなるばかりである．否，ついには形なきまでに至る．したがって余数は失われてしまうといってもよい．故に結局，二と一との比をなすことが知られる．いずれにしても無限等比級数を使用したものであることに変わりはない．

(f)にいう所は畢竟，この等比級数の使用を説くものにほかならぬ．この算法を説いて

半レ之彌細．至細曰レ微．微則無レ形．由レ是言レ之．安取レ余哉．

とあるのは，極限の取り扱いをいうのであり，極限に至って「安んぞ余数というもののあろうはずはない」と説くのである．故に「安取二余数一哉．而求二窮レ之者一．……」とあったのが，伝写の際に錯誤したのではないかとも思われる．その極限を算定するに至っては，「謂二以レ情推一，不レ用二籌算一」とあるから，上記のごとく代数演算を明瞭に試みたのでなくして，第二に説いたごとき推論に拠ったものであろうこともまた思われる．

(g)においては鼈臑も陽馬もその形状長短には一定したものはないが，しかし鼈臑を藉らないでは陽馬の立積を求めることもできないし，陽馬なくしては錐や亭の立積を求めることもできないのであり，これはすなわち「功実之主」である．この推論が最も基礎をなす大切なものだというのである．亭とは錐の上方を切り去ったものをいう．

劉徽の商功注に上述のごとき無限等比級数を用いて立積の証明を試みたもの

があるからには，方田章の注において円の算法に関して同じく無限等比級数を用いて極限の算定をしているのも，全く実らしく感ぜられる．劉徽がこの算法を説いたとして，少しも不条理とは思われない．

## 30. 劉徽及び祖暅之の球の算法

『九章算術』「少広章」に球の立積として，

$$(\text{球の立積}) = \frac{9}{16}(\text{球の直径})^3$$

に相当する術を記す．もちろん，球といわずして立円という．『張邱建算経』巻下にも同じ術が見える．この術に関して魏の劉徽の注にいう．

立円即丸也．為㆑術者．蓋依㆓周三径一之率㆒．令㆔円冪居㆓方冪四分之三㆒．円囷居㆓立方㆒亦四分之三．更令㆘円囷為㆓方率十二㆒．為㆗丸率九㆖．丸居㆓円囷㆒又四分之三也．置㆓四分㆒自乗得㆓十六㆒．三分自乗得㆑九．故丸居㆓立方㆒十六分之九也．故以㆓十六㆒為㆑積．九而一．得㆓立方之積㆒．丸径与㆓立方㆒等．故開立方而除．得㆑径也．

これは少広章本文の術の作製について解説したのであるが，周三径一の率を用うるときは円は外接正方形の面積との比が四分之三であり，したがって立方内に内接せる円囷すなわち円壔の立積もこの立方の四分の三となり，これは円冪と方冪とに比例するからである．これまでは正しい．次に「更令㆘円囷為㆓方率十二㆒為㆗丸率丸㆖」とあるのは，意味が通じかねるが，おそらく

更令㆘円囷為㆓方率十二㆒．丸為㆗円率九㆖，

とあったものの誤脱であろう．特に十二及び九という数字を挙げた理由は判らないが，これで意味は通ずる．すなわち

$$(\text{円囷}):\text{丸} = (\text{方率}):(\text{円率})$$

$$\therefore\quad \text{丸} = (\text{円囷})\times\frac{(\text{円率})}{(\text{方率})} = (\text{円囷})\times\frac{3}{4}$$

となる．しかるに前にいうごとく，立方の四分の三であるから，

$$\text{丸} = (\text{円囷})\times\frac{3}{4} = \left\{(\text{立方})\times\frac{3}{4}\right\}\times\frac{3}{4}$$

$$= (\text{立方})\times\left(\frac{3}{4}\right)^2 = (\text{立方})\times\frac{9}{16}$$

となる．これは劉徽の注にいう所であるけれども，本術の作者もおそらく同じような仕方を使ったのであったろう．要するに円壔と内接球との比を四分の三としたのであろう．その結果としてこの術は発出する．しかるにこの比は四と三にはあらずして，実は三と二である．故に本術は正しくない．劉徽は次のごとく批評する．

> 然此意非也．何以験㆑之．取㆓立方棊八枚㆒．皆令㆓立方一寸㆒．積㆑之為㆓立方二寸㆒．規㆑之為㆓円囷㆒．径二寸，高二寸．又復横規㆑之．則其形有㆑似㆓牟合方蓋㆒矣．八棊皆似㆓陽馬㆒円然也．按合蓋方率也．丸居㆓其中㆒．即円率也．推㆑此言㆑之．謂㆔夫円囷為㆓方率㆒．豈不㆑闕哉．以㆓周三径一㆒為㆓円率㆒．則円冪傷少．令㆔円囷為㆓方率㆒．則丸積傷多．互相通補．是以九与㆓十六㆒之率．偶与㆑実相近．而丸猶傷多耳．観㆓立方之内．合蓋之外㆒．雖㆓衰殺有㆑漸．而多少不㆑掩．判合総結．方円相纏．濃纎詭互．不㆑可㆓等正㆒．欲㆓陋㆑形措㆑意．懼㆑失㆓正理㆒．敢不㆑闕㆑疑．以俟㆓能言者㆒．

この文を読むに，劉徽は『九章』本術の正しかざることに注意し，球に外接する円壔を作り，また同大の円壔をもって横に穿(うが)ちて，棊すなわち模型を使ってこれを処理せんことを欲したことは明らかであるが，合蓋すなわち両円壔穿去の立積と球との比は，合蓋は方率なり，丸はその中におりてすなわち円率也といい，方と円との比に等しいことを見たのであるが，その比例を得べき算法を説いておらぬ．すでにこの比例を得るが故に上記の算法において

$$(\text{円囷})：\text{丸} = (\text{方率})：(\text{円率})$$

としたのでは，円囷の立積は闕ける，すなわち過少である．したがって丸積は過多となる．

劉徽は合蓋と円丸との比をいっているので，合蓋の立積を求め得れば，丸の立積もまた求め得られるのであるが，これをいっておらぬのは，合蓋の立積を求め得なかったのであろう．

劉徽は後漢の張衡の算法を挙げて批評しているが，張衡は

$$(\text{立方の積})^2：(\text{丸の積})^2 = 64：25$$

としたのであり，したがって

$$(\text{球の立積}) = (\text{立方}) \times \frac{5}{8} = \text{径}^3 \times \frac{5}{8} = \text{径}^3 \times \frac{10}{16} = \text{径}^3 \times \left(\frac{\sqrt{10}}{4}\right)^2$$

に相当し，$\pi^2 = 10$ なる値を用いて，$\dfrac{\pi}{4}$ の平方を乗じているのである．故に円周率の値は『九章』本術とは異なるけれども，

$$(\text{球の立積}) = \text{径}^3 \times \left(\frac{\pi}{4}\right)^2$$

とすることは，『九章』の術と同じい．張衡について

円渾相推．知下其復以二円囷一為二方率一．渾為中円率上也．

と見えているが，これは

$$(\text{円囷}) : \text{丸} = (\text{方率}) : (\text{円率})$$

なることをいうのであり，これを用いて球の立積を求めたのであろうが，場合によっては球の立積の公式によってかえってこの比例を作ったのかも知れない．ともかく張衡のことに関してこの比例が見えているのである．

次に李淳風等の註があり，祖暅之の算法を記す．

臣淳風等謹按．祖暅之謂．劉徽張衡二人．皆以二円囷一為二方率一．丸為二円率一．乃設二新法一．祖暅之開立円術曰．……

劉徽と張衡が同じ比例を使ったというのは正しくないが，祖暅之は明らかに新術を試みたのである．その術においては

以二二十一一乗レ積．十一而一．開立方除レ之．即立円径．

とありて，

$$\text{積} \times \frac{21}{11} = \text{径}^3, \qquad \text{あるいは} \qquad \text{積} = \text{径}^3 \times \frac{11}{21} = \text{径}^3 \times \frac{22}{7} \times \frac{1}{6} = \text{径}^3 \times \frac{\pi}{6}$$

としたこととなる．これは正しいのであり，『九章』本術及び張衡の術とは同じくない．これを得べき算法もまた記されている．すなわち

其意何也．取二立方棊一枚一．令下立三枢於二左後之下隅一．従レ規去中其右上之廉上．

とあり，図Ⅰのごとく立方の棊を取りて，その左後の下隅へ円規の一脚を立てて，一つの面内に一象限を容れ，この象限を底とする所の円壔の四分の一を穿去し，この円壔に属せざる部分を取り去る．

又合而横規レ之．去二其前上之廉．右前之廉一．

清の李潢の『細草図説』には「宋本無二右前之廉四字一」と見える．宋本とは宋の元豊七年刊行のいわゆる京監本を指す．

これは前に一部分を截り捨てたが，その部分を棄てずに合したものについて，図Ⅱのごとく横から前の通りの作図を施し，前上の部分など取り去りて，つまり図Ⅲのごときものの残ることを指す．

於レ是．立方之棊分而為レ四．規内棊一．謂二之内棊一．規外棊三．謂二之外

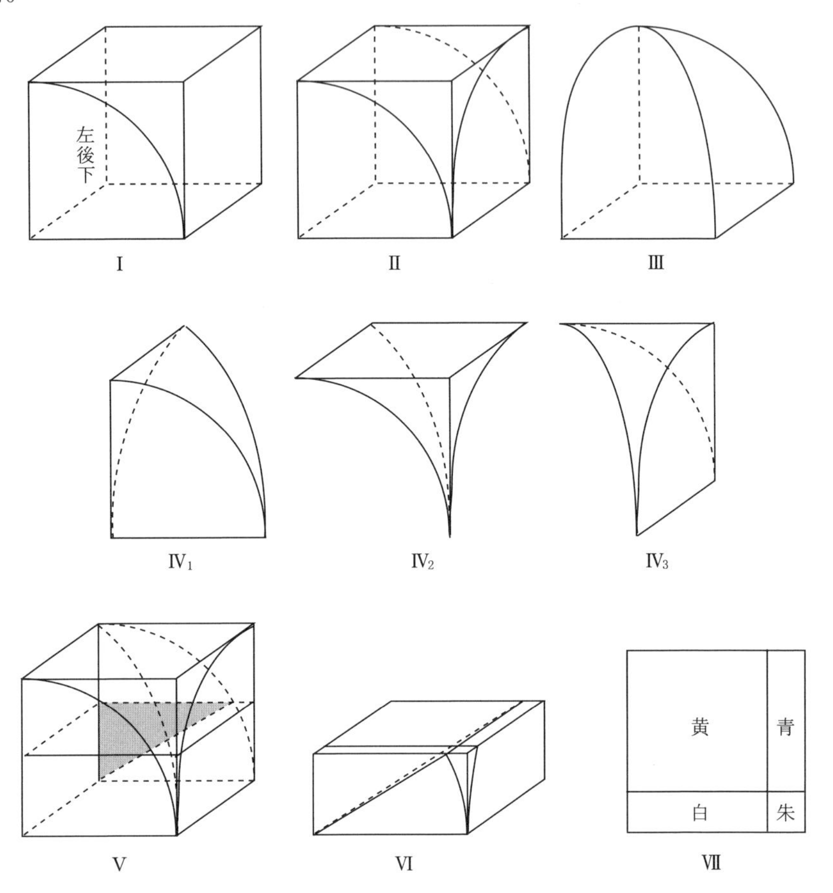


棊㆒. 規.

この終わりの規字は衍字であろうと，李潢もいっているが，その通りであろう．内規というのは，前後からと横からと円規に当てて作図したときに，その円規の画ける円内に入れるものということで，図IIIがこれを表す．このほかに規外に出たものが三つある．それを外棊と名づける．かく四つに分かれるのは，初めに二分され，次にまた二分されるから，総計四つに分かれるのである．このほか棊三箇は図IVに示す．

更合㆓四棊㆒. 復横断㆑之. 以㆓句股㆒言㆑之. 令㆓余高為㆒㆑句. 内棊断㆓上方㆒為㆑股. 本方之数其弦也.

これは図Vの作図を行うことで，蔭影を附した句股弦を作れば，その弦は本方之数すなわち初めの立方の一稜に等しい．図Ⅵは図Ⅴに示してない横断面を示す．正方形を二つの線で截ったもので，図Ⅶのごとくなる．黄は図Ⅲの横断面であり，朱は図Ⅳの中央のもの，青と白とは図Ⅵの上下二つの横断面である．余高とは図Ⅵの高さに相当する．

句股之法．以㆓句冪㆒減㆓弦冪㆒．則余為㆓股冪㆒．若令㆔余高自乗．減㆓本方之冪㆒．余即内減棊断上方之冪也．本方之冪．即外四棊之断上冪．然則余高自乗．即外三棊之断上冪矣．

内減棊の減字はなくてもよいから，無用の竄入であろう．「即外四棊」は「即内外四棊」の内字が脱したのであろう．その意味は

(内棊の横断面) ＝ 方$^2$－(余高)$^2$

(内外四棊の横断面の和) ＝ 方$^2$

故に

(外三棊の横断面の和) ＝ 方$^2$－{方$^2$－(余高)$^2$} ＝ (余高)$^2$

なることを示すものであり,「不㆑問㆓高卑㆒,勢皆然也」と説く．すなわち余高の高さ如何にかかわらず，必ず成立するというのである．

これについて清の戴震の『九章算術訂訛補図』には，

以上借㆓立方棊㆒以論㆓立円㆒．而所㆑言僅及㆔句股弦与㆓平冪㆒．不㆑足㆑見㆓円術㆒．当㆑有㆓脱誤㆒．

と論じているが，これはただ算法の性質を充分に了解しなかったための論に過ぎない．

然固有㆓所㆑帰同而塗殊者㆒．爾而乃控㆑遠以演㆓類借㆒．況以析㆑微．

これはその算法平易にあらず，真に考えなければならぬことに関するのであろう．そうして前に説くところと後の論とを結ぶ．

按陽馬．方高数参等者．列而立㆑之．横截去㆑上．則高自乗与㆓断上冪数㆒亦等焉．

列は倒字の誤りなりと，李潢が指摘したのは正しい．図Ⅷのごとく前記の立方の底を底とし，その高を高として一つの陽馬すなわち偏方錐を倒立し，その横断面を作るときは，その面積は截り去りたる下部の高さの平方に等しいことをいうのである．この下部の高さと前記の余高と相等しくせば，この陽馬の横断面と前にいう三外棊の横断面の和が相等しいことも直ちに知られる．後者は余高の自乗に等しいからである．ここに陽馬を借りて来たのは，この関係を利用するためである．

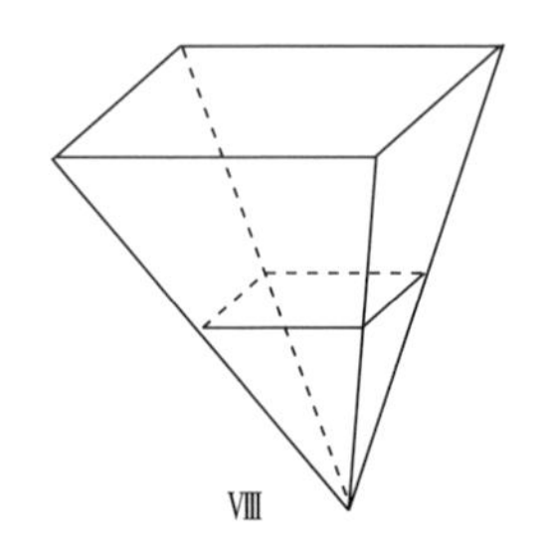


夫畳㆑棊成㆓立積㆒. 縁冪勢既同. 則積不㆑容㆑異. 由㆑是観㆑之. 規之外三棊. 旁蹙為㆑一. 即一陽馬也.

この畳棊の棊字は冪の誤りであろうと李潢がいっているが，そうであろう.「畳㆑冪成㆓立積㆒」とは，後の和算家が円理の算法に関して畳むということをいい，円理畳表などいう表をも使用したのであるが，その用例と全く同じ意味に畳字を用いたものらしい. 和算家の意味では，級数に展開してその級数について畳むといっているのであるが，祖暅之はそういう解析的の意味でいってはおらぬ. しかし幾何学的に畳むという演算をしたものであった. 前に「以析㆑微」というのも併せ考えて，ますますその真意が思われる. すなわち一種の積分の観念を用いたものである.

要するに，陽馬の立積はその横断面の面積から畳んで得られる. 積分によって得られる. 三外棊の立積の和もまたやはり横断面の面積から畳んで得られる. この両者を比較するに,「縁冪勢既同」であり，これは横断面の面積がいずれの高さにおいても常に互いに相等しいことをいったのであるが. この理由あるによって，両者を畳んで得た結果の立積も「積不㆑容㆑異」であり，すなわち相等しき面積について畳んで，換言すれば積分して得る所の立積もまた等しからざるを得ないということである.

かくのごとく推論するが故に，実際に積分の算法を実行して立積の数値を算出することにしてはいないのであるけれども，これにより陽馬との比較が立派に成り立つのであって，証明の目的を達するにおいては充分である. かくして三外棊の立積は併せて一陽馬に等しきことを知る. 故に陽馬の立積さへ知ればよいこととなる.

しかるに陽馬は立方の三分の一であるとは，商功章に見える. 故に「三㆓分立方㆒, 則陽馬居㆑一，内棊居㆑二. 可㆑知矣」である. すなわち内棊の立積は立方から三外棊を引き去ったもの，あるいは三外棊に等しい一陽馬を引き去ったものであり，陽馬は立方の三分一であるから，残るところは立方の三分の二となり，内棊の立積は立方の三分の二なることを知るのである．

　合㆓八小方㆒成㆓一大方㆒. 合㆓八内棊㆒成㆓一合蓋㆒. 内棊居㆓小方三分之二㆒. 則合蓋居㆓立方㆒亦三分之二. 較然験矣. 置㆓三分之二㆒. 以㆓円羃率三㆒乗㆑之. 如㆓方羃率四㆒而一. 約而定㆑之. 以為㆓丸率㆒. 故曰. 丸居㆓立方三分之一㆒也.

上記の小方八箇を集めると一つの大方となり，八内棊が集まって一つの合蓋となる．しかるに内棊は小方の三分の二であるから，合蓋も大方の三分の二であり，この結果を使って，比例式

$$(\text{合蓋の積}):(\text{丸の積}) = (\text{方羃}):(\text{円羃})$$

を用うるときは，円と外接正方形の面積の比を三と四とすれば，

$$(\text{丸の立積}) = (\text{立方積}) \times \frac{2}{3} \times \frac{3}{4} = (\text{立方積}) \times \frac{1}{2}$$

となる．故に前記引用文の終わりに「三分之一也」とあるのは，「二分之一也」の誤りである．これは周三径一の率によったのであるが，密率すなわち周二十二径七の率を用うるときは，初めに示した通りになるのである．

上述のごとく積分方法を使って証明してあるが，李潢は極めて丁寧に解説しているにかかわらず，そのことをばいっておらぬ．全く龍を画いて眼精を点じなかったようなものである．祖暅之はこの算法を説いた上で，

　等数既密. 心亦昭晰. 張衡放㆑旧貽㆓哂於後㆒. 劉徽循㆑故未㆑暇㆑校㆑新. 夫豈難哉. 抑未㆓之思㆒也.

といっているが，その実は劉徽が使った合蓋と丸との比例を採用し，劉徽が求めんと欲して求め得なかったところの合蓋の立積を算出し得たので，その成功を見たのである．

祖暅之のこの算法が前に陽馬，鼈臑の立積を求めるために無限等比級数を利用したところの劉徽の考案とやや似通うところのあることも，また認むべきであろう．祖暅之が劉徽に対する評言はやや当を失している．

## 31. 劉宋の祖冲之と綴術

『隋書』「律暦志」の備数という条中に，次の記事がある．

　古之九数. 円周率三. 円径率一. 其術疏舛. 自㆓劉歆，張衡，劉徽，王蕃，皮延宗之徒. 各設㆓新率㆒. 未㆑臻㆓折衷㆒. 宋末南徐州従事史祖冲之. 更開㆓密

法㆒. 以㆓円径一億㆒為㆓一丈㆒. 円周盈数二(二の字は三の誤り)丈一尺四寸一分五釐九毫二秒七忽. 朒数三丈一尺四寸一分五釐九毫二秒六忽. 正数在㆓盈朒二限之間㆒. 密率円径一百一十三. 円周三百五十五. 約率円径七. 周二十二. 又設㆓開差冪, 開差立㆒. 兼以㆓正円㆒参㆑之. 指要精密. 算氏之最者也. 所㆑著之書. 名曰㆓綴術㆒. 学官莫㆔能究㆓其深奥㆒. 是故廃而不㆑理.

この記事によれば, 劉宋の末(宋は479年に滅ぶ)に, 祖冲之がその著『綴術』中に円周率算定のことを記したのであるが, 誠に立派なものであって, これ以上に優れたものはないというほどのものであり, しかも解し易いものでないので, 朝廷の学官といえどもこれを如何ともすること能わず, 放棄して学修せざることとしたというのである.

祖冲之はこの算法において円の周径率の上下の限界を定めたというが, それは劉徽もまた試みたことであった. そうして小数値を得た上で, 二つの分数値, 精しくいえば周径率を得たのである. これを約率, 密率という. 約率はギリシャの Archimedes が数百年前に得たものであるけれども, 密率に至りてはギリシャや回教国でも知られていないし, インドでは十五世紀の書中に初めて見えているのである. 西洋で祖冲之の密率と同じ率が用いられたのは, 十六世紀末からのことである. 『隋書』の「律暦志」は唐の李淳風の作であることは, 『唐書』の伝中にも見えているが, 同じ李淳風の作った『九章』や『張邱建算経』等の注に, 祖冲之の約率をかえって密率といっているのも, 一種異様の感があり, おそらくは千古の疑問である.

けれどもベルギー人 Louis Van Hée 師が, この『隋書』の記事をもって後世の偽作であろうと見たごときは, 成立すべき余地もなく, これを疑うことを要せぬであろう.

上記の『隋書』の記事は円の算法のことのみ見え, そうして著す所の書を『綴術』というとあるから, 祖冲之の『綴術』が円の算法などをも説いた書であったことは明らかである. 『南斉書』及び『南史』の両文学伝中に祖冲之の列伝があるが, その終わりに

著㆓易老荘義㆒. 釈㆓論語孝経㆒. 注㆓九章㆒. 造㆓綴述数十篇㆒.

とあり, 両書共に『綴述』とあるけれども, もとより『綴術』の作をいうのであろう. 『隋書』の記事に「宋末云云」とあるのは, 恐らくこの書の作が宋末のことであったとするものらしい.

『南斉書』の「列伝」に

　祖冲之字文遠．范陽薊人也．祖昌，宋大匠卿．父朔之，奉朝請．冲之少稽レ古有二機思一．宋孝武使レ直二華林学省一．賜二宅宇車服一．解二褐南徐州迎従事公府参軍一．

とあり，『南史』の列伝においてはおよそ同じ記事が見えているが，迎字がない．おそらくこれは『南史』の方が後出の書ながら正しいのであろう．この記事で見ると，祖冲之は発明の才あるがために，宋の孝武帝(454-464)に優遇されたものらしく，そうして南徐州従事兼公府参軍という官に就くことになったのであろう．『宋書』「百官志」に拠るに，州の刺史の下に別駕従事史，治中従事史，主簿従事史等の官があり，単に従事または従事史といっては何従事史であるかは判らないが，つまり刺史の下の某従事史の官に就いたのであろう．『隋書』の「百官志」によると，南徐州の別駕中従事は八品，主簿従事以下は九品の官であった．公府参軍というのは判らないが，『宋書』「百官志」に公府従事中郎将は六品，諸府参軍及び公府掾属に七品とあり，おそらく祖冲之は南徐州従事史のほかにこの種の官を兼ねたのであろう．

　これは宋の孝武帝の時代のことであり，やはりその時代に『大明暦』を作った．しかも帝の崩じたために施行さるるに至らず，出でて婁県令謁者僕射となったとは，列伝の記事である．『宋書』「百官志」によれば，諸県令は六品または七品，謁者僕射は五品の官であり，南徐州従事史というよりも昇進したものと見える．かつ『宋書』「律暦志」に

　大明六年(462)南徐州従事史祖冲之上表曰．……

とあり，そうして

　上愛レ奇慕レ古．欲レ用二冲之新法一．時大明八年(四六四)也．故須二明年一改元．因レ此改暦未レ及二施用一．而宮車晏駕也．

という．これは祖冲之が『大明暦』を作ったときの記事であるが，祖冲之が南徐州従事史であったのは，全く孝武帝在位中のことであり，帝が崩じてのち他の官に移るのであるし，『隋書』「律暦志」に『綴術』の作を宋末(宋は479年に亡ぶ)のこととしたのも，全く孝武帝(454-464)在位中のことであったと見るべきである．そうして『大明暦』の作が南徐州従事史在職中というのも，前顕の通りであり，『綴術』は『大明暦』作製のときにこれと関連して編述したのであったろうと見ても，おそらく大過ないであろう．すなわち大明六年乃至八年(462-464)頃の作と推定してもよいであろう．

　祖冲之の子祖暅之もまた『綴術』の作があった．そのことは唐初に出た王孝

通の『緝古算経』に附せられた上表文中に見える．父子共に同じ『綴術』という著述があったといえば，綴術とはもとより術名であったろう．しかも『綴術』は世に伝本がなく，これに関する記事もまた乏しい．したがってその内容につき，またその術名の意義について正しく推測することもむずかしい．

後代の書ではあるが，宋の沈括(1030-1094)の『夢溪筆談』巻十八，技芸の条に次の記事がある．

審二方面勢覆一．量二高深遠近一．算家謂二之叀術一．叀文象形．如二縄木所レ用墨斗一也．求二星辰之行歩．気朔消長一．謂二之綴術一．謂下不レ可二以レ形察一．但以二算数一綴上之而已．北斉祖亘有二綴術二巻一．

北斉の祖亘というのは祖暅之のことを指すのであろう．北斉もおそらく南斉の誤りであろう．沈括がはたして『綴術』の書を見ていたや否やは疑問ではあるが，しかし沈括のいう叀術とは一種の幾何学的の算法であったらしく，綴術とは暦術関係のもので，算術的代数的のものをいうらしく思われる．

沈括の後一二百年を経て，宋の秦九韶もその著『数書九章』(1247 年)の序文中おいて，

今数術之書．尚三十余家．天象歴度．謂二之綴術一．太乙壬甲．謂二之三式一．皆曰二内算一．言二其秘一也．九章所レ載．即周官九数．繫二於方円一者．為二叀術一．皆曰二外算一．対レ内而言也．其用相通．不レ可レ岐レ二．独大衍法．不レ載二九章一．未レ有二能推レ之者一．歴家演法頗用レ之．以為二方程一者誤也．

といっているが，南宋末のその当時において存在したところの三十余家の算書中には，天象歴度の算法を綴術と称する風習のあったことも，これによって知られる．そうして『九章』中に載する所の方円に繫がるものを綴術とは称せずして，かえって叀術といっている．

明末に西洋の暦法を伝えて編纂された『新法暦書』中の『測天約説』巻上の首編中にも

測法与二量法一不レ異．但近小之物．尋尺可レ度者．謂二之量法一．遠而山岳．又遠而天象．非二尋尺可一レ度．以二儀象一測知レ之．謂二之測法一．其量法如二算家之専術一．其測法如二算家之綴術一也．

と説く．ここにも叀術または専術と綴術とを相対立するものとしていうのであり，沈括，秦九韶のいう所と大差はないように思われるが，綴術とは儀象をもって測知するもの，したがって算法を施して推歩するものとしているのである．しからば魏の劉徽の『海島算経』のごときも，綴術に属するものと見てもよい

のであろう．明末の頃までかくのごとき意味で綴術という名称の存じたことが，極めて明瞭に思われる．

秦九韶の『数書九章』第三に「綴術推星」と題する一節があり，

問．歳星合伏．経㆓一十六日九十分㆒．行㆓三度九十分㆒．去㆑日一十三度乃見．後順行一百一十三日．行㆓一十七度八十三分㆒乃留．欲㆑知㆓合伏段，晨疾初段，常度，初行率，末行率，平行率，各幾何㆒．

という一問を記す．これは歳星すなわち木星の合伏に関する問題であり，これを解くためには「術曰．以㆓方程法㆒求㆑之」といい，方程の算法を使っている．

この解法のごときももとより算数をもってこれを綴るのである．そうして方程の算法に拠ったものとすれば，解法の上にまで特殊の仕方があったようでもない．『数書九章』第三巻には「天時類」と題して四つの部類があり，「綴術推星」というのはその第四条であって，他の三ケ条は「推気治歴」などと称し，第四巻の五ケ条もやはり「天時類」の続きであるが，その第一条のみが純暦術上に関し，他は雨雪の測験等の問題である．これらの暦術関係の問題につき綴術云々というのは他にはない．しかし「治歴演紀」と題するものは，「開禧歴」関係のもので，「術曰，以㆓暦法㆒求㆑之，大衍入㆑之」とあり，大衍求一術によったのであるが，これに関して当時の人はこれを方程というけれども，

所謂方程．正是大衍術．（今人少㆑知．）非㆓特置㆑算繫㆑名．初無㆓定法可㆑伝．甚是惑㆓誤後学㆒．易㆑失㆓古人之術意㆒．

といい，そうして

数理精微．不㆑易㆓窺識㆒．窮㆑年致㆑志．感㆓夢寐㆒．幸而得㆑之．謹不㆓敢隠㆒．

と結ぶ．しからば大衍術と方程術とが暦術上において混同されていたようであり，大衍術も用いられていたが，これを方程と誤り思うたのであったろう．大衍術は行われながらもその特殊の名称がなかったのであろう．しからば大衍術で術を施すべき暦術問題のごときも，これを綴術と称してよいのであったろう．ひとり「綴術推星」と題した問題の解法，すなわち方程を用いたもののみが，特に綴術と称せられたのではないであろう．『夢溪筆談』の記事と相俟って，一般に暦術の問題につき方程とか大衍とかいうごとき算法を施すことを綴術と称したものらしい．故に宋の楚衍が綴術に通じたといわれるのも（『宋史』の列伝に拠る），やはり暦術関係の算法に通じたことをいうのであろう．

宋代に綴術というのがかくのごときものであったろうことに疑いはないが，沈括は祖亘（祖暅之）に『綴術』一巻の著があったといい，この書の綴術に関し

ていうもののようにも見える．しかし祖暅之の『綴術』については，唐初の王孝通の作った『緝古算経』の序文に代わるべき，時の天子に上った文中に

其祖暅之綴術．時人称㆓之精妙㆒．曾不㆑覚㆓方邑進行之術㆒．全錯不㆑通．芻甍方亭之問．於㆑理未㆑尽．臣今更作㆓新術㆒．於㆑此附伸．

とあるから，祖暅之の『綴術』には芻甍及び方亭などいう多面体に関する問題が解かれていたのであろう．また方邑進行之術とは不明であるけれども，おそらく方邑に向かって進行してその距離とか何とか量るというごとき種類の算法であったろう．これらの諸術において未だ尽くさざる所があると，王孝通は考えたのである．ともかくこれで祖暅之の『綴術』中に如何なることが見えていたかが知られる．しからば『九章』注の中の球の立積の算法のごときも，おそらくこの書中の記載であったろう．少なくもこの書中に記載されてもよいものであったろう．

祖冲之の『綴術』にも円の算法が記されているのは明らかであるが，やはり他の諸形の算法も出ていたであろうが，しかしこれが初めに綴術というのが，はたしてこれらの算法のみの術名であったかは疑問である．宋代におけるがごとく暦術上の術名であり，暦術関係の著述であって，その中に算法の問題や方法が附載されておったとして，少しも不思議はない．別して祖冲之父子は数学の大家たると共に，また暦術の大家であった．唐代において祖冲之もしくは祖暅之の『綴術』は明算科の用書になったけれども，その用書中には『周髀』や『五経算術』のごとく暦術に関するものもあるし，また暦術書中の数学の部分が特に用いられたと見てもよかろう．故に『綴術』という書名もしくは術名からして，算法としての性質を確かに判断することはむずかしいといいたい．

しかし『隋書』の記事は簡単ながらに，祖冲之の円の算法を説く．まず円周の長さを算出してあるが，円径一億を一丈として算したというから，劉徽の算法で忽まで取って計算したのとは，一桁だけ余分に取ったものである．劉徽の算法でも上下の界限を算出し得られるので，この点は同じであったろう．

劉徽も周径率の分数値を作っているが，その率は簡単に得られるものであった．けれども祖冲之の密率及び約率はさまで簡単には出て来ぬ．これは宋の何承天の調日法なるものが，強弱の率を求むるものであったというから，その算法にでも拠ったのであろう．

とにかくまず数字上の値の求め方が記されている．その上で開差冪，開差立云云のことが見える．これは明らかに一種の公式様のものを作る算法のことで

あろうが，この術語の名称は直ちに後の和算家が使った招差法使用の円の算法を想起せしむるものである．招差法では初めに数字上の値を求め，これに基づいて一般の公式を作るのであるが，『隋書』の記事にも前に円周の長さを求めることがいってあるのは，その同じもしくは同種の算法であったろうことを暗示するようである．招差法に拠ったものとすれば，円弧の長さかあるいは弧積の公式であろうが，それには円弧の或る格段の場合の値を要するのである．円周の長さが算定されるほどであれば，円弧の長さまたは弧積もまた算定され得るのはもちろんであり，必要なる円弧の値は求め得られたろうことに疑いはない．

関孝和の『括要算法』においては，再乗較，三乗較等の術語が見えているが，『隋書』の開差冪，開差立というのは何だか似通うところがあるらしいし，また『九章』注には差冪という語も見える．故に平方，立方に関する項を指し示すものと見てよかろう．数字上の値を使って，平方や立方に関する項のある公式を作るものであったろう．かくのごとき算法であるならば，招差法関係のものであったろうことに，これも疑いないのである．かくのごとき算法であるとすれば，「兼以二正円一参之」というのも，円又は円弧の正しい数字上の値を取って参(み)せしめたということであろう．つまりそれに基づいて算法を施したという記事とも見られよう．したがって招差法のごとき算法であったとして，このこともまたその意味を強める．故に招差法関係の算法であったろうと見るのは極めて条理がある．

『九章算術』「方田章」に弧田の問題があるが，

術曰．以レ弦乗レ矢．矢又自乗．并レ之．二而一．

とありて，

$$(\text{弧田の面積}) = \frac{1}{2}(\text{弦矢}+\text{矢}^2)$$

とされている．『張邱建算経』にもやはり同様になっているから，この公式は永く行われたのであろう．これについて魏の劉徽の注には，半円の場合に成立するものであり，しからざるときは半円より遠ざかるにしたがってますます疎となるといい，かつ弧内に等弦を容れ，また等弦を容れ，…… これを $\text{弦}_1, \text{弦}_2,$ …… とし，これに対する矢を $\text{矢}_1, \text{矢}_2$…… とするときは

$$\text{積} = \frac{\text{弦矢}}{2} + 2\times\frac{\text{弦}_1\text{矢}_1}{2} + 4\times\frac{\text{弦}_2\text{矢}_2}{2} + 8\times\frac{\text{弦}_3\text{矢}_3}{2} + \cdots\cdots$$

に相当することをいい，また

$$\text{径} = \left\{\left(\frac{\text{弦}}{2}\right)^2 + \text{矢}^2\right\} \div \text{矢}, \qquad \text{弦}_1 = \sqrt{\left(\frac{\text{弦}}{2}\right)^2 + \text{矢}^2},$$

$$\text{矢}_1 = \frac{\text{径}}{2} - \sqrt{\left(\frac{\text{径}}{2}\right)^2 - \left(\frac{\text{弦}}{2}\right)^2}$$

等と置きて，

割レ之又割．使レ至二極細一．但挙二弦矢相乗之数一．則必近二密率一矣．

といっている．しかもこれだけ示しただけで，委細の適用はしなかったものと見え，「然於二算数一差繁．必欲レ有レ所二尋究一也」と称して，研究を進めたい希望を述べている．これは全く円面積を算定したものと同趣意の算法である．

上記の弧田の面積の公式が半円の場合に成り立つというのは，周三径一としてのことである．任意の周径率について成立せしめるためには，

$$\text{積} = \frac{\text{弦矢}}{2} + a \times \text{矢}^2$$

と置きて，矢を半径に等しとすれば，$a = \frac{1}{2}(\pi - 2)$ となることは明らかである．これは劉徽でも祖冲之でも容易になし得たところであろう．

もしこれと同様にして，$\text{矢}_1, \text{矢}_2, \text{矢}_3$ の場合に確実に正しい公式を作製せんと欲せば，

$$\text{積} = \frac{\text{弦矢}}{2} + x \times \text{矢}^2 + y \times \frac{\text{矢}^3}{\text{径}} + z \times \frac{\text{矢}^4}{\text{径}^2}$$

と置きて，矢の三つの値についての積を求め，右〈上〉の式中に入るるときは，$x, y, z$ を決定すべき方程の問題となる．矢の一つを半径に等しとすれば，半円の場合にも成り立つ公式が得られる．方程の算法は好んで用いられたものであり，そうして暦術上の算法においてもおそらくこの種の算法が用いられたのではないかと思われ，祖冲之が円弧の面積または弧長について今いうごとき算法を採用したとしても，けだし無稽のことではあるまいと思われる．今いうごとき形式の算法を採ったとすれば，これはすなわち方程招差法である．これを解いた形式をいっているとすれば，累裁招差法にほかならぬ．もしまた

$$\text{積} = \frac{\text{弦矢}}{2} + \frac{(\pi - 2)\text{矢}^2}{2} + x \times \text{矢}(\text{径} - 2\,\text{矢})$$

$$+ y \times \frac{\text{矢}(\text{径} - 2\,\text{矢})(\text{矢} - \text{矢}_1)}{\text{径}}$$

またはやや形を異にしたものを取って，矢が半径，$\text{矢}_1$ などのときには必ず成

り立つべき形式のものとして，$x, y$ を決定したものとすれば，すなわち混沌招差法となる．いずれにしても $x$ の掛かった項はこれを開差冪と称して適当であろうし，$z$ の掛かった項は開差立と称して不都合はないはずである．祖冲之の算法がかくのごとき性質のものであったとすれば，あたかも『隋書』「律暦志」のごとき記事になって現れるのも当然である．この算法はその原則を明らかにして説明すれば，平易なものになるけれども，原則を示さないで或る種の記載を行うときははなはだ解し難いものともなる．『括要算法』の弧術の難解であることからでも，その事情は思われよう．

今いうごとき性質の算法だとすれば，未定係数 $x$ と $y$ とに限ることなく，なお幾らも採ってもよいのであり，かつその算法を進めて無限級数の作製を試みることができるのは，和算家の例によって，これもはなはだ明らかである．かつ無限級数の思想は極めて粗朴ながらに劉徽でも祖暅之でもこれを有したのであり，祖冲之も同じくこれを有したであろうことに疑いはないが，しかし上述のごとくして弧積または弧長を表す有限の式を作って満足したものであったろう．まず括要弧術のごときもの，あるいはこれよりも簡単なものがその結果であったろうと見るのが最も妥当であろう．

上記の解説においては，祖冲之の円弧の算法と思われるものにつき，これを関孝和の括要弧術と比較したのであるが，もちろん祖冲之のいわゆる開差冪，開差立の術名は『授時暦』および『大統術』における招差法の定差，平差，立差の平立両差に極めて好く該当するものであり，その算法が招差法であったろうことには，寸分も疑いはないといわねばならぬのである．

郭守敬は垜畳招差ということをいう．垜とは或る種の形に積み重ねたる物の数を指すのであり，元の朱世傑の『四元玉鑑』に垜積を説くものは明らかに招差法に拠ったものと思われるのであり，これには三差法だけではできないものもある．『授時暦』以前における宋の楊輝の著書中にも垜積のことが見え，そのころには招差法が用いられていたのであったろう．そうして秦九韶が暦術上に方程の算法が用いられたことをいうのも，方程によって招差法が試みられていたことの証であろう．これから考えても，劉宋の祖冲之は早くすでに招差法を暦術上に適用し，そうして円の算法などにも応用し得たものであったろうと思われる．

私はかくのごとく見るが故に，有限級数に関するものであったとすれば足るべく，無限級数の算法であったろうと解すべき理由はないと考えるのである．

これは私が多年来の主張であり，今に至るもこの考えを変改すべき理由を見出し得ないのである．

## 32. 結語

かくのごとく魏晋南北朝時代における円及び球の算法はすこぶるその性質を明らかにされたのであるが，これを関孝和及び他の和算家の業績に比較するとき，類似のはなはだ親密であることが思われよう．関孝和は方程の解によって演段術の一部分を作り，行列式の展開を行い，また招差法をも解説し，混沌招差法を立し，円弧の算法をも構成することとなったが，この種の算法はたとい不完全ながらに円や球の算定に関しては支那でも夙に用いられたのであった．もちろん，球の算法には著しい異同があるし，行列式や演段術の代数学が支那で古く試みられた形跡もないが，円の算法に関しての関孝和の業績は，ざっとその筋道だけでも支那に存在したことが，もはや疑うべくもないのである．関孝和は『隋書』を見ていたかどうかを詳らかにせぬが，場合によってはその記事によって考えを進めたかも知れない．また一の関の家老梶山主水次俊が祖冲之の『綴術』を有したという所伝が，故岡本則録翁(昭和六年二月歿，年八十五)の伝聞に存じたのであるが，これもその真偽を確かめることはできない．それに関孝和には種子本があったという記事があることなどから考えると，劉徽や祖冲之の算法が，すなわち関孝和をして『括要算法』の円の算法を成就せしめた源泉でないともすまい．

けれども関孝和がはたしてかくのごとき源泉を有して，それから研究の歩を進めたであろうという証拠はない．おそらくは方程の算法が共通に用いられており，特に関孝和の時代には招差法も成立しているので，劉徽及び祖冲之と同じような性質の算法を案出することになったのであろう．それに劉徽や祖冲之の時代には代数演算の進歩が著しくなかったようであるのに反して，関孝和は天元術の発達した後を承けて，演段術の筆算式新代数学をも構成し得たほどであり，代数演算の運用に長じたるがために，その算法の開発は門下の手でいわゆる円理の発明となり，級数展開法の種々相も現出することになったのであろう．関孝和は円の算法に関して零約術と称して，小数を分数に化することを創めたが，これも劉宋の何承天の調日法が同種の算法であったようであり，祖冲之の『隋書』の記事にもまた周径率が見えているのであり，このこともまた支那と関係があるらしく，関孝和の剰一術並びに翦管術のごときは，宋の秦九韶『数書九章』に接したや否やはしばらく措き，支那の算法に基づき考案したものであったろう．翦管というのも支那で稀に用いられた術語であり，同じ意味に使っているのである．故に関孝和が何らかの支那の算法を基礎としたことは疑われないが，前に明らかにした以外には如何なる径路によって支那の算法に接したかを知り難いのである．しかも関孝和は支那に負う所がずいぶん大きいのであって，どこまでも支那の算法から出発してこれを再現し，かつ独自の業績を挙げ，後継者は関孝和の業績並びに思想を継承してますます大成の域に進んだのである．その諸算法の詳細のごときは，目下編纂中の『日本数学史研究』中に記述してあるから，その発表を俟って発展変遷の径路を明らかにせんことを希望する．

（昭和六年九月日本数学物理学会にて講演の旧稿により，昭和七年七月十日識す．）

〔本篇の概要は昭和六年九月の日本数学物理学会常会において講演したものである．要旨においては変わっておらぬが，その後さらに考証を重ね，これを書き綴った．本篇の作製については，文学・医学博士富士川游，文学博士狩野亨吉，文学博士飯島忠夫，文学博士渡辺世祐諸氏の示教を得たことを感謝する．昭和七年七月十一日，著者識〕[10)]

10)　編者注：この追記は本論文第一回連載時（1932.12.25）に「7. 関孝和の逐式交乗之法」の後に掲載された．

# 8. 関流数学の免許段階の制定と変遷

1. 関流数学の免許五段階.
2. 遠藤利貞著『大日本数学史』の見解.
3. 遠藤利貞著『増修日本数学史』の見解.
4. 遠藤利貞が典拠とした史料の推定.『関流宗統之修業免状』.
5. その史料の価値の批判.
6. 藤田貞資旧蔵『関流免許目録』中における五免許階級の延享四年の控え.
7. 『関流免許目録』(延享四年)と『関流宗統之修業免状』とにおける連名の異同.
8. 山路主任より藤田貞資へ授けた別伝印可の両免状(明和三年).
9. 山路之徽より多々納忠三郎へ与えた五免状. 前者との異同.
10. 記載の比較と別伝免許序文の意義の解釈, 並びにその作者の推定.
11. 山路之徽及び藤田貞資より中田高寛へ与えた四免状. その中の別伝免状の記載.
12. 日下誠より栗田宜貞宛の三題免許.
13. 日下誠より長谷川寛宛の別伝免状.
14. 山口和より佐藤解記宛の四免状.
15. 千葉胤道より阿部重道宛の四免状.
16. 『関流宗統之修業免状』と他の諸免状との記載の異同.
17. 『関流宗統之修業免状』中における町見術免許.
18. 理科大学へ差し出された『関流宗統之修業免状』中の内田五観の署名, 年紀及び宛名.
19. 川北朝鄰遺物中の諸免状.
20. この諸免許に関する岡本則録手記.
21. 岡本則録遺物中の印可状とその来歴.
22. 川北朝鄰の印可状の正邪, 並びに『関流宗統之修業免状』の史料としての価値と, 遠藤利貞が典拠とした史料.
23. 『関流宗統之修業免状』中の印可免許の連名に関する批判.
24. 『増修日本数学史』著作当時における新史料と旧来の見解の踏襲.

25. 輓近における印可免状の伝承並びにその記載と，数学史上における史料としての価値との関係.
26. 内田五観より藤岡有貞へ授けた別伝免状.
27. 別伝印可の改竄と松永良弼を連名の筆頭とした理由の推論.
28. 内田五観と印可免許並びに『乾坤之巻』.
29. 関孝和纂校『数学雑著』中の算学許符及び算学印可.
30. 水戸彰考館所蔵の算法許状及び算法印可.
31. 熊本甲斐隆道氏所蔵の算法許状及び算法印可．彰考館本との比較.
32. 関孝和より宮地可篤へ与えた算法許状(宝永元年).
33. 二つの算法許状と後の見題免許.
34. 正徳五年の算法印可，関孝和当時の算法印可の推定，並びに関孝和数学免許の二段階.
35. 中根彦循の『算学神文書式』(寛保三年).
36. 中根彦循の教授の三段階と関孝和の免許二段階との関係.
37. 延享四年の免許五段階の控えと，その五段階の制定並びに関孝和の二段階との関係.
38. 概括.

**1.** 関流すなわち関孝和(宝永五年 1708 歿，年齢不明)の流派においては，普通に五種の免許段階を置き，これを見題，隠題，伏題，別伝，印可としたことは，和算史に通ずるほどの人の皆知る所である．関流の数学伝授上にこの五段階のあったことは，極めて明白であり，何らの疑いもない.

けれどもこの五段階の伝授免許は，はたして何人の制定する所であり，また如何に変遷したか，もしくは制定された当時のままで，少しも変遷のなかったものであるか，これらのことはこれまではほとんど問題にされたこともなく，明白であるかのように思われたのであるが，その実決して明白だということはできない．その制定及び変遷については，典拠を示して闡明するに非ざれば，未だにわかに的確なことはいい得られぬのである．このこと自らもはなはだ興味のある問題であるが，数学上の術理の発達を稽える上にもまた全く関係する所がないではない．故に今，これについてなるべく委細に攻究してみたいのである.

**2.** 遠藤利貞著『大日本数学史』(明治二十九年刊)中巻，頁 90 に

> (関)孝和門弟数百人，之ヲ教フルノ法，術理ニ依リ或ハ部類ニ従テ，其門ヲ分チ其序ヲ立ル循々タリ，

といい，さらに学業免許の制のあったことを説きて，次のごとくいう.

蓋シ左ノ目録ハ，初学者ニ与フルモノニ非ス，必ス先ツ課業書ヲ写記セシメテ，其術ヲ授ケ，其業漸ク熟シテ，殆ント終ラントスルニ際シ，始メテ之ヲ授クルモノナリ，故ニ之ヲ学業免許トイフ，其第一ヲ見題免許トシ，第二ヲ隠題免許トシ，第三ヲ伏題免許トス，此三目録ノ外，又諸伝アリ，然レトモ当時未タ整理ニ至ラス，草稿ニシテ之ヲ高弟ニ授ケタリ，蓋シ当時ニ在テ此三免許ヲ得ルノ容易ナラサルコト知ルヘシ，世ニ所謂関流目録是ナリ（中巻，頁 9-10），

ここに三題免許の目録を記し，なお続いて次のごとく説く．

此外ノ免許ヲ別伝及印可ト云フ，当時未タ整理セス，草稿ニシテ之ヲ伝フルノミ，其印可ノ如キハ一子高弟二人ノ外与カルコト無シ，極テ秘蔵シタルモノナリ，其別伝及印可ハ，松永良弼ニ至リテ，整成セリ，故ニ良弼ノ条ニ於テ之ヲ詳記ス，（中巻，頁 11-2），

別伝及び印可のことについては，松永良弼に関して次のごとく説く．

松永良弼……荒木村英ノ門人ナリ，良弼数理ノ奥ヲ究メ終ニ関孝和ノ皆伝ヲ得タリ，良弼其伝ヲ受ルヤ，村英年既ニ高シ，孝和ノ遺稿ヲ整理スル未タ全カラス，乃チ良弼ヲシテ之ニ与カラシム，良弼大ニ其序次ヲ正シ，或ハ其補欠修正ヲナシタリ，元文年間ニ当リテ三題免許ノ外，更ニ二免許階級ヲ立ツ，之ヲ別伝及印可ト曰フ，是ニ於テ関流ノ伝書始テ全シ，（中巻，頁 82），

またさらにこれを解説していう．

松永良弼……孝和ノ遺稿ヲ……尽ク之ヲ校ス……三題目録ノ外更ニ二ノ目録ヲ置キ，之ヲ上級トシ自ラ筆祖ト為ル，別伝及印可是ナリ，是故ニ関流目録，都テ五ト為ス，以後此五目録ヲ得ルニ非サルヨリハ，斯学ノ奥ヲ知ル能ハス，是ヲ以テ関流ノ数学益々高シ，其二目録ヲ左ニ示サン，蓋シ是等ノ諸撰ハ村英カ卒後ニ成リタルモノヽ如シ，（頁 82-3），

ここに別伝の目録と印可の目録とを記す．そうして印可は「秘法免許ノ階級即皆伝トス」といい，別伝と印可について，

此二目録ハ，実ニ秘法中ノ秘書ナリ，畢竟他流ノ及ハサルモノハ，是等ノ諸法存スルカ故ナリ，関流ノ数学後世脈々トシテ相伝スルモノハ，良弼ノ功与テ大ナルコト知ルヘシ，（頁 85），

と説く．

遠藤利貞の『大日本数学史』にはかくのごとく説くのであって，見隠伏の三

題免許は関孝和のときから存立し，別伝及び印可は松永良弼が制定したとする．そうして，その制定は元文年間のことなりとは，上記の引用文中に見えている．この年代は推定の結果と思われるのであるが，これについては，さらに

元文三年……松永良弼太陰率ヲ作ル，（中巻，頁 90），

といい，

太陰率ハ別伝中ノ一目ナリ，然ラハ則チ良弼カ別伝及印可ノ撰定ハ本年以後ニ成リタルナラン，（頁 91-2），

と論じているのである．

**3.** 遠藤利貞著『増修日本数学史』（大正七年刊）においても，関流の五免許階級に関する見解は，全く全著中の記事と同一にして，少しも変わっておらぬ．故に遠藤利貞は前著の著作当時からして，その一生中を通じてかくのごとき見解を持続したのであった．ただ，後著においては，

村英歿後（享保元文年間）三題免許ノ外更ニ二免許階級ヲ立ツ，（頁 278）

といっているが，しかも太陰率の作製年代に基づきて，別伝印可を元文三年以後であろうとすることは，前と同様なのであった．

前記の引用文中に「蓋シ此等ノ諸撰ハ村英カ卒後ニ成リタルモノヽ如シ」（『大日本数学史』，中巻，頁 82-3）とあり，『増修日本数学史』においては，

蓋シ是等ノ諸撰ハ村英カ歿後ニ成リタルモノナラム．而シテ其完成セル年ヲ知ラサレハ，左ノ目録中ニ或ハ本年以後ニ成リシ者アランモ亦知ル可ラス．（頁 279）

と見えている．ここにいう所のこれらの諸撰とは，すなわち別伝印可の両目録中に見る所の諸書を指すものと思われる．

「本年以後」というのは，けだし書き誤りであろう．元来，編年体に書いた書物で，多くの事項は何年かの条に懸けてあるが，数学免許のことは特に何年のことにも懸けて記されているのではないけれども，その一般の記載形式のことを思い，うっかり本年以後と書いたものと見える．これはあり勝ちの誤りで，さまで尤（とが）めるにも当たらぬであろう．

**4.** 遠藤利貞は上述のごとき見解を有し，これを公表しているのであるが，これについて別に疑問を挟んだ人もなく，異説の唱えられたことをも聞かぬのである．しかしながら，遠藤利貞が如何なる典拠によって，その見解を立てたかは，遠藤自身もこれを記しておらぬのであり，その典拠が不明であっては，その見解の真偽確否のほども判らぬはずである．ただ，別伝目録中には元文三年

(1738)に松永良弼の作ったものが入れられているから，別伝免許の目録はこの年以後の制定であろうとしたことばかりは，正しい推定だといってよかろう．

かく遠藤利貞が典拠としたところは，その大体が不明であるが，その見解を批判するためには，その典拠を探索してみなければならぬ．この目的のためには，幸いに好い手懸かりがある．

遠藤利貞の旧蔵本は全部ことごとく帝国学士院の所蔵に帰したのであるが，その遠藤旧蔵本中に，『関流宗統之修業免状』という一写本がある．何人の編とも記されてはいないけれども，その筆蹟は川北朝鄰のものらしい．これを川北朝鄰の真蹟に比してやや筆致の異同あるらしいところもないではないけれども，しかも極めて好く類似し，しばらくこれを川北朝鄰の筆蹟と見てよかろうと思う．おそらくは川北朝鄰が自らこれを筆写して遠藤利貞へ与えたのであったろう．そうして遠藤利貞はこの『関流宗統之修業免状』の記載に基づいて，『大日本数学史』の免許段階の制定に関する見解を想定したものであったろうと見ても，必ずしも大過ないであろうと信ずる．私はかく見る．

『関流宗統之修業免状』と題する写本は，別に東京帝国大学の蔵本中にも一部があり，これは明治二十三年に川北朝鄰が自ら筆写して理科大学へ差し出したものであることは，序文中に記されている．遠藤利貞旧蔵の写本はこれと全く同一であり，字配りまでも同様に記されているのであるが，ただ一方には年紀と宛名を欠き，また免状の連名も日下誠までになって，内田五観の姓名は見えぬけれども，一方にはこれらの年紀，署名，宛名も書いてあるのが，異なる．

これらの相違は明らかに存在する．けれども免状の記載形式も，その字句も，また歴代算家の伝来の姓名もすべて相同じく，また書名も同一なのであって，最後の町見術の免許を除くほかは字配りまでも同様である所から見ると，この両写本は決して相互に無関係のものではなく，密接な関係を有するこというまでもない．思うに川北朝鄰は明治二十三年に理科大学へ筆写して差し出した前後の頃において，遠藤利貞へもまた自ら筆写して与えたのであったろう．もし万が一にも遠藤旧蔵の写本が川北朝鄰の筆蹟でないということであるならば，この場合には川北朝鄰の筆写の本と密接に関係を有する写本であったろうことは，少しも疑いはあるまいと思われる．そうして遠藤利貞はこの写本を得て，これを金科玉条として，関流数学の五免許の段階に関する見解についての典拠としたものと見える．遠藤利貞の旧蔵本中に，関流の他の諸免状はほとんど見出されぬのである．遠藤自身に受けた所の一二のものは別として，その他には一つもないのである．はたしてしからば，これを史料としたものであることに，ほとんど疑いはない．

この『関流宗統之修業免状』の内容と，遠藤利貞がその著書中において記したところの見解とを対比してみても，またこれを史料としたものであることが，ありありと見とめ得られるのである．

このことの吟味からして，その見解の確実なりや否やを批判し，また正確に見解を立てることも可能であると信ずる．

**5.** ここにおいて遠藤利貞旧蔵中の川北朝鄰筆写『関流宗統之修業免状』につき調査することを要する．これらの諸免状についてはその序文並びに目録の記載等ももとより考慮することを要するのであるが，これは今しばらく措き，伝授の連名だけこれを挙げてみよう．いずれの免状にも年紀や宛名は書いてないのである．

見題と隠題には連名を欠き，伏題は次の記載がある．

関新助藤原孝和
荒木彦四郎藤原村英
松永安右衛門源良弼
山路彌左衛門平主住
安嶋萬蔵藤原直円
日下貞八郎平誠

第四の別伝免許については，関孝和及び荒木村英の姓名を欠き，松永良弼から始めて，

松永安右衛門源良弼
山路彌左衛門平主住
安嶋萬蔵藤原直円
日下貞八郎平誠

という伝授の連名が見える．

第五の印可についても，歴代伝授の連名は，別伝免許と同じに記されている．

この『関流宗統之修業免状』は，もし制定の当時からしてその形式に何らの変遷も異動もなかったものとしその歴代の連名の筆頭における人物の時代に始めて作られたものであるとするならば，すなわち始めの見隠伏の三題免許は関孝和のときから始まり，別伝印可の二免許は三代目の松永良弼が制定したものであったろうと見るべきことは，当然過ぎるほどに当然なのである．

遠藤利貞は全くかく解釈したものと見えて，その結果は関孝和のときから三題免許は存在し，関孝和の孫弟子たる松永良弼に至って，別伝印可の二階級が制定されたとしたのである．

遠藤利貞のこの推定には，『関流宗統之修業免状』を史料として使用したのであり，単にこれだけを参酌して，他の免状やもしくは他の文書などは参考の料としなかったものと見える．

この事情のために『大日本数学史』並びに『増修日本数学史』に記載されたところの結果が生まれて出たのである．

けれども後代に伝えられた五免許の記載形式には変遷があり得たろうことを思えば，これをもってその制定当時の過去に遡っての史料として典拠となし得べきものでないことも直ちに気付くはずであるが，遠藤利貞はこの点に気付かなかったのがはなはだ惜しい．また他の多くの免状を検して，記載形式の異なれるものでもあることが知られるならば，実際に変遷のあったろう等も思われるのであるが，遠藤利貞は多くの免状を見ていたらしい形跡もなく，たとい一二のものを見たとしても，その異同の点に注意するに至らなかったらしく，そのために，初めに立てた推定の結果を修正もしくは変改する機会もなく終わったものであった．

故に遠藤利貞の採った推定の論拠がはなはだ薄弱であることは，いうまでもない．もし仮に何らの反証がないとしても，元来史料として価値の乏しい，もしくは全く価値のないものを，史料としているのであるから，その結論に多くの確実性を認めることはできないはずであるが，いわんや，幾多の免状類を蒐集点検することによって，若干の反証を挙げることもできるし，またその推定を或る程度までは修正することもできるのである．

遠藤利貞が唯一の史料としたところの，川北朝鄰の『関流宗統之修業免状』そのものにも，またはなはだ怪しむべき一点がある．今我等はこの疑点を明瞭に指摘し得るのであるが，しかもこの疑点は遠藤利貞の気付かないところであり，そのために判断を誤ることにもなったのである．そのことは後に説くこととしよう．

**6.** 関流数学の五免許階級について，最も古い年紀のある文書は，藤田貞資が筆写しておいたところの「関流免許目録」であり，この文書は藤田の家に伝わっていたもので，近年に至ってその子孫たる藤田菊弥氏から帝国学士院へ寄贈したのであるから，典拠として価値乏しからざるものといってよいのである．

これは某算家から何人かへ宛てて授与した免状その物ではないが，五免許の記載形式を纏めて記したもので，その点に史料としての価値がある．故に今その全文を挙げることとしよう．原文には句読は附けてないのであるが，覧者の便宜のために仮に句読を切っておいたのである．

（第一見題）

夫物生斯有レ象．有レ象斯有レ数．数之起也由来尚矣．河出レ図洛出レ書．而適見二自然之数一．天生レ一．地成二于二一．信二于三一．而遂二于四一．極二于五一．而変二于十一．是図書之妙．其本出二于天地一焉．然則育二於其両間一者．豈有レ逃二之象一哉．日以レ之正二躔度一．月以レ之定二晦朔一．星以レ之分二宿辰一．大凡世之長短方円．横斜曲直．遠近細大．推而物之奇偶闔闢．進退消長．非レ数則皆不レ能レ占二其実一也．大哉数之徳也．至哉数之妙也．非二見者一則未レ易二与言一矣．而使二其最易一レ得者．莫レ若二算法一也．軒轅之世．隷首始作二此法一．至二于炎漢一．有二劉徽之九章一．隷首之作．不二世伝一焉．劉徽之法．後世称レ焉．即方田粟布之属是也．人能学而通レ之．大則天地之数．小則人事之用．可二坐定一矣．何惟一項之芸云乎．

目　録

一，首巻．

河図　洛書　三成　大極　四象　大数　小数　諸率

一，算法草術

一，加減乗除之法

一，開除法

一，九章

一，平埰解術

一，円法玉率及弧矢弦玉欠論

一，諸法根源

一，算法慎始

一，統術　関夫子名曰二帰源盈縮一．後松永良弼蒙二岩城侯命一．更二名統術一．

一，点竄　関夫子名曰二帰源整法一．同レ右．

一，籌策

一，一算盈朒

一，之分法

一，統術解

一，同秘伝

一，同目録之解

一，単伏点竄

一，再乗和門

一，総括

一，見題蘊奥

拠二頻歳数学款扣一. 前条之目録. 伝二与之一畢. 因未レ至二免許之域一. 不レ可二妄他漏一. 但如有二此道懇執之徒一. 雖二略以レ所レ聞導レ之可也. 不レ可下遽挟中自負安二小成一之心上.

関新助藤原孝和

延享四丁卯年　　荒木彦四郎藤原村英

松永安右衛門源良弼

山路彌左衛門平主住

（第二隠題免許）

数有二四象一. 曰初曰無曰虚曰空. 所レ謂初者. 心纔動二於術上一是也. 所レ謂無者. 無商是也. 所レ謂虚者. 虚題. 其所二好問一之条中. 必有二虚偽者一是也. 此二者於レ数無二用処一. 雖レ然於レ弁二其真偽一. 不レ可レ不レ明レ之. 所レ謂空者. 従二乗除加減一所レ得之空式是也. 空中自然胎レ一. 此謂二之太極一. 大哉至哉. 生二無数之数一. 見二無象之象一. 故曰二太極一.

一，太極

一，全積門

一，差分門

一，因積門

一，鈎股門

一，互換門

一，形容門

一，截積門

一，収約門　又曰二之分一

一，雑式門

一，諸角門

一，分合

一，形写対換盈縮
一，句股変化之法
一，隠題蘊奥

因レ有二数学懇執之望一．乃右件書巻．不レ残伝二与之一者也．雖レ未レ到二一貫免許之域一．然若有二懇望之徒一．宜下為二自己習熟一．右件之諸術．当中用二誓約一伝上之者也．

但誓約須レ用二血判一．且目録之外．堅守二要約一．不レ可レ逮二他見他聞一．雖三仮饒為二他流所レ伝之書一．至二于奥趣秘旨之域一．則相与守二此道愛護之義一．不レ可二猥漏説破費一矣．

関新助藤原孝和
延享四丁卯年　荒木彦四郎藤原村英
松永安右衛門源良弼
山路彌左衛門平主住

（第三伏題免許）

至数之元空也．空中纔生レ一．此謂二之大極一．諸数自レ此始矣．然有下一数不三以得二其術一者上．則動レ之生二二名一．二名未レ得二其術一．則増レ之以至二三名四名一．而尚未レ得レ之．則呼二出無中許多之名一．以得二其真術一．其名数固無二定期一．以レ得レ術為レ度．其徳広大．而術亦無レ尽．故曰二無極一．

一，無極
一，単伏演段
一，衆伏演段
一，単伏起術
一，維乗
一，両式演段
一，方程演段
一，交離
一，商一演段
一，因府
一，消長又曰加減反覆
一，起率演段
一，両義式
一，潜伏式

一，造化式

一，諸角径術

一，解伏題蘊奥

一，交式斜乗之解

依二多歳数術篤執一. 右条秘蘊. 悉伝二属之一畢. 将来若有二悃扣之輩一. 以二誓約一可二伝付一者也. 仍無極実式免許如二右件一.

関新助藤原孝和

延享四丁卯年

荒木彦四郎藤原村英

松永安右衛門源良弼

山路彌左衛門平主住

（第四別伝免許）

凡数有二括剰歩索之四術一. 所謂括者. 天元演段是也. 其数一定不レ動者. 雖二重層潜伏一. 抛二真虚二術一推レ之. 則無下不レ得二真数一者上. 若夫因二日月之行度一. 以定二盈縮一求二朔望一. 及自二甲乙丙丁一以至二戊己庚辛一. 如レ旃二平円立円之真数一. 翦管術不レ能下以二真虚二術一得上レ之。宜下用二剰歩索三術一推中明之上. 若二吾関夫子一. 雖三明得二此術一. 然深秘レ之. 不レ出. 故雖二其門人一. 猶未レ得二其伝一. 先師村英者. 即夫子之高弟也. 因得三独預二其伝一. 村英亦以レ此伝二之良弼一. 良弼伝レ之. 而練レ之多年. 終闡二其真理一. 以明二八箇之秘術. 七部抄等之真秘一. 故今挙下此三術. 及不二師授一則難二推明一之数書許多上. 以伝レ之. 雖三此為二非常別伝之秘蘊一. 特以為レ導下当流至二知新至奥一之弟子上漏レ之而已.

別伝目録

一，経韓式

一，探差

一，方布式

一，直差

一，脱差

一，諸約

一，両一術

一，翦管演段

一，翦管

一，類約経術

一，垜術

一，対換式

一，演段雑式

一，索術

一，探術

一，括術

一，歩術

一，綴術

一，廉術

一，径術

一，算法変形草

一，桃李蹊経

一，燕尾猿臂両術

一，無有奇

一，得商

一，増約求積

一，太陰率

依二多歳数学悃望一. 右条之書帙. 雖二吾宗秘奥之典一. 授二与之一了. 向来若有二懇扣之徒一. 侍四其人有三術精徳純. 而憤二悱真積一. 而後須下以二誓約一伝中与之上. 雖レ有レ視二特其術至一. 然者其徳不レ足三以伝二其真一者. 勿二妄伝レ之. 且将来益致二研究一. 当レ求レ至二知新至奥之極一而已. 依免許如二右件一.

（盟約の誤り）〈三上注〉

且誓約須レ用二血判一. 右件目録之外. 鞏従二前条暾日之盤一不レ可レ令二他漏一矣.

関孝和四世

延享四丁卯年　　山路彌左衛門平主住

（第五）　算法印可状

かそふる物ことの根源，久かたの天にし，其一つはあらかねの土とひらけて，千早振神代よりこのかた，ことわりいはゆる，いつれの道か那へて此数にしも洩さゝらん，されは遠山にのほらすして高をしり，海淵にいらすして深をもとめ，岩をのかたきを割うこかし，すくなる道をさとし侍る，かそへけんうたかひをはれなましのみ，

道あらは婦みももらすな高砂の

みねにいたりぬ岩まつたいを

目　録

一，招差惣術

一，垜畳惣術

一，諸約惣術

一，翦管惣術

一，角法一極演段

一，平円率之解

一，立円率之解

一，弧矢弦

一，方陳

一，算脱験符法

一，病題明致

一，開方翻変

一，題術弁議

一，毬闕変形草

一，求積

一，太陽率

縁二爾来数術琢磨之精一. 益欲下極二吾道閫奥之旨一. 不レ混二淆他流殊派之技一. 而致二純之一統中靠之上. 右的之秘冊奥帙. 尽以附二与之一畢. 爾後如有二懇款之儕一. 当下拠二盟約一伝中与之上. 且弥欲下尽二金声玉振之情一. 務中吾門徒弟之皇張上. 依印可如二右件一.

関新助藤原孝和

延享四丁卯年

荒木彦四郎藤原村英

松永安右衛門源良弼

山路彌左衛門平主住

**7.** 上記の五免状は，すべて「延享四丁卯年」という年紀が記され，月日は書いてない．この記載は注意しおくことを要する．

すなわちこの年紀の年，延享四年(1747)に山路主住がこの五種の免許段階を知り，またその免状の記載形式を有していたことは，この文書の存在によってこれを認めてよい．山路主住の肉筆の文書が伝えられているのではないけれども，山路主住の高弟藤田貞資がこれを伝えたのであり，そのことは充分に信じてよかろうと思われる．

五免許の中の四種までは，関孝和を筆頭として，荒木村英，松永良弼，山路主住の三人の姓名を続けて連記しているのであり，ただ，別伝免許のみはこの連名を見ずして，単に関孝和四世として山路主住の姓名のみ記しているのである．

この事情から察するときは，四種の免許段階は関孝和のときから存したのであるが，別伝免許のみは山路主住が始めて創定したのではないかとも思われる．この免許の序文を見ても，山路主住の創定らしく見える．

遠藤利貞が川北朝鄰筆写の『関流宗統之修業免状』によって，初めの三題免許は関孝和のときから始まり後の二免許は松永良弼から始まったと推定した筆法に従うときは，上記の文書は直ちに今いうごとく推定すべき料となるのである．

けれどもこの推定に従うときは，遠藤利貞の推定とはやや趣きを異にすることとなり，『関流宗統之修業免状』とはその連名の筆頭に異同があるのであり，この両種の推定は同時に成立することはできないのである．これにおいて現存の諸免状について調査することの必要を生ずる．

8. 別伝印可の二免許は，幸いに藤田貞資が山路主住から授与されたものが，藤田氏の家に伝わり，今は帝国学士院へ寄贈されている．この二免状は巻物の形にはなっておらぬが，実物が現存するのである．

別伝には前に記したごとき序文は附いておらぬ．けれどもその首部に五六寸ばかりの余白があけてあり，序文の部分が欠損紛失したものと見るべきではない．初めから記してなかったものと認めてよい．最初に

別　伝

目　録

一，経緯式

一，探差

…………

と記し，その目録は全く前に掲げたものに同じい．ただ，最後の一項は単に「太陰率」とせずして，「太陰率蘊奥」としているのが異なる．

目録の後に記された文章もまた同一である．そうして次のごとき年紀，署名

及び宛名がある.

関流統道

明和三丙戌正月廿四日　　　　　　山路彌左衛門平主住

藤田彦太夫殿

また「聴雨之印」及び「主住之印」という二つの印章を押す．聴雨は山路主住の号である.

右の文中において，前掲の写しに「前条皦日之盤」とあるのが，前条皦日之盟約とあり，この方が正しいのであろう.

算法印可状の方は全く前掲のものに同じい．ただし「求積蘊奥」とあるのが異なり，また「致純一之統靠之」とあるのは，この方が正しいのであろう．前掲の写しには吾道，吾門とあるのを，この免状には五道，五門としてあるが，これは誤記と見てよい.

年紀が「明和三丙戌正月廿四日」であり，「藤田彦太夫殿」の宛名がある．すなわち別伝と同日に授与したのである．そうして関孝和から山路主住まで四人の姓名を連記してあること，前の写しと同じい.

**9.** 前記の藤田貞資が受けた免状は別伝及び印可の二通が現存するのみであるが，山路主住の子山路之徽から雲州松江の多々納忠三郎へ授与したものは，見題から印可までの五免状が現に全部すべて伝えられ，松江の某小学校に保管されている.

この五免状中の見隠伏三題及び別伝にはすべて連名も年紀も宛名も同じであり，次のごとく見える.

関新助藤原孝和
荒木彦四郎藤原村英
松永安右衛門源良弼
山路彌左衛門平主住
山路彌左衛門平之徽

安永五年丙申長夏之吉

多々納忠三郎殿

中に就きて伏題免状には，関孝和の名を「考和」と記しているが，これは明らかに誤記に過ぎない．他の諸免状には正しく「孝和」となっている.

印可免状においては署名年紀等は次のごとく見える.

関流算法統道

山路彌右衛門平主住
男　　　　　平之徽

安永五年丙申夏六月
　　多々納忠三郎殿

すなわち山路之徽は松江の多々納忠三郎に対し五免状をすべて同時に授与したのである．けれども別伝までの四免状には，花押もあり，また印章も押されているが，最後の印可免状には花押も印章もなく，そうして次の添書きが加えられている．

抑此印可一軸者．対二
先師一．伝レ之人有二階級一．今雖レ与レ之．時至而後．宜レ加レ印．云云．
平之徽謹志

すなわち印可は未だこれを授与すべき時機に到達しておらぬので，書いて与えることはするけれども，印章を押して形式の完備したものとして授与することはできない，時機が到達したら，改めて押印してやろうといっているのである．

この種の数学免状の実例は未だかつて他にこれを見たことなく，極めて珍しいものといわねばならぬ．けれどもこの種の条件附の不完備の免状とはいいながら，実際に山路之徽から多々納忠三郎へ授与した実物であり，山路之徽から出たところの印可免状の形式を見るためには役立つのである．

延享四年(1747)の五免状写しには，別伝以外の四免状が関孝和以下の連名となり，別伝のみが「関孝和四世山路彌左衛門平主住」と署せられていること，並びに明和三年(1766)に藤田貞資の受けた別伝は，関流統道山路主住の名義であり，印可状は関孝和以下の連名になっているのに対し，山路之徽が安永五年(1776)に多々納忠三郎へ与えたものには，別伝までの四免状がすべて関孝和以下の連名にして，印可だけが「関流算法統道山路主住男之徽」の名前を署したものになっているというのも，その間に多少の異同を生じたことを看遁(みのが)し得られぬのである．

**10.** さらに山路之徽より多々納忠三郎宛の諸免状の記載の内容についても一応これを検してみなければならぬ．

見題免状においては，その序文中に「則大則天地之数」とありて，延享四年写しには則の字がないのが異なる．

見題の目録においては九章と平垜解術とが入れ替わり，点竄と籌策とも入れ替わり，かつ籌策解とあり，また単に見題とあって見題蘊奥とはなく，統術と点竄との下に関夫子云云という添記は見えぬ．

見題の跋文においては，「此道懇執之徒」の次に「以㆓誓約㆒」の三字が入れられ，また終わりに「者也」の二字が加えられている．

隠題免状は全く同一であるが，ただ，収約門の下に但し書きを欠き，他流所伝之書が書籍となり，終わりの「者矣」が「者也」となっているだけの異同がある．

伏題免状においては延享四年写しの大極が太極となり，因府が因符となり，悃扣が悃扣となり，可㆓伝附㆒者也が可㆑伝㆑之者也となっているが，これらのごときはいうに足らざる異同である．悃字のごときは明らかに誤写にほかならぬ．

別伝免状については山路主住から藤田貞資の受けたものもあるけれども，この免状には序文を欠くをもって，多々納忠三郎の得た免状の序文を延享四年写しと比較することを必要とする．この両者の序文はその前後の所は同一であるが，中ほどは文章を異にする．すなわち「村英亦以㆑此伝㆓之良弼㆒」というまでは同じであり，多々納忠三郎の受けた免状にはその次に，

> 良弼伝㆓之先人㆒．先人練㆑之多年．遂闡㆓其真理㆒．以明㆓八箇之秘術．七部抄等之真秘㆒．蓋此等之妙術．皆所㆑受㆓於良弼㆒者也．予受㆓之先人㆒．故今挙㆓此三術及……

とあり，その先はふたたび同一となる．

この文意はもちろん，延享四年写しに見えたる文句を解釈細叙したものといってもよい．けれどもこの写しにいうごとくあるのでは，良弼伝㆑之云云というのは，良弼がこれを山路主住に伝えて，山路がこれを練ること多年なりというようにも解釈し得られることはいうまでもないが，しかしまたかく解釈せずして，別に，良弼がこれを伝えられてこれを練ること多年なりしというようにも，解し得られぬことはない．この両様の解釈はおそらく共に可能であろう．厳密にいえば，両様の解釈を共に可能とすることは無理があるかも知れないけれども，しかし無造作に考える場合には，この二つの解釈のいずれを採っても，さまで無理らしくは思われない．故に山路主住の子山路之徽が多々納忠三郎へ与えた別伝免状において，両様に解し得られぬごとき形式に判然と記したことは，その間における事情を明らかにするものであって，すこぶる注意すべきであるといわねばならぬ．したがって延享四年写しにおいても，多々納の免状に見えたる意味で記されたものであったと見て，おそらく大過あるまいと思う．

しからば延享四年写しの中にある別伝の序文は，その中に良弼云々とあるので，松永良弼より以前の作でないことは明らかであるが，しかも松永良弼自身の作であるか，もしくはその門人たる山路主住の作であるかは，やや疑わしくも思われるけれども，もし今いう所の事情を信ずべしとするならば，すなわち松永良弼の作にあらずして山路主住の作と見るのが，至当ということになるのである．

別伝の目録もまた跋文も共に延享四年写しに見えたものに同じい．ただ，その写しに「前条皦日之盤」とあるのが，「盟約」となっているのは，盤字は誤写なることを知るのである．

印可免状は多々納忠三郎の受けたものも，延享四年写しも同じであるが，ただ，目録中において多々納の受けたものには，初めに

七部之用 口受

とあるのが，延享四年写しにはない．またこの写しに立円率之解とあるのが，多々納の免状には渾圜率之解とあり，またこの免状には方陣以下求積まですべて蘊奥の二字を添加しているのである．

**11.** 越中富山の中田高寛が山路之徽及び藤田貞資から授与された免状も，また現存諸免状の中では時代の古いものであり，今これを記してみよう．

見題免状は前いうものと別に変わりはない．目録において平垜解術の次に九章となり，点竄の次に籌策となる．故にその一方には多々納忠三郎の受けた免状と同じであり，一方は延享四年写しと同じということになる．故に同じく山路之徽の授けたものでありながら，目録中に前後の入れ替わったものも見られるのである．

この見題免許は関孝和から荒木，松永，山路主住，同之徽の連名があり，

于時安永三年甲午嘉平初九日

中田文蔵殿

としてある．

隠題免状も連名，年紀，宛名共にすべて見題に同じい．

伏題免状は藤田貞資から授与したもので，その末尾の記載は次のようである．

関新助藤原孝和
荒木彦四郎藤原村英
松永安右衛門源良弼
山路彌左衛門平主住

藤田権平源定資

安永七年戊戌三月

中田文蔵殿

中田高寛が授与された第四の免状は，普通の別伝ではない．この免状には序文はなく，次のごとく記されている．

目　録

求積
方陣
算脱験符
題術弁議
九帰増損法
算法全経
変商
綴術　建部氏
粋沙　久留島氏
截積之伝
累乗累約
開方盈朒
平方零約
自約
逐約
索術
零約秘術
翦管秘術
天元翦管
消息志
算法無有奇
算法集成
方布式招差
帰除得商　又曰綴術
開方翻変

病題明致
極数
極数招差
玉積真術
　以上
依二多年数術篤執一．右条秘蘊．悉伝属畢．将来若有二悃扣之輩一．以二誓約一可二伝附一者也．仍免許如二右件一．

関新助藤原孝和
荒木彦四郎藤原村英
松永安右衛門源良弼
山路彌左衛門平主住
藤田権平源定資

安永八己亥年十二月

この免状中に見る所の目録はもちろん普通の別伝及び印可の目録と同じではない．しかし両目録中に見る所のものが幾らも記されているのであり，両目録に漏れたものも幾らも挙げられている．はたしてしからば，別伝及び印可は授けぬけれども，その代わりに別の免状を作ってこれを授けたようのものである．

これはあたかも山路之徽が多々納忠三郎に対し印可免状を与えながら，印を押すことをせずして，時機を待って後に印章を押すべきことを記しているのと，あるいは異曲同趣であったともいわれよう．

しかも藤田貞資は安永八年(1779)において，その当時に成立していたところの別伝印可とは異なれる別種の免状を作って，これを中田高寛へ授与したのは，事実であって，かくのごとき別種の免状が時に作られたことのあるという有力な実証を示すのである．

藤田貞資がこの免状を出したのは，山路之徽が印章を押さざる印可状を授与したる安永五年より三四年の後である．

**12.**『関流伝書目録』と題し，文化十一年(1814)に日下誠が栗田宜貞へ与えた見隠伏三題の免状を写した一写本があり，かつてこれを狩野亨吉博士から借覧したことがある．

見題免状序文中に

至二于炎漢一有二劉徽之九章一．此法後世称レ焉．

とありて，前に記せるもののごとく

隷首之作．不㆓世伝㆒焉．

の句はこれを欠く．

三免状共に連名も年紀も宛名も皆同一であって，次のごとく見える．

関新助藤原孝和
荒木彦四郎藤原村英
松永安右衛門源良弼
山路彌左衛門平主住
安嶋萬蔵藤原直円
日下貞八郎平誠

文化十一年甲戌十一月十一日

栗田彦之助殿

**13.** 日下誠から長谷川寛へ与えた別伝免状は，故岡本則録翁が所蔵されていたのであるが，翁はこれを帝国学士院へ寄贈されて，今も学士院に珍蔵されている．この免状は箱入りで，箱の蓋の裏には

従㆓日下先生㆒授㆓与寛先生㆒之別巻也

との記載がある．

今この免状を見るに，延享四年写しに見る所と同じい．ただ，

算法変形草有口伝

と見え，また

待㆔其人有㆓術精徳純而憤悱㆒

とあって，真積の二字がない．

旦聖約……

とあって，旦字を用いたのは，もちろん誤記に過ぎぬ．署名等は次のごとく見える．

関流統道
山路彌左衛門平主住
安嶋萬蔵藤原直円
日下貞八郎平誠

享和三癸亥仲秋

長谷川藤次郎殿

**14.** 越後小千谷の佐藤解記が長谷川寛門人山口七右衛門和から受けた別伝までの四免状もまた前記の日下誠が栗田宜貞及び長谷川寛へ与えたものと同じい．

これらの免状中には往々誤記脱字等を見るものもあるが，かくのごときはしばらく措き，大体において同一である．

佐藤解記が授けられた免状四軸は，一つの箱に入れられ，その子孫たる佐藤喜平氏から帝国学士院へ寄贈されている．

この見題免状には

軒轅之世．隷首始作㆑此．至㆓于炎漢㆒．有㆓劉徽之九章㆒．此之法．後世称㆑焉．

とあって，作㆓此法㆒の法の字を脱落している．また「隷首之法，不㆓世伝㆒焉」の句のないのは，日下誠から栗田宜貞へ与えた見題免状と同じい．長谷川派の見題免状にはすべてこの句がない．もちろん，他の免状には「作㆓此法㆒」になっている．

この免状には関孝和から荒木，松永，山路，安島，日下，長谷川を経て，山口七右衛門和の名を署し，そうして

天保九年戊戌八年十五日

佐藤虎三郎殿

としてある．かつこれに続いて次の記載がある．

余同門山口七右衛門．其門生佐藤虎三郎．篤学精勤．竭㆓力於術㆒数年矣．山口七右衛門欲㆔以伝㆓奥秘於生㆒．告㆑余．余乃許㆑之．因記㆓其由㆒．以為㆓後証㆒．

関流正統七伝

秋田十七郎

宜義（花押）

（印）

佐藤解記が山口和から受けた免状は，伏題に至るまですべてこの通りの添え書きがある．

隠題免許は見題と同日であり，伏題は天保十一年庚子十月十五日，また別伝は天保十三壬寅年初冬の年紀がある．この免状には「関流道統」として山路主住の名を記し，それから安島，日下，長谷川，山口の姓名を連記する．この別伝免状には次の添え書きがある．

佐藤虎三郎者．山口坎山子門人也．竭㆓力於術㆒．有㆑年㆓于茲㆒．精妙已入㆓于其室㆒．坎山子遂以㆓前条秘訣㆒授㆑予焉．余亦謂生蓋吾徒也．坎山子之門．可㆑謂㆑得㆑人矣．因記㆑此以為㆓左券㆒．

関流正統七伝

津田信助
宜　義
（印　印）

津田宜義とはすなわち前の秋田宜義にほかならぬ．

この別伝免状の記載は長谷川寛が日下誠から受けたものに異ならぬ．

**15.** 同じ長谷川派なる庄内鶴岡の阿部雄次重道が受けた免状四巻もまた佐藤解記の受けたものに同じい．強いていえば誤脱の二三字に異同あるのみである．その伝承は長谷川寛から千葉雄七胤秀を経てその子千葉雄七胤道に伝わり，この人から授与したのである．その年紀は三題免許はすべて嘉永四年辛亥十一月九日であり，別伝は安政六己未冬である．

佐藤解記の免状には秋田宜義の添え書きがあるが，阿部重道の免状には添え書きはない．

**16.** 説いてここに至り，私は遠藤利貞旧蔵中の『関流宗統之修業免状』を検してみたい．この一写本は川北朝鄰の筆蹟と思われ，それはともかくも，川北から出たものであることに，少しも疑いはないのである．

見題免許には「隷首之作，不₌世伝₋焉」の句を欠き，前いう所の日下誠から栗田宜貞へ与えたもの，並びに長谷川派のものに同じい．

見題，隠題，伏題の三免許には

関新助藤原孝和
荒木彦四郎藤原村英
松永安右衛門源良弼
山路彌左衛門平主住
安嶋萬蔵藤原直円
日下貞八郎平誠

の連名があり，年紀も宛名もない．

第四の別伝と第五の印可の両免許には共に次の連名が同様に記されている．

松永安右衛門源良弼
山路彌左衛門平主住
安嶋萬蔵藤原直円
日下貞八郎平誠

この連名の記載は上述の諸免状に見るところとは同じくないのである．

またこの書中の別伝免許の序文中には「平円渾円之真数」とあり，跋文の但

し書きはない．そうして序文中において，上述のものとは注意すべき重要なる相違が見られるのである．すなわち

若二吾関夫子一．雖三明得二此術一．然深秘レ之不レ出．故雖二其門人一．猶未レ得二其伝一．先師建部賢弘，荒木村英者．即夫子之高弟也．因得三各預二其伝一．村英亦……

とあるのがそれであり，上述の他の別伝免状においてはすべて

先師村英者．即夫子之高弟也．因得三独預二其伝一．村英亦……

とあるのとは異なる．これははなはだ注意すべき一事象といわねばならぬ．

印可免許においては，「立円率之解両術」とあり，また「致純一之統」とあることに気付く．

**17．** この遠藤利貞旧蔵の『関流宗統之修業免状』には見題から印可までの五免状が記されているばかりでなく，さらに町見術免許が記されている．ここにこれを挙げてみよう．

町見術免許

規矩之術．其来邈矣．而考二之故典一．昉二於神禹之伝一．所レ謂数之法．始出二於円方一．円出二於方一．方出二於矩一．矩出二於九九一．故折レ矩以為レ勾．勾広三．股脩四．径隅五．禹之所三以治二天下一者．此矩之所二由生一也．是則勾股算法．自二禹制一レ之．蓋積矩以為レ方．因而勾股以測二高下浅深遠近一．此属之所下以疆二理天下一．而弼中互服上者也．勾股之数密．則於三山川迂曲之処．与二道里曲折之間一．以二勾股之多．計レ弦之直一．而得二遠近之実一．大率勾三股四弦直五．以二正五斜七一取レ之云．大哉規矩之徳也．普天之遠．可二推知一焉．率土之広．可二測度一焉．放レ之則弥二六合一．巻レ之則退蔵二於密一．其術之精妙．無レ有二窮極一矣．実治国平天下之要務．不レ可二一日欠一者也．有志之士．深思レ之．

目　録

空眼　目的　眼精

分数

度量

見入

平町

両斜進退

直矩進退
隔沼河分数
極中不中 現差用捨 両斜格片格
算法寸尺用捨
三四五之矩
極直
山高谷深 剸盤法
地形高低 遠隔鏡 小事見渡
預定之間 方直
間竿之伝
真矩之縄
累隔之矩 盤継之法
向径長矩 扇之矩
夜陰目的
両山差 谷幅　木丈
重斜之格
舟路
大真矩 不揺矩
小岳之進退
墉図
邦図
遠里之矩
方錐大図
共計二十有八条
秘事八条
折紙之方
忍之磁石
随川器
根発之働
天口
地口
虎法器

様躰様脚

足下於㆓規矩術㆒．研精有㆑年矣．右件之書．授㆓与之㆒畢．由㆑此進歩．則彼小大遠近．高卑深浅．広狭迂直．其如㆑示㆓諸斯㆒乎．然非㆔潜思推究．析㆓精微之理㆒．則臨㆑事之際．不㆑得㆑不㆑致㆓差跌㆒也．易曰．毫釐之差．謬以㆓千里㆒．可㆑不㆑慎乎．将来若有㆓懇扣之徒㆒．当㆘以㆓誓約㆒伝㆖㆑之．授受之間．勿㆑軽㆓忽之㆒．

　但誓約須㆑用㆓血判㆒且本条之目．謹而守㆑之．勿㆑伝㆓于庸常怠弛之人㆒．

関新助藤原孝和
建部彦次郎源賢弘
荒木彦四郎藤原村英
松永安右衛門源良弼
山路彌左衛門平主住
安嶋萬蔵藤原直円
日下貞八郎平誠

**18.** 『関流宗統之修業免状』と題して，川北朝鄰が筆写して東京帝国大学へ差し出したものがあるが，これは前記の遠藤利貞旧蔵中の川北朝鄰筆蹟らしき写しと照応するのみならず，この遠藤旧蔵本とは違い年紀も宛名もあるもので，しかもやはり川北自身の肉筆で書いたもので，関流の免状を稽（かんが）うるためには，はなはだ重要性を有するものである．

まず巻首に次の端書きがある．

本邦数学ノ由来スルヤ久シ矣．余不敏ナリト雖モ，数学ノ責ヲ負フ．故ヲ以テ先哲ノ遺稿ヲ後来ニ保存センコトヲ勉ムル于㆑茲数年，其志ノ微ナルモ，帝国理科大学ニ其遺稿ヲ納ムルコトヲ託セラル．是ニ於テ余ハ先師ヨリ授ル所ノ我関流ノ伝統スル所ノ免許ノ全文ヲ輯録シ，流祖ノ遺稿順序如何ヲ明ニス．之ニ依テ本邦中興数学ノ開進ヲトセハ，輓近マテ我流学者ノ進度如何ヲ比較スルニ邇カラン．依テ一言ヲ端書ス．

明治二十三年十一月　　　川北朝鄰謹識

（印章二つを押す）

この写しに見えたる諸免状の記載は遠藤旧蔵中のものと同じであるから，今すべてこれを省くこととしよう．

見題と隠題とには連名を欠き，伏題の終わりには，日下誠の次に内田彌太郎

源観の名があり，

　　文久四載歳在甲子春正月良辰

　　　　川北彌十郎殿

と記す．そうして「源観之印」及び「詳証学士」という印章を押す．この印章は写しではなく，実際に押してあるから，その印章が内田五観から川北朝鄰へ伝わっていたのであろう．

別伝免許においては遠藤旧蔵本中におけると同じく，松永から山路，安島，日下の名を書いた後に

　　慶応四年歳次戊辰秋八月穀旦　　　　　　　　内田彌太郎源観

　　　　　　　　　　　　　　　　　　　　　　　　　（印　印）

　　　　川北彌十郎殿

と記す．

第五の印可免許においては，やはり遠藤旧蔵のものと同じく，松永から日下までの姓名を記したる上にて，その次に

　　明治十五年歳次壬午三月　　　　　　　　　　　内田五観源観

　　　　　　　　　　　　　　　　　　　　　　　　　（印　印）

　　　　川北朝鄰殿

と記す．

その次に町見術免許が記されていること，遠藤旧蔵のものと同じく，そうして連名は関孝和から始まりて日下誠に至るまではその記載に同じく，そうしてその次に

　　　　　　　　　　　　　　　　　　　　　　　　内田彌太郎

　　元治二載歳在乙丑春二月良辰　　　　　　　　　　源　　観

　　　　　　　　　　　　　　　　　　　　　　　　　（印　印）

　　　　川北彌十郎殿

と記されている．

これらの六種の免許にはいずれも内田五観の印章が二つずつ押されているが，その印章中には同一のものが二つ以上に押されたのもあるが，また別の印章を用いたものも見られる．

今この文書と遠藤利貞旧蔵のものとを対比するに，その記載は全く同一であり，後者は単に内田五観の姓名と年紀と宛名とを欠いたのみに過ぎないのであるから，おそらく川北朝鄰がこれらを取り除いたところの写しを作って，これ

を遠藤利貞に与えたのであったろうとも見られる.

けれどもかく解する場合には，川北朝鄰が何故に日下誠までの姓名を挙げながら，内田五観の姓名だけを省いたろうかという理由が，やや解り難いようにも思われる.

場合によっては，内田五観が上記六種の免許の写しを作っておいたものがあり，川北朝鄰はこれを筆記して遠藤利貞へ与えたのかも知れない．しかしこの種のことに関しては，単に想像を試みてみるだけに過ぎない.

**19.** 川北朝鄰は大正八年二月に歿し，私はその後，その遺物たる数学免許の類をも多少これを取り調べたことがあるが，如何なる免状を見ることを得たかにつき一通り記しておこう.

第一に見隠伏三題を一軸としたものがあり，その終わりには前に記した通りの連名，年紀，及び宛名がある.

別伝免状もまた内田五観から「慶応四年歳次戊辰秋八月穀旦」の年紀をもって「川北彌十郎殿」という名宛で授与したものがある.

この二つの免状は全く東京帝大所蔵の『関流宗統之修業免状』に記すところに同じい．これには何らの疑いもない.

けれども印可免状並びに町見術免許に至りては，同書の記載に相当する所の内田五観より川北朝鄰宛の実物を，同氏の遺物中において見出すことはできなかったことを，私は悲しむ．町見術免許の方はともかく，印可免状は松永良弼を筆頭として連名を記したものとし，遠藤利貞の『大日本数学史』において，別伝も印可も共に松永良弼の創制だとする所の推定の基礎になったものとするならば，かくのごとき印可免状の実物を一覧したいことは，我等の深く願う所でなければならぬ．しかるにこれを見ることができないのであるから，如何にも遺憾でならない.

川北朝鄰の遺物中に数学免状は上記の二軸以外のものも，もとよりあるにはある．しかしながらこれらの免状類はいずれも別種のものであって，内田五観から川北朝鄰に宛てたものではないのである.

見題免状に関孝和の名だけは存置し，その先を切り棄てたものがある.

隠題免状も同様の状態になったものがある.

「足下於規矩術云云」と記された免状の先の方が切り棄てられたのもある.

別伝免状に署名も年紀も宛名もないものがあり，その序文中には

　先師建部賢弘．荒木村英者．即夫子之高弟也．……

と見え，遠藤利貞旧蔵及び東京帝大所蔵の『関流宗統之修業免状』中の記載と同じになっているが，これは古いものらしい．

また町見術免許を薄い紙に記した一巻があり，右の『修業免状』に記す通りに関孝和以下，建部，荒木，松永等を経て日下誠に至り，そうしてその次に

内田彌太郎源恭

元治二載歳次己丑三月吉辰

と記し，宛名はなく，文字は略書きしたもので，中には書き直したところもあるが，東京帝大所蔵の『修業免状』の記載はあたかもこの草稿様のものの年紀と一致しているのである．これは怪しいと思えば怪しい．

なお，印可免状も確かに一通があり，明らかに内田五観の筆蹟であるが，しかも署名も年号も宛名もないのである．

以上はすなわち大正十年の五月及び六月に，私が川北不二雄氏を横浜に尋ねて調査し得た結果である．

**20.** 故岡本則録翁が大正九年二月に，川北朝鄰の伝記資料について記し，私に贈られた手記中には川北不二雄氏から川北朝鄰の免状の前後を写して送られたことをいい，見題等免許の巻尾には関孝和から内田五観までの連名があり，「文久四載次在甲子春正月良辰」に「川北彌十郎殿」宛としてあり，別伝免許の巻尾には松永良弼から内田五観までの連名があり，「慶応四年歳次戊辰秋八月穀旦」の年紀で，「川北彌十郎殿」宛となっていることをいい，それから別に次のごとく記している．

> これより後，内田五観翁は明治十五年三月二十九日卒去あり．同年五月十六日未亡人は翁の遺命により氏に印可免状本文の一軸を交付されぬ．而して此状の巻尾には受与者の署名なく，又年紀も宛名もすべて記載あらざる旨，頃日不二雄君より報ぜられたり．

岡本則録の手記に見る所は，全く私自身の調査した結果と同じい．

**21.** 岡本則録は長谷川弘の門人であり，別伝までの免許はこれを受けたけれども，印可は長谷川派には伝わっていなかったらしく，岡本もまたこれを同派から授けられていないのである．

岡本則録は内田五観の門人ではない．しかも内田をしばしば尋ねて教えを受けたことはある．またずいぶん親しくもしたらしい．内田五観の晩年に至り，印可状を川北朝鄰及び岡本則録の二人へ授けようといっていたということであるが，老年のことであり，二通を作るのは物憂く，二通出来上がったら授ける

といっていたのである．しかもついにこれを実現し得ずして，内田五観は世を去った．これにおいて川北，岡本の二人はその後，五観の未亡人からして印可状二通を与えられた．その一通は五観の書いたものでなく，一通は五観の筆蹟であった．川北朝鄰は内田五観の実の門人であるから，その中の五観筆蹟の分を取り，岡本則録は準門人ともいうべき格ではあるが，実の門人ではないから，五観の筆蹟でない方のを取ったのである．

このことは私が岡本翁を識った初め頃からして，翁がしばしば語られたところである．そうして内田五観が両君へその印可状を伝えようといっていたのは，もちろん印可を授与するという意味においてではなく，いわば印可というものの形式を伝えようという趣意であったとは，昭和五年十二月の末に岡本翁が親しく重ねて私に語られたのである．

岡本則録が内田五観未亡人から得たという印可状は，久しき以前に岡本翁から示されたこともあったが，翁の歿後に至り，昭和六年三月十五日に翁の妹壻松岡文太郎氏から再びその印可状を点検することを許されたのである．今これを見るに，普通の紙を免状の幅に切って継ぎ合わせたものに写し，一軸になっているが，その巻尾には

関新助藤原孝和
荒木彦四郎藤原村英
松永安右衛門源良弼
山路彌左衛門平主住

の連名があり，山路の名にて終わり，年紀も宛名もないのである．

この印可状の巻物の終末の所に

天保四年癸巳四月十二日

と小書してあり，この日に写したかどうかしたという日付と見える．

松岡氏はこの一巻がはたして内田五観の遺物として伝えられたものであるや否やは，よく知らぬということであるが，他に印可免状はないので，多分これであろうといって示されたのである．

この印可状の写しは，帝国学士院に現存する．昭和五年十二月に岡本翁はこの写しを見て，明らかに内田五観未亡人から伝えられたものの写しに違いないことを語られた．これは明治の末年に遠藤利貞翁が岡本翁から借りて写しておかれたものであるが，その来歴のことは記してない．よって私は岡本翁に請うて，来歴を書いておかれるように希望し，翁も快く承引されたのであるが，継

いで翁は歿し，ついにそのままになってしまったのは，はなはだ残念である．

**22.** 川北朝鄰が内田五観から印可免状を受けたかどうかは，誠に疑うべく，私は岡本則録から語られていた通りが事実なのであろうと思う．私は初め岡本の談話を聞いてこれを信じていたのであるが，初めてこれを聞いてから幾年かの後に，東京帝大所蔵の和算書を検して，中に川北朝鄰から同大学へ差し出した所の『関流宗統之修業免状』のあるのを見て，すこぶるこれを怪しみ，そのことは岡本へも語ったことがある．岡本もこれについては怪訝に堪えないといっていた．

その後，川北朝鄰の歿するに及んで，その遺物の調査により，あたかも兼ねて岡本の語っていたことが事実として示されたともいうべく，ついに川北朝鄰が内田五観から印可免許を許されたであろうという証拠は何一つ出て来ないのである．

もちろん，内田五観は生前において川北，岡本の両君へ印可を与えようといっていたのは，岡本の証言によって明らかであるから，たとい如何なる意味でこれを伝えようとしたものであるにもせよ，先師内田五観の遺命によって授与されたのだとするのであれば，それは尤もらしいといってもよかろう．しかもそうではなくして，内田五観の病歿したその月，すなわち明治十五年三月の年紀をもって内田の印章まで押した，形式の整うた印可状の写しが東京帝大へ差し出されているというのは，はなはだ了解に苦しまざるを得ぬ．

川北朝鄰の明治十五年の日記にも，その年三月において幾たびか内田五観を訪い，また五観の病歿したことをいいながら，印可免許のことについては言及する所はない．

もちろん，川北朝鄰が実際に印可免許を受けたものであるかどうかは，単にそれだけのこととしては，さまで穿鑿するにも当たらぬであろう．山路主住の高弟藤田貞資が受けた印可状は現に実物が残っているし，また他の高弟安島直円も同様にこれを授与されたのであったろうが，しかし藤田及び安島の後にはたして如何なる人物がこれを伝承したかの委しいことは，我等の未だ知らざる所である．関流中の荒木松永派において印可が最高の免許段階であることは著名でありながら，実際にその印可免許を受けたという人はさまで知られておらぬ．印可免許というものはあたかも幽霊のごとく足のないものになったのである．その伝承の全部はほとんどこれを明らかにすべき手段だになく，大体においていつとはなしに立ち消えになったともいうべき有様であり，中に就きてなお川北朝鄰が自らこれを内田五観から得たと称して呼号していたというに過ぎず，それだけのことならば，そのままに打ち捨てて，深く問うことはしないでもよいであろう．

けれども川北朝鄰が二つの『関流宗統之修業免状』に記す所の別伝及び印可の記載は，他に伝わったものの形式とはやや異なる．そうして遠藤利貞は川北朝鄰からこの『修業免状』の写しを得たものらしく，これを史料として，見隠伏の三題免許は関孝和のときから始まり，別伝印可は松永良弼から始まったと推定したらしく見える．

三題免許は何人の伝えたものもすべて関孝和以下歴代の連名が記されているのであるから，これはしばらく措くとするも，別伝免許は普通に山路主住の姓名をもってその連名を始め，印可状は三題免許と同じく関孝和以下の連名があるのに反して，例の『修業免状』においては，両本共に別伝及び印可は松永良弼を筆頭としてそれ以下の連名になっているのである．遠藤利貞はかくのごとき記載形式を有する所の『修業免状』を史料としてその諸免許制定の時代並びに作者を推定したればこそ，別伝印可が松永良弼の制定だという断案を得たものにほかならぬのである．

遠藤利貞にしてもしこれに反し例の『修業免状』を見ずして，私が前に紹介した所の他の別伝及び印可の免状に接し，またこれを典拠として，その制定のことを推定したとするならば，別伝印可が共に松永良弼の手で始めて作られ，他の人から始まったのではないというごとき結論には到達しなかったであろう．この『修業免状』の写しのほかには，遠藤利貞をしてその著『大日本数学史』中の別伝印可の制定に関する記載をなさしむべき何らの史料，何らの典拠があったろうことも，我等は少しも見聞がない．全くこの『修業免状』が唯一の史料であったろうと見てよい．

私は今日においてはかくのごとく推定する．またこれを確信して疑わぬ．けれども遠藤利貞は，如何なる史料に基づいて如何なる推定を加えたものであるかということを少しも漏らしておらぬ．故に我等といえども遠藤利貞のその記載は，推定の結果なることを知らず，おそらく実際の事実を伝えた所の記事に基づいたものであるかのように解したのであった．しかも広く典拠を調査するに当たって，ついに何らの旧記を発見することを得ず，また，『修業免状』に見えたる以外の免状の記載形式は，前にもいうごとくこの書中のものとは異なるのであり，その事情からしては『大日本数学史』にいうごとき結論は得られぬので，ここに始めて遠藤利貞がこの『修業免状』の記載を基礎として推定したものであることを悟り得たのである．

これにおいて思うに，一方には川北朝鄰から出たところの『関流宗統之修業免状』があり，また一方にはこの書中の記載とはやや形式の異なった諸免状があるのであって，この『修業免状』の記載は正しいものであるかどうかについて，一通りこれを明らかにすることもまたはなはだ必要になるのである．これを明らかにしてこそ，始めて遠藤利貞が『大日本数学史』に述べたる見解の正しいや否やも正確に決定し得られることになるのである．この事情あるがために，川北朝鄰から出たところの二つの『関流宗統之修業免状』は決して軽々しく看過ごされ得べからざるものとなるのである．

すなわち川北朝鄰が内田五観から印可免状を受けたというのが，正しいものであるかどうかというだけが問題なのではなく，この印可免状というものの性質如何によって，『大日本数学史』に見えたる推定の価値を決定し，賛否の意を定めなければならぬという重大な意義を有することを忘れてはならないのである．

**23.** 川北朝鄰は如何にも東京帝大へ差し出した『関流宗統之修業免状』の中には内田五観の署名押印した印可状の写しを記している．けれども川北朝鄰の遺物中に他の免状は実物が存在するにかかわらず，印可の免状だけは存在せぬというのが，第一に怪しむべき所である．

第二に岡本則録の証言に拠るときは，川北朝鄰は内田五観の署名した印可状を貰ったことはないはずである．今や岡本則録は昭和六年二月十七日に歿し，再びこの人の証言を得ることができないのははなはだ遺憾であるが，岡本翁がこの種のことについて語られたものは多くは信じてよいのであり，このこともまた信じてよいと思う．私は翁のこの談話についてはかつて多くの人に告げたこともあるし，また翁の生前において共立社発行の『輓近初等数学講座』中にこれを述べておいた[1]こともある．雑誌『高等数学研究』のために執筆したもの[2]は，岡本翁病歿の翌月に出たけれども，これも翁の生前に起草して編輯者の手許へ差し出してあったもので，私は決して翁の歿後に至って始めてこれを

1) 編者注：「和算史雑観」pp. 17-18.『輓近初等数学講座』(共立社)第14巻 1930. 12. 15，昭和5.1並びに昭和5.12.10識．［II. 108. 12］

2) 編者注：「日本数学史概要（数学史研究ノ難事）」pp. 9-10『高等数学研究』(森本清吾・東京数学研究社)第2巻第3号，1931. 3. 1，昭和6. 1. 14執筆．［II. 30. 1］

いうのではない.

第三に川北朝鄰の遺物中に，内田五観の筆蹟で記した印可状一通あり，名前も年紀もないのであるが，これは岡本翁がしばしば語られていたものに当たり，私はこの無記名の印可状のあることによって，岡本翁の談話のますます信ずべきことを思う.

第四に岡本則録が内田五観の歿後に未亡人から，川北のこの印可状と共に，受けたという別の印可状は今も岡本氏遺族の許に保存されているが，この印可状は関孝和以下山路主住までの連名のあるもので，全く他に伝われる印可状と同じであり，川北朝鄰の『関流宗統之修業免状』に記す所とは異なるのである.故に内田五観はこの印可状写しまたは控えを存していたからには，印可状なるものが関孝和以下の連名であること，もしくはかくのごとき連名のものがあるということを知っていたはずであろう．しかるに例の『修業免状』にのみは関孝和以下の連名にならないで，松永良弼を筆頭としているというのが，また一つの疑いとなる.

第五には川北朝鄰が内田五観から受けたところの別伝免状が松永良弼以下の連名になっていることを考えてみなければならぬ．そうして内田五観未亡人から与えられた印可状は本文のみありて署名のないものであったこともまたこれを一考するの要がある．この印可状に連名はないけれども，他の諸免状がすべて歴代の連名であるからには，印可状もまた連名があるものとは，何人も直ちに考え及ぶであろう．故にこの無名の印可状へ連名を添加するならば，前の三題免許と同じに関孝和以下の連名とするよりも，別伝免許と同様に松永良弼を筆頭として連名を記入したいというのが，普通の人情であろう．こうすることの方が一層の可能性を有するのである．故に印可状に松永良弼以下の連名を記されたものは，数代以前からの伝承によってかく記されていたのではなく，無名の印可状が伝えられ，印可状の連名は普通に如何になっているかを知らずして，後にこれに添加したための結果であろうと思われる．かく解するのが最も自然であり，そのほかにはこの著しい事実を説明すべきようもないのである.

故に私は二つの『関流宗統之修業免状』における印可状の松永良弼を筆頭としての連名の記載は，前からの伝承があったのではなく，想像によれる作為の結果であろうと見る．印可状の実際を知らない場合においては，誠に無理からぬ想像である.

遠藤利貞がすでに『関流宗統之修業免状』を得て，別伝も印可も松永良弼を筆頭としての連名の記載あることを知り，ここに別伝及び印可は松永良弼が制定したものと推定したのも，またはなはだ同情すべきである．

**24.** 遠藤利貞が『大日本数学史』において別伝及び印可は松永良弼の創定したものだといっているのは，川北朝鄰から伝えられたらしい所の『関流宗統之修業免状』に基づいて推定したものであろうとは，前にこれを論ずる所であった．

遠藤利貞は後の『増修日本数学史』においても，やはり同じ見解を採る．

しかるに彼遠藤は晩年には，この『修業免状』の所載以外に，他の印可状の記載形式を見ていたのは，事実である．前にもいう所の内田五観の未亡人から岡本則録へ伝えたところの印可状写しは，遠藤がこれを岡本から借りて，帝国学士院にその謄写を作っておいたものが，今も現存する．その写しの終わりに

　明治四十二年九月，岡本則録蔵書より写記，

と書いてあり，少なくもこの一通はこれを見ていたのである．この印可状には関孝和から山路主住までの連名になっており，『修業免状』中のものとは異なる．遠藤利貞は明らかにこれを見ておりながら，しかもその遺稿として病歿後に遺されたところの『増修日本数学史』中にはこれを参考の料とすることなく，全くその前著『大日本数学史』の記事をそのままに存置し，変更を加えることをもしないのであった．

これはあるいはやや怪しいと思われるかも知れない．この事情あるが故に，別伝印可の制定に関する記事は，この種の免状の記載を史料としたのではなく，他に典拠とすべき別の史料があったのではないかとも，考えられないでもあるまい．しかしながら私はかくまで考える必要はないと思う．他の事項について見ても，遠藤利貞は新史料を挙げているにもかかわらず，前著中の所説を変更しなかったごとき例もあって，一旦結論を得たものは，容易に前説を改竄しなかったのがこの人の気風であったともいい得られる．

故に内田五観から岡本則録へ伝えられた所の印可状を見ても，印可の制定に関して前説を翻えさなかったことがあるとしても，必ずしも不思議はないのである．

**25.** 川北朝鄰は『関流宗統之修業免状』の中において，明治十五年三月に内田五観から印可免状を受けたことを記している．そうしてその後，印可状を林鶴一及び長沢亀之助の両君へ授与した．そのことは川北朝鄰の自伝中に記載を見る．すなわち大正五年丙辰の条において

六月九日理学博士林鶴一氏ニ関流正統印可ヲ授与ス，

とあり，大正六年丁巳の条には

一月十三日長沢亀之助氏ニ関流正統印可ヲ授与ス．

と見えている．

今思うに大正五年のことであるが，菊池大麓博士はこのことにつき私に語られたことがある．「林は関流の免状を貰ったそうであるが，あれはいけない．和算を和算として修むるものであれば，和算の免状を貰ってもよいけれども，和算の歴史をするものが和算の免状を貰うという理由はない．不都合だ．」といわれるのであった．全く私が不都合な免状を授与されたのでもあるかのごとく，言葉も荒々しく，激しい見幕であった．想像ではあるけれども，菊池博士の意中では，林が免状を貰うほどであれば，私もまた貰うであろう，あるいはすでに貰ったであろう，しかしそういう不都合なことをしてはならぬぞというつもりであったと見える．菊池博士からこういう激しい言葉使いを聞いたのは，後にも先にもかつて経験したことがない．しかし川北朝鄰の印可状のことはこのときすでに岡本則録翁から幾たびともなく聞いておったので，私は直ちにその事情を博士に語り，正しいものでないことを告げたのである．「それでは林は空の免状を貰ったのだ」といって，博士は呵々大笑された．

このとき菊池博士の語られた見解は，私もまたはなはだ同感であり，岡本翁も常に同じ意見を懐抱されていたのである．初め私は明治三十八九年の頃上州の老和算家萩原禎助翁から印可はないが，別伝は貰っているから，これを授与してもよいといわれ，先生からなら貰ってもよいと答えたこともあったが，強いて頼みもせず，そのままになって，翁は明治四十二年に世を去った．その後川北朝鄰翁はしばしば免状授与のことを語り，私から依頼することを希望されたようであったが，私はこれを望まざるをもって，相手にもならなかった．そういうこともすべて菊池博士と語り合い，岡本翁が和算史の研究者へは自ら有する所の別伝を授与しないつもりだといわれていることにつき，博士もはなはだ床しく感ぜられたのであった．

この同じ大正五年十月には山形で会田安明の百年祭が行われ，私は偶然にも同地方へ出張中であったので，特に同地からの照会で参列することになったが，林君もまた講演のために来会されたのであった．このとき林君は川北朝鄰の印可状のことにつき，あれはどういうものかと，何気なく私へ尋ねられたが，私は岡本翁から聞いている通りを語り，正しいものでないことを告げたのであった．

しかるにその後聞く所によれば，林君は仙台へ遊ぶ多くの人々にその印可状を示されるということで，これらの人々からそのことを語られたことも稀ではない．そういう場合には私はいつもありのままを語り，正しい免状でないことをも告げ，その人々が無心に誤りを伝えられることを訂正したのであった．東北帝国大学文学部の教授某君〈山田孝雄か〉のごときもその一人であったが，この人のごときは，それでは林のすることは皆つまらぬのかと尋ねられたこともあった．なんという苦々しいことであろう．

『輓近数学講座』中に山崎栄作氏の記された科外講義[3]には，林鶴一博士が現在印可状免許を得た唯一の人であることを記している．群馬県吾妻郡の教育会の雑誌とかには，林君は関流の宗統として記されているとかいう．この種の例はなお他にもあるであろう．

けれども川北朝鄰が内田五観から正統に印可免許を授与されたものでないからには，この人の授与した印可状が正統のものでないことも，またいうまでもない．

長沢亀之助は生前に印可状を受けたことを語ったことはない．その歿後に至り，『中等教育数学会雑誌』に極めて簡単にその伝記が記され，中に印可のことも書いてあったが，私はありのままの事情を遺族に語り遺族もまたこれを諒とされて，その後に記された伝記並びに碑文中にもこのことは全く省かれているのも，そのためであろうと見える．

この印可状のことについては，歴史の研究上にはなはだ心しておかねばならぬ教訓を含むと思う．たとい二つの『関流宗統之修業免状』の記載があり，またその後，実際にこれを授与されたのが事実であり，その授与された人がしきりに宣伝しているのもまた事実であり，これに関する若干の記事が世上に存在するというようなことであっても，すべてこれらの典拠によって，その印可状が正統のものであるという証拠には少しもならないのであるから，こういう著しい事実は遠き過去における史実を探るに際しても，如何に多くの情偽が存在し，これがために正しい判断の妨げられることがすこぶる多いであろうことを思わねばなるまいと思う．

別伝印可の制定に関しては，『大日本数学史』の判断は純なる心をもって企て

3）　編者注：山崎栄作「科外講話　数学漫話　3. 本朝数学の祖」pp. 12–15 には残念ながら三上の記憶する林鶴一の記述はない．『輓近初等数学講座』(共立社）第 9 巻 1929. 12. 15.

られたのは明らかであるが，しかも正統ならざる印可状の伝えによってその判断を誤られ，この誤られた判断が三十余年間も疑いを受くることなく遵奉されたというのも，思えばはなはだ恐ろしい．

関流最秘の書とされた『乾坤之巻』の著作，もしくはその算法の創意に関して従来長く信ぜられて来た見解のごときも，またけだしこの類のことに属するのである．そうしてそのことはこの諸免状制定のことと関連して闡明さるべきことのある事情も存在しているのである．

**26.** 内田五観が川北朝鄰へ与えた別伝免状は，明らかに内田から出たものであり，また明らかにこれを授与したものであった．しかもこの別伝免状の記載は他の別伝免状とは多少その記載様式を異にする．すなわち序文中に建部賢弘の姓名が入れられているのがその一つであり，山路主住を筆頭とせずして，松永良弼を筆頭としたのがその一つである．この二つの事項は他の諸免状とは同じくない．この事情はこれを点検して直ちに注意し得られる．

しからば内田五観が他の人に与えた所の別伝免状はどういう形式のものであったろうか．これもまた知っておかなければならぬ．内田五観から雲州松江の藤岡有貞へ与えたものが，その孫藤岡宏一氏の手許に現存するので，私は同氏の好意によりてこれを一覧することを得たが，川北朝鄰が内田から授与されたものと同一の形式になっているのである．

藤岡有貞が授与された免状は二軸あり，その一つは見隠伏三題免許を一軸に書き認めたもので，その文章並びに目録等のことは別にいうべきものはない．尤も内田五観から授与した同じ見題免状でも，藤岡有貞宛のものは「此謂之太極」と記し，伊藤雋吉宛のものは「此之謂太極」と記されているごとき異同はあるけれども，この種の異同はあり勝ちのことで，もとよりいうに足らぬのである．

この三題免許も他の諸免状と同じく，関孝和以下日下誠までを経て「内田彌太郎源恭」の署名をもって，「天保十年己亥太簇良辰」の年紀で，「藤岡雄市殿」と宛てられている．

別伝免許は二つの『関流宗統之修業免状』に記されたものと同じく，その序文中に建部賢弘の名をもいっているものであり，そうして署名の所も同様に松永良弼から始めて，

松永安右衛門源良弼
山路彌左衛門平主住

安嶋萬蔵藤原直円
日下貞八郎平誠
内田彌太郎
弘化三年丙午春正月　　　　　　　　　　　　源　恭
藤岡雄市殿

となっている.

この別伝免状の授与された弘化三年(1846)は川北朝鄰が同じ内田五観から別伝免許を得た慶応四年(1868)よりも二十余年前のことであった.

故に内田五観が別伝免許の文において

> 若㆓吾関夫子㆒. 雖㆔明得㆓此術㆒. 然深秘㆑之不㆑出. 故雖㆓其門人㆒. 猶未㆑得㆓其伝㆒. 先師建部賢弘，荒木村英者. 即夫子之高弟也. 因得㆔各預㆓其伝㆒.

と書いたのは，慶応四年(1868)に川北朝鄰へ別伝を授与したときに始まるのではなく，それ以前からのことであったことも，もとより瞭乎たる事実である.

これと同時に内田五観から出たところでないほかの別伝免状において，山路主住を筆頭としているとは異なって，松永良弼を筆頭にしたのも，この藤岡有貞へ授与した別伝免状においてすでに見る所である.

これらのことに関しては川北朝鄰の作為が加わっておらぬことに寸分の疑いもない.

**27.** 内田五観から出た所の別伝免状の記載が他の別伝免状とは一二の差異あることは今説いた通りであるが，この差異ははたして如何なる理由に基づいたものであろうか. これはもとより説明を要する.

けれどもこの理由について何らの記載があるのではない. また内田五観がその師日下誠から得たところの別伝免状も今これを見ることを得ず，その写しすらも伝えられておらぬので，内田五観の受けた免状の記載が如何なるものであったかは，今これを知ることができない. これは如何にも遺憾であるが，しかし日下誠から長谷川寛へ与えた別伝免状はその実物が帝国学士院の蔵書中に現存し，この別伝免状においては前にも記したごとくその序文中に建部賢弘の名前は見えぬのであり，そうして連名も山路主住から始まっているのである.

故に同じ日下誠が内田五観へ与えたところの別伝免許もまた同じ形式のものではなかったろうかと見られぬこともあるまい. はたしてしかりとすれば，内田五観が何らかの理由によって別伝免許の記載形式を改変したということになるのである. 私は爾(しか)く考えたい.

もちろん場合によっては，内田五観が変改したのではなく，日下誠が中途でこれを変改し，その変改した形式のものを内田五観へ授与して，内田はその形式に依拠したのであるかも知れないが，それにしてもその変改は日下誠と内田五観との間でのことであったのは，少しも異存のあろうはずもないのである．

それはいずれであるにせよ，別伝免状の形式はわずかばかりとはいえ，書き改められたのである．その書き改められた理由が，我等の知りたい事情である．しかも想像によって推定するほかには，何らの手懸かりもない．

この変改の第一は，先師荒木村英のみが独りその伝を得たとされておったに対して，これを改めて，建部賢弘と荒木村英とが各々その伝に預かることを得たということに書き改めたのである．

思うに，これは関流の秘伝を得たのは単に荒木村英一人のみではなくして，建部賢弘も同様に秘伝を伝えられたものであろうと信じたので，従前のごとき記載を不穏当と認め，断然これを改竄したのであって，相当の見識があってのことである．しかもかくのごとき判断が加えられた理由は不明に属する．

けれども川北朝鄰の遺物中に見る所の「町見術免許」の連名において，関孝和から建部賢弘，荒木村英という順序になっているのであり，これに拠るときは，荒木村英が町見術を建部賢弘から伝授されたらしくも見える．この事情を思うときは，関孝和から独り荒木村英のみが秘伝を受け，建部賢弘はこれを受けなかったというごとき事実があったろうとも思われない．故に村英が独りこれを得たとの記載は正しいものであるまいと考えられる．すでにかく考えるからには，この記載をそのままに存置するのは穏やかでない．これにおいてあえてこれを改竄して，建部賢弘の姓名をも加え，「町見術免許」の連名の順序に従って，建部賢弘の名前を荒木村英の前に入れることにしたのではないであろうか．

私はこういう事情があったのではないかと考えたい．なお他に改竄の確乎たる理由があったかも知れないけれども，他にこれを推定すべき基礎を得ぬのである．

ともかく，別伝免状の序文中において今いうごとき改竄を加えられたほどであれば，またその連名の方でも，前には山路主住の名前からになっていたものを改めて，松永良弼から始まるものにしたというのも，了解し得られることであろう．山路之徽が多々納忠三郎へ与えた別伝免状を見れば，この免状は山路主住から始まったものらしく思われ，延享四年の免状写しにあるものにしても，

「良弼伝之而練之多年」というのは，良弼がこれを主住に伝えて，主住がこれを練ること多年という意味らしく解釈し得られるけれども，しかしこの山路之徽の免状を見ない場合には，そう解するよりもむしろ良弼がこれを伝えられてこれを練ること多年であったと解したくもなるのである．これにおいて内田五観が，あるいは場合によっては日下誠も，またこの意味に解釈し，もしそういうことであれば，山路主住を連名の筆頭にするのは当を得たものでないとし，ここに松永良弼を筆頭に置くことにしたものであろうと見られる．

私がかく解釈するのは単なる想像に過ぎないが，しかしこの想像は中(あた)っていようと思う．

もちろん，連名の筆頭を改竄したのが先か，もしくは序文中に建部賢弘の名を入れたのが先かということも，問題であるが，これはいずれであってもよい．今問うことを要せぬ．またこれを決定すべき拠り所もない．

ともかく，この二ケ条はある種の事情によって故意に改竄されたのである．

かくして内田五観から出た別伝免許が松永良弼を筆頭としたものとなり，川北朝鄰は連名の記載なき印可免状を得て，別伝とその連名を同じうすべしと考え，ここに松永良弼を筆頭に置きて，これがために『大日本数学史』に見るごとく，別伝及び印可は松永良弼の制定なりとされることにもなったのである．

故にその見解が根拠なきものであること，いうまでもない．

**28.** 内田五観は，岡本則録の談話を信ずるときは，岡本並びに川北朝鄰へ生前の約束により死後に至って印可状を伝えたのである．しかも岡本が得たものは全く古文書としてのものであり，川北へ伝えたのは，内田自身の肉筆とはいえ，名前のないものであった．この二つの免状は現に両氏の遺族の珍蔵する所に係る．

この事実は内田五観が印可状をうけていたとの証拠にはならぬ．

内田五観はその門下に有力な人物が幾人もいたのであるが，何人にも印可を伝えたという見聞がない．

岡本氏から聞く所によれば，内田が日下誠から印可状を授けられたことがあるや否やはすこぶる怪しいということであった．あるいはそうかも知れない．このことについては昭和五年十一月二十日に私が岡本氏の談話を聞き直ちに筆記しておいたものが，幸いに残っているから，参照のためにそのままこれを記してみよう．

内田五観が日下から印可を授けられていたかどうかは知らぬ．内田が授けられたということは聞いたこともなく，またその印可状なるものを見たこともない．内田が何人の写しておいたものか，印可状の写しを所持していたのは事実である．内田が岡本，川北両氏へ書いて与えようといっていたのは，この印可状を写して与えようというのであった．もちろん二人が印可を授けてもよい学力のあることは認めてのことでもなく，また印可の伝授を授けようというのでもなく，全く印可状は如何なるものであるかの標本を与えようというのであった．後に内田氏の歿後に内田氏所蔵の印可状を未亡人から貰ったのであるが，現に岡本氏が所蔵するものはこれであり，年紀もなく宛名もないのである．

この印可状は山路か誰かが写しておいたのものであろう．

内田は『乾坤之巻』を見ていなかったのではないかと思う．印可状にある太陽率というのが，『乾坤之巻』のことなりとは，岡本氏は内田から聞いたことがある．内田は『乾坤之巻』について八巻から成り，（岡本氏は八巻といわれたが，これは七巻というのを記憶の誤りで八巻といわれたのかも知れない，三上識），その中には十字環のことも書いてあるといっていた．十字環云々のことをいうようでは，『乾坤之巻』の実物を知らなかったからであろうと思われる．

幕末の頃に真の『乾坤之巻』を知っているものはなかったらしい．日下誠もこれを知らなかったのであろう．

幕末頃の諸算家中に印可を貰っていた人があることも，全く知らぬ．

この十一月二十日という日に，この種の談話が出たのは，ほかではない．内田五観が三州吉田の彦坂範善へ宛てた書状中に，太陽率とはすなわち『乾坤之巻』をいう旨を記したものがあって，私がこれを見出して岡本翁へ告げたことに基づく．印可状の目録の終末に太陽率という一項があり，太陽率とははたして何を意味するかは，未だかつてその説明の記載を見たことはないのであるが，独りこの書状にこれを記しているのはもとより珍とすべきである．これを記した内田が岡本氏へ談話したことのあるのもまた当然であろう．

『乾坤之巻』は関流最高の秘伝書とされたものであり，関流の皆伝とはすなわちこの書を伝えられたものをいうのであったというし，内田のいうごとく，はたして太陽率とは『乾坤之巻』を指すものであったとすれば，印可を受けたものが，またこれとともに『乾坤之巻』をも授けられているのは当然ではなかったろうかとも思われるのであるが，岡本翁のいうごとく，内田五観が『乾坤之巻』を知らなかったとすれば，印可の免許を得ていなかったのが本当のように も思われる．

しかしながらこれについては一つの説話がある．すなわち内田五観の師日下誠に関してのことであるが，日下はかつて『乾坤之巻』を所蔵したけれども，これを人に盗まれたのであった．したがってこれを人に授けることができない．しかるに白石長忠は『起原解，一名円理乾坤書』なるものを得てこれを日下に示したところ，日下はこれを『乾坤之巻』なりと称して，その証言を与えた．

こういう説話が伝えられている．このことは『起原解』の巻尾に書き記されている．

この説話の真偽も判らないが，もし事実を書いたものとすれば，日下誠は真の『乾坤之巻』を知らなかったらしい．もししからば，日下の門人たる内田五観が『乾坤之巻』を伝えられなかったのも当然である．

しかし日下誠が『乾坤之巻』を知らないのは，やはりこれを伝えられなかったからではあるまいか．これもまた疑わしいのである．或る記録によれば，日下誠は安子〈安島直円〉遺命によりて関流の宗統を授けられたということであるが，その真偽も判然せぬのである．

日下誠から内田五観，それから以下の印可の伝承は，その実はなはだ怪しむべきものがある．

かくのごとくにして，ついに川北氏の『関流宗統之修業免状』となり，これがために『大日本数学史』において別伝印可の制定に関して判断を誤ることもなかったのである．

**29.** 我等は説いてここに至り，見隠伏の三題免許ははたして関孝和の当時から存在したのであるか，また別伝印可は松永良弼もしくは山路主住のときから制定されたのであるか，それとも印可は松永山路以前からあったものか，これらのことに関し論究するの必要を感ずる．このことについては幸いに多少の資料が現存し，考証の料ともなるのである．今これらの資料を眼前に展開してみることとしよう．

この試みをするにあたりて，第一に考うべきは，関孝和著述中の『数学雑著』と題する一写本である．この写本は宮内省図書寮に一本があり，天文方渋川家の旧蔵ということである．主として暦術上のことなど書いたものであるが，その中に算学許符及び算学印可ということが記されている．すなわち次のごとく見える．

算学許符。

算法条件．一々呈似了．敢以不二隠蔵一也．後来因レ君有下渇二望於此算法一者上．見二渠深魂成熟一．而為レ渠印破．不ヘレ得二容易許可一足ナン矣．至嘱々．

算学印可

夫算者．顕二陰陽造化之変通一．審二聖教六芸之該通一也．為レ人不レ可レ有レ不レ知也．公知下此算法利二天下一益中人生上．多年努力．常不二因循一．造次於レ此．顚沛於レ此．探二其数術一．窮二其玄奥一．甚至哉也．故不レ昧二公博通一．我今明白分付了也．至嘱々々．

これは明らかに算学許符及び算学印可と名づけられたる二種の免許の文である．これを載せたる『数学雑著』は「関孝和纂校」と署せられ，関孝和の著述類が普通に「関孝和編」とあるのとは，少しく趣きを異にする．そうして宋の邵康節に関係のもの及び『授時暦』関係のことなど述べたこの篇中に算法免許の文が挿入されているのであり，どうしてこの書中にこの種のことを記したものであるかも明白ではない．これらのことから考うるときは，あるいは疑わしいとも思われよう．

けれども，関孝和がかつてこの種の算法免許の案文を有したであろうことも，またこれを否定することはできない．不幸にして『数学雑著』の著作年代は明らかでないが，しかし関孝和はその生涯の或る時期においてこの種の案文を作ったことがあるのであろう．この案文通りの免許を実際に授与したことがあるかどうかは，もとより不明に属する．

**30.** 水戸彰考館所蔵の免許写しもまたはなはだ重要である．その写しは算法許状及び算法印可と題し次のごとくいう．

算法許状

夫物生期有レ象．有レ象期有レ数．数之起也．由来尚矣．河出レ図洛出レ書．而適見二自然之数一．天生二于一一．地成二于六一．合二于五一．而変二于十一．是図書之作．其本出二于天地之妙一．然則育二於其両間一者．豈有レ逃二之象一哉．故日以レ之正二躔度一．月以レ之定二晦朔一．星以レ之分二宿辰一．推而長短方円．横斜曲直．遠近細大．奇偶闔闢．進退消長．非レ数則皆不レ能レ占二其実一也．大哉数之妙也．非二識レ道者一．則未レ易二与言一矣．而使下其最易レ得者．莫中若二算法一也．昔在二軒轅之世一．隷首始作二此法一．至三周保氏養二国子一．以二道乃教之六芸㆒．而九数之名．以区別．炎漢有㆓劉徴之九章㆒．隷首之作，不㆓世伝㆒焉．劉徴之伝．後世則㆑之倣㆑之．即方田，粟布之属是也．人能学而通㆑之．則大則天地之数．小則人事之用．可㆓坐定㆒矣．今離㆓道与㆑芸而言㆑之．溺㆓乎技㆒．蕩㆓乎虚㆒．何惟一頃之芸云乎．

目　録

河図．洛書．大極．両儀．四象．八卦．

釈九数

九因法．九帰除法．明縦横訣．大数之類．小数之類．

求諸率類

斛斟起率．斤秤起率．端匹起率．田畞起率．

釈九章

方田（以御㆓田疇界域㆒）．粟布（以御㆓交質変易㆒）．衰分（以御㆓貴賤交税㆒）．少広（以御㆓積冪方円㆒）．商功（以御㆓功程積実㆒）．均輸（以御㆓遠近労費㆒）．盈朒（以御㆓隠雑互見㆒）．方程（以御㆓口揉正負㆒）．句股（以御㆓高深広遠㆒）．

之分斉同術

合課分．減課分．平分．経分．乗分．除分．重有分．通分．約分．

開方還源

開平方法．帯縦開平方法．相応開平方法．開立方法．帯縦開立方法．相応開立方法．

規矩両道術

句股弦変化術．環矩術．径矢弦術．弧矢弦術．立玉貫深渡術．玉法起．玉皮術．玉闕法起．町見分度術．宣明暦術．算脱法．験符法．倍垜法起．

開方釈鎖法 算籌正負之術

求呉子方廉術．天元一術．諸法根源．

以　上．

右所㆑伝之算術．予游㆓子関子之門㆒．累歳究㆑力磨㆑悪．方所㆑得者也．実非㆓真積功久㆒．未㆑易㆑言矣．今吾子頗得㆓天元之術㆒．解㆓難法㆒．則我豈隠㆑之乎．於㆑是傾㆓倒秘府㆒以伝㆑焉．他日或有㆓信深功勤者㆒．猶㆑告㆓諸幽㆒誓㆓諸神㆒．而復当㆑教㆑之也．言軽則廃．廃則至㆓壊乱㆒．吾子其敬㆑之焉．

正徳六丙申年正月

関新助藤原孝和

建部彦治郎賢弘

今井官蔵兼庭

本多三郎右衛門理明

算法印可

夫以二数学之至理一. 容易論レ之乎. 何則自二日月星辰之運行. 方円曲直之法術一. 以至下於一分為二万殊一. 万殊合為レ一之妙上. 皆不レ外レ是也. 然中葉以来. 算学之相伝. 失二其正宗一. 而多為二邪説所レ乱. 嗚呼可レ嘆哉. 幸近世吾師関自由亭先生. 以二生智之明一. 更無レ就レ師. 起二不伝之業一. 而極二数学之要術一也. 其解二艱題一. 施二無術之術一也. 其智恰如レ神矣. 所三以開二悟後学一之功亦大也. 蓋有レ志二於期レ道者. 孰不二尊信一乎. 是故先生所二発明一之妙術. 無二毫髪之差一. 備記レ之以伝二其正宗一焉.

目　録

方陣之術. 円欑之術. 規矩之法并国図. 授時暦術并七曜暦術, 招差之法.

拾遺算法

互約之術. 逐約之術. 斉約之術. 遍約之術. 増約之術. 損約之術. 零約之術. 遍通之術. 剰一之術. 翦管之術.

垜術演段

衰垜之術. 方垜之術.

円周率 径一百一十三<br>周三百五十五

求弧之法. 立玉積法.

題術弁議之法

病　題

転. 虚. 繁. 変.

邪　術

重. 滞. 攣. 戻.

権　術

塞. 断. 疎. 砕.

演段之例

単伏術. 分合術. 之分術. 方程術. 帰術. 維乗術. 消長術. 聚伏術. 加減反覆術.

解伏題之法

真虚両式

略. 省. 約. 縮.

定　乗

畳．括．

換　式

芟．治．

生　尅

交式．斜乗．

寄　消

開方翻変之法

開出商数之章．験商有無之章．適尽諸級之章．諸級替数之章．視商極数之章．

以　上

右所レ記之者．則前所レ謂関先生所二発明一也．吾子游二我門一．蓋有レ年矣．且於二算術之道一．亦可レ謂レ尽二其至極一矣．故不レ隠二毫釐一．以伝二授之一．謹而莫レ忽レ之．況他日遊二吾子之門一者．非下当二其器一者上．則必勿レ伝二授之一．是則印可妙術．詳尽レ之也．今使三吾子一誓二神者．為レ不レ軽二其法一也云爾．

正徳五乙未暦十二月

関新助藤原孝和

建部彦治郎賢弘

今井官蔵兼庭

本多三郎右衛門理明

上記の免状の文中において，「期有レ象」とあるのは，もちろん「斯有レ象」の誤写であろう．また劉徴とあるのは，劉徽の誤りであるが，これまた誤写と思われる．

また連名において建部彦治郎は建部彦次郎の誤りであり，本多理明は本多利明の誤りであることも，共に明らかである．そのほかに今井兼庭は建部賢弘の門人幸田親盈の門人ということであるが，ここには幸田の姓名を逸して，建部から直接に今井に続いているのも，怪しいともいわれよう．ともかく，この連名においてはわずかに四人の姓名を録した中で，間違いがあまりにはなはだしい．

この間違いのはなはだしいことは，おそらく無意義のことではあるまい．その上に，本多利明の名前まで記しながら，建部賢弘のときの年紀でなければならぬ所の正徳五年(1715)及び同六年(1716)としてあるのは，これもまた我等の疑団を重ねしめるものである．

思うにこれはその年紀があらかじめ記されておったのであり，後に連名中の後の方の部分を何人かが書き加えたのであったろう．しかもさまで思慮なく試みたのであったろう．

この二つの免状写しは，大正二年に故岡本則録翁が水戸に遊びてこれを見て，一本を私に贈られたものであった．その写本の末に次のごとく記されている．

右水戸彰考館蔵本に拠り謄写セシメ対校一過シ了リ以テ畏友三上義夫君ノ机側ニ呈ス．

大正二年三月

宗老野人　岡本則録．

**31.** 上記の水戸彰考館所蔵の二種の免状写しと同じものが，また肥後熊本の甲斐隆道氏の蔵書中にも存することは，いかにも珍しい．特に算法許状において，両者共に

夫物生期有レ象．有レ象期有レ数．

炎漢有二劉徴之九章一．……劉徴之伝．後世則レ之．

予游二子関子之門一．

という三ケ条の誤字も全く同一であり，文字の配置も全然一致するのである．

彰考館本には

言軽則廃．廃則至二壊乱一．吾子其敬レ之焉．

とあるのが，甲斐氏の本には，

言軽則廃．則至二壊乱一．吾子其敬レ之．

となっている．この一ケ所だけの些細な相違はある．

また彰考館本は怪しげな句読及び返り点が附けてあるが，甲斐氏の本は全くの白文である．これも異同の点である．

算法印可の文は両者全く同一であるが，彰考館本には，「算法印可」と書いて，一行あけて，その文を書いてあるけれども，甲斐氏の本には一行もあけてない．

印可の目録には多少の相違がある．

甲斐氏には「招差之法」の次に「立成之法」があるが，彰考館本には「立成之法」はない．

甲斐氏の本に「国国」及び「遍遍之術」とあるのは，もとより誤写である．

甲斐氏の本に「圭垜之術」とあるのが，彰考館本では，「衰垜之術，方垜之術」

とある．

彰考館本の「括」，「芟」，「治」が甲斐氏の本には「拍」，「艾」，「泊」になっているが，これらは明らかに誤写である．

印可の跋文中において，彰考館本に「則印可妙術」とあるのが，甲斐氏の本には印の字を脱して，一字明いている．

甲斐氏の本は原本を調査したのではなく，写しを見たのであるから，上述の誤記はこの写しの誤写であるかも知れない．したがってこの種の異同は打算外に置いてもよい．

甲斐氏の本には算法許状の終わりに

関新助藤原孝和<br>
正徳六丙申年正月．　荒木彦四郎藤原村英

とあり，算法印可の終わりには

関新助藤原孝和<br>
正徳五己未暦十二月．　荒木彦四郎藤原村英

と記されている．

関孝和の次の名前は彰考館本では建部賢弘であり，ここでは荒木村英であるが，しかも年紀は全く同一である．その書き方まで同一である．

以上のごとき比較によりて，両本の間に多少の異同はありながら，全然別々の伝統のものではないらしく思われる．年紀の同じであること，及び同一の誤記もしくは誤写が存在することは，両者の間に密接の関係の存することを明瞭に語る．

これについておおよそ二様の解釈ができる．

第一には建部賢弘と荒木村英とが相談して，両家共に同一の免状を作ったのではあるまいかと思われることである．この場合に両方に同一の免状があり，また同一の年紀を書いて，宛名のないものがあってもよいはずである．

第二には一方の免状写しがあって，一方のはこれを写したのであり，名前は勝手に変更したもので，その派の方では必ずしもこの通りの免状を用いたものでなかったのであろうと見ることもできる．もしこの事情のものとすれば荒木村英の方が正しい原（もと）のものであり，建部の方のは後の改作だと見てもよかろう．改作であるために名前まで怪しげなものになったのであろう．

この第二の見方においては，この種の免状は一方には全然なかったであろうとまで，極端に考えるには及ばぬようにも思われる．

ともかく，建部派の方での免許の伝承のことは，ほとんどその手懸かりもないのであり，また今の論題についても関係が少ないのであるからしばらくこれを措くこととし，荒木村英の方ではこの種の免状が少なくも一時は用いられたものであったろうと考えたい．

**32.** 関孝和が宮地新五郎へ宛てた算法許状が現存することは，上記の免状写しの価値を考える上に極めて好都合である．この免状は藤田貞資の家に伝えられたもので，先年その後裔たる藤田菊弥氏から帝国学士院へ寄贈されたのである．私は藤田氏の遺物中において，藤田貞資が受けたところの別伝及び印可，並びに延享四年の年紀ある五免許の控えとともに，この関孝和から出た算法許状の実物を得たことを，はなはだ重要なことであったと感ずる．

この算法許状は，その上下諸所破損したところがあり，完全の形を備えておらぬのは，はなはだ惜しい．けれどもその記載事項はすべてこれを了解し得られる．

この算法許状の前文は全く後の見題免許の文に同じい．しかも目録はこれと異なる．この免状ははなはだ大切であるから，見題免許と重複するけれども，ここにその全文を示すこととしよう．破損による欠字は見題免許によって，これを補うこととする．もちろん，原本は白文である．

算法許状

(夫物)生斯有㆑象．有㆑象斯有㆑(数．数)之起也．由来尚矣．河出㆑図洛出㆑書．而適見㆓自然(之)数㆒．天生㆑一．地成㆓于二㆒．信㆓于(三)㆒．而遂㆓于四㆒．極㆓于五㆒．而変㆓于(十)㆒．是図書之妙．其本出㆓于(天)地㆒焉．然則育㆓於其両間㆒者．豈有㆑逃㆓之象㆒哉．日以㆑之正㆓躔度㆒．月以㆑之定㆓晦朔㆒．星以㆑(之)分㆓宿辰㆒．大凡世之長短方円．横斜曲直．遠近細大．推而物之奇偶闔闢．進退消長．非㆑数則皆不㆑能㆑占㆓其実㆒(也)．大哉数之徳也．至哉数之(妙也)．非㆓見者㆒則未㆑易㆓与言㆒(矣)．而使㆓其最易㆑得者．莫㆑若㆓算法㆒也．軒轅之世．隷首始作㆓此法㆒．至㆓于炎漢㆒．有㆓劉徽之九章㆒．隷首之作．不㆓世伝㆒焉．劉徽之法．後世称㆑焉．即方田粟布之属是也．人能学而通㆑之．則大則天地之数．小則人事之用．可㆓坐定㆒矣．何惟一項之芸云乎．

目　録

河図

洛書

大極

両儀

四象

八卦

釈九数法

九帰除法

明縦横訣

大数之類

小数之類

求諸率類

斛蚪起率

斤秤起率

端匹起率

田畝起率

之分斉同術

合課分術

減課分術

平分之術

経分之術

乗分之術

重有分術

通分之術

約分之術

方田　以御二田疇界域一

粟布　以御二交質変易一

少広　以御二積冪方円一

商功　以御二功程積実一

均輸　以御二遠近労費一

衰分　以御二貴賤交税一

盈朒　以御二隠雑互見一

方程　以御二雑揉正負一

勾股　以御二高深広遠一

開方釈鎖術
規矩両道術
町見分度術
環矩之術
径矢弦之術
弧矢弦之術
立玉貫深渡術
立玉積率起術
玉闕積率起術
玉順積率起術
宣明暦術
侍授暦術
呉子廉率
天元之一術
諸法根源
　以上

右所㆑伝之算術．予累歳究㆑力磨㆑思．正所㆑得者也．実非㆓真積功久㆒．未㆑易㆓輙語㆒矣．今子頗得㆓天元之一術㆒．解㆓難法㆒．則我豈隠㆑之乎．於㆑是傾㆓倒秘府㆒．以伝㆑焉．他日或有㆓功信者㆒．猶告㆓諸幽㆒誓㆓諸神㆒．而後当㆑教㆑之也．法軽易㆑至㆓廃亡㆒．々々則至㆓壊乱㆒．子其敬．

関新助藤原孝和

宝永元甲申歳十一月良辰
宮地新五郎殿

この免状の関孝和の署名の次に「藤原」と二字を横に並べた印があり，その下に大きい四角な印章があるが，この大きい印章の所は破損して，左上隅に「之」の一字が遺されているのみである．この印章の所が破れているのははなはだ惜しい．もちろん，古くなって，保存の好くなかったための破損であることは，一見直ちに認め得られるのである．

**33.** この算法許状は関孝和が宮地新五郎へ与えた免状の実物であり，後の偽造であろうとも思われぬから，関孝和がこの種の免状を制定しこれを門人へ授与したことに疑いはない．この免許は宝永元年(1704)すなわちその病歿前五年のもので，関孝和の晩年に関するのである．

この算法許状の序文は，全く後の見題免許の文と同一であるのは注意すべきであるが，このことはいわゆる見題免許なるものが，この算法許状に基づいて作られたものであることを，極めて明瞭に指示するのである．しかもその目録に至りては両者全く同一でないから，前の算法許状がそのままに後の見題免許になったものでないことも，またはなはだ明瞭である．

これにおいて関流の免状に変遷のあったことが思われる．

前に述べた所の正徳六年(1716)の年紀ある算法許状は，算法許状と記されたことにおいて，関孝和が宮地新五郎へ授けたものと一致する．またその序文も大体において一致するけれども，その文章に多少の出入りがある．もし全然一致するならば，少しも疑いはないのであるが，その不一致の存することは，見逭し難い．そうして前の許状の序文が後の見題免許の文に一致し，後出の許状は多少にもせよ，不一致を見るというのは，どうしてそういう事情になったものか，やや解釈に窮するのである．

しかし宮地新五郎が算法許状を得たのは宝永元年(1704)のことであり，関孝和の門人としては年代の後れたものと思われるが，建部賢弘及び荒木村英はこれより以前に算法許状の免許を得たのであろう．もしこの種の免状を授けられたことがありとすれば，その年代は宝永元年よりも遡って以前のことであったろうと見るのが至当である．しからばこの二人の得た算法許状は，多少その文章などの点において宮地新五郎が授けられたものよりも変わっていたかも知れぬ．しかも関孝和の死後，正徳六年(1716)に至りてやはりそれ以前に授けられたときの形式のままで記しておいたということも，ありそうなことである．

こういう風に考えるならば，二つの算法許状に文章の異同を見ることの説明は付く．そうして後の見題免許が，正徳六年の年紀ある算法許状に拠らずして，かえってそれ以前における宝永元年の算法許状の序文を踏襲したというのは，見題免許の制定者が関孝和の晩年に授与した免状の文章が如何になっていたかを知り，そのままこれを採用したのだとしても，また説明は付くのである．

ともかく，多少の異同はありというものの，大体の趣旨は同一なのであって，その異同あるがために，正徳六年の年紀ある写しを，全く信ずるに足らずとして棄て去るべきではない．多少の疑いは存しながら正徳六年にこの種の免許が与えられ，もしくはこれを与うべき決定がされていたことはこれを信じてよい．

両種の算法許状における目録も，その書き方に多少の異同があり，項目に多少の出入りがあり，また順序の前後もあるが，しかしほとんど諸項目は皆一致すともいうべきである．

また跋文においても，一方は関孝和自身の文章であり，他の方は関孝和の門人が書いたような形式にはなっているが，しかしその文章も多少書き改められているとはいえ，関孝和の名で書いたものに依拠したものであり，これを書き改めたに過ぎないのである．故に関孝和が授与した免状の形式からほとんど多く隔たっておらぬことが思われる．

故に序文においても関孝和から伝わったものに，多少は手心を加えたのであるかも知れぬ．そうして見題免許に至りては，再び関孝和当時の文章に復帰したのだと見てもよい．

上述のごとくいろいろと想像が浮かび，いろいろと解釈をも試みてみるけれども，要するに関孝和の晩年には，宝永元年に宮地新五郎へ授けた算法許状があり，その歿後なる正徳六年に至りては，建部賢弘あるいは荒木村英の手において，やはり同じ算法許状と名づけられた免許があり，内容実質もほとんど変化していなかったということは，これを認むべきであろうと思う．

**34.** 正徳六年の算法許状がすでに関孝和当時のものからあまり変化したものでないと認むべしとすれば，これと一緒に記されている所の正徳五年(1715)の算法印可もまた関孝和の当時から伝えられたものであったろうと見て，おそらく大過ないであろう．

関孝和纂校の『数学雑著』中に算学許符ならびに算学印可という二種の免許が記されていることは，前に述べた．おそらく関孝和は初めこの二種の免許を制定したのであろう．そうして後にはこれを算法許状及び算法印可としたのであろう．名称は全然同一ではないけれども，ほとんど一致するのであり，二種の免許段階を置いたことは，相通じている．

故に彰考館ならびに熊本甲斐氏に伝えられた前述の免許両種の写しは，すなわち正徳五年及び六年の頃における関流数学の免許の両段階を伝えたものであり，その両段階は関孝和の当時からの伝承であったというべきである．

関孝和の当時からその歿後久しからざる年代の頃においては許状と印可との二階級の免許が存したのであり，いわゆる関流免許の五段階ができたのは，これより以後のことであったに相違ない．

正徳五年の年紀ある算法印可の序文は，これを読んで直ちに知らるるごとく，関孝和の筆に成ったものではない．その文中には

近世我師関自由亭先生．以㆓生智之明㆒．更無㆑就㆑師．起㆓不伝之業㆒．而極㆓数学之要術㆒也．

と記されているから，関孝和に直接に師事した人の書いたものと知られる．すなわち荒木村英もしくは建部賢弘の作と見てよい．

この文中に関孝和はさらに師授する所がなかったと記されているが，これは藤田貞資が『精要算法』の自叙中にいう所と一致し，けだし事実を語るものであろう．

かく算法印可の序文は関孝和の直接の門人の記したものであるが，目録中に見えたる諸科目はすべて関孝和の作でないものはない．かつ跋文においてこれらは「関先生所㆓発明㆒也」といっている．故にその算法印可は関孝和の当時から制定されていたのであるが，序跋を書き改め，内容実質は前と同じにしておいたものであったろうと見たい．算法許状においても跋文は明らかに書き改めているのであるから，算法印可においてもその制度は前と同じでありながら，文章が書き改められても，不思議はないのである．

かくして関孝和の当時には，二種の免許段階があり，後のいわゆる五段階が成立していないことを判断し得たことは，和算史上に一新事実を提供するものである．その算法印可の目録中に『解伏題之法』があり，細目までも記されているのを見ると，その頃には未だ伏題免許というものの成立していなかったこともまたはなはだ明瞭であろう．

故にこの時代には見題，隠題，伏題という三種の免許は，その中のいずれも存在しないのであった．これら諸免許の制定はさらに時代を降るものと見なければならない．

**35.** 水戸彰考館の蔵書中に『算学神文書式』なるものあり，算法の伝授について弟子から差し出す所の神文の草案を記しているが，この種のものは遥かに後代になると幾らも現存のものがあるけれども，時代の古いものはほとんど見聞がない．しかも今いう所の神文書式は年代もやや古く，かつ京都の中根派における数学教授の段階及び科目をも窺うべきものであるから，今これを原文のままに紹介することとしよう．すなわち次の通りである．

弟子自書盟文　初

目　次

乗除定位術

冪数省功術

算顆開方術

九帰盈朒術

方程正負

失除負商術

右六ヶ条．無二許容一内決不レ伝二授他人一．且若有レ出二答術一．必可下経二高覧一．而後致上之．又学業浅深．世之所レ同．是以縦雖二同門之士一．不二相討論一．若食二斯言一．則忽二略之一．

梵天帝釈．四大天王．総日本国中．六十余州．大小神祇．殊伊豆箱根両所権現．三嶋大明神．八幡大菩薩．天満大自在天神．部類眷属．神罰冥罰．各可二罷蒙一者也．仍起請如レ件．

年　号　月　日

名　血　判

---

弟子自書盟文　中

目　次

太極天元術

分合術

乗起号段術

以平方式直為冪術

綪結術

右五箇条．無二許可一内．決不レ伝二授他人一．……若食二斯言一．而忽二略之一．則梵天帝釈．……

以下は「初」の部の文言と同じい．

---

弟子自書盟文

目　次

双擬術

商一術

消長術

招差術 二件

自約術
互約術
逐約術
斉約術
遍約術
増約術
損約術
零約術
通約術 旧名遍通術
盈一術
翦管術
累約術
求円周率術
求玉積率術
求玉闕積本源術
綪結本源術
双擬本源術
測遠術
点竄術
弧背術
円陣術
方陣術
開方之分術
開方除式術
汎式加減術
諸形整数術
解伏題術
開方翻変術
題術弁議法
病題明致術
索術
歩術

踏轍術

開方盈朒術

凡算道之奥秘，所レ蒙二詳喩一．雖下非二条目之限一者上．事無二小大一．不三敢軽告二於人一．就レ中其筆写之諸書者．未レ得二許容一之中．縦承二国主之命一．決莫レ伝二授于人一矣．況於二君臣父子夫婦昆弟朋友一乎．且百歳之後．臨二易簀時一．則寧投二於火中一．莫レ使下為三人所二管領一．終至上レ鬻二于市上一矣．此非乙吾悋二其道一．而不甲レ欲レ使下二世人一識上レ之．唯是所二以重レ道而然一耳矣．若食二此言一．而忽二略之一．則

梵天帝釈．四大天王．……(以下同文)

---

[垜術]　[角術]　[載術]

右天元両式等ノ中ニ籠ル．其中 [角術] ハ神文具稿ノ節，捷径ノ新術考得ズ故ニ不レ載サレトモ，先頃依レ問得レ之．此以後補入スヘキ由．

[添約] 括要ニ漏タルユヘ脱セリ．向後ハ相加フヘキ由．

[堆積] 招差ノ中ニ籠ル．諸形求積，神文セサル人ニモ指南スルユヘ不レ載由．

[截術] [接術] [容術] 同上．

[統術] 不レ残ハ得心セズ，故ニ不二書加一．然ルニ前ニ宜ク覚タル術モ真理ニ不レ叶，猶以此以後匹書入由．

[三式] ハ翻変ノ中ニ籠ル．

[空角] モ三式相伝之時一同ニ云述ル積ユヘ，前ニハ掲ケサル由．

[十商] 綪結本源両式開方之分等ノ中ニ過半アル故，是モ省ケル由．

以上寛保三年癸亥十月，京都中根保允ヨリ申来ル．

**36.** 上記の水戸彰考館所蔵『算学神文書式』は，その末尾に記されている通り，寛保三年癸亥(1743)に京都の算家中根保之丞彦循から，水戸の算家へ報道したるものに係る．中根彦循は建部賢弘の高弟中根元圭の男にして，水戸藩の諸算家はこの人と密接な関係を有したのである．しばしば信書を交換することによりて，遥かに京都から算法の伝授を受けたことは，現に彰考館に存する書状控えによってその事情を窺い見るに足る．この関係によって水戸へ伝わり，水戸で今まで保存されたこの神文書式は，その事情から考えても，充分に信憑すべきである．

この神文は三段に分かれる．そうして第四段に記されたものは，云々の由というように書いたところもあるが，これはいうまでもなく，中根彦循の文通によって，水戸の算家が記載していたのであるからこのような書式になったのである．

中根彦循の数学教授に関して，三段階の神文を門人中から徴するの制を取ったことは，すなわち数学免許の上にこの三段階を制定していたことの顕現であり，これによって中根彦循の免許制度を明瞭に知り得られる．中根元圭及び同彦循父子の手から出た免状の類は今これを見ず，その門派の後代の免状もまた未だこれを見ぬけれども，しかも上記の『神文書式』あるがために，その制度を知るためには，少しも遺漏はない．

すなわち中根彦循は三段階を立てていたのであり，関孝和の当時並びにその歿後における二段階に比して一段階を加えたのである．

この三段階はいわば，関孝和の算法許状をもってこれを別って初伝及び中伝に宛て，後伝は関孝和の算法印可に相当すともいわれよう．初伝及び中伝中の目録は関孝和の算法許状に比してかなりに異なっているが，後伝に至りては関孝和の算法印可の目録に類する所が決して尠少でない．すなわち関孝和の目録中における方陣円攢，拾遺算法，招差法，円及び玉の算法，題術弁議，演段，伏題，開方翻変等は皆中根彦循の後伝中に見え，そのほかさらに累約術，点竄術，病題明致，索術，歩術，蹈轍術，開方盈朒術などを添加したのである．

これらの中にて『病題明致』はもとより関孝和の著述であるが，関孝和の二つの目録中には出ておらぬ．関孝和の著述でこの両目録に挙げられないものは，『求積』などいう重要な算書もあり，決してその著述を網羅しているのではない．故にその中に見えぬものを後に免許の目録中に示すことになるというのも，不思議ではない．しかも中根彦循の後伝中には『累約術』，『蹈轍術』などいうものも見え，これらは建部賢弘及び中根元圭等の研究に成ったものである．なお，『開方盈朒術』とはすなわち中根彦循自身の著述である．

かくのごとく中根彦循の免許の後伝には，関孝和の印可の目録へ他の項目をも添加したものであるが，この事情から見ても，関孝和の印可免許は建部賢弘に与えられ，建部から中根父子へも名目はともかく，その実質は伝えられていたことが思われるのである．いわんや関孝和の伝授免許がわずか二段階であったとすれば，建部賢弘などのごとき高弟にしてかつはなはだ有力な人物に対し，印可の免許を与えなかったことがあろうとは我等はついに思い及ぶことができないのである.

**37.** 今説いてここに至り，前に掲げたところの関流免許五段階の延享四年(1747)の年紀ある控えのことに思い及ぶ．この五段階の免許はいわゆる荒木松永派と称するものの間に伝承されたのであるが，その伝承の事実が知られているのは後代のことであり，この延享四年という控えが，今日までに知り得たところの最古の例である.

この延享四年の免許五段階の控えは，後代の通りに見題，隠題，伏題，別伝，印可の五種から成るのであるが，関孝和の算法許状はその序文にては見題免許の文と同一であるけれども，目録は同じくないのであり，この段階が関孝和の当時から存在したと認むべきではない．また中根彦循の免許三段階が，例の五段階に相当するものでないことも，またその五段階が関孝和の当時から存して建部中根派へも伝えられたものでなかったことを示すのである.

故にこの五段階はどうしても後の制定だということになるのである．しかも延享四年の年紀ある控えが存するからには，この年にはすでに成立していたのである．したがってこの年以後の制定でないことまたいうことを要せぬ.

算法印可は関孝和のときから存在した．故に五段階中に印可があるのは，これを受け継いだのである．しかも関孝和の印可のままではない．関孝和の印可は前文も漢文で記されていたらしいが，五段階中の印可は前文が和文であり，全く同じくない．またその跋文も全く書き改めたものである.

けれどもその目録に至りては，関孝和の算法印可の目録に類似が多い．すなわち招差，諸約，翦管，平円率，立円率，方陳，開方翻変，題術弁議などが見えているのは，皆関孝和の算法印可に拠ったものといってもよい．故に印可の連名に関孝和の名を筆頭に記しているのは，所以ありというべきであろう.

けれども目録も全然一致するのではない．いわゆる「関子七部書」と称するものがことごとく記されているのは，関孝和の印可とは異なる．この「七部書」または「七部抄」というのは，荒木村英の類別なりと，『大日本数学史』にも記されているが，荒木村英云云のことはしばらく措き，その或るものは新たに加えられ，また或るものは関孝和の算法許状の目録から移したのであって，その「七部書」が印可目録中のものとして尊重さるるに至ったことが思われる.

しかも太陽率というごとき新項目も加えられ，内田五観はこれを『乾坤之巻』だというけれども，その真偽さえも不明であり，何ものを意味するかを知らぬのである．場合によってはこの見解は正しいであろう.

立円率というのも，関孝和当時の立円率ではなく，おそらく後のものであろうと見てもよい．すなわち松永良弼の作を指すものらしく思う．

かく印可の名称は伝承され，その目録も一部分は踏襲されたけれど，編成替えされたこともまた事実である．

太陽率が何ものを指すにもせよ，太陰率に対するものであり，太陰率とは松永良弼の創意というから，太陽率という名称が見えているからには，太陰率が作られたより以前のものでないことというまでもない．故にこの編成替えは松永良弼の晩年より以前のことではない．

別伝免許はその前文に松永良弼云云とあり，かつ山路之徽の解する所に拠れば，その前文は山路主住の作と見るべきである．また署名も山路主住一人の名前になっている．故にこの別伝免許は山路主住の制定と見てよい．別伝の目録中には『綴術』,『算法変形草』,『桃李蹊経』,『燕尾猿臂両術』,『無有奇』,『得商』,『太陰率』など，多く松永良弼の著述に違いないもの，もしくはその著述であろうと思われるものが入れられており，これらの諸算書が作られた所の松永良弼晩年よりも以前の制定ではないのであるが，これを山路主住の制定したものとすれば，これら諸算書が編入されているのも，不思議ではない．私は前には松永良弼晩年の制定であろうと考えたけれども，今説く所の理由によりて，松永良弼よりも山路主住の制定と見るのが適切であろうと思う．この点については前説を訂正する．

すでに別伝が山路主住の制定だとすれば，印可の編成替えもまた松永良弼ではなく，山路主住が試みたらしい．

ここにおいて見隠伏の三題免許のことであるが，関孝和の著述中に『解見題之法』『解隠題之法』『解伏題之法』という三部の稿本があり，これらは時には「三部抄」と称せられ,「七部書」と相並んで大切なものである．見隠伏の三題はすなわち問題解法の類別であって，研究上の三つの部類を説いたものといってもよい．否，むしろこれこれの問題は見題として，どういう取り扱い方をする，この問題は隠題として，また伏題としてどういう風に取り扱うのだという記述だといってもよい．故に諸問題の取り扱い方及びその解法として，はなはだ大切であるこというまでもない．一種の方法論的の取り扱い方がここに顕れているのである．故にその問題の類別もしくは解法の三種類に基づいて，三段階の免許が作られたというのは，全く関孝和の精神を体現したものとも見られぬことはない．けれども『解伏題之法』のごときは関孝和はこれを算法印可の目録中に置いたのであり，見題及び隠題の名目は，算法許状中にもまた算法印可中にも見えないのである．のちの伏題免許の目録を験するに，前の算法印可の目録中における演段の諸術と『解伏題之法』とを抜き取って，ややこれを整頓して別の免許段階を作ったものらしく見える．『解伏題之法』における行列式（デターミナント）関係の算法ももとより演段術の一種であるから，これを演段の諸術と同列に置いて，ここに伏題免許という一段階が構成されたのは，演段術が如何に重要視されたかを示すものである．

しかもこの演段術を主としての伏題免許は，前の算法印可の中から分かれて置かれたのであるから，おそらく後の印可免許の確定した頃の制定であったろうと思われる．

また見題目録中には統術，点竄等の名称が記され，延享四年の年紀ある免状控えにも，この二つの名称の下に

　統術．関夫子名曰㆓帰源盈縮㆒．後松永良弼．蒙㆓岩城侯命㆒．更㆓名統術㆒．

　点竄．関夫子名曰㆓帰源整法㆒．同右．

と記されているから，少なくもこれらの術名を目録中に挙げたのは，松永良弼の晩年かもしくはその歿後でなければならぬ．そうして右の但し書きには松永良弼云云とあるが，この書き方はおそらく松永良弼自身の起草というよりも，後人の筆であろうと見るのが妥当であろう．したがって山路主住の作と見たい．

関孝和が帰源盈縮もしくは帰源盈朒，並びに帰源整法と称する術名を用いたということは，この見題免許の目録中に見えたのが，唯一の史料であり，後の見題免許にもこれを記しているのである．今少し古い史料が少しも見聞に触れぬのは，如何にも怪しいのである．

また見題目録中には単伏点竄という項目などもあるが，これも松永良弼から始まったものらしい．

これらの事情により，見題免許は延享四年の控え，したがって後代まで行われた形式のものとしては，どうも山路主住の手に成ったと見るべきであろう．

隠題免許についてはその制定の年代を推すべき手掛かりが乏しいのであるが，その目録中における『形写対換盈縮』及び『勾股変化之法』の両書のごときは松永良弼などから出たものではないかと思われるけれども，これはまだ決定的にいい得られぬ．そうして関孝和の算法許状の目録中に勾股弦変化術というものがあるから，『勾股変化之法』はこれに基づいたものかも知れないし，この点において関孝和の免許から出たものだといい得られる．

かくして見隠伏三題免許は関孝和の二種の免許から出ているので，三題共に関孝和を筆頭として連記の署名を試みられることになったのであろう．しかもこの連名あるがために関孝和の当時からこの三種の免許段階が成立していたということにはならないのである．

かくして五段階の免許制度は思うに山路主住が制定したのであり，そうして免許の各種に亘りてすべて延享四年の年紀を記して，月日はこれを欠く所の控えが残されているというのは，前から存在したこれらの免許段階についてこの年に特にその写しもしくは控えを作ったというよりも，この年に山路主住がこれを制定して，その年号を記しておいたのが，山路の門人たる藤田貞資へ伝えられることになったものと見たい．

この推定はその理由が極めて強固だというのではない．したがって確乎不動の推定ではもとよりない．けれどもかなりに深い可能性があるように思う．関孝和の晩年から正徳年中の頃に例の算法許状及び算法印可が行われ，その後延享四年に五免許の形式が整うたまでの間に，その免許制度に変革があったかなかったかの問題は，今のところ，私は全くこれをいうことの手懸かりをも持たぬ．中根彦循の手においては，延享四年よりもやや先だてる寛保三年において，免許の三段階を立てていたのであるから，いわゆる荒木松永派においてもまた免許制度に少しも異動を生じていなかったろうとは，誰かいい得ようぞ．しかも後代に行われた五免許段階は山路主住が延享四年に確定したものらしく見たいのである．

**38. 概括.**

上記の叙述ははなはだ繁雑に流れ，くだくだしいので，ここにその概括を記すこととしよう．

(1)　関孝和はその著『数学雑著』中に算学許符及び算学印可という二種の数学免許の案文を記している．関孝和は生涯中の或る時期においてこの種の立案をしたものであり，二段階の免許制度を有したらしい．

(2)　関孝和が宝永元年(1704)に宮地新五郎へ授けた算法許状の実物が現存する．

(3)　正徳五年(1715)及び同六年(1716)の年紀をもって記された算法許状及び算法印可の写しが二ヶ所に存在し，その一つは宮地新五郎が授けられたものとほぼ一致する．『数学雑著』に記載のものとは文章も同じではないが，名称並びに二段階なることがやや一致し，関孝和当時の制を示すものと思われ，かつその歿後久しからざる年代において用いられたものと見える．

(4)　この二種の免許は後代における五段階とはすこぶる異なる．

(5)　五段階の免許については，延享四年(1747)の年紀を附したる免状控えがあり，今まで見聞する所の最も古いものである．その五免許の中にて四種までは関孝和，荒木村英，松永良弼，山路主住の姓名を連記し，別伝のみは山路主住一人の署名である．

(6)　山路主住が藤田貞資へ与えた別伝及び印可の免状は現存し，別伝には序文なく，山路主住の一人の署名であるが，印可は関孝和から山路までの連記である．

(7)　山路主住の子山路之徽が松江の多々納忠三郎へ与えた五免状もまた現存し，その中の印可は山路主住及び之徽二人の連名である．他の諸免状は関孝和以下の連名である．この別伝と印可との署名が前二項とはあべこべになっているのは怪しいが，これにはおそらく思い違いがあったのであろう．

(8)　延享四年の別伝控えの写しは後代のものと同じであるが，この中に松永良弼云云とあり，山路之徽の別伝ではこの文を書き改め，山路主住が松永から伝えられて云々ということにしている．この解釈を信ずべしとすれば，延享四年の控え並びに後代の別伝の文についても，その記載を同様に解すべきであろう．かつ山路主住一人の署名であり，後代にも山路を筆頭とするの風があったことから考えると，別伝は山路主住の始めたものと解してよい．

(9)　別伝の目録中には松永良弼晩年の著述も入れられているから，その時代より以前の制定ではない．故に松永良弼の歿後に山路主住が始めたのであろう．

(10)　印可の序文は前の算法印可とは全く異なる．けれども目録においては密接な類似がある．故に前の算法印可を改めたものといってよい．関孝和以下の連名にしたのは，これがためであろう．

(11)　けれども印可の目録には前の算法印可の中に見えたる演段の諸術並びに『解伏題之法』関係のものは省かれ，これらをもって伏題免許を作ったのである．いわば，算法印可が伏題と印可とに別けられたといってもよい．

(12)　印可の目録中には前の算法許状中のものをも採り入れ，いわゆる「関子七部書」は全部これを入れたのである．これは「関子七部書」として類別されて以後のことであろう．

(13)　別伝目録の終わりに太陰率があり，印可目録の終わりに太陽率があるが，この両者は互いに対応して命名したものに相違なく，太陰率は松永良弼の作であるから，太陽率の名称はこれより先だったものではない．故に太陽率なるものを記した印可目録は，おそらく別伝と同時の作であろう．

(14)　この太陽率は『乾坤之巻』を指すとは，内田五観がいっているが，その真偽は不明である．けれど太陰率が円理関係のものであることを思えば，太陽率を『乾坤之巻』とするのも，あながち不穏のことでもあるまい．これはもちろん，前の算法印可の中にはないのである．

(15)　見題免許の序文は算法許状の序文を写したのである．しかし目録は同じでない．

(16)　隠題免許は算法許状及び算法印可との関係がほとんど認められないが，中に算法許状の目録中の或る項目に類似のものはある．

(17)　ともかく，関孝和の著書『見題』，『隠題』，『伏題』の三部に基づいて，三題免許の名目は作られたのである．三題免許制定の年代は判明しないけれども，しかしその三題の名称は互いに関連し，したがって同時の制定と思われる．

(18)　見題の目録中には，統術，点竄等の名称があり，これらの名称は松永良弼から始まったものらしく，その旨は目録中にも但し書きとして入れているが，その記載は松永良弼自身の筆ではなく，山路主住が書いたものらしい．

(19)　これらの事情から推すときは，三題免許もまた山路主住の制定らしく見える．少なくも今日に知られた形式のものとしては，山路主住の制定であろう．

(20)　五免許段階が山路主住の制定とすれば，五免許共に延享四年の年紀を記し，月日の欠けた控えが残っているのは，おそらく山路主住がこの年に制定してその案文を作ったものの顕れであろう．私はこの年の制定と見たい．

(21)　これより先，中根彦循も三段階の免許制度を有したのであり，この時代には数学は次第に発達しまた整頓して，免許制度もまた拡張整頓を要する機運にあったといってよい．

(22)　山路主住が遺した所の五段階の免許制度はその流派においては後代まで継続して行われた．ただし印可を受けたものは多からず，その伝来はほとんど知り難しといってもよい．

(23)　内田五観が藤岡有貞，川北朝鄰等へ与えた別伝免許は，山路主住を筆頭とせずして，松永良弼を筆頭とする．これはその序文の解釈において，松永良弼の制定したものと考えたから，意をもって書き改めたのであろう．

(24)　また内田五観から出た別伝の序文は，他のものは独り荒木村英云云とあるのを，建部賢弘及び荒木村英の二人云云と，これも書き改めたのであるが，これは町見術免許というものを，関孝和から建部賢弘，それから荒木村英という伝承の順序を示しているので，あるいはこれに基づいての推定の結果ではないかと思う．

(25)　この町見術免許なるものは，他に資料がないので，その制定及び伝承も明らかでないが，連名の上に現れた伝承の順序には怪しむべきものがある．未だにわかにこれを信ずることができない．

(26)　川北朝鄰は『関流宗統之修業免状』なるものを明治二十三年に東京の理科大学へ差し出し，また別の稿本を遠藤利貞へ与えたものらしく，この書中には初めの三題免許は関孝和からの連名となり，別伝印可は共に松永良弼を筆頭とする．印可を松永良弼以下の連名とする記載は，他に見ざる所である．

(27)　遠藤利貞が『大日本数学史』において，三題免許は関孝和の制定であり，別伝印可は松永良弼から始まるとしたのは，この『関流宗統之修業免状』を直ちに史料としてこれに準拠し，考証批判を加えなかった結果であろう．しかもこれは史料とすべからざるものを史料にしたのであり，その判断もまた正しいものでない．

(28)　内田五観はその生前に川北朝鄰及び岡本則録へ印可状の形式を示さんがためにこれを伝えることをいっていたのであるが，ついに事実とならずに，明治十五年三月に歿した．そうして二人は未亡人から印可状各一通を授けられた．岡本の得たものは古い写しであり，関孝和から山路主住までの連名を記す．川北が得たのは，内田の肉筆であり，署名はない．これは岡本氏の談話であり，その二つの遺物は現に両氏遺族の所蔵する所である．

(29)　しかるに川北朝鄰は明治十五年三月に内田五観から印可状を授けられたと称し，内田の署名ある写しを理科大学へ差し出したのである．この写しには松永良弼を筆頭とする．しかも川北遺物中にかくのごとき内田の署名のある印可状はない．

(30)　これにおいて思うに，川北朝鄰は内田五観未亡人から得た印可状に署名がないので，自ら授与された別伝は松永良弼を筆頭とすることを思い，印可も同様であろうと考えて，理科大学へ差し出した写しには，印可へも松永良弼を筆頭として書き記したものではないかと思われる．かく考えて始めて，松永良弼を筆頭とされたる由来が解し得られるのである．

(31)　故に川北朝鄰は大正五六年頃に至りて，林鶴一及び長沢亀之助の両氏へ印可を授与したけれども，もとより正しいものと認めることはできない．林博士のごときはその印可状を有することを盛んに宣伝されているというが，これまたはなはだ不当である．

(32)　この事情は数学史研究上に大きな教訓を与えるものである．たとい印可状の実物があり，またこれを記した文書が現に存在しても，その印可は正しいものでないという悲しむべき事実もまた存在し，過去における尤もらしい記事のごときも，その間の情偽を詳らかにするに非ざれば，容易に確実なる歴史事実を顕現するものでないという実例を，我等の眼前に提供するのである．

(33)　遠藤利貞はかくのごとき怪しむべき印可状に基づいて，印可の制定をも推定したために，過誤に陥ったのも当然である．

(34)　しかるに関孝和以来の古い免状並びにその記載なども，その数は僅少であり，はなはだ不充分とはいいながら，これを見出すこともできたし，その比較研究によって，関流特にいわゆる荒木松永派の免許段階の制定並びに変遷について，多少にても従来の見解を訂正し，真相に近づくことを得たと信ずる．

(35)　免許段階の制定のことがやや明らかになると共に，その諸免許の記載によりて，算法の発達並びに取り扱い等に関する性質並びに由来についても，またはなはだ参照さるべきこととなるのである．

(36)　この故に本篇の研究は和算史上の重要なる一方面における従来の謬説を打破して，その真相を明らかにしたものであり，今後の研究上にも少なからざる光明を齎らすべきものであることを確信する．

（昭和六年五月二十四日稿）

# 9. 関流数学の免許段階の制定と変遷に就いて
## ――長沢規矩也氏に答う

私は嚮(さ)きに「関流数学の免許段階の制定と変遷」を論じ，本誌上で発表した．この研究にはずいぶん苦心をも積んだ，充分に真摯な態度を採ったつもりである．しかるに長沢規矩也氏は，やはり本誌上において（昭和七年三月，第十一巻第一号），この論文の一部分に対してではあるが，評言を試みられた[1]．批評を恵まれたことは誠に光栄であり，また感謝する．もしその評言にして学的批判であり，実際に即したものであるならば，たとい我が所説は根本から覆されたにしても，ありがたく御受けすることに，私といえどもあえて吝(やぶさ)かなるものではないけれども，不幸にして長沢氏の言は，少しも学的批評であるとは思われない．そうして実際の事情とははなはだしく隔たりのあることもいわれているのであり，すこぶる誤解を招くおそれがあるのは，遺憾でならない．長沢氏が如何なる目的をもってかくごときの言をあえてせられたかは，私の解し得ざる所である．私は事実を語って御答えするのが，当然の義務だと感ずる．

長沢氏の評言はわずかに一頁に止まり，極めて簡単であるけれども，私にとっては実に容易ならざるものである．あの文章で見ると，私は全くの虚言をもあえてするものであり，私のいう所は学究的態度を離れて，不当の言論を弄するものであるかのように思われよう．私がかくのごとき評言を受けることは，私の不徳の致すところであるから，甘受するのが当然であろう．けれどもかくのごとき虚言者は，研究に何らの権威もないはずであり，私が折角苦心した研究の結果も，全く無批判的に不信用を招くことにもならざるを得ないであろう．私は学究としての生命を断たれたも同然である．私は私自身のためではなく，

---

1）編者注：長澤規矩也「「関流数学の免許段階の制定と変遷」を読みて」『史学』11(1), 94-94, 1932-03. http://ci.nii.ac.jp/naid/120002971741 機関リポジトリ．

斯道のために黙して止むことができない.

今，念のために私の免状制定に関する論旨を要約すれば，関流の数学には見，隠，伏，別伝，印可の五段階があり，故遠藤利貞翁の『大日本数学史』(明治二十九年刊)以来，その中の前三者は関孝和のときに成立し，後二者は孫弟子松永良弼の制定であろうとされている．けれどもその制定もしくは成立について何も旧記は見当たらない．おそらく遠藤もしくは周囲の人達の推定であろう．しかるに古い免状類など探索して比較研究するときは，関孝和の時代には二段階であったらしく，五段階は松永良弼の門人山路主住のときからのものと思われ，このとき以後にも記載形式には異動がある．かくして内田五観の授与した別伝免状となり，川北朝鄰の『関流宗統之修業免状』となる．この和算末期の文献を基礎として制定当時の事情を推定したのが『大日本数学史』の所説であろう．故にその所説のごときは，この書の一出以来ほとんど定説のごとくなっているけれども，実は根拠のあるものではない．

私の研究の結果は大体においてかくのごときものであるが，かくして『関流宗統之修業免状』が，推定の基礎を誤るものとなったとすれば，その所載の出所もまたこれを確かめなければならぬ．これについては私はかねて岡本則録翁から聞いていることもあるし，このことをも一つの典拠ともしたのである．しかしながら私が単に岡本翁からの伝聞だけを典拠としたものでないことは，私の所説を読んだ人には，直ちに了解し得られるであろうことを信ずる．

岡本則録翁は和算界の故老であって，私の親炙(しんしゃ)した人である．私は翁から種々の談話を聞いたことも少なくない．私は時にはその談話を典拠として使用する．和算界の故老の経験談が，和算史の史料として価値あるものであろうことは，おそらく何人も否むものはあるまい．私が翁の談話を史料として典拠に採るのは，もちろん当然である．別して岡本翁は記述されたものが極めて稀であるし，またその談話に信用すべきものが多いのであって，翁の談話が典拠とさるべきことは，その可能性に富む．

けれども長沢氏が,「三上氏は何でも大抵岡本氏の言にもって行かれる」といっているのは，私はこれを了解し得ない．私はそれほどまでに岡本氏の言を典拠としたという自覚はない．長沢氏ははたして私が岡本氏の言をどれだけ典拠としているかを知っていわれたのであろうか，もしくは知らずにいわれたのであろうか，それも私の知る所ではない．しかも思うに，これはおそらく何らの根拠もない推測であろう．

長沢氏は私と岡本翁との関係について語られている．そのことの一部分は如何にも事実である．誠に悲しい事実である．私はこのことを公に記載しようなどとはかつて思わないことであり，今もこれを筆にすることを深く遺憾とするのであるが，しかしながら長沢氏がああいうことを公表された上は，事情を明らかにするために止むを得ないのである．

長沢氏の意見で見ると，三上は岡本翁が烟草好きなのを嫌って，病気と称して会わないほどの間柄であった．しかし現に東洋史談話会へは出席している．病気というのは虚言であろう．かくのごとき間柄にある岡本翁の談話を援引するのは，おかしい．したがってこの根拠の上に長沢氏の祖父長沢亀之助並びに林鶴一両氏の印可免状のことをかれこれいうのは，正論ではなくして，含む所があっていうのに過ぎず，採るに足らない．長沢氏はかくのごとき意味を表明したもののように思われる．

長沢氏の考えがはたしてかくのごときものであるならば，それは全く間違っている．私は大正八年，特に大正十年から昭和二三年の頃まで，はなはだしく健康を害していた．幾夜も続く不眠に苦しめられ，睡られないと，意志に反して妄想から妄想を生じ，限りなく疲労する．私が多年の研究を取り纏むべくして取り纏め得ないでいたのも，畢竟この不健康のためであった．しかしながら病床に臥したきりで動けないというごとき性質の大病人ではない．気分の好いときには公務にも鞅掌（おうしよう）した．研究をも続けた．長沢氏のいわれる通り東洋史談話会へも出席した．他の二三の会へも努めて出席した．私は一般の史学に造詣がないし，書物など読むことはむずかしいので，最上の錬磨であることを心懸けて，そのころの不健康な私としてははなはだ多くの犠牲を供しつつ努めて諸先輩の有益な講演を聴講し，研究法の修養に資したのである．そのことについては長沢亀之助翁を訪問したとき，及び翁が私を訪問されたときなどしばしば語ったことがあり，翁は充分に事情を了解されていたのであるから，今にして長沢氏がこのことについて翁が怪訝に思われていたといわれることを，私こそはなはだ奇異に思う．

その頃に私の最も困ったのは，来客の同情のないことであった．自ら人を訪問したときや，会などへ行ったときとは違って，はなはだしく拘束されるので，著しく健康にさわる．非常に疲労する．したがって不本意ながらも力（つと）めて来客を避けなければならなかった．私が困らされたのは，独り岡本翁にだけではなかった．翁もまたその中の一人であったのである．翁は学士院の書物を見たいというて極めてしばしば来訪されるし，書物を見ては一々内容のことなど反復談話されるので，私はその煩わしさに堪えず，書物は幾らでも御貸しするから，持って帰って見て戴きたいと御願いしたのであるが，見に来たいのだといってさらに御聴き入れなく，私は健康のために御相手ができないことをほとんど毎度のように告げても，一向に御構いがないのであるから，そのために私の健康は著しく冒され，ついに全く御会いすることができなくなったのである．翁が格外の烟草好きであるのも事実であり，私がそのために困らされたのもまた事実であるが，私は単にそれだけが嫌だというくらいの単純なことではなかった．岡本翁は書物を見に来たいといいながらも，実際は書物は幾らも見ないで，談話ばかりしておられるし，私がいなければ本も見ないで帰り，かえって私の私宅へ来訪されるという有様であって，翁の主目的が書見にあったとは，私はついに信ずることができないのである．今，一々事情を細叙することができないために，再び誤解を招くおそれがあるかを憂慮するけれども，今しばらくこれを省く．

私が岡本翁に御会いすることができなくなったのは，全く健康上のためであって，他に理由はない．私にとっても苦痛なことであった．故に私の健康がやや回復してからは再び御会いしたし，それ以後は前と同じにはなはだ親しくした．

私と岡本翁との関係はかくのごときものである．たとい一時は交通を中絶したこともあり，またあれまでに事情を了解してくれられないことを深く恨みもした．けれども私は翁から和算界の多くのことを聞いている．そうして翁の談話は事実に間違いが少ないことをも知っている．この故に関流印可の免状について，翁が語られたこと，それもしばしば繰り返して語られたのであるが，そのことを私は事実であると信じて疑うことができない．私がこれを援引したのは，これがためである．私が岡本翁の談話を信用して引用するのは当然であって，少しも不都合でもないし，おかしいこともないのであるが，私が健康上の理由によって翁と御会いすることができないという事情があったために，翁の談話を引用することに遠慮しなければならないとか，もしくは全く引用してはならないという理由があろうとも思われない．私は爾(しか)く確信する．しかるにもかかわらず，長沢規矩也氏は私と岡本翁との一時の面白からざる関係を理由として，かれこれいわれるというのは，私は全くその真意を了解するに苦しむのである．

これについて私はなお一層了解に苦しむものがある．私と岡本氏とのことについて長沢亀之助翁は調停の労をとりたいと申し出でられたこともあり，充分に事情を了解されて，深く同情を寄せられたのであり，同情を寄せた手紙をも戴いている．しかるに翁の孫である長沢規矩也氏がその事情を正しく解していないのが不思議である．尤も亀之助氏夫人の談に翁は家庭ではあまり物事を話さぬので，何も判らないのだということであったから，規矩也氏も充分に事情を聞いていなかったものとも思われる．もししからば，規矩也氏は充分に事情を知らないのにかかわらず，あえてこれを述べたものと考えられる．私は誠に苦々しく感ずる．もし知ってのことならば，正しく書かなければならない，もしよく知らないのであれば，書いてはならない．この種のことは必ず心しておくべきである．

川北朝鄰が内田五観から別伝免状を受けたのは事実である．そうして川北翁が林鶴一及び長沢亀之助の両氏へ印可を授けたのもまた事実である．私はこれを否定しようとはせぬ．けれども私が疑問とするのは，川北翁がはたして印可の免状を受けていたろうかという点である．川北翁は自ら受けたという免状の写しをも記しているが，岡本翁が内田五観病歿のときのことを語られたものがこれに反するのであり，私は岡本翁の談話の方が一層信ずべきであると見たのである．川北翁もまた私の親しく交わった先輩であり，この人とは初めから終わりまで何らの事故も生じないのであった．また川北翁は極めて親切であり，人の世話など好んでする人で，情誼に厚かったのである．けれども私はこの両翁の中において岡本翁の方がより信用すべきであるように思う．これについては川北翁が如何なる人物であったかを一瞥してみなければならぬ．川北翁自らは私へも旗本だと語られていた．私も一時は爾(しか)く信じていた．翁がかつて上野清翁を訪ねられたとき，やはり旗本だといわれ，市ケ谷に住んだといわれるので，上野翁は旗本の屋敷など記入された地図を披(ひら)いて，市ケ谷辺に川北という屋敷がないがどうしたのだろうと尋ねたが，何とも答えられなかったことがあるとは，私は上野翁から聞いている．

事実において川北翁は旗本ではなく，旗本中根家の内侍であり，中根氏の邸が市ケ谷にあったのである．

維新後に至り川北翁の戸籍は平民になるのであるが，初めに萩原という家の株を買い，何かの事情で破談になったが，後にまた大沢知勝という人の株を買い，同人二男ということにして士族の族籍を得たのである．

静岡の学校へ入るために，年齢が過ぎているから幾年か年少ということにして入学したが，このときの届け出の年齢が戸籍にも載ることになり，後に翁が起草された自筆履歴書にはその年齢を何年何ヶ月改何年何ヶ月と書いてある．

明治二十何年かの頃のことであろうが，翁が某雑誌に執筆されたものにつき，他の人の書いたものを取ったのだとか取らないのだとかいう議論が起きて，誤ったところも同じになっているから云々といわれて閉口したことがあったとは，故人見忠次郎氏から聞いている．人見氏もはなはだ信用すべき人物であった．

関孝和の生誕については誠に決定し難きものがあるが，川北翁が明治二十三年二月に伊藤雋吉氏の手を経てフランス人ベルタンへ書いて与えられた『本朝数学家小伝』中には，関孝和は江戸小石川に生まると見える．明治四十年に関孝和二百年祭のときの式辞には，寛永十四年上野国藤岡に生まると記した．その出典は関孝和の実家内山氏の系図か何かにあったのだといわれるのであるが，現存の諸系図には見えないし，かえって不明とさえ書いたのがある．そうして関孝和が寛永十九年三月藤岡に生まれたという普通の流布説は，明治二十五年十一月の雑誌『数学報知』に出典を挙げずに「山口九一山人」という名で出たのが，私が知る限りの初見であるが，川北翁は大正五年に私と『伊能忠敬』の著者大谷亮吉氏とに対し，この説はニュートンと同年の生まれと見て自分が作ったのだと語られたことがある．翁はかく関孝和の生誕について少なくも三様に説いたが，いずれも出典が不明であり，真偽もまたすこぶる怪しい．

これらのことから考えてみると，川北翁は必ずしも実の伴わないことをも時には構成されたようであり，関流印可の免状についても私が前に論じたようのことがあったとして，むしろ事実らしく思われるのである．これも私の論旨を援(たす)くべき一傍証とするに足るであろうと思う．

印可以外に町見術免許のことも私は前に記したのであるが，この方にも疑いがあるのであり，町見術すなわち測量術の伝承など考えてみても，ますますその疑いを高めるばかりであるように思う．これはいずれ町見術の来歴の論中に説き及ぶであろう．町見術免許に疑うべきものがあるのは，引いては印可の疑いを強めることとなる．

それから川北翁の著述であるが，その中に『円内容八円術』という一稿本がある．また他に岩田好算編の同表題の写本があり，両者共に同一事項を説く．そうして川北翁の著述中にはその一部分に岩田の解法とは別の解法を取ることをいってあり，その部分は全くその通りになっているが，他の部分は岩田の著書と同趣意の算法を多少計算し改めたというに過ぎない．

高久守静の『極数大成術』につき，川北朝鄰訂と署した稿本があるが，高久氏自筆本で，川北訂と記してない本と比較して，誤写と思われるもののほかには，全く一字一句の異同もない．

『数理起源』百余巻は川北翁の著述中で最も大切なものであるが，諸先輩の解義類を得るに従って，多少字句を修正し，あるいは算式文章を改めなどして収録したというのみに止まる．

『浅致算法余論』においては，平野喜房の『浅致算法』の附録に見えたる問題に関して，正邪の議論あることを記しているが，川北翁自身の判断はしてない．したがって正しいとする方に賛したのか，邪とする方を採るのかも判然せぬのである．

はなはだしきに至っては，円壔と円錐の斜截面が別種の曲線なりとさえ説いたことがある．和算書中にこの見解の誤りであることを記したものは幾らもある．

詳らかにこの種の事項を列挙するときは，冗長に流れるので今はこれを省くけれども，要するに，川北朝鄰の和算に関する学識は決して高いものではなく，独創能力ある和算家であったと認むべき理由は見出されないのである．和算の解義類を集めて編纂するのが，この人の最も大きい事業であり，それだけで終始したといってもよい．

このほかに和算家の伝記に関する研究などもあるが，これもその識見を見るべき料とはならない．

明治十年代の頃に長沢亀之助と或る問題で論争したことのある縁故で，長沢が上京して尋ねてきたのを自宅に寄宿せしめ，後に西洋数学書の翻訳に当たらすことになったのだということであるが，この点のごときも川北翁が人の世話をよくする人であったことの一例である．初め川北は上野清と共同してこの翻訳事業を起こすことにしたが，或る事情で衝突し上野に代わって長沢が事に当たることになったのである．そのときの諸算書はすべて川北朝鄰閲となっており，長沢の訳したものを川北が自筆で写したものが現存する．川北翁が多くの労力を掛けてこの種のことにも当たられたという事情は，これからでも想い見られる．要するに川北は親切で世話をするのと，友情に厚いので，諸算家の間に重きを成したのであり，学力識見の優れた学者ではないのである．

私はかくのごとく見るが，川北翁に独創能力の優れた述作のあったことが示され，私の見解を破らるることもあらば，私は最も嬉しいのである．川北翁のために誇るべき美しい業績を挙示し得ないことは，私の深い悲しみである．

私が見る所の和算史上における川北朝鄰の地位はかくのごときものであるが，もしこの見解に誤りなしとするならば，川北朝鄰が印可の免状を授与さるるに適当な業績の人であったと認めることもできないはずである．私は爾く確信する．

私が前の論文中にも記した通り，岡本翁は昭和五年の末に，内田五観が自分も川北も印可を受ける学力があると認めたのではないといわれたのであるが，私は岡本氏とは別に川北朝鄰の業績の評価からして，岡本翁のこの談話が虚ならざるべきことを思うのである．

この種の見解からしても，内田五観が川北朝鄰へ正統な意味で印可を授けたことはなかったであろうと見たい．

また『関流宗統之修業免状』の書名に見るごとく，川北は印可免状に関連して宗統という名称を使用しているが，別伝を得たものを宗統と称し，印可を受けたものが正統といわれるのが例であったらしく，川北翁も後には正統ということをもいっているから，ここに宗統と正統とが混同されているのも，怪しく思われる．

これらの事情を思うとき，長沢規矩也氏の評言によって，私の所説は少しも動揺することを感じないのである．

初め川北朝鄰の伝記については，私は翁の生前に一通り書き綴ってもらいたいことを翁自身に依頼しておいたのであるが，翁の歿したとき，長沢翁がその草稿を遺族から受け取られ，遺族の依頼によって伝記を起草されるつもりであったが，岡本翁の牛込横寺町の寓居で私と長沢翁と三人で会見したとき，長沢翁は川北のことは別に書くべきこともないから，この種のことはむしろ私に託したいということであり，それから遺族からも頼まれて，私が執筆することになった．別に書くことがないというのは，もちろん，業績の挙ぐべきものがないという意味に，私は解する．しかるに私が最も健康を害したのがこのころからのことであり，長くその約束を果たすことができなかったが，後に督促されて書き送った．誠に苦しいことであるけれども，印可免状のことでは窮せざるを得なかった．しかし如何に親しい先輩のこととはいえ，自ら信ぜざることを曲げて筆述するごときことはできないので，岡本翁から聞いているようなことを書いたのである．岡本氏の談話によって，内田五観が生前に川北，岡本両氏へ印可を授けるといっていたというから，内田の意味はともかくもとして，内田の遺命で授けられたと見られぬこともあるまい．けれどもかく見るためには『関流宗統之修業免状』の記載に窮する．遺族からはこの点がどうにかならないかとのことで，誠に困った．これについては林鶴一氏へ，川北翁が内田から印可を受けたという確証があるなら知らせてもらいたいことを，念のために問い合わせてもみたが，自分の方にはないから，私の方で取り調べてもらいたいという返事であった．また昭和二年の春，長沢翁が和算史編纂の相談のために来訪されたときの談に，あの問題はどうにかならないかといわれたが，私は証拠さえあれば如何ようにもするが，岡本翁の談話を打ち破るだけの証拠がないので如何ともし難いのが残念だと御答えした．

ついでにいっておくが，長沢翁のこのときの談話に，教科書だけではいけないから，何か研究を遺しておいてもらいたいと，孫がいうから，かねて和算を調べてみたいと思っていたのでもあり，今度いよいよ着手することにしたい．ついては和算史研究家には参加してもらって共同でやりたい．出資の依頼もしてあるし，今少し話が進行したら会議をして決定したい．私へも参加してくれよということであった．私は某書肆から依頼を受けていることなど話したが，その書肆はひどいことをするからという話であり，また他で発表してもらっては困るという話であった．一通り研究のできている私としては，実ははなはだ不利益な条件であり，私は参加しても利益のないのは明白である．それに長沢翁は教科書作者としての功労者であるのはいうまでもなく，また数学書の横書きを創始した功績もこれを認めるけれども，和算史についての見識は私は一切知らないのであり，これから研究を始めるとして如何なる結果が得られるかは，もちろん，未知の問題である．この点にも私は不安なきことを得ない．長沢氏はかつて和算という名称が面白くない，本朝数学と呼ぶことにしたいと称し，私へも賛成を求められたことがあるが，私は敬服し得ざるをもって，学士院では和算史調査といっておりますと，答えておいたことがある．これなどは価値ある主張ではない．それに遠藤翁の『増修日本数学史』の出版に際し，関係者の合議をするので，私はずいぶん困らされた経験もあるし（このとき，長沢翁には関係はなかった），私は局外におって批評によって援助する方が適当であろうと考え，また他に関係していることもあるし，参加のことは体好く御断りしなければならなかったのを，誠に残念に思う．もちろん，翁が半年後に他界されるとは思わなかったけれども，最早七十歳に近い人でもあり，また脳溢血を病ったことのある人であるから，事業完成までの存命を希望することはむずかしいように思われたし，万一の場合には研究進行上に困ることにならないとも限らないから，そういうことも考えると，私はどうしても参加する気にはなれなかったのである．翁から相談を受けた好意は今でも感謝しているが，御断りしておいたこともまた止むを得なかったと信ずる．

その後半ケ年にして長沢翁は病歿された．ついで令孫規矩也氏から翁の記念に関する文章を集めて出すことにするから，私へも書いてくれということであった．私は一通りの見解を書いて送った．それについて長沢氏からも尋ねられたこともあったが，私は信じているように談話したのであった．岡本翁も頼まれて何か書き送ったと語られたが，如何なることを御書きになったかは知らない．それらの文章はそのままになっているし，長沢氏からは何らの挨拶もないのである．

かくのごとき事情であるから，長沢氏が免状に関する私の従来の経緯を知っているので，私へは何とも答えなかったといわれるけれども，もししからばそれを知りつつ，また承認すべきでないと信じつつ，私へ記念文の起草を依頼されたのであったろうか，これも私には了解し難きことである．

長沢氏が「家父と同氏(すなわち私)と一面識もなく」といわれているのは，もちろん事実である．私も同氏と面識ありと称したことはない．

長沢亀之助翁の碑文は，如何にも立派にできている．私は或る機会に推称したこともあり，また雑誌『斯文』へ載せて適当であろうと考えたので，長沢氏へ話したところ，自分からはいえないということであったから，私から飯島忠夫博士へ話して，幸いに取り入れられ，同誌を飾ることになり，私もはなはだ喜んだのであった．私はこの碑文には誇張なく，そうして故人の性格功業を躍如としているのを喜ぶ．

初め碑文の作製につき，岡本翁が何人からか相談されたことがあり，そのときの原稿は極めて粗雑なもので，これではいけないといって，岡本氏が私に示されたのであった．中学校の先生か何かの執筆のように，岡本翁は語られた．私は翁の孫が支那文学専攻の学士であり，師事された人には漢文に長じた先輩が幾らもあるから，そういう人に書いてもらったらどうかと話したこともある．しかし岡本翁がこの碑文について如何にその相談へ答えられたかは，私は聞いておらぬ．後に建碑が終わって，碑文の印刷物などの贈与を受けたとき，岡本翁と談会々(たまたま)そのことに及び，翁は断ったから自分は贈られておらぬと御言いになったので，気の毒な思いをしたことがある．

長沢翁の碑文並びに伝記において，翁が印可の免状を受けたことが書いてないのは，長沢氏が特に私の意見に従ったのではないといわれているから，それは事実であろう．翁は和算家ではなく，一箇の著述家であるから，免状のことをいうに及ばぬというのが，長沢氏の意見である．菊池大麓先生がかつて私へ語られた意見が全くこれと関連する．和算家でないものが和算の免状を受くべきではないというのである．この見解については賛意を表することを私へ告げられた人が近頃幾らもある．これは全く当然である．

要するに，私は岡本氏とは健康上の関係でしばらく御会いすることができなかった事情もあるが，しかし岡本氏の談話は信ずべきであると思うし，川北氏はときどきいたずらをもされる風が見えるので，場合によっては典拠とし難いこともあるのを遺憾とする．そうして私が岡本氏の談話を典拠としたものが，翁の歿後に至って始めて試みたものでないことは，かえって長沢氏の評言からでも明示されよう．しかるに私が翁の談話を典拠とするのがどうして不当なのであろうか．私は上記のごとき考証上の立場からして論じたのであるが，含むところがあるためとか，あまりに自己本位であるとかいわれることも，全く了解ができない．長沢氏の文で見ると私は如何にも虚偽をあえてするもののように見えよう．けれども，私は少しも虚偽など冒していないつもりである．私には長沢氏の真意が那辺にあるかを解することができないのである．

因みにいう．いつか長沢氏は私へ近頃支那では医学史の研究が進み良いものがだんだん出ると語られたので，私はこれらのことを全く知らないから，知りたいと思うが，如何なる人が如何なるものへ書いているのか，またいずれにあるのか知らせて戴きたいし，日本医史学会の人達へも紹介したいと御尋ねしたところ，御答えを得なかったことを今に遺憾に思うが，実際かくのごとき研究の発表されたものがあるのかないのか，今もやはりこれを知りたい．知らさないのであれば，初めから話さない方がましである．

また岡本翁作製の目録につき，分類などの基礎を過ったものであると，私が森銑三氏へ話したところ，私は如何なる様子になっているかの細目などは語ったのでもないから，これだけで判断のできるはずはないと思うけれども，その席におった長沢氏は傍から口を出して，言下にそれは見方の違いであろうといわれるのであった．その目録または分類について見聞のないと思われる長沢氏が如何なる根拠によって判断されるものか，これも私の了解し得ないところである．今回の評言のごときも，実際の事情など一切度外視されているのであり，全く科学的根拠あるものとは，私の解し得ないところである．私は誠意ある批評に接する機会のあることを待っている．

免状制度の事項について，当（まさ）に引用すべきであった二三の史料で，私の見落としたものもあるが，これらのことはいずれ別の機会に記述添加するつもりである．

私はこの解嘲の文を結ぶに臨み，私の前論文を精読して長沢氏の評言と比較されることを切に望む．今日においてこの文を綴らなければならぬほどの不祥事が起きようとは，私の予想しないところであったことも，特に附け加えておく．

（昭和七年四月十一日識す）

# 10. 歴史の考証に対する科学的批判の態度

本誌第十一巻第三号に長沢規矩也氏の書かれた「史料の扱ひ方について」[1]という一文を読んで，私は全く驚かされた．その文中には

和算研究費補助を啓明会に出願した当時，祖父から三上氏に相談したのも，実は或理由を私が祖父に提供したのに基くのである．

と記されているが，昭和二年に長沢亀之助翁がその相談のために私を訪われたときの談話には，啓明会云々のことは少しも話されずして，書肆西野氏の未亡人が出資してくれることになっているが，その金額は人件費として月々某々の額を出してもらったらどうであろうか，ただし研究の結果は西野からは出さず他で発表することにしたいというようなことであった．書肆西野氏と啓明会との相違は如何なる理由に基づくであろうか，私は今深き疑惑に打たれる．

規矩也氏が祖父亀之助翁の和算研究計画に参与しておられたや否やは，もとより私の知らない所であるが，氏自ら語られるからには，事実であろう．しかも翁からはそのことを告げられたこともないし，また想像だにも及び得る所でなかった．和算もしくは和算史に興味を有せらるるやをも知らないのである．しかるにもかかわらず，私への相談には規矩也氏が祖父へ或る理由を提供したからだといえば，その理由とははたして如何なるものであったろうか．そのことを聞いて，私はただ，呆然たるのみである．翁の真意ははたして那辺にあったか．

亀之助翁が前から和算に興味を有せられたことは私もよくこれを知る．多少は和算書を集められたこともまたこれを知る．しかし多少の興味を有する人は

1） 編者注：長澤規矩也「史料の扱ひ方について」『史学』11(3)，483-484, 1932-10. http://ci.nii.ac.jp/naid/110007472944, CiNii 論文 PDF オープンアクセス，機関リポジトリ．

幾らもあるし，これだけの事実が，はたして和算史研究に堪能なりや否やを判断すべき料とはならぬ．私はその意味を述べたのであって，それしきの事実をも否定しようというのではない．一般の歴史についても，多少これを知り，多少は歴史の書物を読んでいるものは世にも乏しくないが，誰かこれらの人々を指して歴史家なりというものがあろう．私自ら研究を発表せざることを条件としてまで，他人の事業に参加するからには，充分にその価値を確信し得ることを必要とするのであるが，私はその価値を認むべき根拠を得なかったことを悲しむのである．私に他意はない．誤解なきことを望む．

静嘉堂文庫での談話云々の件は，そのときの長沢氏の談話は極めて簡単なものであったが，云々のことを私に知らせようとしたのだと，今の文に見えている．しかしその簡単な談話によってかくのごとき意味を人に伝えることは全く不可能であって，私もまた全く了解し得ないのであった．知らせたい希望があらば，知り得るように告げることが，すべての場合に必要である．しかし私の業績に対し，私の研究態度に対し，評論にもせよ，訓戒にもせよ，これを恵まるるならば，私は必ず感謝をもってこれを御受けする．しかし今，長沢氏が述べられていることは，事実にも該当しないし，またその真意をも摑むこともできないのを遺憾とする．事実の穿鑿もしないで，不確実なることのみ並べ，一方的史料を伝えると称するごとき，不誠実なる態度を放棄して，懇切に評論を加えていただきたいのが，私の切なる希望である．

私は岡本氏の和算書目録の編纂を讃美し得なかった．私のこれに対する評言は，単に科学的価値批判の如何に基づくのであって，他に如何なる理由もない．私自身の能力，態度もしくは成績がどうあろうとも，それで左右されるものではないことを確信する．長沢氏がこれを混同せんとする態度に，私は敬服することができぬ．長沢氏のその態度は断じて科学的の批判でない．今や幸いに岡本氏編纂の目録は刊行されているから，試みに如何なる分類が試みられているかを一瞥されるがよい．その価値如何は直ちに判別されよう．書名の変更されたものや著者名及び年紀の適不適などは実地に当たって検せざれば，容易に識別し難いけれども，分類だけは一見直ちに判断し難くない．私の批評の適否を示さるることもあらば仕合わせである．いわゆる学者といわゆる目録学者とは味方が違うの違わぬのなどいう事情はさらに認めらるべくもあらず，私は公平無私に判断することを望むのみである．

長沢氏が私の真意を了解せず，また了解しようともせずして，妄りに見当違いの希望を寄せらるることは，私はその真意が那辺にあるかを了解し得ないのである．

私は帝国学士院において和算書の蒐集に鞅掌したが未だ整理に着手し得るまでにはなっておらなかった．着手しなかったのが悪いといわれるならば，私は甘んじてその評言を受ける．しかし整理に当たったなどいわれては，全く事実に反するのであり，事実を知らざるものの妄言に過ぎないことを，ここに明言する．

さらに私が極めて不思議でならないのは，

> 併せて，図書館側では，書物の内容ばかり読んだり，ひねくったり，甚しきは書物を館外に持ち出して，整理の方は忽にする学者は之を要求しないものであるといふことを図書館員として御両人に述べたに過ぎぬ．

とあるが，そのとき長沢氏は全くこの種のことをいわれたことはないのであり，全く局外の人である森銑三氏が，たとい長沢氏の胸臆中には潜んでいたとしても，言語に表しもしないことを了解されようはずもあるまいと思われるものに，長沢氏はどうしてこれほどのことを語られるのであろうか．全く怪訝に堪えない．

かつここにいわれていることは，何人かそういう挙動のあった人があり，それはよろしくないことであったといわれるのであろうか，それとも単なる理想をいわれるのであろうか，それはいずれにも取られるが，しかし極めて誤解を招き易い書き方である．もし万が一にも私がかつてそういう罪悪を犯したことがあって，それを詰問されるという意味であるならば，全く的なきに矢を放つものたるに過ぎぬ．私はかつて研究員として帝国学士院の嘱託を受けたけれども，未だかつて文庫員としての任に就いたことはないのである．蒐集もまた研究のためにこれを試みた．試みに学士院から諸方へ発送された依頼状を見るがよい．編纂材料の調査のためとあって，単に蒐集しておくだけだとは書いてない．研究用に書物を読むのは当然ではないか．蒐集上にも研究を必要とする．別して書物を館外に持ち出して云々というがごときは，何のことであろうか．私のおった当時には，川北，岡本，長沢諸氏へも書物を御貸したこともあるし，私自身借りて帰ったこともあるが，禁を冒して持ち出したことはない．私が去って後にも，岡本氏も長沢氏も借りているし，私もまた借覧したが，いつも相当の手続きを経たのであって，何ら非難を受ける理由はないのである．長沢氏がもし私を意味していわれるものならば，人を誣ゆるもまたはなはだしい．

この種のことから見ても，長沢氏が事情を精しく知らないことは極めて明らかである．私と岡本氏との関係についても，長沢翁は委細の事情を了解されていたにかかわらず，規矩也氏のいうところはこれに該当せぬので，私は同氏が事情を知らないものと解するのである．

祖母の言云々というのも，規矩也氏のいうごとき意味の談話ではなかったのであるから，これもまた弁じておく．私がこの種の談話を基礎として判断を下すことを，規矩也氏は，非難されるけれども，如何にも氏は若干のことは聞いているであろう．しかも聞かなかったものが残っているならば，知るべき由もないのであるから，その辺は必ず考慮の中に入れなければならぬ．

私は関流免状に関して岡本翁の談話を引証した．前にもいうごとく，翁の存生中からこれを記したのであり，私以外にも聞いている人が今も幾人かある．かつ他の事情からもその談が真実と思われることは，私が前に論じた通りである．私はこれを史料として適切に使用したと信ずる．しかるに規矩也氏は私の論旨を評論批判することをもせずして，故人の談を史料にするのが云々とのみいうのは，はなはだ当を失するものであり，科学的批評的の態度ではない．

長沢氏は泥仕合といい，私の論旨が中心を外れて来たようだなどいわれるけれども，私はただ，虚言をあえてするかのごとく説かれたに対して解嘲の弁を作ると共に，免状の由来に関する論旨を防衛するに努めたのみである．私は特に同君の反省を需める．

三

# 円理史論

# 11. 円理の発明に関する論証
――日本数学史上の難問題

## 1. はしがき

関孝和が円理を発明したとは，普通一般に行われている見解であり，ほとんど異議を挟むものはないのであるが，私ははなはだこれを疑問とし首肯することができない．故に和算史の研究に着手して間もない頃からしてこれを問題とし，論究したのであった．これについては理学博士林鶴一君と意見の相違を来たし，論争に花が咲いたこともあった．私はその頃から二十余年間を通じて終始同様に考えているけれども，ただ私がこれを論じたのみで，他の何人も関孝和創意説を棄てたものなく，私は独り見棄てられているのである．あるいは四面楚歌の声を聞くといってもよかろう．けれどもいずれの記述を見ても全然無批判的であるか，しからざれば考証の当を失したものに非ざるはないのであり，私は依然としてただ一人でも自ら信ずる所を守っている．しかしながら私が以前に関孝和の発明ということを否定せんとした論拠は基礎はなはだ薄弱なものであり，論証もまたはなはだ幼稚なものであった．かくのごとき議論をもって普通の定説を動かそうというのは，もとより無理である．私がもし従前の議論だけを固守していたならば，幾十年，幾百年の後に至るといえども決してただの一人の賛同をも得ることはできないで終わるであろう．私の所説に賛意を表する人を得なかったのは，賛同せざる人に罪があるのではなく，当然の成り行きであった．私は充分にその事情を認める．

けれども今これを熟考するに，私の主張は決して無理ではない．私はその後に見出し得たる幾多の史料により，また新しい見解によって，私が前に考えた見解を充分に立証し得ることを信ずる．よってここにこれを論証してみたいのである．

## 2. 円理の諸書，その算法の概要

円理の発明者が何人であるかを論ずるには，円理とは如何なる算法であるかを概略だけでも知っておかなければならぬ．この算法を記載した算書としては，関流すなわち関孝和の流派で最も秘伝としたと称せられる写本に『乾坤之巻』があり，これはいわゆる仙台本と水戸本とがあって，一つは簡であり，一つは繁である．『乾坤之巻』の長文のものと内容が同一であって，しかも『弧背之理』という書名で伝わっているものもあり，また書名を欠いたものもある．

第二には外題を『円理綴術』と称し，内題を『円理弧背術』とした写本があり，建不休先生撰とされている．

第三には『円理発起』と題し，淡山尚絅撰のものがある．

これら諸書は大体において所載の算法が同一であるが，些細の所で多少の異同がある．この異同や，また使用された代数記法もはなはだ注意を要するのである．

算法の大体をいえば，円弧の径と矢とを知りて弧背の自乗を求めるのであるが，矢というのはその弧の中央から引いた直径が弦と交わるまでの長さを指す．この算法を行うためにはまず弧内に二等弦を容れ，次に四等弦を容れ，次第に等弦数を二倍にする．そうして径と矢とで半弧の矢を求める．これは二次方程式となり，帰除得商法または綴術と名づくる算法によってこれを無限級数に展開する．その結果は西洋ではニュートンの創意と称せらるる所の二項展開法と一致するのである．

この展開結果の級数を使用してさらに四半弧の矢を表す所の二次方程式が作られ，やはりこれを展開して無限級数を得るのである．

かくのごとく次々に八分一弧，十六分一弧，……の矢を表すところの級数を作る．

この算法は幾らでも次々に進めて行うことができるから，理論的にいえば任意に $2^n$ 分弧の矢の展開式を得られるわけである．しかし実際には次々の各級数の項数も限られた項数だけしか求めてないし，また級数の数も幾件かで中止せねばならぬ．故にかくして得たる結果に基づいて帰納的の推理を行い，その各級数の諸係数が前後に接続する法式を探り求められるのである．

そういう風に算法を立て得られるわけであるが，実際には次々の矢を表す級数についてその一般の形式を探り索めることはしてない．次々の矢の級数へ直径を乗ずると，その次の小弦の自乗となるし，その等弦数が分かっているから，その等弦数の自乗を掛けると，弧内にその数だけの等弦を容れた全体の長さの自乗を得るのである．それが次々の級数として出て来る．これらの次々の級数について諸係数の前後に接続する法式を求めることにする．

これらは次々の汎背冪と名づける．冪とは自乗ということであり，汎背というのは弧背の概値ということである．

かく次々の汎背冪を作って算法を攻究するのであるが，汎背冪の代わりに汎半背冪を用いる．もちろんそれは理において同じことである．

かくしてその諸級数構成の一般法式を索めるにあたって，『乾坤之巻』には招差法を用い，『円理綴術』には零約術を使っている．招差法は元の郭守敬もこれを使ったもので，関孝和がこれを説きかつ応用したものであった．

零約術というのは関孝和も説いているが，その後になってよほどの発達を遂げたもので，小数を分数に還元することに関する．円理の上で現れた零約術は小数を分数に還元することには相違ないが，しかしただの零約術ではない，循環小数を分数に還元する特殊のものであり，後には一周零約術と称せられたのである．故に零約術とのみいってはいるが，単なる零約術だと考えてはならない．現にこの名称のために考証を誤った数学史家もあるから，これはよく注意しておきたい．

一方に招差法を用い，一方に零約術すなわち循環小数還元法が用いられているというのは，算法全体の上からいえば些細なことであるけれども，この区別は考証上の目標ともなるのであり，そのためにはなはだ重要となる．

かくして円弧を2等分し，次に$2^2$等分し，次に$2^3$等分し，……その各場合の小弧の矢を表す所の級数へ，径を乗じてその結果は，$2^n$等分の場合であると$2^{n+1}$等分の小弧の弦の自乗となり，これへ$2^{n+1}$の自乗を乗ずれば，$2^{n+1}$等弦を容れた全長の平方となる．その結果の級数において$n$が無限になった極限を求むれば，すなわち円弧の自乗を表す級数となるのである．これを弧背冪の級数という．

これが円理の算法の大体の筋道である．

## 3. 淡山尚絅編『円理発起』

円理の算法を記した算書中で，年紀の記された最初のものは，『円理発起』であり，「久留重孫門人淡山尚絅編」で，序跋は享保十三年(1729)及び同十四年の年紀を有する．淡山尚絅というのは実名ではなく，蜂屋定章序の首に淡山尚絅という押印があり，また中根元圭の著述の写本に淡山尚絅が写したことを記し，俗名蜂屋小十郎定章と記したものもある．故に淡山尚絅とは蜂屋定章の雅名であり，幕臣である．この書には蜂屋定章及び中根元圭の序があり，はなはだ貴重な史料であるから，今これを挙げる．

……円理…….於二此一術一者．和漢翕然倶失二真理一也．於嗟難矣也．至二円之真理一也．越(ここに)惟建部賢弘．悟二了和漢未発之真術一也．嗚呼奇哉妙也矣．真可レ謂二算術之神人一也．予游二関子之高弟久留重孫之門下一．棲二心於円中一．爰有レ年焉．頃窃推二考賢弘之意一．於レ是作二為此書一．欲レ令下好二算学一之士明悟上．然予短才鄙文．如二字法一嘗所レ不レ知也．庶幾観者．不レ拘二文字一．有レ執二術意一．而固二守古法一．以莫レ忽レ之也．書者不レ盡レ言．如二此真術一．於二厚志懇望之輩一者．面二授之一而已．時享保龍集戊申初秋下弦日．蜂屋小十郎定章序．

また中根元圭の序文は次のごとくいう．

数之難レ明．円為レ最．故其説世多端．……今我国家．文化百有余季．達者逓興．発明間出．而其最異者．惟東都建部君乎．君潜二心於数一数十年．殆忘二寝食一．方二壬寅春一．豁然有レ得．了二其真数一者．以示二諸学者一．則愕然謂．神耶．俾二人得レ如下披二雲霧一観中青天上者．嗚呼．君也実千載一人也已．抑亦君日域之光也．頃者淡山先生．旁窺二其秘一．乃著二其説一．粲乎昭晰．亦猶二白日一．将下以貽二来裔一施中無窮上．可レ謂レ厚矣．余時来二東都一．奉レ教訳二暦算全書一．畢レ功且二西帰一．先生携二其稿一．来徴二一語一．余不佞．亦喜三円数之大明二于世一也．不二敢辞一．卒援レ筆題二其端一云レ爾．

享保戊申冬十二月壬辰．平安平璋元珪書．

この両序を見るに，書中に記す所の円理の算法は建部賢弘が，数十年来の研究によりて壬寅(享保七年，1722)の春に豁然としてこれを解得し，人に示したところ，人皆歎嗟して措かなかったものであるが，久留重孫の門人たる蜂屋定章もまたこれを伝えられ，よって『円理発起』の書を作ったというのである．

なお，厚志懇望の輩にはその真術を面授しようといっているから，この『円理発起』よりも委細に記述した原本があったらしく思われる．

私は初めこの写本の存在によって，円理の算法は建部賢弘の創意から出たことに疑いないと考え，これを主張したのである．けれども序跋の記載はずいぶん事実を曲げて書いたものもあるから，文意の通りにのみ解してよいかは問題たらざるを得ぬ．この書には前記のごとく両序あり，また曲成軒菅原長遠なる人の跋もあって，この跋は享保十四年己酉二月甲午と記す．かくのごとき序跋があるのは，おそらく刊行の意があったものらしいし，刊行算書には師の作品を門人の名義にしたものなども珍しくないから，この書もまたかくのごとき事情がありはしなかったかの疑いがないでもない．故に私もこの書の存在だけで，円理は建部賢弘の創意であること，確乎疑うべからずとの主張を，まっしぐらに押し進める勇気はない．

けれどもこの書の年紀は信じてよいであろうし，その年紀においてこの書中に記載されたごとき形式の算法が建部賢弘，中根元圭，蜂屋定章等の間に知られていたろうこともまたこれを信じてよいと思う．かつ序文で知られるごとく，その頃にはこの算法を極秘にしたものでなかろうこともまた思われるのである．これだけの断定はかなりの確実度をもって主張し得られると思う．

## 4. 建不休先生撰『円理綴術』及び本多利明識語

次に『円理綴術』，内題『円理弧背術』について観察してみたい．この書は巻首に「建不休先生撰」と記す．故にもと著者の署名がなかったのを後に書き加えたものに相違ないが，建不休とはすなわち建部賢弘号不休である．序跋も年紀も記載されておらぬ．

この書にはその前後に本多利明の識語がある．巻頭の識語は次のごとく見える．

> 此書ハ関孝和先生ノ遺書ニシテ，関流一派ノ長器ナリ．曾テ延宝年間ニ関家絶滅，其後，先生ノ高弟タル建部家ノ属客タリ．建部生ト倶ニ謀テ此円理弧背密術ヲ造製シテ，名テ綴術ト云フ．而コレヲ門弟子ニ授ク．余ガ師今井兼庭コレヲ得テ，又コレヲ余ニ授ク．以テ鴻宝トス．文化五戊辰年五月望．
>
> 魯鈍斎利明誌

魯鈍斎は本多利明の号である．文化五年は1808年に当たる．

この文中には延宝年中に関家絶滅云々とあるが，これはもとより誤記であり，延宝年中は関孝和在世中であるから，享保年中の誤りでなければならぬ．けれども故遠藤利貞翁が私に示された写本は本多利明の印章の押されたものであるから，後の誤写と認むべきではない．また諸写本は皆同様である．

巻尾の識語は次のごとくいう．

> 此書，建部不休先生之製作也．其向授時暦之起源詳解(挙世曰二建部之六巻状一)撰著之時．製二作円周率之密法一．而秘二蔵於殊一者．乃此書也．余師兼庭授レ之．復重宝矣．余再授レ之．而為二至実至宝一．秘二蔵焉一．本田利明謹誌．

本多利明は時には本田と記したこともある．かく本多利明は前後に別々の記載をしているのであるが，一つは建部賢弘が『授時暦之起源詳解』を著作するときに円周率算定の必要上からこの書を作ったというのか，もしくはあらかじめこの書の作があって，これを使って円周率の密法を算出したというのであるが，要するに建部賢弘の作としているのである．しかるに一方では関家絶滅の後に，何人であるかは明記はしてないが，つまり関の養子新七が建部家に寄食した際に養父関孝和の遺書たるこの書の原本を建部生に差し出し，相談の上でこの書が作られたというのであって，前後両識語の記載は同一人の筆に成りながら一致せぬのである．

この不一致は軽々しく見遁がしてならぬと考える．

本多利明の巻尾識語を採れば，『円理発起』の記載と調和する．しかし巻頭の識語に拠るときは『円理発起』の年紀及び建部賢弘の創意をいっていることに撞着する．この識語では円理は建部賢弘の発明でなくして，関孝和の創意に帰しなければならぬ．そうして関新七は享保二十年(1735)甲府勤番を免ぜられて家が絶滅したのであるから，その事件の後に初めて関孝和の遺稿を得てそれから『円理綴術』の作があったものとすれば，どうしても建部賢弘晩年の作となる．これは『円理発起』が享保十三年の序文を有することと一致すべくもない．本多利明の識語はそのままには解し得られぬのである．これを如何に取り扱うべきかが重要な問題となる．

## 5.『円理綴術』に関する『大日本数学史』の見解

遠藤利貞著『大日本数学史』(明治二十九年刊)は，円理をもって関孝和の発明なりとしているのであるが，建不休先生撰の『円理綴術』について如何に見ているかを考えてみよう．これにつき次のごとくいっている．

建部賢弘師孝和ノ遺稿円理弧背理ヲ校正ス，之ヲ円理弧背綴術ト曰フ，実ニ関流ノ最秘書ナリ，前キニ荒木村英カ括要算法ノ編アリ，其原稿相伝フル無シ，同書中ノ円周及弧背術ノ由テ出ル根元，蓋シ之レト同書ナラム．(中巻，頁74)

建部賢弘関孝和ノ門ニ在テ，荒木村英ト並テ室奥ニ入リ，相伝ノ学術少カラズ，享保年間関家断絶ス，新七(孝和ノ養子)賢弘カ家ニ寄食ス，此時新七ト謀リテ，師孝和ノ秘書円理弧背術ヲ校訂シテ一書ヲ全フス，之ヲ円理弧背綴術ト曰フ，是レ関流ニ於テ極テ秘宝トス．(頁74)

此弧背術ノ解ヲ視ルニ，関孝和当時ノ数学ヲ察スルニ足レリ，余原書ヲ閲覧シテ，所感最モ多シ，何ナレハ之ヲ秘スルノ極テ厳ナルト，書中運算ノ容易ナラザルヲ以テナリ，実ニ此時ノ数学及先師ノ苦学宛然トシテ親シク之ヲ睹ルカ如シ．

前記ノ原書ハ建部賢弘カ撰ニ成リタルモノナリ，抑モ関新七者孝和カ姪ナリ，孝和ノ養フ所ト為リテ関家ヲ嗣キ，幕府ニ仕ヘテ甲府ニ勤務ス，(享保五年八月十二日甲府勤番被レ命)，新七品行甚不正ナリ，尤ヲ幕府ニ得，享保二十年家禄ヲ沒セラレ，家名絶エ，新七身ヲ寄スルニ所ナシ，孝和カ高弟賢弘カ家ニ食客タリ，其秘蔵スル所ノ孝和カ遺書ヲ賢弘ニ与ヘテ，其校ヲ受ク，是ヲ以テ始テ其全キヲ得タリ，是ニ由テ之ヲ考フレハ，原稿ハ元禄以前既ニ成リタルモ，久シク関家ニ蔵シタリ，果シテ村英ニ伝ヘタル原稿ノ一ナラム，今ニ至リテ賢弘カ校スル所ト為ル，憶フニ此校訂享保ノ末年元文ノ初年ノ間ニ成リタルモノヽ如シ，此時賢弘年既ニ七十余歳，誠ニ是レ老筆ニ係レルモノトス，蓋シ賢弘ハ村英ニ並ヒテ高弟ナリ，而シテ関流ニ言フアリ，村英独リ其皆伝ヲ得タリト，今ヤ是事実ニ於テ之ヲ知ルアリ，孝和在世中賢弘相伝ノ栄ニ与カラサルヲ，然ルヲ賢弘カ力綽々トシテ余裕アリ，其皆伝ヲ得サルトモ，円理ヲ孝和ニ受タルコト亦明ナリ，故ニ曰円理弧背ノ秘法ヲ完成セシモノハ，賢弘カ晩年ト為ス者ト，他ノ一ハ良弼ガ壮年ニ成リタルモノトノ二アルヲ知ル．(頁80,82)

また続いて割註に次のごとくいう．

該書ヲ秘蔵スルコト極メテ太甚シキハ，他ニ村英カ伝即直伝ノ書アルカ為ナラム歟．故ニ此書元圭ガ門派ニ於テ最高弟一人ノ外之ヲ知ルモノ無シ，是ヲ以テ円理弧背術ハ独リ村英ノ伝良弼ニ成リタルモノ而已トスルモ，亦

訝ルニ足ラサルナリ．（頁82）

『大日本数学史』にいう所はかくのごときものであって，本多利明の巻頭識語を採用し，これに基づいて判断を下したものであるこというまでもない．そうしてやはりこれに基づいて，建部賢弘は関孝和の在世中に円理の皆伝を受けなかったという証拠にもなるとしたのである．

いまこれを評するに，何故に巻尾の識語をば参照しなかったかが怪しまれるのであるが，未だ『円理発起』を見ておらぬのであるから，いまいうごとき結論に到達するのもおそらく当然であったろう．

けれども『括要算法』に円周及び弧背術を記したものは，『円理綴術』のごとき算法に基づいているであろうと説いているのは，はたして首肯すべきや否やを知らぬ．これについては別に中巻頁55-7にやや委しく論じている．その論証に賛否の意を決するためにはその所論を見ることを要する．すなわち次のごとくいう．

曩キニ点竄術ノ発明及円理ノ発明アリ，然ルヲ括要算法ニ之ヲ記サヽルヲ以テ，後人動モスレハ則曰ク，当時未タ円理ノ発明無シト，此言甚タ過テリ，当時関流ノ門ニ於テ点竄スラ之ヲ秘蔵シテ，敢テ閫外ニ出ス無シ，故ニ括要算法モ亦点竄術ヲ記サス，況ンヤ円理ヲヤ，今該書ニ依レハ円ノ定周三・一四一五九二六五三五九ヨリ微弱ナリト謂フ，其末位数ヲ九トセシヲ以テノ故ナリ，此末位数ハ第十二位ニ当レリ，今円周率ノ第十二位以下ノ数ヲ見ルニ，八九七九余ナリ，此首ノ八ヲ九トセルヲ以テ，定周ハ前数ヨリモ微弱ナリトセリ，是レ既ニ真数ヲ得タルニ非スシテ何ソ能ク之ヲ決定スルヲ得ンヤ，且曰ク，此多角形ノ周ヲ求メテ，而シテ漸ク円周ニ迫ルノ法ハ其角数多キニ若クハ無シ，然レトモ本書ノ法タル其多角形常ニ円内ニ止マル者ナレハ，其真数ニ適合スルコト何位ニ及ベルヤヲ確知スルニ由ナシ，然ルヲ村英能ク真数ニ合否ヲ言フ，而シテ一失ナシ，之ニ依テ之ヲ観レハ，村英陰ニ円周ノ真数多位ヲ求メ置キ，之レト比較シテ以テ前記ノ定周ヲ明記シタルナラム，其原書ハ孝和カ伝書ニシテ，後チ賢弘カ筆セシモノト同書ナラム．

『大日本数学史』にこの種の議論をしているのは，建不休先生撰といわるる『円理綴術』に記載された円弧の平方を表す所の級数を用いて円弧の真数多位を求め，これから円周をも求めた結果がすでにあったと見做し，『括要算法』に算出する所の円周の長さは，何位だけ正しきかを正確にいっているのも，この既知の結果と比較して始めてよくし得たためであろうと判断したのである．

けれども『円理綴術』所載の級数を用いずとも，『括要算法』に記す所の算法を今一段進行せしめることによりて一層精密な数字を求めることもできるのであるし，その一層精密な数字によって比較を行えば，前記の数字が何位まで正しいかは直ちに知り得られるのである．故にこれによって『円理綴術』のごとき算法がすでに成立していたかどうかを判断すべき証拠にはなし得られぬのである．『括要算法』は荒木村英及び大高由昌が関孝和の遺稿に基づき宝永六年(1709)に編纂した刊行の算書である．

建部賢弘の『不休綴術』(享保七年，1722)には

始関氏増約ノ術ヲ以テ定周ヲ求ムルコトヲ理会シテ一遍ニシテ止ム，故ニ十三万千七十二角ニ至ル截周ヲ以テ二十許位ノ真数ヲ究メ得タリ．

といっている．そのいう所の算法は『括要算法』所載と同一の方法を指すのであるが，円周二十許位を求めていたというのであるから，『括算算法』所載の十二位までが如何なる程度に正しきかは明白に知られていたはずなのである．

故に『大日本数学史』には『括要算法』のことに関して『円理綴術』の算法がその頃すでに存したろうかのようにいっているけれども，これは別に憑拠とすべきではないといいたい．

## 6.『円理綴術』に関する『増修日本数学史』の見解

次に同じ遠藤利貞翁(大正四年歿)の遺著『増修日本数学史』(大正七年刊)の所載を検してみよう．『括要算法』に関連しての議論は前著『大日本数学史』の記載と全く同一であり，遠藤翁はこの点に関して終身見解の変動していなかったことが知られる．『円理綴術』に関する記述もまた変更されておらぬ．けれども『大日本数学史』著作の当時においては『円理発起』は見ていなかったのであるが，この書もまた翁の晩年にはその眼に触れたのである．『円理発起』は岡本則録翁の所蔵に属し，私はこれを借覧してそのはなはだ重要なることを思い，遠藤翁にも告げたのであった．私はこの書の存在によって円理は建部賢弘の発明であろうと考えたけれども，遠藤翁は未だこれについて多くその見解を動かされることとならなかった．岡本翁もまたこれを重要視してはおらぬのである．

『円理発起』につきて『増修日本数学史』(頁 260-1)にいう所は次の通りである．

淡山尚絅，小十郎ト称ス，本姓蜂屋定章トス．武蔵人蜂屋定高(伝左衛門)ノ二男ナリ．幕臣蜂屋定次(小右衛門)ノ養子ト為レリ．宝永六年四月六日小姓組(酒井因幡守組)ニ入ル．数学ヲ関孝和ノ門人久留重孫ニ学ブ．嘗テ建部賢弘ノ研究法ニ倣ヒテ円理ヲ研究スルコト数年ナリ，大ニ円理ノ真術ヲ得テ終ニ一書ヲ成セリ．名ケテ円理発起ト曰フ．……今本書ヲ見ルニ，……恰モ乾坤之巻ト同解法ナリ．……関門ニシテ乾坤之巻ヲ秘スルコト極メテ厳ナレドモ，先ニ建部賢明探円数及探弧法アリ．而シテ爰ニ又……此円理発起アリ．彼此対覧スレバ則チ円理ノ進歩独リ荒木村英一派ニ秘スルハ何ノ意ゾ．良弼ノ意果シテ如何.

『増修日本数学史』には『円理発起』に関してかくのごとく説き，この書が享保十三年(1728)の年紀を有し，そうしてその内容は『乾坤之巻』の解法と一致することをも注意したのであるが，しかも荒木村英及びその門人松永良弼の一派において『乾坤之巻』を厳秘にしていたのは何の意なりや解し難いという疑問を発したのみで，その事情を解決することはしなかったのである.

またすでにこの書があるからには,『円理綴術』をもって享保二十年(1735)以後に始めて建部賢弘が関孝和の遺稿に基づいて著作したとの見解は，直ちに再吟味しなければならぬはずであるけれども，そのことには思い及ばなかったのがはなはだ惜しい.『乾坤之巻』と解法を同じうすることをもいいながら，これから一歩進んで論ずることをもしていないのである．故に『増修日本数学史』には折角の貴重な史料を採録しながらこれを論拠に円理の発明に関する考証を進めることをしなかったのである.

## 7.『円理綴術』に関する沢田吾一氏著『日本数学史講話』の誤解

沢田吾一氏著『日本数学史講話』は昭和三年十一月の発兌で極めて新しい刊行であるけれども，円理の発明に関しての見解は大体において『増修日本数学史』の所説に準拠し，外観の上において修飾的の考証を加えたというごときものと見てよかろう．この書については私は雑誌『史苑』(昭和四年十，十一，十二月号)[1]に評論したのであるが，これを約言すれば一種の数学史的小説というに過ぎないものであろうと思う．この書の所論を要約していうときはおよそ次

1） 編者注：「日本数学史論」『史苑』(立教大学史学会)第3巻第1-3号，1929.10-12.［II.40.2-4］

のごとくなるのである．

円理に関しては関流の秘伝書に『乾坤之巻』があり，中にその方法の一部分は関孝和の創意なりとの明記がある．また建不休先生撰の『円理綴術』にも本多利明が関孝和の遺書なることを述べている．故に円理が関孝和の発明なることには何らの疑いもない．『円理綴術』も『乾坤之巻』も共に関孝和の手に成れるもので，前者は不完全なる旧稿であり，後者はその後の成稿である．けれども未だ満足すべきものになっていなかったので秘して人に示さなかった．ただ，最高弟たる荒木村英に『乾坤之巻』を伝えただけである．建部賢弘はその伝授に与（あずか）っておらぬ．しかるに『円理綴術』の本多利明識語に見える通り，建部賢弘は関孝和の養子新七から孝和の旧稿たるこの書を受けたのである．関新七が甲府勤番を免ぜられた享保二十年以後としてはあまりに年代が後（おく）れるが，その家名断絶までには種々の行きがかりもあったろうから，それ以前に新七から伝えられたものと見てよい．『円理綴術』の内容は完備せざる所があり，また慎密な建部賢弘の気象にはふさわしからざるもので，建部賢弘の著述と見ることはできない．関孝和の遺編『括要算法』は元来関孝和自ら取り纏めておったもので，円理の算法を述べるのが目的であり，これを記載していたのであるけれども，荒木村英等はこれを刊行するにあたり円理を取り除いたのである．

『日本数学史講話』にはかくのごとき意味のことをいっている．私は『史苑』へ記した文中において，この見解ないしその考証につき充分に論破したつもりである．今その論旨を繰り返すことはすまいが，なお少しばかり附け加えておきたい．『乾坤之巻』には解説に無理はないが，『円理綴術』には不完備のところがあるから，この方が旧稿であり，そうして建部賢弘の気象には合わぬものであるという見解は，おそらく議論全体の骨子になるのであるが，実は全然誤解から来ているのであり，私も前にはいい漏らしているから，この点は充分に明らかにしておきたい．

建不休先生撰の『円理綴術』には弧内に二斜，四斜，八斜，……を容れ，斜数が $2, 2^2, 2^3, \cdots\cdots, 2^9$ である場合の十件について展開式の若干項までを求め，これへ直径を乗じて斜数半の平方を乗じ，その結果をそれぞれの汎半背冪としているのであるが，その十件の級数の各項の係数を小数に化して，それからその諸係数の構成される法則を見出すこととし，これについて次のごとくいっているのである．

得所右見$_{二}$元数及一差，二差，三差，四差，五差数$_{一}$．元数者各一個．故以$_{レ}$之為㆓極限㆒. 一差者毎㆑増㆑除. 商三ヲ長ス. 故以㆓三分之一㆒為㆓一差極限㆒. 二差者毎㆑増㆑除. 商七ヲ長ス. 依㆓零約術㆒得㆓四十五分之八㆒. 為㆓二差極限㆒. 三差乗㆓七個㆒. 得数見㆑之. 次第九ヲ長ス. 依㆓零約術㆒得㆓三十五分之四㆒. 為㆓三差極限㆒. 四差乗㆓七個㆒. 得数見㆑之. 次第八ヲ長ス. 依㆓零約術㆒得㆓一千五百七十五分之一百二十八㆒. 為㆓四差極限㆒. 五差者乗㆓七個或九個㆒. 得数見㆑之. 汎半背冪商一十件. 故未㆑整㆑例. 重求㆓一十三四件㆒. 可㆓例定㆒. 故五差ヲ不㆑用. 而用㆓元數及一二三四差㆒. 探㆓索諸差極限㆒.

かくして $1, \frac{1}{3}, \frac{8}{45}, \frac{4}{35}, \frac{128}{1575}$ という数を得るのであるが，その次々の比を求めると

$$\frac{1}{3} \qquad \frac{8}{15} \qquad \frac{9}{14} \qquad \frac{32}{45}$$

となり，これから

$$\frac{2^2}{3\times4} \qquad \frac{4^2}{5\times6} \qquad \frac{6^2}{7\times8} \qquad \frac{8^2}{9\times10}$$

と置き，これによって最後の級数を作るのである．

前記の引用文について『日本数学史講話』に次のごとくいう．

此の説明の文中には「三ヲ長ス」，「七ヲ長ス」などとあれども，其理由は明にしてない．又五差以上を取らざること等所々に不徹底の部分があるから，今日より見れば，是れは鮮明なる精法とは云ひ難い．(頁 258)

かく不徹底な所があり，鮮明なる精法ではないといってあるけれども，実はその評言が当たっておらぬのである．これを明らかにしなければ，全体の意味もまた了解することができない．上記の引用文はその前に記された表についていっているのであり，その表を除き去っては了解し得られぬであろう．『日本数学史講話』にはこの表が挙げてない．今その表を挙げることはすまいが，これを補いつつ説明してみよう．

算法の趣意をいうときは，表中の諸数に基づきてその次第に進む接続の法則を考え，それから極限を求めようというのである．これについては前記の引用文だけでなく，さらに細術と題して説明もされている．その細術によれば，

元数者各一個ナル故，真以㆓一個㆒為㆓極限㆒，然四分之一ナリ．

と見える．すなわち十件の各級数の元数すなわち初項は皆一なる故，一，一，一，……，一となりて，十件以上になってもすべて一とすればよいのである．しかるに四分之一なりとあるのは，一というのは半背冪についてのことである

から，全背羃に関しては四分之一となるということである．

一差については「一差者毎レ増レ除商三ヲ長ス」というのは，一差の数は

2分5，3分125，3分281，……，3分323，3分330

であり，件数が次第に増すに従いて3という数字が次第に増すので，斜数が無限になった場合には極限においてついに3分3333……となるべく，この小数を零約術にて処理して $\frac{1}{3}$ となるというのである．

ここに零約術というのは小数を分数に化する算法のことであり，普通には連分数によるのであるが，今の場合には循環小数であるから，零約術というのもまた循環小数を分数に還元することに関する．一周零約術という名称で知られることとなったものが，それである．

すでにかくのごとく了解するときは，二差，三差，四差の場合についても皆すべて同様である．

五差の場合については細術の中には説明してないが，しかしその意味は明瞭である．五差の諸数はこれを見ても数字の次第に接続する状態が判らない．よって七または九を乗じてみてもやはり判らない．すなわち循環の位数が得られぬ．これは十件だけ取ったのでは目的は達せられない．この仕方で目的を達するためには十件だけでなく十三四件の級数を取って試みてみなければならぬであろう．故に今，五差をば措いて用いず，四差まで取って攻究することにしよう．

かくいうのが，上述の引用文に記された意味であり，これでその算法の性質は極めて明瞭である．少しも不徹底な所もなければ，無理な所もない．強いて批評すれば，次々の数字から推して極限の場合を求めようというのが面白くないのであるが，しかしその算法の上に渋滞したところや不徹底なところはないのである．

事情すでにかくのごとくなるが故に，四差まで取っただけで次の推論を行い，五差及びそれ以後はすべて棄てたというのも，当然至極のことであり，誠に止むを得ない処理というべきである．

故に『日本数学史講話』に五差以上を取らざることを不徹底であり，鮮明なる精法とはいい難いと評したのは，全然当たらぬのである．つまり前記の引用文も真意を了解し得ず，細術の条をば見落とし，そうして了解し得ざるままに妄りに評言を下したので，勢い判断を誤ることとなったのである．故に『円理綴術』をもって建部賢弘の作とするについては，「殊に五差以上を放棄する点な

どは建部賢弘の性格に一致しないかと思はれる」(頁258)といっているのも，かくのごとき性質の算法であることを了解しないからの結果であり，かつ同書に説明の不十分な点あることもかえって関先生の旧稿であったことをほのかに裏切るものではなかろうかと推定するのも，その実，説明に不十分な所はないのであるから，かくのごとき根拠に立っての結論もまたことごとく再考の必要を見るのである．

建不休先生撰の『円理綴術』は『日本数学史講話』において全く誤解されていたので，今ここに同書のためにその誤解を解いたのであり，これを建部賢弘の著述であり得ないであろうとする理由も全く消滅したのである．

## 8.『日本数学史講話』と僧忍澄編『弧矢弦叩底』

『弧矢弦叩底』は美濃の僧忍澄が文政元年(1818)に刊行したものであるが，大体において前記の建不休先生撰『円理綴術』と同様の算法を説いている．原則においては変わりはないのである．この書のこともまた『日本数学史講話』に記されている．同書には『円理綴術』については上述のごとく誤解して，説明不十分だとか不徹底だとかいっているのであるが，同じ原則の算法を記した『弧矢弦叩底』についてはかえって反対にこれを推賞している．すなわち次のごとくいう．

> 此書は実に心持の善い書き振りで，真に地下に謁して感謝の意を表したい気分が起る．此書は初学者にも容易に了解される様に懇切に且つ上手に説明してある．其の説明の言ひ廻し方が数学教育者の参考ともならう．……但し其の説明には零約術が用ゐてあるから，乾坤之巻に比すれば多少遺憾の点があれども，恐らく乾坤之巻は真に秘中の秘であつて只最高弟にのみ伝へたものであらう．普通に秘伝と称するものでも零約術を用ゐるものであつただらうと想像せられる．(頁165)

『弧矢弦叩底』をかくも推称する人が，何故に同様の算法を説いている所の『円理綴術』については，不徹底だとか説明不十分だとかいっているかは，誠に了解し得られぬ．これについてはさらに一層了解し得られぬことがある．すなわち『弧矢弦叩底』の算法においてその零約術を使ったということについて，小数で表された所の係数の列記に基づき，

> 此の係数の列記より其の極数を探究する原文左の如し．(頁271)

といいて，その原文なるものを引用しているから，これによれば，

> 右の如く一商は通じて一なり．故に一商の極商一なりと知る．二商は第一行二分五厘にして次第に其数長じて第十行を求むれば，三分三三三三三〇一余となる．如レ此〇一余の尾数ありといへども，未定数にして其極三を長ず．故に二商の極数は三分之一なりと知る．三商は第一行一分二厘五毛にして次第に其数長じて第十行を求むれば，〇個一七七七七七七余となる．如レ此尾数に余ありといへども未定数にして，次第に弥々（いよいよ）求むるときは其極七を長ず．故に三商の極数は四十五分の八なりと知る．四商は云々．

この原文を記した上で，かくのごとく順々に探究してそれから弧背の級数を得ることが「懇示されている」と結ぶ．

この算法の仕方は前に示した『円理綴術』中の引用された文章によって示され，細術と題してさらに解註されている仕方とそのままであり，文章をば書き改めているが，原則には少しも変わりがない．しからば『弧矢弦叩底』のこの算法を推称するならば，『円理綴術』をもまた推称してよいはずであるのに，実際はそうはされておらぬ．たとい前には『円理綴術』の引用文を了解し得なかったとしても，『弧矢弦叩底』のこの説明を見てこれを了解し得た上は，直ちに前者もまた了解されなければならぬ．いわんや『円理綴術』に零約術によるといっているので，その同じ用語を借りて『弧矢弦叩底』の算法を論じているのに(頁 165)，翻って『円理綴術』の問題のところを了解しようともしなかったのは，はなはだ不思議である．『日本数学史講話』の著者は真に『円理綴術』の引用文を了解し得なかったのであろうか，もしくは了解し得なかったごとく装いて，建部賢弘の作でないことの論拠に造り上げたのであろうかは，全く了解しかねる．とにかく，『日本数学史講話』において『円理綴術』を建部賢弘の作ではないとする理由は消滅したのであり，これを関孝和の作とする論証もはなはだしく薄弱になったのである．

## 9.『乾坤之巻』に関する『大日本数学史』の見解

『乾坤之巻』は関流極秘の書と称せられ，その著者は未詳であるけれども，所載の算法は関孝和から出たものであるとは普通に信ぜられているのである．この書については充分にこれを説くことを要する．『大日本数学史』(中巻，頁 84-5)に次のごとくいう．

良弼円ノ弧積背等ノ理ヲ詳解シ，且自余ノ円理ヲモ記載シテ七巻トス，(巻帖七トス之ヲ乾坤ノ巻ト云フ)，而シテ世ニ相伝フルモノハ常ニ弧背ノ理ヲ称ス，(自余ノ諸術ハ未タ其正ヲ得ザルモノアリ，故ニ人亦之ヲ称スルナシ)，其術中極限ヲ求ムルトキ，(招差法ニ依リテ垛積ニ括ル法，実ニ此時ニ起レリ，)其解法ニ至リテハ，原ト此レ新七ガ蔵スル所ノモノ(建部賢弘ガ撰セシモノ)ト相同キガ故ニ，其術路モ亦相等シトス，然レドモ括法ニ至リテハ，招差法ニ依テ其極数ヲ求ムル者ナリ，故ニ最モ記載スベキノ要アリ，左ニ示ス所ノモノハ，良弼ガ手ニ成リタルヤ署名無ケレドモ最モ秘蔵セル乾坤ノ巻ナリ，以後関門ノ徒，一ニ之ニ依ラサルハナシ，誠ニ是レ円理学ノ第一変ナリ．

この記載によれば『乾坤之巻』は巻帖七より成り，円の弧積，弧背及びその他のことをも記載したものであるらしいが，しかし「自余ノ諸術ハ未タ其正ヲ得サルモノアリ，故ニ人亦之ヲ称スルナシ」という所から見ると，「自余の諸術」なるものは未だ記載されていなかったらしくも見える．この点は充分明瞭に記述されたものと認めることができない．はなはだ曖昧なところがある．それはとにかく，『乾坤之巻』は関孝和の養子新七が所蔵して建部賢弘へ与えたという『円理綴術』と根原は同じであり，したがってその術路もまた同様なのであるが，しかし招差法を使っているのが同じくないのであり，招差法を使って括ったのは松永良弼の手に成ったのであろうと見たのである．

また『括要算法』の記述に附記して，

前論円理ノ術，其極限ヲ求ムルノ法ニ至リテハ，此時未タ善美ヲ成サス，何ナレハ当時ノ求極限法ハ一タヒ各差ノ数ヲ求メ，而後零約術ニ依リ其極限ヲ求ムルニ在リテ，未タ之ヲ垛積ニ括ルノ法ヲ発セサレハナリ，関氏ノ業モ未タ此ニ至ラサリシナラン，弧背ノ秘法ハ村英ガ遺書ニ伝ラズ，唯同門賢弘ガ遺書ニ於テ見ルアルノミ，……円理学ハ松永良弼ニ至テ始テ美ナリ．(中巻，頁57)

といっている．

『大日本数学史』にかくのごとき見解を採ったのは，『乾坤之巻』は関流最高の秘伝書だということと，『円理綴術』の本多利明識語によってこれを関孝和の著述と認め，関孝和の円理はこの書の記載のごときもので，招差法で括ることは未だできていなかったと見たことなどから来たのであろう．しかも招差法によって括るというのが，松永良弼の手で成ったとの見解は如何にして作られたかを知らぬ.

『増修日本数学史』においてもその記述は全然同様である.

『乾坤之巻』には仙台本と称するものと,水戸本と称するものとの二様があり,前者は簡にして後者は繁である.遠藤氏の『数学史』にはこの区別をいっておらぬが,おそらく乾坤二巻より成る所の繁なる方に基づいて記したのであろう.仙台本というのは山路主住が仙台の戸板保佑へ伝えたのだということで,その記載の体裁はやや異同があり,書中に招差法云々ということが見えない.しかし二巻本には招差法を使って括ることが記されている.一巻本においてはその結果を書いているのである.故に二様の区別はあるが,一方は他を省略簡約したもので,もちろん別個独立のものではない.その一巻本の内容は『円理発起』に類し,『円理発起』は『円理綴術』よりも『乾坤之巻』と同じ系統に属するのであり,そのことは深く注意しておかなければならぬと思う.

## 10.『乾坤之巻』に関する『日本数学史講話』の見解及び山路主住の『弧背詳解』序

『乾坤之巻』は関流極秘の伝書であったというが,しかしその著者が何人であるかは判然しておらぬ.遠藤氏の『数学史』には松永良弼が招差法を使用して括ることを創めて,その書を作ったものであろうと見ているけれども,如何なる典拠があってのことか判らぬ.場合によっては想像に過ぎないかも知れぬ.

けれども二巻本の坤巻には巻首に次の記載がある.

> 伝ニ曰,前条ノ術ニ依テ万万角ノ斜数ヲ設テ,コレニ依テ弧背ヲ求ムル時ハ,寔ニ真数ニ近密ナリトイヘドモ,万万億角ノ斜数ニ依テ得ル弧背ハ又真背ニ甚密近ナリ,故ニ斜数ヲ用ユルモノハ何程ニ角数ノ多極ヲ用ユルトモ真背ニ非ス.於レ是関夫子斜数ヲ用ヒス,自然ト乗除率ノ数ヲ求メンコトヲ工夫シテ,前術ヲ求ムル諸斜各差ノ数ヲ列布シ,其勢ヲ視テ各差ノ乗率ハ其求ムル差ノ第数羃ト斜数羃ト相乗ノ内一ヲ減ズル数ナルコトヲ探会シ,除率ハ其求ムル差ノ第数ヲ底子トシテ求メタル招差積ト斜数羃ト相乗ナルコトヲ探会シテ,而シテ後ニ術ニ依テ乗率除率ノ斜数羃ヲ芟テ,円ト角トノ別ナルコトヲ発明ス,此術実ニ可レ謂レ神ナリト.

また乾巻の終わりに近い部分にも,

> 伝曰,通率直ニ得ルコト難シ.其所以ハ先ヅ生率ヲ求ムルニ斜数ヲ増スニ

> 従テ位数次第ニ繁多ニシテ，数件ノ商ヲ得難シ．故ニ関夫子半弧中四斜ノ商三十余件ヲ推シ求メ，依㆑之諸斜ノ通術ヲ探会スト云．

といっている．

かくのごとき附記は何人の手に成ったものであるか判らぬけれども，もしこの記載を信ずるときは,『乾坤之巻』は直ちに関孝和の著述といわなければならぬ．そうして最早，問題はないのである．かつその文意では招差法を用いて括ったものが関孝和の工夫だというのであるから，遠藤氏が解したごとく，関孝和の手では『円理綴術』所載の方法だけができたのであり，その頃には招差法で括ることはできていなかったもので，かくのごとき仕方は松永良弼に至って始めて作られたのであることも，またその意味を成さぬのである．これにおいて『日本数学史講話』に見る所の主張が現れることとなるのも，当然の成り行きというべきであろう．同書の見解では次のごとくいうのである．

『円理綴術』も『乾坤之巻』も共に関孝和の作であり，一つは旧稿にして一つは新稿である．そうして『乾坤之巻』はこれを荒木村英に伝え，村英から松永良弼，山路主住と伝わったけれども，建部賢弘へは伝えなかった．しかるに養子新七から旧稿『円理綴術』は建部賢弘へ伝えられたこと，本多利明の識語にいう通りであった．これが円理の発明及び伝承の由来である．

『乾坤之巻』の中における二三の附記を信ずる限りは，かくのごとく解釈するほかには道がないのであり，また本多利明の識語も活きて来るのであるが，享保二十年(1735)関家断絶後としては適切でないから，その点をあまり窮屈でなく解釈しようというのである．

『乾坤之巻』が関孝和から出たということについては，なお別に有力な史料がある．それは山路主住が仙台の戸板保佑へ与えたという文書であって，戸板はこれをその著『中根答術』の中にも記しているし，また『弧背詳解』の序として載せている．大切な文書であるから，今これを記載することとする．

> ……関夫子之所㆑伝．別有㆓弧背真術㆒．名曰㆓之乾坤㆒．於㆑是乎．以㆑円為㆑円．以㆑角為㆑角．而円ノ与㆑角判矣．始知㆓弧之為㆑弧．是師伝之所㆑重．苟非㆓其人㆒．則不㆑許㆑伝焉．後有㆓荒木村英者㆒．従㆓事関夫子㆒有㆑年矣．故挙授㆓数術㆒．又乾坤之外．受㆓一弧背法㆒焉．村英伝㆓之松永良弼者㆒．良弼伝㆓之予㆒．此法之成也．自㆓関夫子㆒而村英．而良弼．而予主住．愈巧愈精．以次㆓乾坤㆒焉．而述㆑之．不㆔亦惟術㆓弧背㆒也．可㆑謂㆓諸法之規範㆒矣．名曰㆓弧背詳解㆒．……

宝暦己卯冬至日．　　　　　　　　　　　　　東都　山路平主住識

この文によりて見るときは，『乾坤之巻』も関孝和の作であり，『弧背詳解』もまた関孝和以来，二三代を経て完成したのだというのである．故に山路主住が『乾坤之巻』をもって関孝和の作なりといっていることは，全くの事実である．

『弧背詳解』については，本多利明の奥書には

弧背詳解開二於関夫子．建部不休一．其後経二久留島氏．松永氏．山路氏一．漸窮二其理一．而大成焉．

と見え，山路主住のいう所とは違い，建部賢弘と久留島義太の二人を加えて，荒木村英を除いているのである．けれども関孝和から始まっているとしたのは，同一である．

かくのごとき史料があるので，円理は関孝和の発明なりとする見解がはなはだ有力なものであることはいうまでもない．これに対して『円理発起』の序に円理は建部賢弘の発明なりといっているのは，反証の一つであるけれども，この一史料をもって力強く対抗することはもとより無謀であり，無理であろう．しかも私はなおかつこれを主張したいのである．

## 11．『乾坤之巻』と『円理発起』

『円理発起』が享保十三年(1728)の作であることは疑う必要もあるまいし，また建部賢弘及び中根元圭等がこれを知っていたことも事実であろうとは，前にこれを述べた．『円理綴術』は関新七から伝えられたにもせよ，もしくは左様ではなかったにもせよ，建部賢弘がこの書の作者であるか，もしくは或る種の関係を有したであろうこともまた疑いはあるまい．

私は『乾坤之巻』を『円理発起』と比較してみたい．『円理綴術』と『乾坤之巻』とは算法の大体は同様であるけれども，一方は諸係数の小数値からして零約術すなわち循環小数還元法によってこれを処理しているのであり，一方は招差法を用いて括り，形式的に一層整うているといってもよい．他にも異同の点はあるけれども，これが最も重要な相違点である．しかるに『円理発起』はこの点において『円理綴術』に類せずして，かえって『乾坤之巻』に類する．『増修日本数学史』(頁 261)に『円理発起』に関して「其数ヲ括リテ終ニ弧背ヲ求メタル者トス．恰モ乾坤之巻ト同解法ナリ．其括法ニ至リテハ面授スベシトテ記載

セズ.」といっているのも，そのことに注意したのである．その括法を面授すべしといっているのは，どうかと思うが，要するに序文中に委細のことを特志の人へ面授すべきことをいっているのであり，一層委細の記述もしてあったろうと思われるので，その委細の記述というのは『円理綴術』を指すよりもむしろ『乾坤之巻』の詳述されたものをいうのであろうと見てよい．二巻本の『乾坤之巻』そのものではなかったとしても，これに相当するものであったろうと見てよい．

はたしてしからば,『乾坤之巻』は享保十三年の頃において建部賢弘及び中根元圭の一派に知られていたろうと見ることができる．『円理綴術』も『乾坤之巻』も共に建部中根派に存したとすれば,『乾坤之巻』は独り荒木村英，松永良弼の派にのみ正統に伝えられたのであり，建部賢弘は関孝和からはこれを伝えられずして，後に養子新七からこれを得たのだという所伝は，修正を要するであろう．そうして関新七が家名断絶後に始めてこれを伝えたという本多利明の見解は最早これを支持することができないし,『日本数学史講話』のごとく多少年所を溯って考えるにしても,『乾坤之巻』の方の説明が着かなくなる．どうしても本多利明の識語は単に伝聞を記したのみでどれだけ確実なものであるかは，あまり信頼し得られないのである．いわんや前後二様の記載をしているのは，単なる伝聞を書き留めたものに過ぎないからの結果と見るべきである．

また仮に建部賢弘は『乾坤之巻』及び『円理綴術』を関新七から得たものとするに，荒木松永の方でその同じ秘伝書を関孝和から伝えられているのであっては，これを建部賢弘の発明だと主張したところで容易に見破られるはずであり，建部賢弘のごとき人物がはたしてかくのごときことをしたであろうかも疑問ではないかと思う．故に私は関孝和が円理を発明したという所説を容易に否定し得ないと共に，また一方には建部賢弘の発明だという見解をも放棄し得ないでいたのである．これ故に私は昭和三年四月から発行の『輓近高等数学講座』中に『東西数学史』を執筆するに際し，円理の発明は関孝和であるか，もしくは建部賢弘であるか不明なりと述べておいたのである[2)]．その記載の部分が刊行されたのは同年夏であり，もちろん『日本数学史講話』の発兌より数ヶ月前であって，同書中の見解を参照していないのはいうまでもないけれども，

2)　編者注：「私は普通に云ふ円理の創意は関であるか，建部であるかを判然断定する事を避け，問題として遺して置く.」「東西数学史」『輓近高等数学講座』(共立社)第1巻，1928.4.15, p.27. ［Ⅰ.7］

私は結局かくのごとき考えでいたことを告白する．けれどもこれについてはなお進んで考察すべき有力な史料がある．これを吟味してみることとしよう．

## 12. 建部賢弘歿後の失名書状，<br>松永良弼から久留島義太宛のものとの推定

東京帝国大学の蔵書に『無名氏算話』という一小篇がある．我等は不幸にしてこの一小篇の来歴を知らぬけれど，一通の書状の写しであり，署名も名宛もまた日付もない．しかも幸いに

　右寛政四年壬子九月十八日写ス．是何人ノ誰某ニ贈ル書ナルコトヲ知ラス．

　而其書ハ全ク東溟先生ノ書ナリト，雄山先生云．

という奥書がある．この奥書にもまた署名がない．しかも寛政四年(1792)に写したもので，雄山先生すなわち藤田貞資号雄山がその原本をもって東溟先生の筆蹟なりと認めたというのは最も注意に値する．東溟とはすなわち松永良弼にほかならぬ．松永良弼の筆蹟だといえば，松永良弼自身の書状であるか，しからざれば松永良弼が写しておいたものであったろう．

今その内容を点検するに，松永良弼が久留島義太へ与えたものであったに相違ないと思う．宛名も署名もないところから見ると，あるいは書状の控えであるか，あるいは書いたばかりで実際は贈らなかったのであるかも知れないけれども，それはどうでもよい．松永良弼がこの書状を書いたとすれば，そのことによって重大な判断が立て得られると思うのである．

この書状中に次のごとくいう．

　吾先師関先生の著述せる書，皆術を述て問を設けす，殆と故ある哉．関子歿して後，建部先生嗣て起る．建部先生歿して嗣て起る者は誰耶．今の数先生と称する者を観るに，皆執て論するに足者なし．其好む所は皆徂徠が毀を脱るゝ事不レ能．是に従て学ぶ者は又皆然らざるはなし．吾子絶倫傑出の材，天下に独歩す．幸に仁君の沢を得て平生無事也．何ぞ識見の集めて書を作て秘府に蔵めざるや．たとひ当世に知る者なく共，後生に嗣者無(なから)んや．何ぞ区々の一題を認(とめ)て，奇巧の術を得て，是を以て楽みとせん．僕年方(まさ)に壮なりし時，既に此心あり．浅より深に至り，卑より高に覃(およん)て皆一条の術路を立て経と為(せ)ん，其径蹊流岐，旁術難易，皆是を緯と為(なさ)んと思へり．然共歳五十を竢て是を収んと．今歳已に五十，当(まさ)に其心を遂べし．

如何せん，衰病日に至りて眼かすみ，根気薄く，思願悉くむなし．壮年の時，五十を竢て是を修めんと思うは，誤なることを知れども，日月往て還らざる事は，何ともせんや．吾子建部先生の門に踵らされとも，其算聖たる事，既に是を知れり．冀は此道を任として堕ざらしめよ．吾子幸に僕を以て担板漢とすることなかれ．酒を飲ざる人者嘗て酒の滋味を知らす，商量幸甚ならん．

病軀故，手書懶御座候．草書のまゝ遣申候．麁末なる事を御尤め被レ下間敷候．以上．

我等はこの文を読んで，その筆者は雄大な精神を有する算家であったことを思う．決して尋常人の書いたものではない．そうして「建部先生歿して嗣て起る者は誰耶」といっているので，建部賢弘歿後の作なることが思われる．建部賢弘は元文四年(1739)七十六歳で歿しているから，それ以後のものである．建部先生の歿後に人物がないという所を見ると，どうしても松永久留島の二人の内であるように思われる．この二人は傑出の人物であり，他人の書状であるならこの二人の名を記しそうなものであるけれども，これを記しておらぬのは，その一人は書状の作者であり，一人は宛てられた人であるからにほかならぬであろう．かく解するのが最も自然であり，外には見当が附かぬ．

松永良弼が久留島義太に向かい，「吾子絶倫傑出の材天下に独歩す」と呼び掛けたとて，無謀な過褒ではない．「何ぞ区々の一題を認て，奇巧の術を得て，是を以て楽みとせん」というのも，一向に無頓着で，研究や創意もし放しで，纏めて書くなどのことをしない所の久留島義太への警告と見れば，如何にもと首肯される．

松永良弼は久留島義太と共に数学をもって日向延岡侯内藤政樹に仕えている．そうして松永良弼は幾多の諸算書をずいぶん纏まった形のものとして著作したものであった．しかもなお一歩進んだ著述もこの人としてはあって欲しいような心地がする．しかるにこの書状を見ると充分に算書編纂の事業を進めたい希望であったのが衰病のために実現し得られない状態になったものと見える．これにおいて久留島義太に対し，自己に代わってその事業を完成することをしてもらいたいことを勧請したものと見える．松永良弼としては如何にもと思われるし，久留島義太の地位能力もまたこの勧請を受けるのに最も適当しているのである．松永良弼が久留島義太に対しかくのごとき勧めをしているのは，場合によっては自分一個の考えではなく，主公内藤政樹の内意によったものであるかも知れない.

文中に酒を飲ざる人云々とあるのも，久留島義太が大酒家であるから，特にこの人に対し文意を強めるためにいったのであろうとも見られる.

上記引用の書状の文意を考え，どうしても松永良弼から久留島義太へ宛てて書いたものとして，如何にも適わしいことは，何人といえどもおそらく異論を挿むの余地はあるまいと思う.

## 13. 失名書状中の円裁極背之術

なお，この書状中に記されたる数学上の問題を見ても，やはり同じ見解を強めるのである．書状の首に次のごとくいう.

> 円裁極背之術ノ委細御書付被レ下，致二驚歎一候．外に一紙之御書付，是者私方ゟ遣申候書付之内へ御挟被レ下，心付不レ申，此間右書付破候ニ付見出シ申候.
>
> ……第十五問者適尽之術行不レ可之式也，極形之術に依て考候得共，変形いまだ見附不レ申候．貫通之術にて御附被レ成候式御書附被レ下候故，開除いたし見申候所，如何ニも極数顕然にて御座候．貫通之術如何成術ニて御座候哉承度存候．重而一二術御書附為二御見一可レ被レ下候．……
>
> 外に三問被レ遣，是も機根うすく記憶なく成申候故，始終を致詰申事ハ難レ致候故，術意之大槩私之存寄候筋之大底を書附ケ懸二御目一申候.

かく記されているので，名宛の人は「円裁極背之術」なる算法に通じて，その委細を書状筆者へ贈ったものであり，筆者はその算法に驚歎したことが知られる．その算法中には貫通之術といわれたものも含まれていたのであるが，これを施した結果のみ記され，貫通之術の委細は書いてないので，これを与かり聞きたいことを望んでいるのである．その円裁極背之術というごときものは，建部賢弘の歿した直後の頃においては決して尋常普通の算家の能くし得べきものではなかったのである．これについて創意した人といえば，ただちに久留島義太を想い起こすべきことも当然であるし，久留島義太からその創意を伝えられた人として松永良弼にほかならざるべきことを思うのも，また同じく当然である．上記文中に「外に三問被レ遣云云」とあるが，その三問について書状筆者は解法を記してこれに答えている.

その第一問は「円裁」と記し，問題は書いてないが，まず術意大氏に曰，云へる極数は径一之時，極背と径矢差と相乗得る数也．故に極数を有るにし，径を有るに仕て術を起す也．

といい，極矢を取って云云するというような算法が記されている．すなわち円弧の矢と弧背との比の極限の場合を論じているのであって，その解の終わりには

右の術にて大略極矢を得可レ申歟と存候．乍レ然前にも申候通，衰老之病軀気力なく，定式を得るに懶く，当否も亦験事不レ能候．

と結ぶ．また別に

先達而御尋申候極背之問者，無用之難題を強て作為して問にては御座なく候

といい，弧背と矢とを与えて径を問う問題は，次のごとき理由で提出したのだといっているのである．

此問者固より変題にて二つの答数御座候．夫故に円理の奇術不レ被レ行候．若極数にて術ある歟と疑申候．矢多き者は差術甚だ遅く御座候．若極矢相距の数に依らば，近き数あらんかと疑申候．古人の弧法皆半径の所にて矢冪法を求め，或は積法を求め候故に，其数大に乖候．極矢の所にて求め候はゞ，又近き者あらんかと，矢二尺，背五尺五寸也，径を問．

此問者数悪敷候故，背題歟又者負商の式にて候．是を知る術，矢を置て二ケ七五八を乗して五尺五寸一六を得る．此数以下成故に背題なるを知る．

右之如くの術に用ひ問に応ずる為にて御座候．

これによりて見るに，書状の筆者もその当時においてはよほどの学識がある人物でなければならないし，円理に関する極限の問題にも深い理解を有したのである．その解法を記したものを見れば，級数に展開したものを使用し，代数記法としては右乗左除の形式が見えているのである．

この種の問題はこの書状以外においても，久留島義太と松永良弼との二人の間で発現し開発されたのであろうと思われる証拠があるし，他にこれを論じた人あることを聞かぬのであるから，書状中にかくのごとき事項の記載されているのはますます松永良弼から久留島義太へ宛てて書いたものに相違ないであろうことを確かめるものといわなければならぬ．円理極数に関する他の史料のことはなお改めて述べることにしようが，これによりてこの書状の作者が何人であるかは極めて明瞭であり，毫末も疑うことを要せぬのである．

かくしてこの書状は松永良弼の晩年に，松永良弼と久留島義太の二人の間で

円理に関する極数の問題が現れ出た由来を示すものであり，和算史上に極めて大切な一史料となる．しかるにもかかわらず，故遠藤利貞翁の時代からその存在が知られておりながら，従来未だかつてこれを史料として利用した事実がないのは不思議である．しかもその作者が明知されていなかったために，重要視されなかったのであったろう．

## 14.『久氏弧背草』,『執中法』,『求背極矢術』, 及びその算法成立の年代

我等はすでに建部賢弘の歿後に作られた失名書状を検して，松永良弼が久留島義太へ宛てたものであろうと推定し，その書状中に円理に関する極数の問題が見えたることをも示したのであるが，この種の問題について著者の知られた算書中に記したものとしては『久氏弧背草』があることを挙げよう．同書の算法については私は *The Development of Mathematics in China and Japan,* (Leipzig, 1912)の中に記しておいた．『久氏弧背草』とはもちろん久留島義太の『弧背草』ということであり，他人がその書名を附したものであることもいうまでなく，かつ草字を附しているのは未定稿という意であろう．無頓着で，著述の整理などしない久留島義太のことであるから，少しも整頓した書き振りにはなっておらぬ．はなはだしきに至っては，弧背のこととは何ら縁故関係もない立体方陣のことなど，中間に書き挟まれているごとき実情である．けれども円理極数の問題を論じているごときは，久留島義太の時代においては他に見ざる所であり，最高の発達を示すものである．その算法は無限級数について微分を施し，無限次の方程式を処理することなど行われているのであり，二重級数も使用されている．

『久氏弧背草』はかくのごとき性質の算書であるが，その著作年代はもとより知られぬ．

『久氏弧背草』の外に『執中法』と題する一写本がある．これには「久留島義太撰」と記し,『久氏弧背草』の終わりの部分を除いたごときもので，文章もまたほとんど異同がない．

また『求背極矢術』と題する写本は宮内省図書寮の所蔵に属し，天文方渋川家旧蔵中の一冊で，その内容は『久氏弧背草』の円理極数に関する一部分と全く同一であり，序文が附いているのがすこぶる参照の価値に富む．

この『求背極矢術』については『増修日本数学史』(頁302-3)に記述があるから，まずこれを検することとしよう．

> 藤田定資曰ク，円ノ極数モ亦松永良弼ニ始マレリト．是言過レリ．蓋シ当時ノ所謂円ノ極数トハ径，矢，弦，弧背等ニ相関レル極数ノ術ナリキ．憶フニ此術荒木村英ノ発明ニ非ザレバ，則チ建部賢弘ニアラム．曾テ某氏(村英或ハ賢弘ヲ指ス)十三問ヲ良弼ニ贈リシコトアリ．良弼其答術ヲ明ニスレドモ，円ノ極数題ニ至リテハ之ヲ解ク能ハズシテ，問者ノ予期セシガ如ク，却テ之ヲ問者ニ質問シタリ．問者ハ此質問アルヲ当然トシテ大ニ其意ヲ諒シテ詳ニ其術ヲ解キテ良弼ニ与ヘタリ．其問者ハ常ノ問者ニ非ズ．実ニ良弼ノ力ヲ試ミタル者ナリ．稀ニ伝フル所ノ求背極矢術ト云ヘル一書アリ，享保以前ノモノノ如シ．其序ニ曰ク，「(前略)頃設㆓端好一十三問㆒，贈㆓松永良弼氏㆒．蓋俟㆓類問㆒為㆑設㆓屈伸㆒也，然良弼答術屢燦然，果復㆓余裁円裁矢之一問㆒曰，累年睨而視㆑之，極形未㆑顕，則遠㆑之，至㆓象弥伏㆒，嗚呼無㆑所㆑施㆑之，因請㆑余云，余閲㆑之，宜哉問也，云云．」是ニ由テ之ヲ観レバ，良弼ハ十三問中，他ハ皆解法ヲ明ニシシガ，唯円ノ極数問題(裁円裁矢之題)ノミ解ク能ハズシテ，却テ之ヲ問者ニ質問シケルコト，此ノ如キ事情アリ．此故ニ貞資ノ言当ラズ．蓋シ当時某氏ガ良弼ニ与ヘタル問題ヲ演段シタル結果ハ，弧背二個三三〇三一七有奇，矢八分四厘八六九七有奇也．是レ円径ヲ一個トシタル結果トス．良弼之ヲ得テ始メテ大ニ円ノ極数術ヲ明ニスルニ至レリ．但シ後年和田寧ガ発明シタル円理極数術トハ其根元ヲ異ニセリ．

『増修日本数学史』の記載はこの通りであるが，私はこれにつき同書刊行のときに

> 註．求背極矢術ニ依ル．此書ハ久氏弧背草ノ一部ト全ク同シ．問者恐クハ久留島義太ナルベシ．

との頭註を附したのであった．

『求背極矢術』に記す所の算法は明らかに『久氏弧背草』の一部分と全然同一であるのに，『増修日本数学史』にはどうしてその術をもって荒木村英もしくは建部賢弘であろうと判断したのであるか．またどうして「享保以前ノモノノ如シ」と見たのであろうか．かくのごとき判断の下された理由はもとより明らかでない．

けれども思うに，『求背極矢術』の序文中に，十三問を設けて松永良弼に贈っ

たところ，良弼は裁円裁矢の問題をかえって問者に反問したので，問者はこれを研究したというように見えているのであるが，『増修日本数学史』にはこのことをもって問者が松永良弼の力を試みたものであると解したので，かくのごときことは松永良弼が一家を成して以後のことではなく，その壮年期以前の事件なりと見て，しからばすなわち享保以前のことでなければならないし，問者は荒木村英であろうけれども，場合によっては建部賢弘であったろうという結論に達したのであったろう．

もしかくのごとく思考しての結果であるならば，その判断は全く誤っている．『求背極矢術』の序文について，私は『増修日本数学史』の解釈に同意することができない．問者が松永良粥へ十三問を贈ったのは，類問を得て屈伸を設けんがためであるとは，明記されているのであり，松永良弼が定めて類似の問題を提出して来るであろうから，それによって解法上の取捨もしくは工夫をすることもできようことを望んだという意であり，この意味においての問題の贈答は，必ずしも少壮時代以前のことと限るわけはない．そうして良粥の答術はしばしば燦然として立派なものがあったというのである．

「果して余に裁円裁矢之一問を復して曰く云云」というのは，十三問中の十二問までは解き得たが，この一問だけは解き得ないでかえって問者へその解法を尋ね返したということではない．そのいう所を見るに，この問題は累年これを考えていたのであるが，極形未だ顕れず，幾ら考えても術の施しようがないからどうか解法を立ててもらいたいといってこれを請うたというのが文章の意味であろうと思う．

しからばその問題は松永良弼が累年しきりに考案したのであるが，しかもついに得るところなく，『求背極矢術』の作者はその問題を松永良弼から得てこれが解法を成就し得たのであったろうと見ない．かく解する方が穏やかであろうと思う．

この解釈を採るときは，前記の失名書状の内容とも能く一致する．その裁円裁矢の問題なるものが，実際は松永良弼と久留島義太の二人中のどちらから始まったにもせよ，とにかく，松永良弼が数年間もこれを研究して得る所なく，そうしてこれを久留島義太へ提出したということは全くの事実であったろう，そうして失名書状にいうごとく問題の贈答は相互に行うたのであり，ついに久留島義太が『求背極矢術』を作ることにもなったと思われるのである．故に享保以前のことではなくして，元文寛保頃のことであったろうと見たい．

『増修日本数学史』には久留島義太の業績中に『久氏弧背草』のことを記しながら，『求背極矢術』について判断を誤ったのは，両書所載の算法が同一であることに注意が及ばなかったのが，一因であったろう．

これにおいて思うに，円弧と矢との比の極限に関する算法は，久留島義太の研究によって成立したのであろうけれども，この問題について松永良弼はあらかじめ数年間の研究を積んで未だ大いに得る所なく，この問題を久留島義太に向かって提出した．久留島義太もまたこの同じ問題について従前からこれを研究し，またこれについて或る成果を得ていたかどうかは判らないが，しかしこの問題の解法について松永良弼へ意見を披瀝する所があり，また研究の結果を記載しておくことをもしたのであった．

松永良弼もこの極限問題について長く考慮を費やしていたほどあって，久留島義太へ与えた書状中にはその解法のことに意見をも漏らしているし，極限を求むる方法や並びに得る所の無尽式すなわち無限次方程式の開除方法についても論じているのである．これは久留島義太からその算法を示され，「円裁極背之術，委細御書付被レ下，致二驚歎一候」ということがあって以後のことではあるが，かくのごとき意見を久留島義太に対して開陳することもできたのであり，最早これについて定見ができているのである．

事情すでにかくのごとくなるが故に，藤田貞資が円の極数は松永良弼から始まれりといったということが，全く誤れりとして排すべきではあるまいと思われる．その算法はともかく問題だけは松永良弼から始まったと認めてもよさそうに見える．

要するにその算法は建部賢弘の歿した前後から松永良弼が歿するまでの数年間に成立したことが知り得られたのは如何にも貴重な成果の一つである．

## 15. 失名書状作者の建部賢弘に対する態度

前記の失名書状が建部賢弘の歿後に記されたものであり，その内容から見て松永良弼が久留島義太へ宛てたものであろうことは，最も明瞭に判断されることは前にこれを述べたのである．そうしてこの書状中に円に関する極限を求むる問題が見え，その問題は松永良弼がこれを提出したことがあるのは『求背極矢術』の序文によって知られ，『久氏弧背草』及び『執中法』によりて久留島義太がこの問題に関する業績は明白に現存しているのであり，『求背極矢術』が

『久氏弧背草』の一部分と一致することによって，松永良弼からその問題の提出を受けたのが久留島義太であることもまたこれを明らかにしたのである．しからば失名書状が松永良弼から久留島義太へ宛てたものであることは，この事情からも容易に推定されるはずである．独りしかるのみならず，円理極数の問題について記述したものといえば，上述の二三の文献があるほかに今日まで他に一つとして発見されたものもなく，また他にこれを論じた人あることも発見されておらぬ．全然絶無であり，今後も決して発見し得られぬであろうとまで極論することは，もとよりできないけれども，今のところそういう事情であるからには，いよいよもって例の無名書状が松永良弼の作であることを確められるということになる．

故にこれを松永良弼の書状と認むべき理由は極めて強固であり，記名ある場合と同一に取り扱ってよいのである．

この書状中には「関先生没して後，建部先生嗣で起る，建部先生没して嗣て起る者は誰耶」といっている．そうして関先生の歿後に荒木村英があったことはいっておらぬ．また「吾子建部先生の門に踵らざれども，其算聖たる事，既に是を知れり」といっている．すなわち関孝和の歿後における第一人者は建部賢弘であったとし，かつ建部賢弘は算聖だとしているのである．よほど建部賢弘に向かって尊重するの念があったものと見える．

これにより松永良弼が建部賢弘を如何に見ていたかを知り得られるのである．これを算聖というほどであるから，よほど重く見たものでなければならぬ．関孝和が時人に算聖と称せられたとは，その碑文にも記されているが，この碑は寛政六年(1794)の建設であり，古くは関孝和を算聖と記したもののあることを知らぬ．それはどうでもよいが，松永良弼が建部賢弘を算聖といっているのであるから，軽々しくこれを看遁がすことはできない．

この書状は松永良弼が久留島義太へ宛てて書いたものである．久留島義太は関流の人ではないけれども，中根元圭の恩顧を受けその捉撕によって大成した人であることは，『山路君樹先生茶話』に記されている．この『茶話』は藤田貞資の筆に成ったもので，久留島義太の逸話を記し，信頼すべきものである．

かく久留島義太は中根元圭の準門人ともいうべき人であり，中根元圭は建部賢弘の高弟であるから，久留島義太はいわば建部賢弘の孫弟子の格に当たる人である．故に書状中に建部先生の算聖たることは吾子もすでにこれを知れりというに，「冀ハ此道を任として墜ざらしめよ」とあるのは，算聖たる建部先生の算学に関する事実上の後継者たるべき傑出した才能を稽(かんが)え，その後継者たるの実を挙げて欲しいという意味も含まれているのではないかと思う．しからば孫弟子格の久留島義太へ対していうのであるから，なるべく建部賢弘のことを持ち上げて書くという傾きがないでもあるまい．したがって建部先生を算聖たりというのも，この意味がないではあるまい．しかし「吾子建部先生の門に踵らざれども」とありて，慎密謹厳の人であったろうかと思われる所の建部賢弘は，酒ばかり飲んで，全くだらしのない久留島義太のごときは近づけなかったものかも知れない．そうして久留島義太は書状中にもいっているごとく，真に「絶倫傑出の材，天下に独歩す」というだけの才能があったのであり，その才能ある久留島義太が建部先生の算聖たることはすでに知っていたと，松永良弼がいい掛けているところを見ると，必ずしも通り一遍の御世辞に建部賢弘を算聖だと褒め上げたものと認めるべきではあるまい．この書状は極めて真摯着実なものであって，心にもないのに妄りに建部先生を算聖だといったりなどしたものでは決してないのである．故にこの書状によって，松永良弼および久留島義太が，建部賢弘は関孝和歿後の第一人者であり，算聖とも認めるべき功労者として承認していたことが知られる．

建部賢弘がかくまでに認められるというのは，充分に根拠がなければならぬ．平凡な普通人がいっているのであれば，単に世間の名望とかもしくはその地位とかから来た判断ということもあるが，松永良弼および久留島義太がそういうことで誤られるはずはない．故にどうしても建部賢弘は充分に傑出した業績があったので，松永良弼等がこれを算聖とも呼び做すほどに尊重されたのであろうと見たい．また爾(しか)く見なければならぬであろう．これは当然の帰結である．

しからば建部賢弘は如何なる業績があるかというに，建部賢弘はその兄賢明と共に『大成算経』の作があった．また『不休綴術』をも作り，帰納的にこつこつと算法を推して行こうといういわば方法論的のことをも説いている．また累重累約術と称する算法の創意もあった．方陣布列についての創意もある．つぶさに数え上げたら，まだ幾らもあるであろう．これらを併せ考うるとき，それだけでもずいぶん優れたものであったには相違ない．しかしこれらの業績だけで，はたして松永，久留島の二人が建部先生を算聖だと称したであろうか．これはすこぶる問題であろうと思う．

しかるに円理の算法がもし建部賢弘の発明であったとすれば，その当時の数学に対する一種の大きな変動であったであろう．もちろん広く外界に伝えられたわけではないから，最高級の若干人を除くのほかはその影響を受けもしなかったのであるが，しかもこれら少数の人達に対しては驚歎の種子であったであろう．故に『円埋発起』の序には

建部賢弘．悟二了和漢未発之真術一也．嗚呼奇哉妙也矣．真可レ謂二算術之神人一也．

といい，諸算家の中にて最も異なる者はただ東都の建部君であり，その円理の創意は学者皆これを神ともいわんとし，そうして

嗚呼．君也実千載一人也已．抑亦君日域之光也．

とまでいっているのである．真に建部賢弘の発明であったとすれば，蜂屋定章，中根元圭等がかくまでに推称したのも，少しも不思議ではない．けれども序文の記載は虚偽誇称がないでもないから，これだけで確実に判断はできない．しかも松永良弼および久留島義太が建部賢弘をもって算聖だといい，関孝和と並び称しているのは，建部賢弘は真に円理の創発者であったことを認めているからではなかったであろうか．これを認めないではまさか算聖とはいわなかったろうにと思われる．もししかりとすれば,『円理発起』の序にいうところは虚偽でも誇張でもなく，全くの事実を語り，ありのままの感情を述べたものとなり，算聖といわれたこととも極めて能(よ)く融合調和するのである．私はかくのごとく解釈することが最も自然であり，最も穏当であろうと思う．

## 16. 建部賢弘の円理が松永良弼へ伝わった事情と松永良弼が円理に関する研究著述の年代

すでに円理は建部賢弘の発明であったとすれば,『円理綴術』が建部賢弘の撰であり，また『円理発起』の存在によってこれらの算法と系統を同じうするところの『乾坤之巻』もまた建部賢弘一派に知られていたであろうとしても，それに不思議はないのである．この事実は『乾坤之巻』が関孝和から荒木村英に伝えられ，荒木から松永良弼へ伝えられたが，建部賢弘はこれを受けていないのであって，後に関新七から関孝和の草稿を受け，始めて『円理綴術』が作られたのだとする見解では，充分に説明しかねるけれども，円理を建部賢弘の発明と見れば，少しの無理もなしに，すらりと了解し得られる．特に本多利明の識語には関家断絶後に関新七が伝えたのだといっているのが，明らかにその年代に関しては誤っているはずであるから，あまり確実な史料ではあり得ないこ

ともいうまでもなく，二つの識語が一致していないというのも不確実な伝聞を記したからのことにほかならぬと思われる．この種の不確実な伝聞に過ぎないものが確乎たる論拠にはなり得ないのである．

円理が建部賢弘の発明であることが事実だとすれば，『円理発起』の序文中にこれを享保七年(1722)春のことだといっているものもまた信頼してよいであろう．『円理発起』が享保十三年及び十四年の序跋を附しているので，この頃には円理は少なくも一二の人には伝えられていたことが知られる．中根元圭はその序文を書いているほどであるから，この人は伝えられた一人であろうが，中根元圭から久留島義太へ伝わり得るのはいうまでもない．久留島義太は傑出した鬼才ともいうべき人ではあるが，しかし中根元圭がその才を認めて引き立てたので大成し得たのであった．久留島義太は松永良弼とはなはだ懇親の間柄であり，二人共に石城平侯内藤政樹に抱えられているが，久留島義太が初めに抱えられ，後に松永良弼は久留島の推挙によって抱えられたということである．故に久留島義太の造詣はことごとく松永良弼へ伝わったであろうと見てもよい．そうして前記の書状を見てもその事情が思われる．故に建部賢弘の発明した円理が松永良弼へ伝わったとして決して無稽だということはできぬ．故に建部賢弘の発明なりと見做すことによりて，久留島義太及び松永良弼が円理の算法を知っていた事情を容易に了解し得られるのである．

円理に関して松永良弼がその算法を解説した著述があったかどうかは知らぬ．けれども我等の知る所では，かくのごとき算書の現存するものはない．しかも円理に関係したものとしては，『方円算経』のごとき完備したものを作っている．元文四年(1739)の年紀を有し，円理関係の諸級数を集めたのである．円理を角術すなわち正多角形の算法に応用した結果も挙げられている．

この書中には太陰率と称し円理の級数展開に関しての諸数の構成を示したものが見えているが，これは松永良弼の創意から出たということであり，かつ元文三年(1738)に作る所だといわれている．これについては『増修日本数学史』(頁286-7)に

> 元文……三年……松永良弼太陰率ヲ作ル．……太陰率トハ或ル綴術開商逐差ノ数ヲ助クル所ノ率ナリ．或ハ招差，垜積ニ応用スルヲ得．太陰率ハ別伝中ノ一目ナリ．然ラバ則チ良弼ガ別伝及印可ノ撰定ハ本年以後ニ成リタルナラン．

と見える．

松永良弼が『算法綴術艸』を作り，『帰除得商』を筆述したのは，元文五年(1740)であったことも，また『増修日本数学史』に見える．『綴術艸』は級数展開の結果を記したものであり，『帰除得商』は垛数によりて連続したものの総和を求める方法であって，無限級数に関係のものといってよい．

かくのごとく松永良弼は円理や無限級数に関する著述や研究があるけれども，いずれも元文年中のものであり，それ以前のものがあることには見聞がない．

この事実は如何に解すべきであろうか．普通に伝えらるごとく円理は関孝和の手に成りて荒木村英に伝えられ，荒木から松永良弼に伝えられたものであったとすれば，松永良弼がこれを受けた年代はもちろん判然せぬけれども，しかし荒木村英は関孝和よりも年長であったというし，享保三年(1718)に歿したというから，それ以前に伝授されたものとしなければなるまい．『増修日本数学史』(頁 237-8)に荒木村英は享保三年七月十五日に行年七十九歳で歿したことをいい，関孝和の門中にて高足第一と称せられ，孝和歿するとき，遺書ことごとくこれを受けたるも，老懶にして多書を校讎するを得ず，幸いに高弟松永良弼がいるので，すべてこれを伝えて尽く校讎せしめたのであるが，松永良弼が伝書を校正したについては師村英の指導を受けたものが多かったと説いている．荒木村英の歿年については川北朝鄰の記述中にもまたこれを見る．けれども古記録においては未だこれを見ることができない．故にその記載の真偽如何はにわかに判定し難いものであるかも知れない．しかもこれに拠るほか，今では他に典拠がない．したがって松永良弼がはたして荒木村英から関孝和の円理を受けたという事実ありとするならば，享保三年(1718)以前のことであったろうと見ておくほかはないのである．かく松永良弼は享保三年以前から円理の秘伝を伝えられておりながら，円理及び無限級数のことに関して元文年中の頃に至るまでは著述研究等があったらしくないというのは，怪しむべきではないであろうか．このこともまた円理は関孝和の発明でなくして建部賢弘から始まったのであろうとする見解を助けるものであろうと思う．

## 17. 円理の諸書と除法形式の代数記法

「円理に関する諸書」すなわち『円理発起』,『円理綴術』及び『乾坤之巻』はいずれも掛算及び割算を表す所の代数記法が使用されている．掛算を表す所の代数記法は関孝和もすでにこれを用いたのであり，貞享二年(1685)作の刊本

『発微算法演段諺解』にも記されたのであった．京坂の算家は系統の異なれる記法をも関孝和と同時代の刊行算書中に記したものがある．故に掛算を表す代数記法が関孝和及びその時代の他の算家の間に知られていたことについては，何らの問題もない．けれども除法を表す所の代数記法に至りては，上記の円理の諸書にはもとより見えているが，関孝和の著述として疑うべからざる諸写本には一つとして記されたものなく，その時代の他の算家の著述中にも所見はないのである．故に関孝和が除法形式の代数記法を使っているかどうかは，すこぶる問題であるといわなければならぬ．

私は今日においてはもとよりかくのごとく考える．けれども関孝和が除法形式の代数記法をも使っていたであろうことは，実は普通に信ぜられていたのである．遠藤利貞の『大日本数学史』にも関孝和が点竄術を創めたことをいい，そうして点竄術の代数記法として除法形式のものをも挙げている．私も点竄術が関孝和の創意であろうことは些しも疑わなかったので，D. E. Smith and Y. Mikami, *A History of Japanese Mathematics*（Chicago, 1913）の中においてやはり同様に説いたのであった．大正七年刊の遠藤利貞遺稿『増修日本数学史』（頁113-9）においてもまた同じである．この増修本については私は岡本則録翁と共に頭註を附して出典を示したり，もしくは意見を記載したのであるが，この部分に関しては何らの注意もしてない．これは当然のことであって，関孝和が除法形式の代数記法を使っていなかったであろうとは，未だかつて何人といえども適当に注意しもしくは主張したことはないのである．もし早くこのことに注意したならば，円理の発明に関する問題もこれを論拠として発展し得たのであろうが，我等はその点に想い及ばなかったことをはなはだ恥ずかしく思っている．

私は従来調査し得たところでは，関孝和の著述であることが確実な諸写本中に一つとして除法形式の代数記法を使用したものを見たことがないばかりでなく，年紀の知られた，もしくは年代の判然した諸算書中において除法形式の代数記法が用いられたものは，享保十三年（1728）の序文を有する『円理発起』が最古の文献であることを告白する．この書より以前の諸算書中にはこれまで未だかつてただの一回だもかくのごとき記法の用いられたものを見たことがないのである．またその用いられていることを記載した文献に接したこともないのである．

しかるに『円理発起』を初め，他の円理の諸書にはすべて除法形式の代数記法が盛んに用いられているし，松永良弼の晩年の作中や久留島義太の文書などにはもはや珍しいものではないこととあり，ついに久留米侯有馬頼徸(よりゆき)が明和三年(1766)に作って同六年(1769)に刊行した『拾璣算法』に至って，世に公にされることとなったのである．

除法形式の代数記法がかくのごとき来歴を有することを想うときは，円理は関孝和の発明であったとするよりも，その歿後に至って建部賢弘が発明したのであり，除法形式の代数記法も円理の発明と関連して創められたか，もしくはその直前の頃に用いられ始めたのであったろうと見る方が穏当であろうと思う．故にこのこともまた円理の発明は建部賢弘であろうとする我等の見解を強めるところの一つの有力な証拠とされ得るのである．

## 18. 代数記法を論拠としての『日本数学史講話』の推論

しかるに沢田吾一氏著『日本数学史講話』には，除法形式の代数記法の存在によって円理は関孝和の発明なることを証拠立てるように説いている．このことは雑誌『史苑』においても論じておいたのであるが，代数記法のことに注意してこれを論拠にしようというのはもとより一種の卓見といってよい．このことは岡本則録翁が思い付いて考えておられるということであるけれども，私は未だ翁の見解について与(あずか)り聞くことの光栄を有しておらぬ．翁は反対意見を有するものに対しては全く黙して語らぬという気風の人であるし，私が翁の蔵書を借覧して意見を定めて以来，翁はあまり賛意を表せられていないように思われるけれども，しかしこの意見の相違が原因してのこととは思うが，翁はこのことについては未だかつて具体的にその意見を話されたことはないのである．ただ他の人へ語られたのを伝聞したに過ぎぬ．しかし翁が代数記法のことからして円理の創発者が何人であるかを決定せんとされているのは，私もはなはだ敬服する．これに関してその着眼が那辺にあろうかということは，私もおよそ見当が附いておらぬではない．しかしながら単に見当を定めてこれを評論するのは敬意を失するであろうことを恐れる．

『日本数学史講話』においても代数記法に注目して論証しようというのは同じであるが，その論法は全く意味を成さぬのである．

『円理綴術』には右乗左除の代数記法が使用されている．しかも「右乗左除」とことさらにことわり書きがしてあるから，この種の記法が多く行われるようになってから以後のものではなく，その最も初期のものであったに違いない．

かく論じているのは何人も異論のないところである．

『乾坤之巻』にも除法形式の代数記法が使われているが，『円理綴術』とは同様のものでない．そうして後代に普通になったものとは違っている．故にこれも初期のものでなければならぬ．この見解もまた尤なことである．

しかるに貞享二年(1685)作の『発微算法演段諺解』には右乗の形式のみありて，左除の形式は見えておらぬが，明和六年(1779)刊の『拾璣算法』に至りては右乗左除の記法が公刊されたのであった．故に上記のごとき形式の代数記法を使用した所の円理の両書のごときは関孝和の著述でなければならぬ．

かくのごとく見るのが，『日本数学史講話』の見解であるが，これは全く推定の標準を誤ったもので，この議論からしては円理の発現は『諺解』(1685)と『拾璣』(1769)との中間の時代にあったろうという見込みが附けられ得るだけであって，それ以上には一歩だも踏み出すことができないはずである．この論拠からしては関孝和としても，建部賢弘としてもいずれであっても，差し支えないこととなるのである．故に『日本数学史講話』に見る所のこの議論は，私の見解を寸分たりとも薄弱ならしめる所以とはならぬのである．

## 19. 代数記法の様式の一致せざる事情の説明

円理の諸書中に現れたる除法形式の代数記法については，今少し着実に考察してみなければならぬ．これに関する文献はわずかに数種に止まり，その数は多くないけれども，その中に見る所の代数記法はすべて同一形式に属するのではない．この記法に二三の異同があるから，これを観察することによって，その初めて発現した起原をも多少髣髴たらしめることができないでもあるまい．我等はこの点に向かって注意を向けたいのである．

『円理発起』には次〈次頁図〉のごとき記法が見える．

これらはそれぞれ

$$2\times\frac{5}{356}\times\text{大矢}^2\div\text{径},\qquad \frac{7}{2048}\times\text{大矢}^5\div\text{径}^3,\qquad \frac{(\text{第数})(\text{斗数})^2}{1.5}$$

を表し，この書中には多くの場合にすべて縦線の右傍にも書いているのであるが，また縦線の左傍に一段半と記して，これは一段半すなわち一個半を乗ずることになっているのである．後の時代の右乗左除の記法からいえば，一段半は

斗数巾
第　数

一段半

径再除
大矢四
二千〇四十八分七

径除
大矢巾
三百五十六分五

これを乗ずることではなく，これをもって割ることになるのである．また径除及び径再除などと右傍に書いてあり，これは乗ずべきものと並べて同じ高さに書いた場合もあるが，多くは少し下げて低く書いてある．また右傍へ三百五十六分五と書いたのは，この分数を乗ずることになっているのである．

この記法は後代の右乗左除と同様のものでないことは直ちに了解される．

『円理綴術』には二次方程式の根を無限級数に展開する算法の図式を挙げ，右乗左除の記法を使っているのであるが，その最初の図式において

実左書ハ除又分母<br>　右書ハ乗又分子

と特に辞（ことわ）っているのである．そうして下〈右〉に示すごとく書いて，

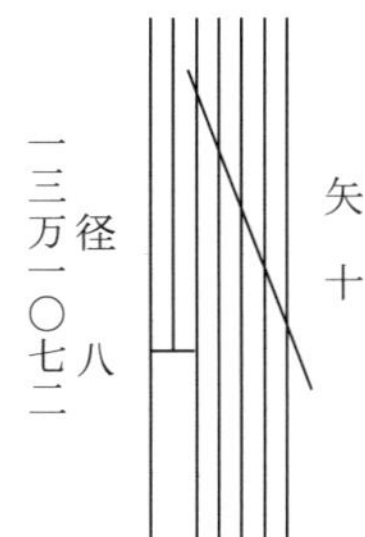


$$-\frac{165\times 矢^{11}}{131072\times 径^{9}}$$

を表すこととし，除すべき数は数詞では書いてあるけれども，乗ずべき数字係数は籌式すなわち算木（さんぎ）を並べた形で書き表しているのである．はなはだ大きな数になっても皆同様に試みている．

故に『円理綴術』中に用いられた代数記法は『円理発起』中のものとは同様でないのである．後の時代の右乗左除はこれから来ているのであるが，特に右乗左除との注意書きがあるところから見ると，この形式の記法が未だ用い慣らされていなかったものであることは，少しも疑いはないのである．

『乾坤之巻』には右乗左除の記法も見えているが，しかしまた縦線の左方へ一六分五一，六四分之一などと記して，これらの分数を乗ずることにした所もある．故にその代数記法は一部分は『円理綴術』と一致するけれども，一部分はこれと一致しておらぬ．また『円理発起』とも違っているのである．『円理発起』に左傍に一段半と書いてこれを乗ずることにしている例もあるから，これと同じ記法を使っているものと見てよい．故に『乾坤之巻』には『円理綴術』

と『円理発起』の両書中に現れた記法が併せ用いられているといってよい．

『久氏弧背草』には

十六分ノ五 | 大矢三 径巾ニ除　　及び　　| 五除六除 三除四除

のごとき記法が見え，それぞれ

$$\frac{5}{16}\times 大矢^4\div 径^2 \qquad 及び \qquad \frac{1}{3\times 4\times 5\times 6}$$

を表すのであって,「径巾ニ除」と右傍に書いているのは『円理発起』の書き方と同じいが,「ニ」の字を加えているのである．縦線の左傍に十六分五と書いてこの分数を乗ずることにしたのは,『乾坤之巻』の記法と同一である．

前にいう所の失名書状は松永良弼が書いたものであることを推定したのであるが，この書状中には明らかに右乗左除の記法が見えている．松永良弼晩年の著述と思われるものには，円理の関係以外においても右乗左除の記法を用いているのであり，特に点竄術の代数記法のことを説いたものにも，右乗左除の記法を用うべきことを教えている．

円理の関係において割算を含んだ代数記法が見えているのは，大抵上述のごとき有様であるが,『円埋発起』と『円理綴術』とが共に建部賢弘に関係あるものでありながら，かくも代数記法に不一致を見るのは誠に解し難いといわなければならぬ．単に『円理綴術』だけが関新七から建部賢弘へ伝えられて，建部賢弘はこれによって円理を知ったものであるならば，別の書物を作るにしてもやはり同様な代数記法を使いそうなものであるが，実際にそうなってはおらぬので，この事情から見ても関新七云云のことは信ずべきでないように思われる．

松永良弼と久留島義太とが密接な関係を有したとは，二人共に数学をもって同じ岩城平藩に抱えられていたというばかりでなく，例の失名書状を見てもその状態が思われるし，またその他にもこれを徴すべき史料があるが，かくのごとく密接な間柄でありながらしかもその使用した除法形式の代数記法は，前いうごとく同様でないのであり，久留島義太は縦線の右傍へ除数を記して除字を添加し，分数を乗ずべきことを左傍へ書いているけれども，松永良弼に至っては右乗左除のみで押し通したらしい．これは『円理発起』が作られてから十年ばかり後のことであるが，かく元文年中またはその直後の時代になっても，やはり除法を含める代数記法が未だ一定していなかったことがありありと思われよう．この点において久留島義太と松永良弼とは流義を異にしていたらしい．しかるに松永良弼は単に数学の研究をのみ事としただけでなく，『絳老余算』などいう教科用の数学書の作製にもその任に当たっているし，纏まった形式に編纂することをもしようという人であるから，代数記法の形式でも一定して便利なものに決定したいという希望も自然に生じたであろう．その結果として右乗左除で押し通すことになったのであろう．右乗左除の記法が松永良弼から始まったと見ることはできないが，これを固定せしめて後代に遺すこととしたのは全く松永良弼の功労であったように見てよかろう．しかも松永良弼がその目的のために努力している当時において，久留島義太のごとき天才数学者といえども未だこれに従っていなかったというのは，その企ての初期であったからにほかならぬであろう．私は松永良弼のその企てを元文前後の頃のことであったと見る．享保年中においてあまりその年代を遡り得べきではないらしい．

元文前後の頃における松永良弼と久留島義太の間柄でも，なおかつかくのごとき有様であるから，これよりも十余年前における享保十三年(1728)前後の頃において建部賢弘の一派で円理の算法を説き始めたときにあたり，代数記法の様式は何ら決定したものがないことに不思議はなく，したがって同じ円理についても別の記述をするたびに代数記法の様式を異にしたであろうと見ても，決して不条理ではあるまいと思う．いわんや『円理綴術』,『円理発起』及び『乾坤之巻』がことごとく建部派で作られたとしても，必ずしもすべて建部賢弘一人の筆でなければならぬというわけでもあるまいから，その起草のたびごとに未だ未熟であった除法形式の記法が動揺したであろうことは自然の勢いであったろうといいたい．割算を含める代数記法は何人が用い始めたかは未だ決定しかねるけれども，享保の中年より以前の年代確実な算書中に一つも見えておらぬことから推すと，その頃にはたといすでに用いられたことがあったとしてもまだまだ極めて稀に用いられたのみであろう．場合によっては円理の研究上において始めて考案されたのであるかも知れない．

もし円理が関孝和の発明であり，その頃から円理の書中に割算を含める代数記法が用いられていたものとするならば，関孝和はこの種の代数記法をも建部賢弘へは伝えなかったと見るべきであるが，はたしてかくのごときことがあり得たであろうか．また荒木松永派においても今少し早くからこの種の代数記法を盛んに使用していてよいはずであったろうと思う．しかもそういう事実がないのは，関孝和の発明ではないからの必然の結果であろうと見たい．

割算形式の代数記法の使用からいっても，私は円理が建部派で始まり，『円理発起』の作られた以後において松永良弼へ伝えられ松永良弼は多く研究を積んで，『方円算経』の著作などもしたのであろうと見たい．

## 20. 松永良弼著『立円率』

球の立積を求める算法の発達もまた上記の円理の発明と関連する所があるが，この問題を明らかにすれば円理の発明についても間接に一条の光明を投げ掛けることになろうと思う．松永良弼はこの事項について明らかに二種の記載をしている．

松永良弼の著述に『立円率』と題し，終わりに「享保十一年歳在丙午六月，松永探玄子」と記した一写本がある．この奥書によりて享保十一年(1726)の作なることは明らかであるが，序文は享保十四年(1728)の年紀を有し，次のごとくいう．

> 余嘗携二此書一．以謁二示久留島義太一．久留島氏曰．書中初学難レ通者．非二孟子之意一也．当レ作レ為(タメニス)二初学一乎．然所レ謂初学者．予自指耳．豈言レ他乎．故不レ改也．或曰．何以自指哉．曰．初作二此術一之日．到二于此一．甚難渋矣．布得二増約之術一．而后初暁然．悟二極数之形一也．故曰．初学者自指也．
>
> 源翼東岡謹記．
>
> 享保十四龍集己酉四月上弦日訂書．

松永良弼は源姓にして，また名を翼と称し，東岡，東溟，探玄等の雅号を有したのであった．その後に出た久留米侯有馬頼徸のごときも，算家として有力な人物であったが，やはり多くの雅号を用いたものであった．この序文はもちろん松永良弼の自序である．この序文を見るに，松永良弼は『立円率』を作るためにはずいぶん苦心したものであるらしく，初めにはなはだ難渋したのであるが，増約之術を布き得るに及んで暁然として悟り，極数の処理が成立して，この書に説く所の解析方法を成就したのだと主張しているのである．そうしてこの解析方法は全く著者松永良弼自らの考案工夫によってできたのだというのである．松永良弼がかく主張していることは，はなはだ注意しておくことを要する．

松永良弼はこの書を久留島義太に示したことをいっている．そうして久留島義太へ謁して示したという文字を使っている．これだけでも久留島義太を先輩扱いにしているものと思われるが，またその著『無奇編』などの中において久留島先生と記した所もある．どうしても松永良弼は深く久留島義太へ敬意を寄せていたことに疑いはない．かく敬意を寄せていたればこそ，苦心の結果に成れる立円率の研究を久留島義太に示すことをしたのであろうし，久留島義太がその算法は初学のためには解し難いから，今少し解しやすく説明ができないかと評したのを気にしたものとも思われる．しかも未だこれを改めずしてそのままにしておくというのは，このときなお他に処理方法の考えが進んでいなかったのではないかと思われる．

松永良弼の『立円率』の算法はおよそ二段に分かれる．前段においては『括要算法』に見る所の関孝和の算法のごとき方法を採用し，後段においては数字的の算出を避けてすべて解析的に処理することを試みたのである．立円すなわち球の全体かまたは球欠を厚さの相等しき薄片に截り，その各片を円台と見做してその立積を作りこれに厚さを乗じて，截数を無限としたときの極限を算出したのである．その求極限法を増約といっているのであり，その結果を得た上で次の術文を記す．

> 術曰．径与二矢冪一相乗六段．内減二矢冪四段一．余寄レ位．以二片数一除レ矢為レ厚．自レ之以レ矢相乗．倍レ之得数．以減二寄位一．余為二三段通積一．更細二鍥之一．片数至多者．厚数甚少也．以二甚少之厚数一乗レ矢．則其数至微也．至微之極．以無レ為レ限．故約二去矢厚冪相乗一．為二立円欠約積一也．

今委細の説明は省略するけれども，如何にも至微之数を積んでその極限を求めることをいっているのであり，明らかに一種の積分方法を解析的に行うたものであることが知られる．円理で弧内へ容れた弦数を次第に倍加したものに比すれば，この『立円率』の算法の方がむしろ後代の発達に関係が多いと見てもよい．後に安島直円が円理において弦を平行に等分する仕方をしたのは，この『立円率』の算法と同様に取り扱うことをしたのであり，これから円理の算法は長足の進歩を遂げたのであるから，松永良弼の『立円率』の著作は『円理発起』の序において建部賢弘が円理の算法を創意したといっている所の享保七年(1722)春よりも四年後のことではあるが，しかし和算上における積分方法の発達についてははなはだ重要な地歩を成すべきものであることを認めたい．

この算法においては代数的に算式を立てて解析方法を講じているのであるけれども，除法形式の記法が現れておらぬことを注意しておきたい．

## 21.『算法集成』中の立円積の算法

松永良弼が立円積に関して説く所の第二の著述は，その著『算法集成』中に見る所である．すなわち同書巻九にこれを見るのである．初めに『括要算法』の立円術のごときものを記しているが，この部分の終わりに

右之伝未レ委，故左ニ真術ヲ記

といいて，さらに「立円率真諺解」を説く．その算法は前記の享保十一年作の『立円率』に見る所と大体においては同様であるといってよいけれども，説明の仕方がこれに比して遥かに砕けたものになって，巧みに説述されているし，初学者にでもよほど解りやすくすることに努めたものらしく見える．全くの想像ではあるが，松永良弼は前に久留島義太から初学者のために解し難いから，解しやすくすることを望まれているから，曩きには久留島義太の注意にかかわらず改めざることをいっているけれども，しかもこの注意に基づいて一層思考を練ったための結果として，前とは説明の仕方にしてもすっかり変わったように明瞭で了解しやすく丁寧なものになったのではあるまいかと見られぬことはあるまい．『算法集成』の著作年代は判らぬのであるけれども，『立円率』の著作よりは大分以後のものであったろうと思われる．どうも松永良弼が算書の集成編纂を企てたのは，内藤岩城平侯に抱えられて以後のことであり，享保の末年から元文年中の頃であったかと見たい．一旦『算法集成』中の立円積の算法を書いた人が，その後において『立円率』中に見るごとき書き振りをするはずはあるまいし，またあの序文のようなことを書くはずもないのである．『算法集成』の立円積の算法は，享保十一年に『立円率』を作り，同十四年にその序文を書いてから以後において，同じ原則の上に立つ所の算法に関して解説を新たにしたものなりと認めてよい．

この算法の解説については，

仮如千片ニスル点竄如二左式一

といいて，その解法を進める．ここに点竄というのは如何なる意味でいっているのであるかは判然とは分からぬが，しかし解義とか演段とかいうのと同様の意味であるらしい．けれども点竄という熟語が用いられた実例としては初期のものであるから，この名称の下に如何なる様式の解説が試みられているかを見ることも，またもとより大切である．点竄という名称は後には筆算式代数学というごとき極めて重大な意義を有するものになることを思えば，なおさら注意

を要するのである.

この条下には右乗左除の代数記法も見えているのであり，これもまたその記法の現れた初期のものの一つであり，この点からもやはり注意しなければならぬ．この事情あるが故に，『算法集成』中の立円積の算法はそれ自身に重要であるばかりでなく，代数演算もしくは代数記法の体系の発達を考える上にも同様に重要な関係あるもので，はなはだ大切であるといいたい.

『算法集成』においては立円欠を等厚の薄片に截った数を剰数といっているが，その剰数をもって貫すなわち直径を割ったことを書き表すために

| 剰 | | |
|---|---|---|
| 数 | ┃ | 貫 |
| 除 | | |

という代数記法を用いたところもあり，また下記のごとき書き方をもしている.この場合には左方に書いてあるばかりで除の字は記されておらぬ．ただし除字を添加した場合もあるから，左方に書いて除すべき数を表すことを示したものとしては，未だ充分に熟しなかったことを示すものといいたい．しかしこの算法においては全く右乗左除の原則が成立している.

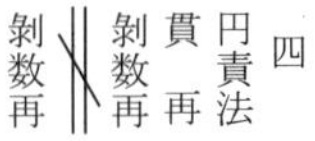

| 剰 | ‖ | 剰 | 貫 | 円 | 四 |
|---|---|---|---|---|---|
| 数 | ‖ | 数 | | 責 | |
| 再 | ‖ | 再 | 再 | 法 | |

| 剰 | ‖ | 剰 | 貫 | 円 | 四 |
|---|---|---|---|---|---|
| 数 | ‖ | 数 | | 責 | |
| 再 | ‖ | 巾 | 再 | 法 | |

かくして『算法集成』の立円積の算法は，右乗左除の代数記法を使用しての演算であり，この算法を点竄という名称を附して呼んでいるのである．場合によってはこの種の演算を用いたものは特に点竄と呼んだのではないかとも思われる．けれどもかく見るのは，点竄という文字の意義が寸分も発揮されていないように思われるから，他にどうかいう理由があってのことと見るべきであろうが，その説明は誠に容易でないのである．故に点竄という名称がどうとかいう意味で右乗左除の代数演算もしくは必ずしも右乗左除でなくとも割算を含める代数記法を使っての演算と結び付いて考えられてから，上記のごとき場合に他では演段または解義という処へ点竄という二字を記したものであったろう.点竄ということの解説が見えるのは，松永良弼が岩城平侯内藤政樹のために作った『絳老余算』がおそらく初見であるが，この書の著作以前あまり遡らざる年代においてこの熟語は用いられ始めたものであったろう．かくして『算法集成』中にも記されたのである．同書においても立円の全積を求める条には点竄

といいながら，玉欠積之伝の条においてはやはり右乗左除の代数記法を使用しながら，ここには点竄といわずして解義といっているのである．この解義という熟語もまたこの時代から始めて用いられることになったもので，関孝和の時代にはすべて演段といっている．そうして盛んにこの熟語が用いられるのはずっと後代のことに属する．

『算法集成』中には上述のごとく右乗左除の代数記法を用い割算を含んだ算式を使っているので，享保十一年作の『立円率』にこの種の代数記法が見えておらぬものに比すれば，代数的に一層自由に解説し得られることとなり，その意味で算法が進歩しているといってよかろうと思う．

この変化は著者松永良弼が割算を含める代数記法の使用を知ったために生じたのであろうと見たい．これにより松永良弼は享保十四年以後にこの種の記法を知ったものと考えたい．これらはなお充分に調査してみる必要があるけれども，私が今までに知り得たところではかく見ておいてよいと思う．

『算法集成』の立円積の部分は，単にこの『算法集成』に記されているばかりではない．別に『円率真術』という写本があって，両者の記載は全然同一である．場合によっては『円率真術』は『算法集成』の一部分を抜いたものであるかも知れないけれども，そう見るよりもむしろ『円率真術』がまず成り，これを『算法集成』中に採り入れたと見る方が適切であろう．しかも『円率真術』は著者名を欠く．しかしながら松永良弼は他人の著である『円率真術』を字句まで一切変更せずにそのままに自著の『算法集成』中に収録したというわけでもあるまいから，『円率真術』すなわち松永良弼の著述であったろうと見たい．この『円率真術』が曩(さ)きの『立円率』よりも後に作られたであろうと思うのである．

## 22. 山路主住考訂の『玉積真術』とその原著

山路主住は松永良弼の高弟であるが，この人に関係ある算書に山路主住考訂の『玉積真術』と題する写本がある．考訂としてあるから，おそらく先哲の遺著に基づいて考訂したものであろう．けれどもその原著が何人の作であるかは記されておらぬ．けれどもこれを『算法集成』中の立円積の部分に比較するに，その算法の形式を同じうし，これに基づいて考訂したものであるに相違ない．松永良弼の『立円率』のごとく割算を含める代数記法を使用しないものではなく，これを使って解説しているから，これよりもずっと取り扱い方が整頓しているのである．故に『立円率』を基礎としての考訂ではなく，『算法集成』もしくは『円率真術』中の算法を取ってこれを考訂したものと認めてよい．

この『玉積真術』は普通に山路主住考訂と記されているだけであり，何人の原著であるかを示してないのであるが，内容のこれと同一な写本で関孝和の名を記したものを見たことがある．これにより関孝和がすでにこれを作ったものであったかとも考えたのであった．実際そういう事情があったかも知れない．山路主住の『玉積真術』は先哲の遺著の考訂であろうことに疑いはないが，しかし普通にその原著者の氏名を記してないから，関孝和の遺著によったのであるか，それとも松永良弼の遺著によったのであるかが知られぬ．したがって立円積の解析的算法において割算を含める代数記法を使用したものは，関孝和から始まったのであるか，もしくは関孝和ではなくして松永良弼から始まったのであるかが問題となる．円理の発明に関して同じ問題があるのと全く事情を同じうする．円理の問題は従来しばしば論ぜられたけれども，この立円積の算法に至りてはかつて問題になったことがない．『増修日本数学史』に記す所も次の通りである．

> 山路主住……嘗テ玉積真術，角総平方術等ノ著書アリ．……山路主住……関孝和ノ皆伝ヲ良弼ニ受ク．是ヨリ主住カ名益々高ク，門弟子日ニ加ハリヌ．蓋シ円理ノ学益々進ム．其括法等大ニ改良アリシト云フ．玉積ノ解法更ニ詳ナリ．其法先ヅ立円ヲ截ツコト十片トシ，又二十片トシ，又五十片トシ，漸ク截数ヲ多クシ，其各積ヲ総計シ，之ヲ括リテ左ノ結果ヲ得タリ．……玉積数ハ円周数ノ六分ノ一ニ当レルコトハ，関氏ヨリ既ニ明ナリ．然レドモ前解ノ如キハ甚ダ善キモノトス．或人曰，円理ノ極限之ヲ垜積ニ括リテ，而シテ得ルノ法ハ，山路主住ヨリ始マレリト．憶フニ此語彼ノ方円算経中ニ括法ノ明記ナキノ故ナラム．然レドモ良弼既ニ円理綴術諸率ノ歩ヲ明ニシ，且招差積ノ法ニ至リテハ，甚ダ明ナリ．然レバ則チ垜積ニ括リテ極限ヲ求ムルノ法為サザルノ理無シ．蓋シ甚ダ秘シテ之ヲ載セザリシモノナラム．主住ニ至リテハ，其筆スル所ノ者顕然存ス．故ニ或人ノ言モ亦排ス可ラズ．是等ノ事態ハ暫ク論ゼサルモ，此二氏ノ間ニ成リタルコトハ決シテ疑フ所ナシ．（頁 307-9）

まずこれくらいのことが記されているのみに過ぎない．この所説は独り『増修日本数学史』に見えたるのみならず，『大日本数学史』においてもまたすでに記されているのであり，遠藤利貞は早くからこの見解を持ち，終身これを変更する所はなかったことが知られる．『大日本数学史』には松永良弼の『立円率』のことは記されておらぬが，増修本にはそのことをいっている．しかも『玉積真術』に関連していう所は前と少しも変更されておらぬ．今少しくその見解を批判してみなければならぬ．

上記の引用文を読みて明らかなるごとく，遠藤氏は『玉積真術』を山路主住の著述と見たのである．考訂とあるのを著述と解したものと思われる．これは前にもいうごとく，正しい見解ではない．考訂というのは明らかに先哲の遺著を考訂したという意味であったに違いなく，その原著と思われるものも現に存しているのである．

これにつき私は『増修日本数学史』(頁308)の頭註において

> 註．玉積真術ニ依ル．此書実ハ関孝和編ニシテ，山路主住ノ考訂ニ係レルモノナリ．

と記しておいたのであった．これは稀に関孝和編としたものがあることに拠ったのであるが，私自身も実ははたして関孝和の編であるかを確乎と断言することができないというよりも，今はそうでないであろうと信ずる．このことは後に説くこととしよう．

『玉積真術』の算法についていう所は，もとより正しい．ただ増修本には松永良弼の『立円率』を説きながらこれと比較することをしなかったのが惜しい．

山路主住の手で円理の学がますます進み，その括法等大いに改良ありしというは，おそらくいかがわしく，我等は少しもかくのごとき証跡を見出すことができない．しかもこれを説いているのは怪しいのであるが，これには理由があるらしい．『玉積真術』の算法は垜積に括ってその極限を求めることにしている．これは明白な事実であって，何人といえども否定し得られぬ．主住が「筆スル所ノ者顕然存ス」というのは，このことを指すのであろうけれども，松永良弼が「円理綴術諸率ノ歩ヲ明ニシ，且ツ招差積ノ法ニ至リテハ，甚ダ明ナリ．……」というのは，『乾坤之巻』に招差法を使って算法を施しているのが，『円理綴術』中に零約術すなわち一周零約術を使ったものとは異同ある所で，そのことは松永良弼が考案したのであろうと見ているのであるから，明らかにそのことを指したものであろうと思う．しかも松永良弼編の『方円算経』には招差法を使って括るということが言明されておらぬので，人あるいは松永良弼は未だ招差法を円理の算法に応用することを知らなかったものであろうと解したのであろうが，かく認むべきではなく，招差法で括ることは松永良弼及び山路主住の二人の間で成り立ったと見るのが適当だというのである．

この議論は畢竟，円弧を求むる算法の記載と，『玉積真術』に用いられた算法において，招差法が応用されている様式は全く同一でないことを省みず，ただ招差法の適用ということだけに着眼して論じたために，かくのごとき論究を見ることになったのであろう．故にこれを『玉積真術』を説くの条において論じているのである．

けれども或人曰云々とありて，これを山路主住から始まったであろうというのは，すなわち『乾坤之巻』において招差法を使用する仕方は山路主住の手に成ったのであろうという見解であり，これに答えるために『乾坤之巻』にその仕方を見るから，『方円算経』には明記なしとも，松永良弼がすでにこれを試みていたに違いないと説くのは，やや無理であろうと思う．この辺の論旨はすこぶる徹底しておらぬことをうらみとする．

要するに『玉積真術』に関する『増修日本数学史』の所説は，少しも参照に値するものを提供する所がないのである．

## 23.『玉積真術』の原著に関する推定

『玉積真術』が山路主住の考訂であることは明白であるが，その原著は松永良弼の『算法集成』もしくは『円率真術』であったか，あるいは関孝和の編であったかが，最も注意を要する所である．『玉積真術』を関孝和編とした写本ははなはだ稀にあるのは，今その理由を正確に知ることはできないが，思うに山路主住の考訂した原本は関孝和の作であったろうとの推定によって稀に補記したものがあったためであろう．『円率真術』は著者名の欠けた写本であり，中には『括要算法』所載の円弧の公式を求める算法の解説も出ているし，これを直ちに関孝和の著述であろうと見てこの書に見えたる立円積の算法もまた同じく関孝和の著述としたために，『玉積真術』を関孝和編とすることになったのではあるまいか．かく考えると，関孝和編とした写本があるのも，無理からぬことであろうと思われる．

けれども『円率真術』がはたして関孝和の著述であったか，あるいはこの書に載する所の立円積の算法がその形式のままで関孝和から始まったものであるかは，これを論断決定すること決して容易でないのはいうまでもない．しかしながら幸いにしてこれを判断すべき一つの有力な手懸かりがある．それはほかではない，すなわち松永良弼が，『立円率』の作があり，序文中に難渋苦心して考案したものであることを述べているのが，屈強な拠点となるのである．

前にも論じたごとく松永良弼の『立円率』には割算形式の記法を含まず，そうして『円率真術』，『算法集成』，『玉積真術』の算法になるとこれを含み，したがってその解析方法が前者よりも後者において著しく整順し了解しやすきものとなっているということができる．その事情から見て，どうしても『立円率』の方が前に成り，他の算法は後に成立したと見做すべきである．除法形式の代数記法を使用することができたので，これを使って解析方法を改良したのであるといってもよい．

しからば関孝和が前に割算を含める代数記法を用いて立円積を求める算法を立てたものがあったのに松永良弼はこれを度外に置いて，新しく同じ算法の工夫に苦心の研究を重ね，そうして割法を含んだ代数記法の使用を避けて，『立円率』の書を作ったという事実があったであろうか．如何にもかくのごとき事情はありそうにもないのである．関孝和は荒木村英にのみ皆伝したというのは事実なりや否やを知らぬけれども，荒木村英が建部賢弘と並んで関孝和の最高弟であったことはいうまでもなく，荒木村英は師孝和の遺書を校讎せんとしたが，老年の故をもってその事業を松永良弼に遺したとは普通に伝えられ，そのことは藤田貞資が『精要算法』の序文中にも記しているし，けだし事実であったろう．かつ荒木村英は享保三年(1718)に歿したというから，松永良弼はそれ以前から関孝和の諸伝書を伝えられていたであろうか．はたしてしからば，もし関孝和に『玉積真術』のごとき著述があったとすれば，享保十一年乃至同十四年の頃において松永良弼はこれを見ているはずである．関孝和の遺著にかくのごときものがあれば，『立円率』を作るためにその序文にいうごとく苦心難渋することもなかったであろう．この書の形式もまた違ったものになっていたであろう．

私はかくのごとく見る，故に関孝和が『玉積真術』の原本の著作があったであろうことを信ずることができない．『円率真術』も関孝和の作ではないと考える．『円率真術』は『立円率』の著作以後に松永良弼が作ったものであろうと見たい．

これにおいて想像を逞しうするならば，松永良弼は享保十一年に苦心の結果として『立円率』を作った．その頃には除法形式の代数記法を知らなかったので，この書中にもこれを用うることをしておらぬ．その後この書を兄事する所の久留島義太へ示し，その教えを請うた．久留島義太は初学者には難解であるから改作することを要求したのであるが，享保十四年には松永良弼は未だこれを改作することを思わなかった．

しかるに松永良弼が『立円率』の研究に苦心したのとおよそ同時に，あるいは多少これに先だって，建部賢弘は円理の算法を工夫し，除法形式の代数記法をも応用したのであった．享保十三年には『円理発起』も作られたほどで，すでに人にも伝えたことは明らかである．久留島義太はこれを中根元圭から伝えられたであろう．久留島義太はこれを伝えられて，さらに工夫を凝らしたこともあったであろう．そうして当然これを松永良弼へ伝えたであろう．松永良弼は建部賢弘と並んで一方は円理，一方は『立円率』の算法を成就するほどの有力家であるから，円理の算法に割算形式の代数記法が用いられているのを見て，これを『立円率』の算法に適用して，『円率真術』に記されたごとき解析方法を作り出すことははなはだ容易であったろう．そうして久留島義太の要求に応ずることにもなったであろう．しかるのみならず，久留島義太及び松永良弼の二人は円理に関する研究にも着手したであろうし，その結果として太陰率というものも見出されるし，『方円算経』の著述ともなった．また久留島義太の手では『久氏弧背草』に記載されたごとき研究も行われたのである．『方円算経』に円理の諸公式が集められる前には久留島松永の二人の研究があったのはいうまでもなく，建部賢弘等の研究もあったであろう．『弧背詳解』の山路主住の序文及び本多利明の識語から見ても一時に成ったものでないし，内容からいっても同一人の筆ではないが，これなども『方円算経』以前にその一部分はできていたに相違なかったであろう．山路主住の序には建部賢弘及び久留島義太の名を記しておらぬが，本多利明の識語にはこの二人の名をいっているのは，その方が正しいと思われる．例の失名書状でも見られる通り，松永良弼と久留島義太とは円理の研究に関して盛んに思想を交換し文通をもしているのであるから，円理の諸公式の作製上に久留島義太の関係がなかったであろうとは考えられない．『方円算経』所載の円理を正多角形の算法に応用しての公式中にも，久留島義太の作であると伝えられているものがあるのも，全く事実であろうと思う．

かくのごとく考うるときは，発達の順序としても極めて順当であり，実際の歴史事実に近いであろうと思う．

## 24. 関孝和の業績とその研究の年代

我等はすでにかくのごとく見る．故に円理は関孝和の発明ではないと思う．これについては最早多くをいう必要はないかも知れぬ．けれどもなお反証があり得るかどうかを吟味してみなければならぬ．これについて考うべきことは，関孝和の著述類を検するに，年紀あるものは貞享二年(1685)までのものに限られ，それ以後宝永五年(1708)に歿するまで二十余年間も在世しているが，この長き期間の年紀を有する著述というものはない．全くないではないが，一種の暦書などあるくらいのもので，創意に富んだものでもなく，全くいうに足らぬ．また年紀の知られぬ業績についても，貞享二年(1685)以前にすべて成立していたであろうことが，論証し得られる．今その考証を記すことはすまいが，これは如何にも著しい事実である．関孝和の研究はその死歿前二十何年かの前に全く終わっているのである．

この事実の説明はむずかしいのであるが，関孝和は種子本があって，その種子本が尽きたので，最早新奇の業蹟は作られなくなったのであろうとも見られぬことはあるまい．若干の種子本はあるいはあったかも知れない．けれどもその業蹟全部を供給するほどの種子本があったであろうことは，今のところ見当も付かない．その種子になったろうと思われるところの根原を挙示することができないのである．このことも詳論することはすまいが，どうしても適当な種子の出所を突き留められない．そういうわけであるから，源泉が涸渇したために研究が終わったのであろうと見るのは，部分的にはとにかく，全般的にはどうしても無理である．そういうことよりも，不健康のために研究を継続し得られなかったのであるか，もしくは創始的の能力が発揮されないことになったのであろうと見たい．関孝和の門人に建部賢弘の兄弟三人のあったことは，数学史上に著聞するのであるが，その次兄建部賢明が正徳六年(1716)に『建部氏伝記』というものを書いている．建部家の人々の伝記を集めて書いたのである．この中には建部賢明及び同賢弘の伝記も見えているが，もちろん生前の作であるから，前半生のことしか記されておらぬ．その中に貞享年中から関孝和と建部賢弘及びその兄賢明の三人が相謀って『大成算経』の編纂に従事し，二十余年を費やして宝永の末に始めて二十巻の書ができ上がったということが書いてある．三人の中で賢弘が主になってやったのであるが，関孝和は爾歳病患に冒されて力を尽くすことができないし，それから賢弘は多忙な官吏になったので，編纂が意のごとくならぬ．よって賢明がこれを引き受けて取り纏めたのであるが，賢明は名を出すことを好まぬから，賢弘の名前にしたのだというのである．この『建部氏伝記』は単に一族中に伝えるために書いたもので，大体は信じてよいと思うのであるが，関孝和が不健康で編纂に力を尽くし得なかった事情はこれで充分に察せられようと思う．その記事の中に爾歳という文字があるのが，やや意味不明であるけれども，その頃から以来というような意味にいっているものであろうと思う．この記事を晩年の二十余年間というものは著述がない，業績がないという事実と併せ考うるときは，どうしても不健康のために独創的研究の幕は全く閉じられたのであったろうと見るのが当然である．

これは数学史上に重大な事実であって，関孝和はその研究創意の中途で活動を中絶したのだといわねばならぬ．故にもし爾かく中途で中絶することがなく，なお二十余年も存生したその期間にその研究創意を遺憾なく継続し得たならば，よほど造詣の見るべきものもあったであろう，一旦成り立った算法も一層の完成を見ることになったのであろうが，如何せん中途で中絶しているのであるから，いわば未完成のままに遺されたといっても過言ではあるまい．

かくのごとき事情があるからには，関孝和は現に此々の業績を挙げている，関孝和の天才をもってしてはさらに進んで一段上の算法をも能くし得たはずであろうというように見て，あまりに過大に見積もることはできないであろうと思う．

関孝和が数学の天才であり，偉大な人物であったことには，おそらく何人といえども異存はあるまい．関孝和が若干の種子本を有したであろうことは，世に伝説があるが，はたして事実であったかどうかは判らぬ．或る程度までは事実であったかも知れない．しかしそういう事実があったにしても，関孝和の才能造詣についてあえてその真価を低下することはできない．たとい種子本はあってもなくても，あの時代においてあれだけの業績を挙げ得たことは，傑出した人物でなければでき得ることではないのである．その発明創意については充分にこれを認めたい．けれどもいかがわしい論拠によって，後の時代のものを関孝和の業績中に添加しようという必要もないし，務めてその真偽を鑑別したいのが，我等の本願である．

関孝和が円理を発明したかどうかということは，実にその真価を鑑別すべき最も主要な問題なのであって，我等はすでに上述のごとくこれを論証したのである．今関孝和の業績を吟味し，かつ他に及ぼした関係など考えて，我等の考証に対し反証が挙げられ得るや否やを明らかにしたいと思う.

仮に円理は関孝和の発明であったとしてみよう. しからば割算を含める代数記法もまたその当時から用いられていたと見るのが至当であろう. そう見るからには,『玉積真術』もまた関孝和の著と見たくなるであろう. 関孝和がこれらのものを発明し著述していたものとすれば, やはり貞享二年(1685)以前の作であったと見ねばならぬのであるが, はたしてしかりとすれば, これらはすべて厳秘に付せられ, 享保七年から十一年乃至十三四年の頃に至るまでは全く数学の研究進歩の上に関係を見出さずにいたということになるのであるが, そのおよそ四十年間も全くそういう状態で続けられたというのが, 真に事実であったであろうか. かくのごときことは誠に怪しいと思われる. たとい円理の算法をば厳秘に付したとしても, 除法形式の代数記法を厳秘にするというのもいかがわしいし,『円理綴術』中に見えたる零約術すなわち実は一周零約術いいかえれば循環小数還元法のごときものまで厳秘にするということはなかったであろうと思われる. 円理の基礎になる二次方程式の根を展開する方法や, あるいはその展開された結果の級数, または円弧を表す級数などは部分的に高弟中のただ一人以外に伝えられてもよかったではないであろうか.『大成算経』及び『括要算法』のごとき算書中にはその或るものは記されるのが当然であったろうと思われる. しかるにもかかわらず, この種のものは一つとして見えていないし, また関孝和がこれらのものにつき創意があったことを記した文献がないのであるから, どうしても発明されていたのを厳秘にしたのではなく, 実際発明されていなかったのであろうと見なければならぬであろうと思う.

それに関孝和が荒木村英にのみ伝えて, 建部賢弘へ伝えなかったという謂れもあるまいと思われるし, 別して『大成算経』二十巻が関孝和と建部賢明, 賢弘の三人で編纂したものといえば, これほどの編纂物を作るのに, 上述の諸算法を一つも建部兄弟へ伝えなかったであろうとは, 普通の常識をもってしては考えられないように思う.

## 25.『括要算法』と『大成算経』

『括要算法』四巻は, 関孝和が宝永五年(1708)十月に歿して, その翌宝永六年に高弟荒木村英が門人大高由昌と共に編する所であり, 関孝和遺編としているし, その各部分は関孝和編として年紀を記した写本の伝わったものもあるから,かくのごとき写本の伝わっておらぬ部分もやはり同様であろうし，おそらく将来においてその写本が見出されることもあろう．故に関孝和の著述諸稿本の中に就きて或る種のものを選んでこれを刊行したのであること，疑うべくもない．しかもその刊本は誤字脱字等はなはだ多いのであり，その中の角術に関するものの写本が現存するものについてこれを検するに，かえって誤脱がないという事実もあるから，この書刊行のときに際して慎密な校訂をしたものでなかったことが思われる．その書名を『括要算法』という所から見ると，関孝和の算法中の重要なものを惣括したものだという意味であったと思われるが，この意味を書名に命ずるからには，最も重要なものを挙げたものであったと解してよかろう．円に関する算法もこの書中に見えているが，もとより後に円理という名称で知られたものとは同じでない．故にこれを括要弧術と称する．その算法の作製は後の円理の創意に比し必ずしも平易であるともいわれないし，また発明の努力において劣るものでもなかったであろう．この算法が前に成りて，後に円理が成立したのは，発達上に自然に現れた順序であったろうと思われるが，『括要算法』にいわゆる括要弧術なるもののみ挙げて，後のいわゆる円理に関してはその痕跡だも示しておらぬし，またかくのごとき算法の成立していることをも少しも漏らしておらず，そうして『括要算法』という書名を用いている所から考えると，円理は未だ成立していなかったことを思いたいのである．

『大成算経』もまた編纂に二十年の歳月を積みて，関孝和の歿した頃に至って始めて脱稿したものであるが，この書も『大成算経』という書名を採用し，当時の算法を集大成したものであるということを標していること，『括要算法』と同様であり，しかも『括要算法』と同じく，同種の弧術はこれを載するも，後代の円理なるものは記す所なく，これに関する些かの暗示すら示されておらぬのであり，やはり円理は未だ成立していなかったことを語るべき証拠になるであろうと思う．

『大成算経』の成立した事情は前説く通りであるが，この書につき『大日本数学史』(中巻，頁41)には次のごとく説いている．

或人曰，大成算経ハ関孝和ノ門人建部賢弘ノ著ナリト．此言強チ排斥ス可ラザルニ似タリトイヘドモ，今該書ヲ見ルニ記名固リ関孝和タルノミナラズ，終巻関氏ノ手ニ成レルモノヽ如シ．是ニ由テ之ヲ見レバ，関氏卒後賢弘其遺稿ヲ集成シ，更ニ序順ヲ立テヽ以テ斯ノ大成算経ヲ編成セシモノナラム．蓋シ当時ニ於テ此ノ如キ大著述アルハ其労想フベキナリ．宜哉大ニ是書ヲ秘スルモ．然リト雖モ，只惜ムベシ，其ノ点竄術ヲ顕ハサヾリシヲ．書中……関氏ノ術大略具レリ．

『増修日本数学史』(頁 191)に説くところも，全くこれと同じい．かつ両書共に割註に

大成算経ハ署名無キモノアリ，或ハ之ヲ建部賢弘ノ著トスルアリ，然レドモ余ガ蔵スル所ノ者ハ，正ニ関孝和ノ名ヲ署セリ．

といっている．『大成算経』に著者名を記したものはないのであるが，遠藤氏所蔵のものが関孝和の名を記していたとすれば誠に珍しい．しかも翁の歿後にその遺蔵の算書中に『大成算経』二十巻中の一巻だも見出すことができなかったのがはなはだ惜しい．しかも『建部氏伝記』によりてその編纂の事情が判っているのであり，賢弘の名前にしたということも見えているので，久留米侯有馬頼徸等がそれを建部賢弘の作とした理由も了解されるのであるが，しかるにもかかわらず関孝和の名を署したものがあるというのは，後人の書き加えたものであろうことは容易に想像せられ，名前が記されているからとて，必ずしもその人の作とのみ断定し得べからざることを明白に示すものであるといいたい．

『大日本数学史』にも『大成算経』には関氏の術は大略具れりといっているが，私も事実左様であると思う．関孝和の算法はおよそ全部包括されているばかりでなく，建部兄弟の創意した算法なども収録されていると思う．建部賢弘が享保七年(1722)作の『不休綴術』にいう所は，『大成算経』中のかくのごとき部分を甄別するために役立つのである．

『括要算法』には円周や円弧の長さを求めるために内容した等弦数を倍加して次々の計算を行い，その次々の値について一遍の増約を行える結果を挙げたのみであるが，『大成算経』においては一遍の増約のみに止まらず，幾回となく繰り返すことになっている．しかもこの繰り返して適用することは関孝和の創意ではないという．それが『括要算法』に出ておらぬのは，関孝和の遺稿をそのままで集めて出したための当然の結果である．

『括要算法』は関孝和の算法の全部ではない．けれどもこれ以外においていわゆる「関氏七部書」なるものは，荒木村英の類別だと『大日本数学史』にも記しているし，「七部書」の外に「三部抄」なるものもある．これらを併すときは大体は尽きる．すでに『括要算法』を公刊した荒木村英は，「七部書」をもやはり公刊するつもりではなかったかと思われる．これらのものまで公開するという荒木村英が，円理についてはその存在することをも漏らしておらぬのは不

思議である．不思議というよりも，実際できておらぬので，漏らしようもなかったと思う．

しからば荒木村英の意では，一切秘伝を立てず，すべて公開するつもりであったろうかというに，必ずしもそう見ないでもよい．『括要算法』に記された角術や弧術のごときも，その記載だけでは算法の性質が了解されやすくないのであり，その解義のごときはあるいは秘伝にしたのではなかったかと思う．水戸の算家大場景明は『括要算法』の弧術を了解し得ずして，その解法を師山路氏に請いこれを記して『括要弧術解』なる稿本を作ったこともあるが，これなどはその事情を語るものであろうと思う．

## 26.『括要算法』に関する『日本数学史講話』の見解の否定

『括要算法』は円理を説くのが目的で作られたものであり，関孝和の歿後に荒木村英等が遺稿中から収録したのではなく，関孝和が前からこれを作っていたのであって，元来は円理の算法も挙げられていたが，これを刊行するにあたって円理を秘するがために，終末の部分を削り，その代わりにいわゆる括要弧術と称するごときものをもってしたのであろうとは，『日本数学史講話』に説く所である．そうして書中に説くところのすべての算法は，皆円理に応用する目的で挙げたのだといっている．けれどもこの見解は成り立ち得べくもない．

『括要算法』には剰一術及び翦管術が記されているが，この算法は円理の如何なる部分に役立つのであろうか．角術も円理の上に如何なる応用があるであろうか．招差法は『乾坤之巻』で少しばかり使われているから，これは予備的知識を供するであろうが，零約術にしても『括要算法』に記されたものは，『円理綴術』中に用いられた零約術すなわち循環小数還元法ではないのである．そうしてこの種の零約術は記されておらぬ．これらのことから考えても，円理の予備的知識を集めたものと認めることはできない．

また円の内接多角形の次々の値から増約を行う公式をもって，関孝和元来のものではなく，これには脱落があるのであろうと見ているのであるが，実は立派に説明ができるのであり，また文章で法則の形に綴ってあるのが，そのいうごとく簡単に脱落などし得るものではない．それにその公式を作製することについて新たに解説を企てたものも，全く後代の知識をもって解したというのみで，少しも当時の数学の真相に当たるものではないのである．そういう議論は全く無意義である.

括要弧術についても，それから直ちに円理の算法が出るものであるかのように見ているのであるが，これまた全然その算法の性質を了解しておらぬからの見解にほかならぬ．故に『括要算法』に関する『日本数学史講話』の諸説は全く採るに足らぬのである.

ただ，問題となり得るのは，括要弧術は円理の結果である級数を知って，これを基礎として作製したものかどうかという一点にあるが，その算法は招差法の変形であり，そのことは安島直円もいっていることであって，必ずしも円理の級数を前提として得たものでないことは，如何なる解析方法を適用しているかを吟味して知り得られるのである．後には括要弧術をさらに変形したごとき公式が，円理の級数を基礎として作られたこともあるけれども，それは円理の級数が成立してから以後のことであり，括要弧術をそのままに吟味してみても，またこの算法を解説した諸算書を調査してみても，円理の級数を基礎とすることなしに作製したものなることが認められるのである.

故に『括要算法』からして関孝和が円理の発明があったであろうという論拠は作られないのである.

## 27. 円理を関孝和の発明とし『乾坤之巻』を関孝和の著述とする見解の起原

上述のごとく種々の方面から論じて円理は建部賢弘の発明であろうと思われ，関孝和から出たろうことはすべてその証拠が認められないのであるが，しからば円理は関孝和の発明だとすることはどうして出たかを考えてみなければならぬ.

『乾坤之巻』が関流最高の秘伝書とされたことは，もとより疑うべきではない．そうして関孝和の発明として伝えたこともまた事実である．『乾坤之巻』は乾坤の二巻の巻物になっておって，他の諸算書がすべて冊子本であるとは異なっている.

この『乾坤之巻』がはたして関孝和から出たものであり，非常に尊い秘伝書とされたものであるならば，この書にいわゆる仙台本と水戸本との別があるというのも異様に感ぜられる．そうして乾巻の終わりと坤巻の巻首とにその算法の一部分につきて関孝和の考案云々ということを書き加えているのも誠に不思議である.

しかも云云と云ふという風に「云ふ」の文字を添加したところを見ると，充分の確信をもって書いたというよりも，むしろ伝聞によって書き加えたとかどうとかいうのが真相であろうと思う．かくのごとき書き振りはどうしても充分な信を置き得べからざることになるのである.

円理は関孝和の発明だといわれているが，しかし『乾坤之巻』を関孝和の著述だとする所伝はない．これを関孝和の作と見たのは，けだし『日本数学史講話』に始まる.『大日本数学史』のごときも，松永良弼の作であろうと見る．また山路主住の手が加わっているであろうという所伝もあった．かくのごとき所伝は和算家の間に伝えられていたのである.『大日本数学史』にもその所伝に基づいて松永良弼の作と考えたのである．かくのごとき所伝が何時代から存したかは判らないが，しかし『乾坤之巻』へ関孝和云云という書き入れをしたというのも，あるいはかくのごとき所伝があるから，特にこれを書き入れたものではないかと思う．全体を関孝和の著述と見るならば，その一部分についてかくのごときことを書き加えるはずは決してないのである．この書き入れの作者は明らかに関孝和の著述とは考えなかったものと認めてよい．故にその書き入れは，円理が関孝和の発明であることの屈強な証拠となるよりも，かえって『乾坤之巻』の最高秘伝書としての歴史的価値を低下せしめるものであると見なければならぬ.

『乾坤之巻』と同一の内容を有して『弧背之理』と題し，三巻の冊子本になったものもあり，これは『乾坤』二巻の巻物に仕立てて秘伝として伝授された以外に伝わっていたものであることを立証する.

『乾坤之巻』が松永良弼の作だとか，または山路主住の手が加わっているなどいう所伝が，和算家仲間の口碑に伝わっていたのは，その実際の著作当時の事情を伝えているのではなかろうかと，見て見られぬことはあるまい.

けれども山路主住の時代頃からして,『乾坤之巻』が最高秘伝書であったこともまた事実であろう．それ以後にはこれを最高秘伝書としたという所伝は和算家仲間に拡まり，誰一人これを疑うものもなかった．故に和算の後半期においては，円理は関孝和の発明であり，関流最高の秘伝書は『乾坤之巻』であったとは，多くの文献に記されているのであり，一々これを引用参照するまでもないのである.

本多利明が『円理綴術』の前後にこの書の作製に関して前後不一致の識語を

遺していることは，前にこれを述べたのであった．思うにこの両識語は二回に別々に書いたのであろうが，一度は建部賢弘の作と聞いて書き，一度は円理が関孝和の発明ということを聞いて書いたものであったろう．その時代には荒木村英のみ関孝和の皆伝を受け，建部賢弘は皆伝を受けなかったし，また円理は荒木村英の派にのみ伝えられたのだという所伝ができていたので，建不休先生撰という『円理綴術』があるからにはどうして建部賢弘が円理を知ったかが説明を要することであって，建部賢弘は荒木村英または松永良弼に師事したという所伝もないし，関孝和の養子関新七が家名断絶となり，建部賢弘の家に寄食したという事実があるから，そのとき亡父の遺稿を建部賢弘に与え，そうしてその結果として『円理綴術』が作られたのだという説明が生じ得るのも，不自然なことではない．この種の見解は本多利明自ら構成したものか，あるいは他人がこれを構成して本多利明に伝えたのであるかは判らぬが，そういう風に構成された見解ではないかと思う．必ずしも関新七が関孝和の遺稿を建部賢弘へ伝えたという事実があっての記事であるかは，はなはだ疑わしいのである．故に本多利明の識語は不確実なる事柄の伝聞から来たものであり，史料として多くの価値を持つものではないのである．

しかるにもかかわらず，『大日本数学史』及び『日本数学史講話』等には本多利明のいかがわしい識語を確実な有力な史料として取り扱ったので，円理は関孝和の発明だという結論にもなったのである．

## 28.『乾坤之巻』と『起原解』

『温知算叢』は白石長忠閲，木村尚寿著の刊行算書であるが，木村尚寿の自序は文政十一年(1828)の年紀を有し，中に次のごとくいう．

> 自是以来，鄰々先生ノ門ニ遊ビ，粗員理ノ深意ヲ知覚ス．実ニ玄ノ又玄ト謂ベシ．蓋シ先生自得スル処ノ古今未発ノ方員ノ密法ニシテ，之ヲ名ヅケテ方員窮理豁術ト云．分テ先後ノ両伝トシ，関夫子ノ遺書員理密術乾坤ノ秘巻ニ亜テ最之ヲ秘蔵ス．予其先伝ヲ請受ス．先生ノ功夫偉ナル哉．所謂乾坤ノ秘巻ハ関夫子ヨリ道統五世ニ至ル迄之ヲ珍重シテ高弟及嗣子ノ外ニ伝フルコトナシ．嘗聞，巻中僅ニ員法弧術ニ過ギズト．是等ヲ以秘中ノ秘トスルコト，惟関家ノミニ非ズ．総テ算法ノ極意トシテ流派ニ依テハ員法弧術ノ蘊奥ヲ得ザルノ徒モ又鮮カラズ．適之ヲ得ル者ハ宝珠ヲ得タル如

ク深ク秘シテ門外ニ出サズ．……

この文中の鄰々先生とはすなわち白石長忠号鄰々であり，方員及び員理というのは，方円及び円理である．『温知算叢』は木村尚寿著とはなっているが，おそらく白石長忠の作であろうから，木村尚寿自序というのも，あるいは白石長忠の作るところであるかも知れない．上記の文によって見るに，白石長忠は「関夫子ノ遺書員理密術乾坤ノ秘巻」を秘蔵していたようでもあるが，木村尚寿はこれにつき嘗聞云云といいて未だこれを見ていなかったことを示す．けれども白石長忠は『乾坤之巻』を受けていなかったということであり，これについては一つの注意すべき事件がある．

日下誠は『乾坤之巻』を有したのであるが，人に盗まれてもはや持っておらぬ．故に白石長忠等はこれを伝えられることができない．しかるに白石長忠はどうにかして『起原解』一名『円理乾坤書』という二巻の書を手に入れた．もとより著者名は記されておらぬ．白石長忠はこれを日下誠に示したところ，日下誠は『乾坤之巻』に違いないとの証言を与えた．よって藤田貞資が『乾坤之巻』を巻物として秘蔵したのもこれにほかならぬと称して珍蔵した．

このことは白石長忠，古川氏清，池田貞一等が記しているのである．故に『温知算叢』の序にいう所の「乾坤ノ秘巻」を秘蔵していたらしく見えているのは，真の『乾坤之巻』ではなくして，『起原解』のことであったろうと思われる．書中に記す所は「円法弧術ニ過キス」というわけではないが，一向に構わなかったものと見える．

私はこの事実あるがために，『起原解』は関孝和の作にして，かつては『乾坤之巻』として秘伝せられたのであるが，後に円理が成立して現存の『乾坤之巻』が作られ，前の『起原解』に代わって最高の秘伝とされることになったのではないかと考えたこともあった．けれどもかくのごとき見解は明らかに正しいものでない．『起原解』には解義という文字も見えるし，また記載の算法は前に松永良弼の晩年の頃のものであろうと論じたものであって，関孝和の時代のものではあるまいと思う．白石長忠等のごときもはたして関孝和当時のものとして認めたものであったかどうかは明らかでない．

故に『起原解』をもって関孝和以来の『乾坤之巻』なりと白石長忠等が記しているからといって，少しも憑拠にはならない．実際の『乾坤之巻』でないことを知りつつ，これが『乾坤之巻』だといって書いておいたらしくも思われるのである．

江戸時代の算家の間にはかくのごとき事実がしばしば行われたのであり，麗々しく書いてある事柄でも信じてよいか悪いかの判断に迷わされることが珍しくないのは，誠に遺憾の極みである．

## 29.『弧背詳解』序及び奥書とその批判

『乾坤之巻』についての記載が初めて見えているのは，山路主住が仙台の戸板保佑へ与えた『弧背詳解』の序文である．この序文は貴重な史料であるから，これを示すこととしよう．

……括要算法所レ述之弧法．則未レ正．関夫子以来．其正二教于世一者．蓋有レ故也哉．且也関夫子之所レ伝．別有二弧背真術一．名曰二之乾坤一．於レ是乎．以レ円為レ円．以レ角為レ角．而円之与レ角判矣．始知二弧之為レ弧．是師伝之所レ重．苟非二其人一．則不レ許レ伝焉．後有二荒木村英者一．従二事関夫子一有レ年矣．故挙授二数術一．又乾坤之外．受二一弧背法一焉．村英伝二之松永良弼者一．良弼伝二之予一．此法之成也．自二関夫子一而村英．而良弼．而予主住．愈巧愈精．以次二乾坤一焉．而述レ之．不三亦惟術二弧背一也．可レ謂二諸法之規範一矣．名曰二弧背詳解一．適延享中．有二革暦之議一．予奉二官命一在二京師一．逆旅中有二奥州戸板保佑者一．相往還．保佑之於二数学一．可レ謂レ勉旃．乃劇務之少間．論譚既己及二於此道一．保佑頻仰二望関氏之流一．且請レ受二業于予一．予亦以レ感レ同レ心．故容為二社盟一．以二師伝一而伝レ之．保佑惟日不レ足．而夙夜于レ茲．因往往及二口授一．是弧背詳解．暫焉暦成．而各帰レ郷．即約二書以可レ伝レ之．故今為二一帖一．以令レ伝二与之一者也．惟願語二此詳解一．而後入二乾坤一云レ爾．

宝暦己卯冬至日．　　　　東都　　山路平主住識．

この序文によれば，関孝和は『括要算法』以外に別に乾坤と名づくる「弧背真術」を有し，師伝を重んじて苟(いやし)くもその人に非ざれば伝うることを許さなかったが，荒木村英は多年師事した人であるから，ことごとく数術をこの人に伝えた．そうして乾坤の外にも一つの弧背法があり，村英はこれを受けて松永良弼に伝え，良弼から山路主住に伝えたが，その弧背法は関，荒木，松永，山路の四代相受けて愈巧愈精となり，乾坤に次いで大切なものとしたというのである．

これは関流の正統たる山路主住が書いているのであり，宝暦己卯(1759)の年紀をも有して，すこぶる貴重の史料といわねばならぬ．この記事あるがために，他の如何なる史料も如何なる推論も皆採るに足らず，この記事だけで『乾坤之巻』及び『弧背詳解』の作者は最後の決定を得たということもできよう．或る種の論者は必ずかくのごとく論ずるであろう．それにはもちろん一理も二理もある．これに向かって異論を挟むことは実は容易でない．けれども私は文字通りに依拠し得べきであるかを怪しむのである．

『増修日本数学史』(頁 376-8)に次のごとくいう．

> 主住曾テ弧背詳解ヲ校正セリ．蓋シ弧背詳解ノ作者未ダ之ヲ詳ニセザレドモ，其書ノ成リシ以来凡ソ百年トス．本田利明曰ク「弧背詳解ハ開㆓於関夫子，建部不休㆒，其後経㆓久留島氏，松永氏，山路氏㆒，漸窮㆓其理㆒而大成焉．」ト．是ニ依リテ之ヲ視レバ，弧背詳解ハ実ニ関氏，建部氏ニ起リテ，以降又三氏ヲ経由シ，都テ五氏ノ手ヲ労シテ始メテ完成シタル者乎．或ハ建部氏以来四氏ノ手ニ成リタル者乎．先者此書ヲ貴宝トスルコト甚シ．故ニ後ノ算者其師伝ニ非ザレドモ，極メテ之ヲ重宝書トス．今本書ヲ見ルニ，終巻弧背ノ理ヲ解キ云云．読者之ヲ察スレバ，則チ概ネ貞享以降我ガ先者ガ心ヲ円理ニ注ギタルノ一班ヲ窺フニ足ラン．

これは『弧背詳解』の本多利明の奥書きによって論じたのであるが，この奥書と山路主住の序とは一半は所伝を同じうし，一半はこれを異にすることに気付くであろう．『弧背詳解』は普通には著者名を欠き，序文も奥書もないのであるが，稀にこれを有するものが伝わっている．この書は一時の作ではなく，後に補われた部分のあることは，文体の相違によっても直ちに窺い得られるのであるが，山路主住の序文並びに本多利明の奥書にいうごとく爾(しか)く多数人の手を経たものであるかは，誠に怪しい．しかも必ずしもこの書の編纂者をいうのでなく，記載事項の創意者を指すものであるとすれば，あり得ないことではない．

しかしそれはどうであるにもせよ，山路主住は関孝和，荒木村英，松永良弼と主住自らの名を挙げ，いわゆる関流の正伝の人々のみをいっているのであるが，本多利明は荒木村英を除いて，その代わりに建部賢弘と久留島義太とを入れている．山路主住は前であり，本多利明は後であることを思えば，山路主住のいう方が一層信頼に値するかとも思われよう．けれども円理のことなどに関して久留島義太が多く力を尽くしたであろうことは，想像に余りあるのであり，例の失名書状にいうごとき有様からでも充分に察し得られる．そうして松永良弼との関係もはなはだ密接であるから，『弧背詳解』が幾人もの手を経たものでありとするならば，久留島義太の業績もまたその中に加わっているであろうと見たい．そう見る方が，久留島義太を除き去るよりも穏当に考えられる．しかも山路主住はこれをいっておらぬ．それは何故であったろうか．

かく考えるときは，建部賢弘の姓名を加えるのと，これを除くのと，いずれが是にしていずれか非であるかは，おそらく容易に決定しかねるものがあろう．しからば山路主住が関流のいわゆる正統派の人々のみ挙げているというのは，あるいは故意の作意が這入ってはおらぬであろうか．この点が最も危ぶまれるのである．しからば山路主住はその序文中に「乾坤」云々のことをいっているのも，はたしてこれを関孝和の作と見るための史料になり得るやを疑わねばならぬであろう．

山路主住の序は，山路主住が戸板保佑へ『弧背詳解』を伝えたことの史料としては寸分の疑いもない．また『乾坤之巻』を後から伝えようという予約をしているのであるが，文書によって予約をしているということも決して尋常のことではあるまいと思う．戸板保佑は山路主住から多数の伝書を伝授せられ，これを整理して仙台藩の蔵書となし，今も東北帝国大学に保管されているのであるが，和算界の先輩から明治末年の頃に伝聞したところによると，戸板保佑は仙台藩の出資によって山路主住から多くの伝書を受けたのであり，破格の伝授料を提供したといい伝えられていたのである．これはあながち無稽の口碑ではあるまいと思う．

また一方において山路主住は天文方に出仕しているとはいうものの，その扶持高も初めは三人扶持で後に五人扶持になったとかいうようなことで，極めて薄給の身分であり，もちろんそのほかに役扶持もあるけれども，役柄の方でも収入の多からざる身分であった．場合によっては関流の秘伝は山路主住からはなはだ厳にしたのではないかと思われ，狩野亨吉博士のごときも，私が始めて博士に会った頃に，そういう風に思われるという意見を漏らされたことがある．正確な史料を突き留めて動かぬところを押さえているわけではないけれども，どうも山路主住は伝授によって報酬を望んだのではないかと思われる．戸板保佑は関流の伝書を整理し，注釈して，これを後に伝えた功績ははなはだ大きいのであるが，しかし算家としての工夫創意のことは多く知らるる所なく，山路主住がこの人と肝胆相照らして大規模に伝授したというのも，おそらく伝授料の関係がないではあるまいと考えたい．

はたしてかくのごとき事実があったとすれば，山路主住は少なくも戸板保佑に対しなるべくその伝授の上に勿体を付けたであろう．しからば山路主住が戸板保佑へ与えた『弧背詳解』の序文にいう所のごときも，実際の事実を語ったのであるか，あるいは故意の作意が加味されているであろうかは，誠に判断に迷わざるを得ぬこととなる．故に私は山路主住の序文中に明文があるにかかわらず，容易にこれを唯一の手懸かりとして，『乾坤之巻』及び『弧背詳解』の両書を直ちに関孝和の作なりと断定し得ない所以である．

関流伝書の中に就きて，著者未詳のものなどに関し，戸板保佑の所伝のものには「御伝植註」と記したり，また関孝和の伝ありと記したものが幾らもあるが，他に同種の記載を見ることがないものの多いのは，上記のごとき関係から来た作為の結果が這入っているのではないであろうか．

これらは深く疑いの眼をもって見なければならぬと思う．故に山路主住が『弧背詳解』の序に記す所は，未だもって例の失名書状と『円理発起』の序文などによって，円理は建部賢弘の発明であったろうとする見解を没却するには足らないのである．

## 30.『方円算経』引の解釈

松永良弼が元文四年(1739)に作る所の『方円算経』の引もまた参照すべきである．

……然得二其真一者．唯劉宋祖冲之耳．……其密率．径一百一十三．周三百五十五．是其真者也．……然於二微妙通玄之数一，不レ言二其真演一．唯存二綴術開差羃開差立之目一．故亦無下接二乎其伝一者上矣．後世紛紜之説．於レ是乎起矣．人々作レ巧．家々異レ率．迄レ今無レ有二定説一也．吾先師自由亭関先生．後二於冲之一千有余歳．生二於他境一数百千里．遥継二不伝之緒一．而能復二隷首之旧一．嘗曰．円．角之所レ尽也．依二周環之常勢一．以察二周環之常理一．審二其常数一．而始作二微妙通玄之術一．亦以二径一百一十三．周三百五十五一．為二定率一也．然如二其真演一．則有レ非下嚣嚣算徒．所二能知一者上也．故括要先載二截周之草術一．欲三以啓二算士之憤悱一．然而無レ有二察レ焉者一．近世有二膚浅之術者一．確二執異見一．誣以二邪説一．又有二好事者一．以二積方一測レ之．積至二数万一．亦有二数万微塵之方一．非レ之．却称二明朱載堉之説一．而将レ拠二其率一．如レ是者雖レ不レ足二与論一．然而後生多少君子．聞二彼邪説一．信レ之由レ之．又従而潤二色之一．以為レ得二方円之実旨一．則非下自失二方円之実旨一而已上．復禍二于後君子一．予恐二其如レ此．故向既記二弧背草一．今又依二開差之奇計一．而布二綴術之真演一. 以啓二微妙通玄之実路一. 而見二弧背循環之淵源一. 於二黄帝隷首之路一.
何敢企二望之一. 然学算之徒. 由レ是以発二憤悱一. 毀二面墻一. 直登二隷首之堂一.
則於二其成功之謝恩一. 不二敢固辞一云レ爾.

この序文では劉宋の祖冲之がその著『綴術』中において径 113, 周 355 の率を得たことをいい, しかもその算法の如何は知られておらぬのであるが, 関孝和は微妙通玄之術を作ってやはり同じ率を得たということもまたこれをいっている. しかしながらその算法の真演のごときは群小算家の知る所でなかった. 故に『括要算法』では截周之艸術を載せて算士之憤悱を啓かんとした. しかもその真意を察するものがなかった.

かくのごとくいっているのであるが, ここまでの文意では関孝和が『円理綴術』または『乾坤之巻』に記されたごときいわゆる円理の算法を発明していたことを暗示したものでもなく, またこれを否定するものでもない. この点にまで触れて書いたものではあるまいと思う.『日本数学史講話』のごときはこれをもって関孝和が円理の発明のあったことの一証としているのであるが, 全くの曲解に過ぎない.

円のことはどうといって, 微妙通玄の術を作ったと述べ, それから円周率をいっているのは, その微妙通玄之術というのがその円周率作製の算法に掛けていわれているのであり, したがって円理の算法を指すよりも, 次々の多角形の周に基づいて増約を行う所の修正方法を指すものと見る方が適切である.『括要算法』に截周之艸術を載せて, 算家を警醒しようとしたところ, 世にこれを察するものがなかったといっているので, 艸術とは真術に対していうのであろうし, その真術なるものは取りも直さず, 後のいわゆる円理にほかならぬと解する必要はさらにない. 艸術というのがはたして如何なる意味でいったものであるかは不明であるが, しかし截周の算法の概略を示したのだと見ておけばよいであろう. 上記の増約による修正方法のごときも単にその法則を記したのみで増約の算法そのものは記しておらぬのである.『括要算法』には弧術も出ているので, これをも含んでいっているようでもあるが, しかし単に截周といいて周字のみ見えているし, その前後の文勢から見てむしろ円周に関するのみで, 弧背の方の算法へは及んでいないらしく思われるのである. 引き続いて好事者云云などいうのは, おそらく荻生徂徠などがあまり感服し難き評論をしたことを指すのであろうし, 明の朱載堉の説というのも円周率に関する粗末なものである.

故に私はここの文章を次のごとく解釈する.

関孝和は径 113，周 355 の率を求めていた．その率は天和三年(1683)の『研幾算法』中にもこれを記す．けれどもこれを得るためには微妙通玄の算法を用いたのであるが，未だこれを公にしておらぬ．環矩の術は秘伝として公にせぬと記したのであった．その環矩の術の算法については，囂囂算徒，すなわち世の群小算家から解し得る所ではなかったので，関孝和が歿した数年後の正徳二年(1712)に刊行された『括要算法』には円周率を求める算法を公にし，増約の修正法はその法則だけを記して，算家の覚醒を促しその研究を開発せんことを希望したのであるが，その算法の性質をすら了解するものがないので，かえって膚浅之術者や好事者のために誤解されることとなった．それでは遺憾であるから，嚮きには『弧背草』をも作り，今また『方円算経』を作るというのである.

こういうわけで，世の群小算家の誤解を解きたいというのが趣旨であり，少しも関孝和に円理の発明があったとかなかったとかいうことに触れてはいないのである．艸術に対して真術があり，真術は後のいわゆる円理にして，艸術を示すことによりて真術を世の群小算家に悟了せしめようとしたなどいう意味は，決して些末だも含まれていようとは思われぬ.

序文中に嚮きにすでに『弧背草』を記したとあるが，松永良弼の著述中に『弧背草』と題する算書のあったことは知られておらぬ．ここには『弧背草』と書いてあるけれども，必ずしも『弧背草』と題する稿本であったろうと見なければならぬことはあるまい．しからばこの『弧背草』というものに相当するらしい算書があるであろうか．私は現存の写本中において少なくも二部は索め得られると思う．その一つは『弧背率』にして，他の一つは『弧背詳解』である．両書共に実のところその作者は不明であり，前者は関孝和の作であると山路主住及び戸板保佑が記しているし，後者は前にもいうごとく関孝和以来多くの手を経たものであろうということになっている．『弧背詳解』に松永良弼が関係のあろうことは疑いもあるまいし，また『方円算経』より以前の作と見てよいのであるから，『方円算経』の序文中に『弧背草』というのはこの書を指すものと見てもよい．けれどもまた『弧背率』であったと見てもやはり差し支えないであろうと思う．『弧背率』記載の算法は建部賢弘著の『不休綴術』中のものと同様なものがあり，そのことは注意して附記されている．また『不休綴術』に見えないものは，久留島義太の創意であろうと思われるものに類似したところも見られる．この書がはたして関孝和の作であったかどうかは，円理の発明に関する問題と同様になり，確実に決定することはむずかしい．否，円理に関しては上述のごとく種々の手懸かりがあるが，この書のことについては他にほとんど手懸かりらしいものもない．しかもこれをはたして関孝和の作とするならば，この書もまた円理と同じく秘伝にされていたと見ねばならぬのであろうか．またその内容の一部が『不休綴術』にも同様に見えているのは，この書中から取ったのだということになるのであろうか．『不休綴術』にはその記載諸術の来歴につき多少書き記したところもあるが，先師関孝和の著述から学びながらそのことをいわずにいたのであったろうか．これらのことは充分に注意すべきであろうと思う．

故に私は全くの想像ではあるけれども，『弧背率』は関孝和の作ではなく，松永良弼の著述ではなかったかと考えたい．建部賢弘の『不休綴術』及び久留島義太の創意などもその著述中に参照されていたのであろうと見たい．しかるに山路主住及び戸板保佑がこれを関孝和の作としたのは，一つにはなるべく関流の正統派として関孝和に起原を持って行きたいという有意的の作為も混じていようが，また著者名の欠けた稿本類はさまでの穿鑿もしないで，無造作にあれもこれも皆関孝和のものだとしたのではないかと思う．

要するに，『方円算経』の序に『弧背草』の作があったというのは，『弧背率』及び『弧背詳解』の類であり，またおそらく他にもこの類のものがあったのであろう．しかも松永良弼はこれらの諸書，もしくはただ一部のものを指すのかも知れないが，ともかく，その書中においては円理の円熟した算法を使ったものでなかったのではないかと思う．そう見れば，『弧背率』の書であったろうと見ることが適わしくなる．

何故に爾(しか)くいうかというに，前に『弧背草』を作ったという後を承けて，

> 今又依二開差之奇計一．而布二綴術之真演一，以啓二微妙通玄之実路一．而見二弧背循環之淵源一．

といっているのは，すなわちいわゆる円理の算法に基づいて算出することを指す．綴術といえば後代には級数展開の算法を指すものとなるのであるが，ここではその意味でいったものであるか，もしくは展開された結果の級数を指すのみに過ぎないかは不明である．松永良弼は『算法綴術草』という著述があるが，結果の級数を挙げたのみであり，展開方法を記しておらぬ．そうして建部派の『円理発起』では展開方法でなく展開された級数へ綴術という名称を附けてい

るし,『円理綴術』という書名は原来のものか後のものかも不明であるが，これは書名として円理の全算法を呼んでいるのである．そうして「綴術」という名称が始めて使われたのは建部賢弘の『不休綴術』であり，それ以前に用いられたものではないと思われるから，松永良弼が綴術云云といっているのは，明らかに建部派から受けた影響の結果であろうと思う．とにかく，綴術といっているので,『円理綴術』及び『乾坤之巻』などに見えたる円理の方法によって，円に関する級数を作製することをして『方円算経』に記載の諸術を求めたということになる．

かく解するときは，前に『弧背草』を記したときには未だその円理の算法をば使わなかった，これを説いたのでもなかったのであるが,『方円算経』著作のときにはその円理の算法を用い，またこれを応用したりなどしたのだということを語るものではないであろうか．

序文の文勢から見て，嚮きに『弧背草』を作ったときにいわゆる円理の算法を用いなかったという意味が必然的に含まれているというわけではないけれども，今いうごとく見るのが必ずしも不穏当ではないであろう．

しかも『方円算経』には円理の算法を顕しておらぬ．単に得る所の諸級数を術文の形で記しただけに過ぎないのである．これによって算法を伝えようというのではなく，その算法の詳細のごときは秘伝として伝授しようというのであったろう．もちろん『方円算経』も公開されたのではない．

## 31.『方円算経』と久留島義太

松永良弼の『方円算経』の引すなわち序文は，上述のごとく解すべきであろうと思われるが，この書中には円の算法に関する諸級数を示したのであった，この部において『弧背詳解』と似たところがある．『弧背詳解』の諸級数もしくはこれを得るところの算法が，山路主住及び本多利明のいうごとく，数人の手を経ているというからには,『方円算経』の資料となったものも少なくも数人の手を経ているのであろうことは，容易に想像せられる．書中にいう所の太陰率というのは松永良弼の考案から来たということであり，他に先だって説いた人のあることは知られておらぬので，松永良弼自身の研究に基づいたものも少なくないであろうが，しかし久留島義太の手から来たもののごとき必ずあったに相違ない．中には『久氏遺稿』や『久氏弧背草』に記されたものも見えている．

また角術上に円理を応用して得た公式については久留島義太の発明であったといわれているものもある.

『大日本数学史』に会田安明の『算法古今通覧』(寛政七年, 1795, 刊本)のことにつきて次のごとくいう.

> 書中, 角術ノ記載アリ. 是レ先人久留島義太カ創発ニ係レル者ナルカ故ニ, 左ニ之ヲ抜記ス. 蓋シ義太カ発明術中……角術ニ至リテハ未タ他書ニ見ル無シ. (角術ヲ記載セルモノ多シト雖モ, 久留島氏ノ角術ニ非ス). 是故ニ今其術ノミヲ示サム. ……義太カ角術此ノ如シ. 誠ニ古今ノ一法ナリ. 然ルヲ安明之ヲ筆シテ, 義太ノ名ヲ顕ハサヾルハ何ノ意ゾヤ. 安明ガ性質ノ如何ヲ知ルニ足ル. (二十巻, 頁 33-4)

このことは『増修日本数学史』(頁 439-40)にもそのままに出ている. 同じ角術の公式は長谷川寛の『算法新書』(文政十三年, 1830)にも見える. これを久留島義太の発術なりとしたのは,『算法玉手箱』の記載であり, 明治十二年, 福田理軒の作に係る. この書の記載は簡単ながら正確なものが多いから, もちろん旧記によったのであろう. おそらく事実であろうと思う.

しかるにこの角術の公式は, 実は会田安明の『算法古今通覧』に始めて記されたのではなく,『方円算経』にも出ているのである. 故に『方円算経』には久留島義太の発明に係れるこの公式をも収録したものと見てよい. 久留島義太の発明を収録したとしても, 少しも不思議はなく, 誠に自然なことであり, この種の著作物においては当然の成り行きである. すでにこの書に出ているのであるから, その当時に成立していたことは全くの事実であり, これを久留島義太が得たものであろうことにも, その実力の点から少しも疑うべきものはない. 故にこれを久留島義太の発明だとする史料が後代のものであるとはいえ, 何らの反証もない限りこれを信じてよいのである.

この一術がすでに久留島義太の手から出たというばかりでなく, なおその他にも同じ久留島義太から出たものが必ずあったであろう. しかも序文中に久留島義太の名を挙げておらぬ. 他の何人から出た術があるかということもいっておらぬ. 円理は何人の発明であり, いわゆる綴術の名称, その算法の発明者の氏名などいうことも少しもこれを明らかにせず, したがって著者松永良弼が考案創意したものが如何ばかりあったかを全く示していないのである. これは誠に惜しいことであって, 円理の発達した歴史の真相はこれがために暗黒界に包まれることになったのである.

松永良弼のその他の著述を見ても，往々久留島義太の名を記したことがあり，また自己の創意であることをいったものもあるけれども，それも稀なのであって，多くは真の作者が何人であるかをいっておらぬのが多い．そういう気風の人であるから，『方円算経』の序文においても円理の発達に関する功労者の氏名を述べることをしなかったのであろう．

私は『方円算経』の序文からして，円理の発明者が何人であったかを知るべき手懸かりはないと思うので少しばかりこれを論じてみたのであるが，この書の作られた元文四年(1739)の頃に円理に関して何ほどの成績が得られていたかは，この書によって明瞭に知り得られるのであり，綴術という術名の使用によって建部賢弘との関係が多少は了解され得るようであり，例の失名書状によってあたかもその時代に松永良弼と久留島義太の間に円理極数の問題が展開していたことなど思うとき，享保末年から元文年中の頃に円理がよほど開発されたであろうことが，深く思われるような心地がする．もしその上に『方円算経』の前に『弧背草』を作ったというのが，前いうごとくはたして『弧背率』などの稿本であったとするならば，円理の発達に関して松永良弼が円理を知ったのは建部派の円理を学んでからのことであったろうと見る私の見解は一層助成されるのでなかろうかとも見たい．

## 32. 関流の免許段階とその制定

関流すなわち関孝和の伝統においては見題，隠題，伏題，別伝，印可という五階級の免許段階があった．後代の算家が受けたその免許を見るに，前三者は関孝和を筆頭に荒木村英，松永良弼，山路主住以下の歴代の氏名が列記されているが，別伝及び印可は松永良弼を筆頭として始まる．故に前の三段階は関孝和のときから存在し，後の二段階は松永良弼から始まったのではないかと見るのは，自然の見解であろう．けれどもこれにはすこぶる疑いがある．

関孝和の著述に『解見題之法』，『解隠題之法』及び『解伏題之法』と題する三部の稿本がある．時にこれを「三部抄」という．この三部の著述があることから見ると，見隠伏の三題に類別を立てていたこともいうまでもなく，その三題の免許もその当時から作られていたろうとも思われるが，今その確証を持たない．そうして建部賢弘の門人に中根元圭があり，中根元圭の門人に大島喜侍があるが，この人の与えた免状には見隠伏の三題免許のごとき形式になっていなかったらしい．また『大成算経』には三題の外に潜題というものも見えるが，潜題免許というもののあったということはさらに所見がない．

関孝和の与えた免許に「印可許符」というものがあったということで，その写しも伝えられている．しからば印可が必ずしも松永良弼から始まったのではない．後代に伝えられたごとき形式にしたのは松永良弼からであろうが，印可という名称は関孝和のときにもあったのであろう．

しかるに松永良弼は見隠伏の三題を初め，別伝及び印可についても新しくその免許内容を整理し，関孝和以来の諸伝書を配当し，自己の著作した伝書をも加え，ここに始めて厳然たる免許秘伝の体系を形成したのではないかと思う．その体系の成就した年代は判然せぬが，『大日本数学史』(中巻，頁 82-3)には次のごとくいう．

> 松永良弼……数理ノ奥ヲ究メ，終ニ関孝和ノ皆伝ヲ得タリ．良弼其伝ヲ受クルヤ，村英年既ニ高シ．孝和ノ遺稿ヲ整理スル未ダ全カラズ，乃チ良弼ヲシテ之ニ与ラシム．良弼大ニ其序次ヲ正シ，或ハ補欠修正ヲナシタリ．元文年間ニ当リテ三題免許ノ外，更ニ二免許階級ヲ立ツ．之ヲ別伝及印可ト曰フ．是ニ於テ関流ノ伝書始テ全シ．是故ニ関流目録都テ五ト為ス．以後此五目録ヲ得ルニ非ザルヨリハ，斯学ノ奥ヲ知ル能ハス．是ヲ以テ関流ノ数学益々高シ．蓋シ是等ノ諸撰ハ村英ガ卒後ニ成リタルモノヽ如シ．

又同書(中巻，頁 90)に元文三年(1738)に松永良弼が太陰率を作りたることをいい，かつ

> 太陰率ハ別伝中ノ一目ナリ．然ラバ則チ良弼ガ別伝及印可ノ撰定ハ本年以後ニ成リタルナラン．(同，頁 91-2)

といっている．『増修日本数学史』(頁 278-9, 286, 289)にもまた同様に説く．

三題免許についてはしばらく措き，別伝印可の免許を制定した年代は，なお充分に考証することを要すると思うけれども，大体においてこの見解に従うてよかろう．別伝中にはさらに綴術及び得商があり，松永良弼が元文五年(1740)に『綴術』及び『帰除得商』の著があったことを思えば，元文五年以後の制定と見てよい．

別伝目録中には松永良弼の著述と明知されたものが幾部も含まれているが，印可目録中にはかえって関孝和の「七部書」が全部挙げられているのは，印可は制度こそ違え前からあったのに，別伝は新たに立てたという事情から来たのではないかと思う．けれども印可目録中にも『立円率之両術』と称するものが

あり，これはおそらく松永良弼の著述した両書をいうのか，あるいは一つは関孝和のもので，一つは松永良弼の作を取ったのであろう．故に印可目録中のものもすべて関孝和の当時からの伝書ではないのである．

松永良弼の立てた別伝及び印可の制度は，その目録中に松永良弼自身の著述をも包括しているので，これらの諸書の作られてから以後に成り立ったことは疑うべくもないし，元文の末またはそれ以後の成立ということは動かぬところであり，松永良弼の晩年のことに属する．

この両目録中に綴術があり，得商があり，太陰率があり，また平円率之術，及び弧矢弦というのがあるが，しかしこの四者中の後二者は如何なる方法で処理したものであったかは判らぬ．けれども『弧背率』，『弧背草』，『乾坤之巻』，『方円算経』，『弧背詳解』等の名目は記されておらぬ．故に円理関係の算法はその一部分は別伝印可の中で伝えたけれども，円理の全般はさらにそれ以外に置いたものと思われる．円理を特別の秘伝にしたのは，このときすでに始まっていたのであったろう．おそらく松永良弼がこれを始めたものと見てよい．松永良弼と久留島義太の間では，円理をさまで秘し合ったようでもないし，建部派では門外の蜂屋定章へも伝えたとすれば，その頃には未だあまり秘したものとも思われぬ．しかもあまり広く諸算家の間に拡まったらしくもないから，その頃には未だ群小算家の了解する所とならず，そうした事情から，松永良弼のごときもついにこれを秘伝にしたのではないかと思われるが，実際如何なる事情であったかは知るべき由もないのである．

免許目録のことにつき，目録中の算書の内容がはなはだ不明なるごとく説いたのは，事情を知らぬ人にはすこぶる怪しく思われもしよう．けれどもその目録は後には単に名目のみのものとなり，別伝印可の目録中のものといえども広く流布して印可中の「七部書」などでも別伝や印可の免許を受けぬ人へも容易に伝えられたのであり，免許目録は空文になって単に免許の階段としての名目だけが存続したのであるから，現存算書中の如何なるものがその目録に相当するかを明白に認め難いものもあるようなことになったのである．

(附記，本文起草後において諸免許に関する研究も一通り纏まったけれど，今しばらくこれを他日に譲り，本文は書き改めぬこととした[3]．)

3)　編者注：本著作集第2巻所載「9. 関流数学の免許段階の制定と変遷」.

## 33. 山路主住と教授の秘伝

松永良弼の晩年には別伝印可の免許階級も作られ，その教授条目が整頓したものになって，松永良弼を筆頭としてその免許を与えたのであるが，他の三題免許は関孝和から荒木村英それから松永良弼の名を記してこれを授与したのである．松永良弼の後に出た山路主住は松永のほかに中根元圭及び久留島義太からも学んだのであるが，初めに中根から学び，その後に久留島義太に師事し，久留島義太が地方へ派遣されることになったので，その紹介で松永良弼の教えを受けたのであるが，かくのごとく松永良弼は最後の師であり，また関流の教授制度を整頓した人でもあるし，算法をも整頓して諸教科書をも作ったというような人物であるから，その教授は最も有効であったであろう．そうして山路主住は教授の秘伝ということを重んじ，またこれを手段として伝授料の収入をも望んだように思われるので，そういう事情の下にある山路主住は努めてその伝統を神秘にする必要もあったであろうし，最高の免状を受けた所の松永良弼が関孝和から荒木村英への伝統であることをことさらに標榜し，著者名の欠けた稿本類は努めて流祖関孝和の作であるかのようにしたのではなかったであろうか．秘伝ということは主として山路主住のときから厳になったらしいのであるが，それには松永良弼の晩年に免許伝授の制度が確定して伝統を正すための意味も含まれていたであろう．

『方円算経』の序文で知られるごとく，松永良弼は円理の発明についてもその創始者乃至後の考案者の氏名をも記す所なく，未だその発明を流祖の名と結び附けようというごとき志向のあることは思われぬ．松永良弼の手では未だ免許制度が確立したかせぬかというときであり，かつ久留島義太と並んで創始的の研究にも熟しているのであるから，流祖に対する憧憬の念も未ださまで熟していないでもあったろう．しかるに山路主住になると松永良弼から免許を受けたのであり，かつ創始的研究の能力においては松永，久留島等に比して遥かに劣っている．山路主住が免許を伝えた仙台の戸板保佑に至りては独創的能力はさらにはなはだしく下る．それに山路主住までの諸算家はすべて江戸在住の人であるが，戸板保佑は仙台の藩士であり，江戸在住ではない．山路主住から初めに伝授を受けたのも，京都で改暦事業に参与したときのことであった．その頃までに優れた算家といえばすべて江戸にいるのであるが，戸板保佑のごとき田舎の算家としてはますます江戸の諸先哲が実際よりも偉大に見えもしたであろう．これにおいて山路主住と戸板保佑との間で，あるいは故意に，あるいは無意識的に著者名の欠けた諸算書が何人よりも関孝和の作ではないかとして考えられることにもなったであろう．

故に『弧背率』のごときも前にいうごとく元来は松永良弼の作であろうかと思われるけれども，欠名であったためにこれを関孝和の作と見做し，そうして建部賢弘の算法もまたこれに類するなどの評言をすることになったのではないかと思う．流祖に発明創意を附会しようという心理は恁うしたものであろうと思う．

かくのごとく見るときは,『弧背詳解』の序や『乾坤之巻』の書き入れ等が作られることになった事情も了解される．一旦円理は関孝和の発明であるといい触らされるようになれば，事実であると否とにかかわらず，その見解が拡布されるのもありがちのことであり，山路主住以後になると本多利明のごとく建部派から出て，荒木松永派に属する人でないものまでも，円理は関孝和の発明だと聞いて『円理綴術』の識語のようなことを書き遺すようにもなったのであろう．それ以後においては関孝和の発明であることを疑ったものはほとんどない．数学史を語り，数学史に筆を執ったものもすべてその説に聴従することになったのである．けれども私は関孝和の発明であることをすこぶる疑う．よって関孝和の発明だとする所伝がどうして出たであろうかをも一通り説明してみたのである．

## 34. 概括

日本の数学上における円理の発明に関して私の見る所は大概上述の通りであるが，数学に関する事項であるのに数学上の専門的の解説は一切これを避けたので，専門家の側からしてははなはだ物足らないであろうことを恐れる．この点は数学史専門の著述中に譲ることとし，今は識者の諒恕を請いたい．この一篇は数学に深い人々よりもむしろ歴史家の注意を請い，私の見解が正しいか誤っているかの批判を与えられんことを望むのである．私はこの見解が未だ最後の定説として決定され得るまでにはその距離のはなはだ遠いであろうことを思う．けれども遠藤利貞翁の日本数学史の両書，私とスミス博士と共著の『日本数学史』及び沢田吾一氏著『日本数学史講話』や，及びその他の著書論文等の中で主張された従来の研究意見に比して，その論究上において明らかに一歩を進め得たことを信ずる．

以上の論述はかなり込み入って冗漫に流れたので，ここにその要点を摘んで，結論を記しておこう．

一．従来円理については一般に関孝和の発明だと信ぜられていた．数学史の諸書にいう所は皆それである．

二．けれども関孝和の著述として確実なものは一つも存在せぬのであり，関孝和の当時はもちろん，その歿後五十年間の文献中には一つとして関孝和が円理の発明者であったことを記したものがない．

三．初めて円理は関孝和から始まったことをいっているのは，山路主住が仙台の戸板保佑へ与えた『弧背詳解』の序である．『乾坤之巻』にも関孝和云云の書き入れがあり，建部賢弘撰の『円理綴術』には本多利明の識語があって，元来関孝和の遺書であるのをその養子新七が関家絶滅後に建部賢弘へ与えてこの書ができたといっている．『弧背詳解』の本多利明奥書などもまた参照すべきである．円理が関孝和の発明であるとの主張には，これらが最も主要な史料である．

四．これらの中にて『弧背詳解』の序は山路主住の作であり，年紀もあるし，史料として最も有力なものであるが，今まで論拠になったことはない．しかもこの史料あるがために，関孝和発明説は一層有力となる．

五．これに反し円理は建部賢弘の発明だという史料は，享保十三年(1728)作の『円理発起』の序文である，円理に関して年紀の知られた最古のものであり，無条件にその序文を信ずるときは，もちろん建部賢弘の発明ということになる．

六．故に一方に関孝和の発明とするものと，他に建部賢弘の発明とするものとは，単に推論の結果ではなく，根本史料の中にその両様の記載が存するのであり，一方を採れば一方が否定されなければならぬ．それには大きな事情がなければならぬ．

七．算書の序文は必ずしも信実を語るのみのものではない．誇張もあれば虚偽も珍しくない．故に『円理発起』の序文に語るごとく，真に建部賢弘の発明であるかは直ちに信ずることはできない．故にこれだけでは建部賢弘の発明に相違ないことを立証し，関孝和の発明ということの否定にはならぬ．

八．けれども『円理発起』の存在によりて，享保十三年の頃に円理が成立していたこと，及びこの書中に記されている所の建部賢弘，中根元圭，蜂屋定章等がこれを知っていたであろうことはこれを信じてよい．

九．また蜂屋定章は建部賢弘及び中根元圭の門人ではないのであるが，しかもこの人へも伝えていたであろうことが思われ，その頃には普通に信ぜられているごとく，爾かく秘伝が厳にされていなかったことが思われる．

十．『円理発起』と共に建不休先生撰の『円理綴術』の存することは，建部賢弘が円理に関係の深かったことを示す．この書には前後に本多利明の識語があるが，両者は一致せぬ．そうして関家絶滅後としては享保二十年(1735)以後となるから，それ以前に『円理発起』が作られていることから見て，その記載には不正確なものがなければならぬ．故にこの識語は史料としての価値を滅却する．

十一．『乾坤之巻』の書き入れは「云云と云ふ」というごとく記され，断定的に書いてない．故に単なる伝聞を書き入れたものらしい．故に史料としての価値が乏しい．いわんや関流最高最秘の秘伝書というのに，かくのごとき書き入れをするというのも怪しいし，またこの書に繁簡両種があるのも怪しい．

十二．『乾坤之巻』は『円理綴術』よりも『円理発起』との類似が多い．故にこの両者は同系統のものと見える．しからば建部賢弘は『乾坤之巻』を知っていたものと考えられる．

十三．しからば『乾坤之巻』は関孝和の作であるか，しからざれば荒木村英または松永良弼の作で，建部賢弘の方へ関係のないものであろうという考えは，成立しなくなる．

十四．円理の諸書には除法形式の代数記法が使用されているが，これには二三種のものがあり，『乾坤之巻』は『円理発起』と『円理綴術』の両者の記法を用い，松永良弼は『円理綴術』のごとき記法をのみ用い，久留島義太は『円理発起』のごとき記法を使っている．故に建部賢弘の手でも記法が決定せず，元文前後の頃にも未だ一定していなかったのである．その記法は松永良弼が採用したものによって決定することとなった．

十五．『円理発起』の作られた年代以前には，除法形式の代数記法を使ったことに関し確実な年紀ある文献がない．

十六．松永良弼は享保十四年(1729)に『立円率』の序を書いているが，この書は同十一年に多大の苦心を積んで作ったものであり，球の立積について解析的に積分方法を講じたものとして，初見の書である．しかも除法形式の代数記法を使っておらぬ．しかも晩年の作と思われるものには，同じ問題について除法形式の代数記法を使用している．松永良弼は享保十四年よりも以後になってからこの種の代数記法を用い始めたらしい．

十七．円理が関孝和の発明であり，除法形式の代数記法もその頃から円理の算法の上に使われていたのであり，それが荒木村英を経て松永良弼に伝わっていたとすれば，『立円率』中にもすでにこの記法を使っていそうなものであるが，これを使っておらぬのは，円理が未だ松永良弼へ伝わっていなかったためではないかと思う．したがって関孝和が円理を発明したということを否定する一つの拠点となる．

十八．松永良弼晩年の作と思われる球の立積の算法と同じものは，単に山路主住考訂として伝えられたものもあり，遠藤氏の『大日本数学史』のごときもこれを山路主住の著述かと誤認したのであった．けれども原著があっての考訂であるのはいうまでもなく，中には関孝和編を山路が考訂したものとしたのも稀にある．しかも真に関孝和の著であれば，松永良弼が享保十一年に苦心して『立円率』を作ることもなかったであろうし，そう考えると関孝和編とするのは単なる推定に過ぎないが，実は事実であるまいと思う．そうして関孝和の作でないものを関孝和編としたものがあったろうことの例証を示すものと見たい．

十九．この例によって，円理も関孝和の発明といわれるけれども，実は後に推定したか，または附会したのではないかという類推が，意義を生ずる．

二十．建部賢弘の歿後に松永良弼が久留島義太へ宛てたと推定すべき失名書状があり，中に円理極数の問題などのことも見え，その問題は『久氏弧背率』，『求背極矢術』等に見え，その序文に松永良弼云云と書いたものがあるが，この失名書状により，その問題の算法は松永と久留島の二人，主として久留島義太の手で元文寛保年間の頃に開拓されたことが知られる．

二十一．『求背極矢術』について『増修日本数学史』に建部賢弘もしくは荒木村英のものとしたのは，全く誤りで，久留島義太のものでなければならぬ．

二十二．失名書状には建部先生の算聖たることは「吾子既に之を知れり」といい，建部賢弘を算聖と称している．算聖というからには，よほどの業績のあったことを認めたものと思われるが，これには円理の発明があったとしなければ，了解ができない．

二十三．かく論じ来たったところによれば，円理の発明は関孝和ではなくして，建部賢弘と認めた方が適切であろうと思われる．

二十四．関孝和の発明とすれば，円理の全般を秘したばかりでなく，円理に用うる所の級数展開法，その展開の結果たる級数，弧背自乗の級数，除法形式の代数記法，循環小数還元法等がすべて秘せられたこととなり，関孝和の研究は貞享二年(1685)の頃に終わっているから，その後享保七年(1722)乃至同十四年頃までも全然発現していないというのは，自然の成り行きであるまいと思われる．

二十五．『括要算法』に円周の何位かを算出し，何位まで正しいのは，円理の結果である級数を用いて真数を算出してあったものに比較してのことであるとの説もあるが，この種の比較をせずとも他に簡単に見出し得る仕方がある．

二十六．『括要算法』は円理を説くための著述で，記載事項はその準備のものであり，元来円理が記されていたのを後に取り除いて，一種粗雑な算法をもって，これに代えたのであろうとの説を立てた人もあるが，円理の算法の予備的知識をのみ記したものでないのは確実であり，何らの証跡もない．

二十七．『括要算法』及び『大成算経』という書名はその当時の最高知識を挙げたことを示し，その内容以上の高等の算法は成立していなかったろうと見做してよかろう．したがって円理は未だ発明されていなかったことの証拠となる．『括要算法』は関孝和の業績を三つに類別したその一部と見てよい．

二十八．円理は建部賢弘の手に成り，中根元圭，蜂屋定章等にも示され，中根元圭から久留島義太へも伝わったであろうし，久留島義太から松永良弼へも伝えられたと思われる．松永へ伝わったのは享保十四年より以後であったろう．

二十九．松永良弼は久留島義太と共に享保末年から元文年中の頃にかけてしきりに円理の研究があった．松永良弼は享保十一年に『立円率』を作ったほどの独創的能力のある人であり，久留島義太もまた数学の鬼才であるから，二人の手で円理の諸公式も作られ，角術にも応用され，その結果として『方円算経』が成立し，また円理極数の問題も論ぜられたのであった．

三十．松永良弼が円理に関する諸書はすべて元文頃のものばかりで，それ以前のものはない．

三十一．久留島義太は円理極数を論じて，その時代の最高の発達を成就したのであるが，その研究は元文寛保頃のものと推定され，松永良弼亡き後の久留島義太はこの種のことについて業績がなかったらしい．おそらく松永良弼の刺激を失っては，さすがの天才者流も，だらしのない人の悲しさに一向に無力のものとなったのであろう．

三十二．松永良弼の『方円算経』はその当時までに成り立った円理の諸公式を集めたものであるが，円理の発明者をも示さず，また一々の公式が何人から始まったかをもいっておらぬ．中に久留島義太の業績もあるという．故にこの書の序文を円理の発明に関する証拠に引いた人もあるが，実はその証拠にするには足らぬ．

三十三．故に松永良弼が創始者を挙示せぬ風があったのと，松永良弼が後に伝えた算書中に著者の名の欠けたものの多かったことは，後にその発明者もしくは著者を妄りに推定しもしくは附会する機会になったであろう．

三十四．松永良弼は関流伝授の免許制度を完成した．その後を受けたのが山路主住である．その上に創始的能力は劣っているし，また薄給の人で伝授料の収入を必要としたであろうから，伝授を厳秘にすることはこの頃からはなはだしくなったらしい．そうして戸板保佑が仙台藩の出資によって伝授を受けた．その出資の関係からも二人共に伝授を神秘にすることが有利であったろう．これにおいて伝書のごときもなるべく傍系の建部賢弘などよりも，流祖関孝和の著述もしくは発明に帰したいというのは人情であったろうし，そのために関孝和の著書でないものが著書となり，その発明でないものが発明にされたことなどずいぶんあったではあるまいかと思う．円理が関孝和の発明とされ，『乾坤之巻』が関孝和の作とされたのも，この種の関係から来たのではないかと見たい．

三十五．もしこの種の事情があり得たならば，『弧背詳解』の序も，『乾坤之巻』の書き入れも，必ずしも文字通りに解しないでもよいであろう．したがって史料としての価値ははなはだしく低下するのである．特に『弧背詳解』が関孝和以下四人の手を経て作られたというごときは，そういう算書は他に一つも例がないのであり，事実を語ったものでないと見てよい．

三十六．『弧背詳解』の本多利明の奥書は，山路主住のいう所に拠り，かつ建部賢弘と久留島義太の二人を加えたのであろうが，その書中に集められた諸術の創始者を示すものとしては，むしろこの方が拠るべきであろうし，山路主住が久留島義太の名をも挙げておらぬのは，関流の正統の人でないから，おそらく故意に省いているのであろう．

三十七．円理は関孝和の発明であり，『乾坤之巻』は関孝和の作なりとするのは，山路主住が唱えてから広く信ぜられるようになったのであろう．広く信ぜられたからというので，歴史的の事実であったろうという証拠にはならぬ．

三十八．本多利明の二つの識語は，おそらく巻尾のものは早く記されたのであろう．その後に荒木松永派すなわち山路主住の伝統において伝えられている所の関孝和発明説を聞いたか，あるいはこれに基づいて関新七の家名絶滅のことと結び付いたところの説明を聞き，いかがわしい所伝をそのままに記したのが，巻頭の識語であろう．

三十九．しからばこの二つの識語の中にて巻頭のものはほとんど史料としての価値はなく，巻尾の識語はその価値を有するものと見てもよかろう．

四十．かくのごとく解するので，円理は関孝和の発明だとする見解は全くその立脚の基礎を失い，建部賢弘の発明とする見解は立証されたこととなる．

四十一．けれどもこの研究にはまだ他の方面から広く深く観察してみなければならぬ必要があると思われるし，そういう点に不備があるから，これだけの研究で直ちに円理は建部賢弘の発明であるに相違ない，これは最後の確定説とすべきであるとの主張をすることはまだ少しく躊躇するけれども，従来の関孝和を発明者とする論拠はすべて破却されたであろうことを信ずる．

（昭和五年一月四日稿）

# 12. 円理の発明に就て

**1.** 理学博士林鶴一氏は「関孝和ノ円理」につき『東京物理学校雑誌』記念号(昭和五年十二月)に論ずる所があった．これは私が「円理の発明に関する論証」〈本著作集所載〉と題して『日本数学物理学会記事』(昭和五年三月)[1]及び『史学雑誌』(同年六月，十月，十一月，十二月)において，円理は建部賢弘の発明にして，関孝和の発明であるまいことを説いたものに対し，別の見解を提出されたのである．これについては私は林君と幾たびか書状の往復をもした．そうしてこの論文の発表されることの報知をも得たので，私からも披見の上は賛否の意を表明したいことを通じておいた．しかるに林氏は発表の後において私の意見をば求めずして，さらに続篇を執筆するとの通知であった．その続篇の発表を俟ってしかる後に賛否を表するのが礼儀であろうけれども，あらかじめ通じておいたことの至当の順序として，私がまず意見を吐露さして戴くことにしたのである．めでたかるべき創立五十年の記念号に載せられた論文に対しさらに論述するのはあまりに心なき業ではあるが，今回は特に御許しを請うて執筆する所以である．

**2.** 和算史上において普通に円理といわれるのは，後代のものはしばらく措き，初期のものとしては関流最高の秘伝書だといわるる『乾坤之巻』並びに建不休先生(すなわち建部賢弘)撰『円理綴術』(内題『円理弧背術』)を指すのであって，故遠藤利貞翁の『大日本数学史』(明治二十九年刊)及び同氏『増修日本数学史』(大正七年刊)のごときもこの見解を採る．

1) 編者注：“On the Establishment of the Yenri Theory in the Old Japanese Mathematics.” *Proceedings of the Physico-Mathematical Society of Japan.* (*Nippon Sugaku-Buturigakkwai Kizi*)3, 12, 3(1930). pp. 43-63, 1930. 2. 15 講演. [Ⅳ. 11. 7]

遠藤氏は『円理綴術』をもって本多利明の識語に基づきて関孝和の遺稿とし，『乾坤之巻』は松永良弼の手が加わっていようと見るのである．私が『円理綴術』をもって円理の代表的のものとしたのは，これに拠る．

これにおいて私は『円理綴術』の内容の作製が関孝和であるか，建部賢弘であるかを論じた．しかるに漫然これを円理の発明の問題として論じたのは，叙述の不適切であったことを感ずる．これは林博士の注意によって覚知したのであり，深く感謝する．円理という概括的の算法の原則が何人から始まったかを論ずるのであれば，円理の根本的の原則だけを抽出して吟味しなければならないはずであったのにかえってこれを等閑に付し，『円理綴術』及び『乾坤之巻』に記された全内容を総括して説いたために，林博士の手を煩わすことになったのは，全く私の不覚であった．これは今改めて訂正する．

**3.** 和算書中において円理という術名が初めて現れたのは，私の知る限りにおいては上述の『円理綴術』または内題『円理弧背術』があり『円理発起』がある．前者は建不休先生撰とあり，建不休とは建部賢弘(かたひろ)号不休である．後者は淡山尚絅撰とあれども，淡山尚絅とは実名でなく，その実名は蜂屋小十郎定章(さだあきら)(1748 歿，年六十四)といいて幕臣であった．この書には享保十三年(1728)の序文がある．

このほかには『円理綴術』と題する著者未詳の一写本があり，類似の算法など説き，その算法を建部賢弘のものとしている．

また今井兼庭(1780 歿，年六十三)撰の『円理綴術』があり，やや研究を進めている．

建不休先生撰の『円理綴術』はこの表題を欠き，内題と同じく表題をも『円理弧背術』とした写本も存在する．

これらが円理という名称の顕現した初期の実例であって，すべて円の測定の算法にのみ関し，この頃には円理とはさまで広い意味で使われたものではないらしく見える．ずっと後の時代になると，円理または円理豁術もしくは単に豁術といえば広く曲線，曲面の測定に関する一種の積分方法の総称となるのであるが，上述する所の初期においては，そういう事情はない．後の時代においても円理豁術の開発に最も功労のあった和田寧(1840 歿，年五十四)すらも，円理と方理を区別している．しかも両者共に一種の積分方法たることには変わりはない．

円理という名称の歴史はかくのごときものであって，この名称の歴史的意義からいえば，初期のものとしてははなはだ狭く見てもよいのである．

円理というほかにまた円法という名称も見える．『円法四率』のごときはその一例である．この書は『大成算経』中の一部分と同一であり，円理と称する名称を冠せられた諸書中の算法と同一ではない．

円率という名称もまた用いられ，『円率真術』と題する写本がある．その内容はむしろ『円法四率』に類するけれど，やや時代が後れるであろうと思う．

**4.** 林氏は次のごとく記されている．

近頃三上義夫君ハ頻リニ筆ヲ呵シテ「円理ハ関孝和ノ発明ニ非ズ」ト高唱セラルルガ如シ[2)]．同君ガコレヲ発表シ始メラレタルハ今ヨリ約二十年ノ前ナリ[3)]．コレニ就キ余モ亦愚説ヲ吐キタリ[4)]．

当時余ハ「三上君ガ言ヘル如ク余モ通例円理術トイフモノハ建部賢弘ガ著ハセル円理綴術或ハ円理弧背術ヲ指スモノナリト信ズ[5)]．タトヘ之ヲ適用スル問題ノ種類ハ多シト雖モ此円理弧背術ヲ以テ円理術適用ノ標本ナリト信ズ．但後世円理術ノ変遷ハ則之アリト雖モ，発明ノ当初ニ於テハ此円理弧背術ヲ以テ円理術ノ標本ト見做スベキナリ．然ラバ円理ナル名称ハ建部ノ創始ニカカルカ今遽カニ之ヲ断ズベカラズ．関モ亦無限級数ヲ用ヒテ円ノ弧或ハ周ヲ表ハシタルベケレバナリ」ト書ケリ．

余ハ今猶ホ更ニ的確ナル証左ナケレバ衆説ニ従ヒテ円理ハ関モ亦之ヲ施コシタリトイハン．ソハ本論文ニ於テ括要算法ニハ円理トイフモ差支ナシト信ズルトコロノ円周率弧矢弦，立玉積之法ノ記載アルコトヲ説述セントスル所以ナリ[6)]．（頁 21-2）

かくして『括要算法』所載の円周，円弧の長さの算定，弧背冪すなわち弧背

---

2）編者注：林鶴一の脚注．三上義夫君 On the Establishment of the Yenri Theory in the Old Japanese Mathematics.『東京数学物理学会記事』第三期第十二巻 1930，pp. 43-63；同君「円理ノ発明ニ関スル論証」東京帝国大学内史学会発行『史学雑誌』第四十一編 1930，頁 763-787；同君「日本数学史論」立教大学史学会発行，『史苑』第三巻 1930.

3）編者注：林鶴一の脚注．『東京数学物理学会記事』II 4(1908)pp. 442-446，A Question on Seki's Invention of the Circle-Principle. 中の一條 Was Seki the inventor of the Circle-principle?

4）編者注：林鶴一の脚注．『東京数学物理学会記事』II 4(1908)pp. 446-453「三上義夫君ノ論文ニ就テ」同『記事』II 5(1909)pp. 43-57 及び pp. 407-414，「支那ニ於ケル弧背綴術及円周率ニ就テ」．

5）編者注：林鶴一の脚注．「コレハ少シク余自身ノ説ヲ十分ニ表ハサズ，通例ノ語ヲ冠セシメタル自説ニ聊カ反シテ穏カナラズトモイハルベシ．」

6）編者注：林鶴一の脚注．「和算ニ熟達セル人々ニハ無用ノ長物ナルベケレドモ．」

の平方を表す一種の公式，立円積の算定のことを記載されている．

これらの諸術について「円理トイフモ差支ナシト信ズルトコロ」のものなりとは見えているが，しかしながら「今猶ホ更ニ的確ナル証左ナケレバ」とありてこれらの諸術中の如何なる部分に円理と称すべきものが存在するかは，未だ突きとめられていないのである．そうして，

衆説ニ従ヒテ円理ハ関モ亦之ヲ施シタリトイハン

と説き，衆説にいうからこれに従いたいというのみに過ぎぬ．

林博士の該博をもってして，今に至るまでなおかつかくのごとき不安定なる見解でいられるのであるから，いわゆる衆説に円理は関孝和の発明なりというのは，如何なる根拠があっていうのであろうか．思うに遠藤氏の著書などにいう所を採って無批判的にいうだけではないであろうか．さらに確乎たる根拠はないのである．故に衆説たりといえども　私はこれを採ることができない．私が今まで関孝和発明説を排して，建部賢弘の発明を主張したのは畢竟これがためである．

故に的確なる証左がないから，衆説に従うということには賛同し得ない．

林博士はさらにいう．

三上義夫君ノ所説ハ建部ノ円理綴術ハ建部自身ノ発明ニシテ関孝和ノ発明ニアラズト主張スルモノト思ハルルニ，ソレガ余ノミナラズ他ノ人々ニ円理ハ関孝和ノ発明ニアラズト主張スルガ如クニモ思ハル．

前者ナラバ兎モ角モ後者ガ三上君ノ主張ナラバ余ハコレニ反対スルモノナリ．余ハ円理ハ関孝和ノ発明ナリトノ従来ノ衆説ヲ支持スベシ．（頁 24）

かくいわれているけれども，上述の弁明によって尽きている．林博士が従来の衆説によってその見解を支持するという態度には，私は賛し得ないのであるが，しかし『括要算法』中において円理を探索しようという注意には敬服する．

因みにいう，林博士はその書状中において私が『円理綴術』の内容等は建部賢弘の作なりとする見解には反対するのではないといいながら，ここにいう所の衆説というのも実はこの書などに記す所の円理を指すものと思われるのであるから，その実林博士が曖昧なる態度を取りつつ私の所説に反対しているものなることは瞭として明である．このことはなお後に記す．

**5.** 林博士は次のごとくいう（頁 23）．

括要算法ノ中ノ……弧矢弦之法ハ即チ一種ノ円理弧背術ニアラザルカ，コノ法ハ建部撰中ノモノト異ナルトコロアリトスルモ，亦同様ニ径ト矢トヲ

与ヘテ弧背ノ半ノ冪(半背冪)ヲ算出スル為ニ要スル公式ヲ，綴術(中断シテハアレドモ継続スルコトハナシ得)ニテ導出セルモノニハアラザルカ．

和算家ガ探会術ト称スル帰納的方法ニテ係数間ニ成立スル規則ヲ見出シテコレヲ表ハシ置カバ，建部ノ級数ト一致スルガ如ク進行スルヲ得ザルカ．

林博士は括要弧術の術文を公式の形に直訳して記載し，これを書き改めて，

$$sd\left\{a_1'-a_2'\frac{s}{d}+a_3'\left(\frac{s}{d}\right)^2-a_4'\left(\frac{s}{d}\right)^3+a_5'\left(\frac{s}{d}\right)^4-a_6'\left(\frac{s}{d}\right)^5+a_7'\left(\frac{s}{d}\right)^6\right\}$$
$$\times\left(1-\frac{s}{d}\right)^{-5}$$

となり，終わりの因子を級数に展開してこれを乗ずるときは，弧背の平方を一つの無限級数の形で示し得ることとなりて，この級数は建部賢弘の撰といわるる『円理綴術』において得るところの結果の級数を書き改めたる，

$$\frac{(\text{弧背})^2}{4}=sd\left\{1+\frac{1}{3}\frac{s}{d}+\frac{8}{45}\left(\frac{s}{d}\right)^2+\frac{4}{35}\left(\frac{s}{d}\right)^3+\frac{128}{1575}\left(\frac{s}{d}\right)^4+\cdots\cdots\right\}$$

に比較せんとし，その比較の結果は「全然符合スト云フベカラザルモ大同小異ナリ」とし，括要弧術は甲乙丙丁戊の五種の弧長を用いて作製したのであるが，その弧長の件数を五種に限らずしてこれを数多く取るときは「両者益々相一致スルコトハ勿論ナリ」とし，よって説いていう．

和算家ハソノ算出セントスル級数ノ係数ヲ，ソノ間ニ伏在セル規則ヲ初メヨリハ到底窺知スルヲ得ザルガ如キ形態ニ於テ求メ置キ，然ル後コノ伏在セル規則ヲ漸次探会スルヲ常トス．

斯クテ余ハ関孝和ニ円理アリ，括要算法ニ綴術アリトナスモノナリ．(頁31)

林博士が綴術というのは，和算家の称した実際の意味ではなくして，単に無限級数に関する一般のことを指すのである．すなわち括要弧術は無限級数に関係のものであり，したがって円理と称してよろしいというのである．博士はまたいう．

建部ノ円理綴術ハ建部ノ円理綴術ナラン．疑ヒアラバコレヲ其ノ師関ニ譲ルノ要ハナシ．

然レドモ関ノ括要算法ハ円理ヲ含メリ，綴術ニ関スル円理ヲ含メリ，而シテ[7]ソノ事業ガ画時代的ナラバ円理ハ関孝和ノ発明ナリ．円理綴術(建部ノモノ即チ固有名詞デハナク，普通名詞トシテ)ハ関孝和ノ発明ナリト

云ヒテ不可ナカラン.（頁23）

**6.** 林博士がかくのごとくいわるる所を見ると，博士はいわゆる括要弧術なるものを拡張して無限級数となし得るが故に，これをもって円理と見做してもよいというのであるが，私はこれを建不休先生撰『円理綴術』の算法と比較することは全く無益であろうと思う．思うに『円理綴術』においては最初からして，特殊の弧長の数字上の値など使用せずして，純然たる解析的の取り扱いをしているのであるが，括要弧術においてはその特殊の弧長の数値を基礎として算式を構成するのであるから，たといその結果は無限級数の形になし得らるるとしても，算法の性質が全然同じくない．この異同を思えば，初めからして結果の比較などする必要はさらにない．

括要弧術の性質を平易にいえば，特殊の弧長

$$弧 = 弧_1, 弧_2, 弧_3, 弧_4, 弧_5$$

なる場合にあたかも成立するような公式を作り，これをもってその数件の特殊の弧長の場合のみならず，一般の弧長についても成立すべしと見たものといってよい．誠に巧妙を極めた創意であって，我等が常にこれを推称してやまざるはこれがためである．

また招差法の特殊の適用だと見てもよい．一種の招差法なりとは，安島直円（1798歿）もまたこれをいっている．

今この算法の特質を委細に解説することはこれを避ける．ただし目下起草中の『日本数学史研究』中には一通りこれを記している．

私はかつて宅間流円理のことを説き，招差法によったものであることを明らかにした．このときは故遠藤利貞翁も存生のときであって，その算法が招差法であることを否定し，数学物理学会の例会において反対説を講述されたことがあった．これについては十一二ケ条の理由を挙げられたけれども，一々皆誤解であって，結論もまた誤ったものであった．翁の論文はついに記事に掲載されず，また翁の歿後にその草稿を見ることもできなかった．

宅間流は大坂（今は大阪）のもので，大坂では宅間流以外にも麻田剛立（1799歿，年六十六）及び坂正永（まさのぶ）も招差法によって円の算定を説いている．大坂でその算法が何人から始まったものであるかを知らぬ．

しかるに江戸の関流においても同じく円の算定に招差法を適用したものがあ

7)　編者注：林鶴一の脚注.「関以前ニ於テ円，球等ニ関スル研究（固ヨリ粗雑ナルベキ）ガ少シモ無シト誰カ云フコトヲ得ンヤ.」

る．括要弧術とは違い，招差法の普通の適用であって，一見直ちにその算法の性質を了解し得べく，展開さるべき級数の最初の若干項を算出し，その諸係数の接続が或る種の法則に従うものとして，これを整理して，無限級数を構成することとしたのである．その算法は『円率真術』及び『算法集成』に見える．ただし前者はことごとく後者の中に包含されている．『算法集成』は松永良弼(1744 歿，年齢未詳，けだし五十一二であろう)の編といわれる．

この招差法適用の算法はあるいは無限級数に展開し得られることを知ってこれを試みたものであるかも知れぬ．

また建部賢弘の『不休綴術』(享保七年，1722)にも特殊の弧背の数字上の値に基づきて弧背冪の級数を得べき算法を記す．この算法はその特色が説述されているので誠に有益であるが，括要弧術の本質を攻究する上には，好個の参考となる．もとよりその算法の性質は，同じくない．

私はかつて括要弧術の構成には，あらかじめ無限級数で表し得べきことを予想して，その算法を考察したものではないかとも考えたのであるが，しかしこれはその算式構成上に必ずしも必要条件ではあるまい．またこの弧術は林博士の試みられたごとく，最後の結果から『円理綴術』の級数に比較することをせずとも，三乗較，四乗較，五乗較というものを，幾らでも多く取ることができるのであり，これは特殊の弧長の数を多く使用して同じ算法を継続しさえすればよいのである．そうして弧長の件数を無限に取ったものとすれば，そのままに特殊の形式を成せる無限級数になるのである．

しかもこの無限級数は格段の弧長の数字上の値を無限に包含するものであり，始末にならぬであろう．

故に括要弧術は理論上からいえば，無限級数で表したものに関することにもなるのであるが，事実上はその無限級数の初めの数項を構成して，さらに変形を施しこれを一種の公式としたものである．

**7.** 昭和五年二月十五日の数学物理学会の例会において，私が談話したとき沢田吾一氏は私に答えて述ぶる所があった．沢田氏は私の論旨に対し部分的にも総体的にも賛成であるといいながら，自説の弁護をも試みられた．けれどもそれは『乾坤之巻』の求極限法につきて招差積に括ることが記され，その条において関孝和がこのことを考案したのだと書いてある云々ということで，沢田氏はこのときにも『括要算法』中の算法に円理がありとはいわず『円理綴術』及び『乾坤之巻』が関孝和の算法なることを主張しているのである．同氏の著書『日本数学史講話』においてもまた同様である．

沢田氏も円理は関孝和の発明なることを説きながら，『乾坤之巻』及び『円理綴術』が関孝和の著述であることの主張であり，『括要算法』中に円理が存在するから，円理は関孝和の発明なりというものではないのである．

一方に林鶴一博士は『括要算法』中から円理と称すべきものを見出そうと努めながらも，現に発表された論文中においては未だこれを見出し得ず，前にもいうごとく「余ハ今猶ホ更ニ的確ナル証左ナケレバ衆説ニ従ガヒテ円理ハ関モ亦之ヲ施コシタリトイハン」(頁22)と述べられているのである．

林博士がかく述べられていることから見ても，そのいわゆる衆説なるものの中に一つとして的確な証左の挙げられているもののないことも，また自ら明らかであろう．

はたしてしからば従来の諸説において，円理は関孝和の発明なりと称していたものは，すべて正確適切なものではないのであり，我等が依拠とすべきものでなかったこと，もちろんである．

**8.** 『括要算法』中において円周の長さ，または弧長を求めるには円には正方形を容れ弧内には二斜すなわち二等弦を容れて，次々にその等弦数を倍し，その斜線の長さを求めるのであるが，その次々に得る所の値は次第に円周または弧長に近づくこというまでもない．かくして最後に得たる三つの値を $a, b, c$ とすれば，

$$(\text{弧背}) = b + \frac{(b-a)(c-b)}{(b-a)-(c-b)}$$

という公式を適用して，補正を試みることになっている．

球の立積を求めることについては，初めに等厚の五十片に截り，次に百片に截り，また次に二百片に截って，その各片を円壔と見做してその立積を算出し，相併せて立円積の三様の概値を得べく，これを $a, b, c$ とすれば，この場合にも円周または弧長の場合と同様に，

$$\text{立円積} = b + \frac{(b-a)(c-b)}{(b-a)-(c-b)}$$

と置きて，補正することとする．

林博士の論文中にもこの補正の公式を紹介されているが，これについては何らの説明もしてない．

**9.** この補正の公式のことは，沢田吾一氏が『日本数学史講話』の中において

やや解釈を試みている．沢田氏はこの公式を表す所の原書の術文を記し，そうして

> 此文に於て之を真円周と云はずして之を定周と名づけた所にも味があると思ふ……而して此結果は $c$ よりも更に真円周に近い数となる．
>
> 但し円理の真式に拠つて立論すれば，此の定周を得る算法は最上の良法とは云へないが，其最上ならざる点は括要算法の編者たる大高氏の私意が加はつて居るのか，或は誤脱したのであらうと思ふ(或は此算式の優美なる形に愛でて之を用ゐたるか)此等の事に付ては附録Ｐに説明する．今此処に余が括要算法を稍精しく解題したるは，第一に後条に於て円理の発明に関する議論に之を引用せんが為めである．(頁 142-3)

かくいいて，この算法が記されているのは，円理の精法を秘し，その代わりに関孝和壮年時代の作などを入れたものであろうと記す．(頁 144)

附録Ｐに定周の公式の作製につきて解説を試みられているが，遥か後世における長谷川寛閲『算法新書』(1830 年，刊本)中に見えたる公式を用いて算定したのであって，いわゆる定周の公式は精密でない．あるいは一項を脱去したのであろうなどいっている．(頁 275-277)

附録Ｎにおいては，関孝和は十三万何千角という正多角形の周を算出して円周の近似値を得た上に，別に定周の公式を作って一層優秀なる円周率を作ることを示しているのは，正しい究極を知っていた証拠とすべく，何らかその根拠なかるべからず．すなわちそのついに到達する所すなわちその究極性を知るにあらざれば優劣を判定すること能わざるはずであると論じている．(頁 272)

かくして定周定背の公式の性質如何を思い，またその作製の解説をも試みたのであるけれども，未だその本質を突き留め得なかったことを，はなはだ遺憾に思う．

このことについては，私は沢田君の著書刊行前において一二回ばかり，その補正公式の注解並びに性質に関して沢田氏へ語ったこともあるが，沢田君は私の見解を容れなかったのである．

**10.** しからばこの公式の本質如何はあらためてこれを吟味してみる必要がある．『括要算法』には単にこれを示す所の術文を記すのみであるが，これを解説した算書は幾らもあり，前にも述べた所の『円率真術』のごときもまたその一つである．

円周の場合も弧背の場合も同様であるが，次々に得た多角形の周または斜線

の長さは，次々に

$$a,\ a+ak,\quad a+ak+ak^2,\quad a+ak+ak^2+ak^3,\quad \cdots\cdots$$

に相当するものとし，最後に円周または弧背の長さは

$$a+ak+ak^2+ak^3+\cdots\cdots$$

に等しとしたのである．

なおさらにこれを解説してみよう．この解説も古算書中に見えているのであるが，原書につきて参照するまでもないから，しばらくその算法のみ記すこととしよう．

次々の長さを $a_1, a_2, a_3, \cdots\cdots$ とし

$$b_1=\frac{a_3-a_2}{a_2-a_1},\quad b_2=\frac{a_4-a_3}{a_3-a_2},\quad b_3=\frac{a_5-a_4}{a_4-a_3},\quad \cdots\cdots$$

を作ってみよう．この $b_1, b_2, b_3, \cdots\cdots$ の数字上の値は，$b$ の或る値，例えば $b_1$ からしてそれ以後は或る数 $k$ に近似することが見られる．これにおいて多少不精密にはなるけれども仮に

$$b_1=b_2=b_3=b_4=\cdots\cdots=k$$

となるものとする．よって

$$a_3-a_2=(a_2-a_1)k$$
$$a_4-a_3=(a_3-a_2)k=(a_2-a_1)k^2$$
$$(a_5-a_4)=(a_4-a_3)k=(a_2-a_1)k^3$$
$$\cdots\cdots\cdots\cdots\cdots$$
$$a_n-a_{n-1}=(a_{n-1}-a_{n-2})k=(a_2-a_1)k^{n-2}$$

これを相合わすときは，

$$a_n-a_2=(a_2-a_1)k(1+k+k^2+\cdots\cdots+k^{n-3})$$

となり，$n=\infty$ なる極限に到るときは $a_n$ は弧背の長さとなり，右辺の終わりの括弧内は無限等比級数であって，その極限は $\dfrac{1}{1-k}$ となる．故に極限において，

$$(\text{弧背})-a_2=\frac{(a_2-a_1)k}{1-k}$$

なる結果を得る．この式中へ，$k=b_1=\dfrac{a_3-a_2}{a_2-a_1}$ なる値を入るるときは

$$(\text{弧背})=a_2+\frac{(a_2-a_1)(a_3-a_2)}{(a_2-a_1)-(a_3-a_2)}$$

となる．これすなわち上記の定周及び定背の公式にほかならぬのである．

**11.** 関孝和もまたおそらくこの種の算法を試みてその公式を得たのであろう．これは $a_1, a_2, a_3, \cdots\cdots, a_n$ という級数の極限を求めることであって，立派に級数に関する求極限法であるから，林博士が円理の定義を述べられたるものによるときは，明らかに立派な円理の算法といわなければならぬ．

この意味で『括要算法』中に円理ありというならば，我等といえども決して異議の申し立てようはずはない．

またこれを『円理綴術』及び『乾坤之巻』における完備した円理の算法と比較し見るに，その求極限法においては畢竟同一である．すなわち諸級数の列を構成し，その第 $n$ 番目における級数において $n$ が無限になった極限を採って，弧背冪の級数を得ようというのであって，上記の算法中において $a_1, a_2, a_3, \cdots\cdots$ という級数につき $a_n$ の極限を求めようというのと同じである．

故に求極限法の原則が同一であることは，全くの事実にして，その一方を円理と呼ぶならば，他の一方をもまた円理と呼ぶことが，もちろん至当であろう．よって私は林博士の提議に従い『括要算法』中の定周及び定背の術文または公式は，これすなわち関孝和の円理なることを認め，円理は関孝和の発明であることを是認する．

従来円理は関孝和の発明なりと説く人は多かったけれども，ただ，漫然これを説くのみにして，定周定背の公式がすなわちその円理を指示するものなることは，何人もこれを指摘してはおらぬのである．

これについてはここに告白しておかなければならぬ一事がある．すなわち岡本則録翁がこのことに注意されていたことである．さすがに岡本翁の着眼には敬服する．岡本翁が私にこのことを語られたのは，昭和五年二月十八日であるけれども，永沢孝享君などへは少なくも大正十年の頃には語られていたのであった．沢田吾一氏の著書は岡本翁に負う所が多いのであるが，もちろんその関係を記しておらぬし，また岡本翁の趣意を誤解したものであったことが，明瞭に感ぜられる．

私は昭和五年二月中において　沢田吾一君が私の講話に答えられたことに関して，さらに一篇の文を作り，岡本氏から聞いたことも記しておいたのであるが，これを『東京物理学校雑誌』に寄せようと思い，しかも全く失念してしまったのであった．早くこれを公表しておかなかったことを今は残念に思う．

**12.** けれども『括要算法』の定周定背の求極限法は，増約という名称で呼ばれていた．増約というのは『括要算法』には無限等比級数の総和を求めることを指していい，この同じ名称をもって呼ばれていたのである．

『括要算法』にはその公式は単に一回だけこれを施すことになっているが，『大成算経』においては $a_1, a_2, a_3,$ …… についていえば，この増約をまず $a_1, a_2, a_3$ の三項を取りて行い，次に $a_2, a_3, a_4$ の三項につきて行い，かくして得たる別の数列において，再び同種の増約を試み，これを二遍の増約といい，三遍の増約，四遍の増約……を繰り返して行い，ますます得数の精密を期することをしている．

円理の増約術はその算法がはなはだしく秘伝にされたという所伝もない．関流最高の秘伝書というのはすなわち『乾坤之巻』であり，かくして円理という名称は『円理綴術』および『円理発起』から始まり，『括要算法』の求極限法や弧術を解説した算書は，円理という名称を附せられていないのである．これすなわち我等が円理とは『円理綴術』及び『乾坤之巻』に見えたる算法なりと解し，問題の要点をこれに置いたのであった．私が円理の発明の問題として論じたのは，もちろん『括要算法』中における求極限法等は即知のものとして，完備された円理の作製に関するものであった．故に円理の発明というのは，やや不穏当であったろう故にこれは訂正する．すなわち『円理綴術』及び『乾坤之巻』に記載された算法の出現を問題とするのである．円理という名称はこれを避けてもよいのである．

しからばこの両書などの内容と『括要算法』所載のものとの相違は那辺にあるかといえば，『括要』などにおいてはどこまでもあらかじめ数字上の値を算定し，これに基づいて算法を施したのであるが，いわゆる円理の名称に附随した算法においては，格段の数字上の値は一切これを用うることなく，初めからして文字を記号に使用した所の一般の算式について取り扱うことをしたのであり，極めて煩雑なる無限級数を処理しているのである．

**13.** 『括要算法』の円の算法を見るに，初めに円周でも弧背でも次々に内接した正多角形の周または内接した等弧の周の長さを算定し，その次々の値を相減じてその比を作り，これを検して或る一定限に近づくことを見出したのであるが，この仕方は如何にも招差法の処理に類似がある．招差法は支那で始まり，関孝和はこれを整頓記述してまた応用もしているのであるから，円の算法についてもその仕方を試みてみたのは如何にもと思われる．そうして次々の比が次第に一定限に近づくことに注意したのでその算法が作られたのであろう．

かくして円理の求極限法は成立したのである.

けれどもこの算法においては単に数字上の算定がなし得らるるだけであって,一般の公式を作ることができない.これは如何にも遺憾である.

しかるに円弧を表す公式は,従来から不完全ながらに行われているものがあった.かくのごとき公式が存在してはいるが,しかも極めて不精密である.その公式の精密なものを作りたいというのは,当然のことで,ここにいわゆる括要弧術なるものの考案となったのであろう.故に従来からある所の公式を基礎として,これを一層精密なるものにすることを企てたものと見える.この事情は矢冪法というものの使われていることからでも明らかに察せられる.そうして招差法の考えを適用し,所与の弧背若干について正確に成立するようなものにしたのである.

すでに円理の求極限法を樹立し,また数字上の結果を得るだけで満足せずして,一般の公式を作製せんことを企てて成功したほどであれば,『円理綴術』や『乾坤之巻』に見るごとき解析方法をも関孝和が案出し得るだけの能力がなかったであろうと誰かいい得ようぞ.この点はもとより関孝和の能力如何の問題ではなくして,実際に成立していたかどうかという問題に帰着するのである.

**14.** 『括要算法』中における円理の求極限法は,支那においても三国時代の魏の劉徽があるいはこれを知って使ったものではないかと思わるる一節があるが,もちろん明瞭にその求極限法の算法が記されているでもなく,また『括要算法』に見るごとく例の補正の公式のごときものが示されているのでもない.或る数字の上からこの種の考察が試みられはすまいかという一種の疑念があるに過ぎぬ.そうしてその数というのはこの算法を適用して全く正確に合わず,多少の相違があるので,その点の説明が必要であるが,ともかく,注意しておくことを要するものであって,直ちにこれを棄て去ることはできないのである.

劉徽はその円の算法の解説を見てもずいぶん緻密な論法の人であったらしく,錐の立積については平行に等分する積分方法を用い,開平方の算法などについて小数のことも見るべきものがあり,また球の算法は全く成功には至らなかったけれども,成功に到達すべき一段階を成し,後に祖冲之の子祖暅之が劉徽の考案を完成し成就することになったのである.この祖暅之の算法には平行に等しき厚さに截って処理する積分方法が使用されている.

かくのごとき事情の中において,劉徽が場合によりては『括要算法』中の円理の求極限法と同じ算法を知ってはいなかったであろうことも,必ずしも無稽ではあるまい．

劉宋の祖冲之が『綴術』と題する著述のあったことは『隋書』に見え，中に円の算法を説いていることも有名な事実である．その記事は簡単であるけれども，初めに円周率の数字上の値が挙げられ，その上下の限界をいってあるから，おそらく前に劉徽が試みたごとき算法に拠ったのであろう．劉徽の算法も上下の限界を求め得るものであった．劉徽が円理の求極限法に相当することを知っていたとすれば，祖冲之もまたこれを知っていたろうし，『隋書』の記事中には開差冪，開差立という用語が見え，これは招差法の術語であるらしく，括要弧術中の冪較，再乗較というものにも意味の上に類似があるらしい．

これにおいて祖冲之の円の算法は場合によっては，括要弧術のごときものではなかったろうかと見たいのである．

なお『括要算法』中に見えたる零約術で次々の乗除率を作ることは，あるいは劉宋の何承天の調日法に類似の点もあるらしい．

関孝和が奈良で或る算書を得て，それから学力大いに増進したという記事もあるし，また種子本を焼いたと記したものもあり．奥州一の関の家老で算家であった梶山主水次俊は祖冲之の『綴術』とかの書を所蔵したという朧ろげな伝説は岡本則録翁の伝聞に存しているのであるが，梶山氏の蔵書の散逸した今日においてはこれらはすべて真偽の判らぬことであるけれども，ともかく『括要算法』中の円の算法は他の事項よりも一層深く支那の古算法に類似があるらしいことは，全く棄て去ることができない．

この問題のごときはおそらく千古の疑問であり，将来永遠に解決し得べからざるものであるかも知れぬ．

支那の劉徽以来，祖冲之父子の算法については，一通り『支那数学史』に説いておいたけれども，この書は一旦印刷に着手し，今は中止していることをここに記しておく．

因みにいう，林氏の論文中には斉の祖冲之とあるが，祖冲之は支那南北朝時代の劉宋から斉に懸けての人であり，斉の祖冲之というのは正しいけれども，その円に関する算法のことは『隋書』の記事に残るばかりで，他に一つも史料はなく，この書中の記事には「宋末南徐州従事史祖冲之云々」と見えているのであり，その著『綴術』の著作は宋末のこととしていうものと見える．故に円の問題に関しては劉宋の祖冲之というのが当然であるとは，かねてから私の持論であり，林氏もこれには賛意を表せられたこともあったのである．

**15.** 『括要算法』中の円理すなわち円周，円弧及び立円積の算定に関する求極限法が成立したのは，一方においては増約損約すなわち無限等比級数の和の極限が求められたことに関係があり，また支那の招差法を理解したことも大きな関係があるが，また一方には算家の状態が次第に進んで，難問も多く提出され，その解答の試みられたことにも関係がある．関孝和は礒村吉徳著『算法闕疑抄』の問題の答術を作ったものがあり，また礒村門人村瀬義益の『算法勿憚改』の答術をも作っている．かつ建部賢弘著『研幾算法』も池田昌意の『数学乗除往来』の答術としてこれを刊行したものであり，関孝和自身には沢口一之の『古今算法記』の答術を作り『発微算法』と題して刊行したこともあった．括要弧術と同様のものは現に『研幾算法』中において公にされているのであり，括要弧術の算定の原則はそれ以前に成立していたろうことを示すのであるが，括要弧術については特に$\pi = \dfrac{355}{113}$なる値に対応せしむるために，この値を取り入れたことが記されているが，そのことは『数学乗除往来』の問題に明記されたものにほかならぬ．

円面積を求むるために中心を頂点とする所の無数の小三角形から成れりと見る見解は，礒村吉徳等もこれを試みているし，球皮積を求むるために半径の差の微小なる二つの球の立積の差を作り，半径の差にて除することは，やはり礒村吉徳がこれを試みたのである．

関孝和は球の中心に頂点を有する無数の小円錐の集まりと見て，球皮積を求めた．これらはすべて粗雑ではあるけれども，充分に極限の考えが打算されているのであり，これから円周及び円弧の求極限法に到達するのも一歩であったろう．

糸巻きの糸の長さの問題，すなわちいわゆる畹背のことも，関孝和はこれを論じたものであるが，これなどは場合によっては後の算家が説いたもののように，その曲線すなわち螺線の構成法則を考え，求極限法に拠ったものであるかも知れぬ．

**16.** 関孝和の時代において求積の問題として注意すべきものには，上記のほかにおよそ三種のものがあった．一つは関孝和の『毬闕変形草』に記された所の円弧の重心を使用して，その回転によって生ずる所の回転体の立積を求めることであるが，これはあまりに著名であるからしばらく措き，他の二種の一つは十字環であり，一つは『算法勿憚改』に見えたる円錐を三角形に穿去した問題である．両者共に関孝和の答術があるが，今しばらくこれを省く．

林氏は円壔を五角形に穿去した問題が『中学算法』に出で，中根彦循の『竿頭算法』に答術の見えていることを示し，その答術の算式をも記されているのであるが，今いう両問題の如きはやや同種の問題の先行したものと見ねばならぬ．十字環のごときは円環の中にその輪径に等しき直径の円壔二つを十字形に交叉したものであって，円壔を他の円壔で穿去した問題はこれから始まるのである．十字環については和算書中に文献が少なくない．

後年に至り，安島直円が円理を改良し，また円壔穿去の問題においても自ら改良する所の円理の算法を応用して正確なものとするのであるが，この研究には十字環の問題が密接な関係を有したと見てよかろう．十字環並びに円錐及び円壔の穿去の問題が長き以前から存在し，ついに安島直円が出てから円壔穿去の正確な算法が立てられたのである．

『円理綴術』及び『乾坤之巻』の円理においては，次第に二等弦を倍加して無限に至った場合の極限を求めるのであるけれども，安島直円の円理では弦を平行に等分する仕方をしたものであり，この点においては松永良弼及び山路主住が説いている所の球の立積を求めるための求極限法に類似を有するのである．球についての積分方法が円についての積分方法に適用されることになったのだともいうべく，円理のこの算法が成立したために円壔穿去の問題もまた正当な取り扱いを受け得ることになったのである．

関孝和から建部賢弘，松永良弼，久留島義太等の時代においては球の立積を求めるためには平行の等厚に截って算法を立てることをなしながら，円については同様に試みることをせず，必ず等弦を容れてその等弦数を倍加することのみ考えたので，算法もまた煩雑となったのであるが，これはそれ以前から行われた算法の規範に拘束せられ，これから逸出することができなかったということの好個の例証というべきであろう．

関孝和以下，建部，松永等の諸算家のごとき有力な人物といえどもなおかつかくのごとき有様であることを思えば，新しい創意ということの如何に難事であるかが思われるのである．

**17.** 『円理綴術』及び『乾坤之巻』においてその解析方法の基礎になるのは，二次方程式の根を級数に展開することである．和算上普通に綴術といわれるのは，すなわちこの展開方法である．林博士は綴術という名称によって一般に無限級数に関する算法なりと解せられているが，これはもちろん林博士一個の新見解である．和算の諸書中にこの名称の記されたるものを見るに，もとより一定する所なく，種々に異なっている．

故に遠藤利貞は建部賢弘の『不休綴術』における綴術は，関氏の綴術とは異なれりともいっている．そのいわゆる関氏の綴術とは『円理綴術』をもって関孝和の遺稿としているのであるから，この書中に記されたる級数展開方法など指していったものと思われる．

綴術という術語が諸書中において如何なる意味で使われているか，またその意味が如何に変遷しているかということも，数学史上の重要事項に属するのであるが，一々これを解説するときは，はなはだ煩雑となり，多く紙数を費やすことをも要するので，今はしばらくこれを省く．ただ，林博士のごとく術語の定義を下して，これによって一切を律せんとするのは理想的の意義ともいうべく，それも大切なことであるけれども，その理想的の意義と歴史上の実際の意義とは厳にこれを区別することもまた同時にはなはだ大切であろうことを思う．この混同あるがために，書状の往復中において了解を欠くようなこともあったらしく思う．

綴術の名称もしくはその展開法が帰除得商術と呼ばれたことがあるなどはしばらく措き，この展開法は原則からいうときは，支那古来の算木で数字方程式の近似解法を行う仕方を，算木でなく文字方程式の場合に適用して，その結果が無限級数となるものであった．故に全く新しき試みではあるけれども，しかし原則の上からいうときは，古い原則が新しい衣装を着け改めたというようなものである．この故にその発展の径路が明らかに認められ，発明創意には由来する所のあることを思わしめる．

かくのごとき展開方法を基礎として，次々に諸級数を作り，その諸級数の列において次々の係数の進み行く法則を求め，それで最後の級数を得るのである．

故にこの円理の算法は支那の系統を引いて，日本で案出されたものであることに，すこしも疑いはない．私が支那の代数学は算木の使用によって成立し，日本の数学はその間接の影響で進歩したということを主張するのは，この事実に基づく．これは極めて著しいのである．

かく『円理綴術』及び『乾坤之巻』に見る所の算法は，その求極限法の原則においてすでに関孝和がこれを使っているのであり，またその解析方法の基礎になる所の級数展開法が支那の数字方程式解法と原則を同じうするのであり，関孝和も『括要算法』において見るごとく，単に数字上の計算だけに満足せずして一般に成立する所の公式を作ろうという試みをもしているであるから，関孝和の手で「円理綴術」等の算法が構成せられ，その稿本が作られたとしても，これは決してその可能を信ずることができない．関孝和にその能力があったことを認められないなどいうことはできぬ．私も決してそういう考えはない．けれども種々の事情によって，関孝和がその点までの研究創意があったという証拠が認められぬことをいいたいのである．これが私の主張である．

**18.** 林博士は私の所説につきて，

> 三上義夫君ノ所説ノ要点ハ，建不休先生撰トアル写本円理綴術(内題ハ円理弧背術[8])ノ内容ハタトヘ魯鈍斎利明ノ誌スルトコロアルモ，建不休即チ建部賢弘ノ発明ニシテ，其ノ師タル関孝和ノ発明ニアラズトスルコトナリ．……本田ノ記ストコロハ，享保年間トスベキヲ延宝年間トセシガ如キ誤リモアリテ，信ヲ措クニハ物足ラザル感アルハ余モ亦三上君ニ一致ス．サレバ此ノ円理綴術ト題スル写本ノ内容ハ真ニ建部賢弘自身ノ撰ニシテ，関孝和ノ発明ニハアラズト仮定セン．(頁 22-3)

といい，脚註において，

> サレド誤記ハ誤記トシテ改メタランニハ，本田ノ記述ハ全然信ズルニ足ラズトスル理由ヲ余ハ有セズ．本田ノ誌ス中ニ「関家絶滅其後先生ノ高弟タル建部家ノ属客タリ」トアリテ，其後トハ其後裔ノ意味ナレバ，一子新七ノコトヲ指ス，トスベシ．

と説く．

『円理綴術』の本多利明識語は，遠藤利貞『大日本数学史』及び『増修日本数学史』等にこの書をもって関孝和の遺稿なりとする根本の史料なのであるが，私はこれをもって信頼すべき史料と認め得られぬことを思い，種々の方面からして論証を試みたのである．私の論証はかなり複雑であるから，今その要旨を叙することもこれを避けるけれども，私の論旨は『史学雑誌』に就いて見られんことを望む．

私は決して本多の識語に誤記があるからというだけの理由で，直ちにこれを否定しようというのではないから，この点に誤解なきことを望む．

因みにいう，本多利明は自ら本田と記したこともあるけれども，本多が正しいのであろうことは『東京市史稿』港湾篇第三巻の本多利明伝中に見える．本多利明伝としてはけだし最も精細であろう．

---

8) 編者注：林鶴一の脚注．「名曰綴術ト添記セリ．」

本多利明の識語は前後に二つあり，巻尾のものは前に記し，巻首のものは後の記載と思われるが，諸本中には巻尾のもののみありて巻首の識語の欠けたものがあるから，私のこの推定は当たっていると思う．

林君のいう所はこの巻首の方の識語にのみ関する．

関孝和の養子新七（または新七郎）は享保九年甲府勤番を命ぜられ，同二十年に品行不良の故をもって職を免ぜられ家名断絶したとは，算家の記載中に見えているのであるが，遠藤氏の著書に享保五年とあるのは，五と九とは粗雑に書くとよく誤られるのであるから，そのために九を五と誤ったものであったろう．しかし写本類には九年とあるから，その方が正しい．

しかるにその放逐が享保二十年ということは従来何人もこれを信じて来た．けれども近頃『寛政重修諸家譜』を閲するに，享保九年に甲府勤番となり，同十二年に博奕のために放逐された旨を記す．もしこの記載の方が信ずべきであるならば，関新七郎は享保十二年（1727）に放逐されたもので，その後建部賢弘の家に寄食したとすれば，淡山尚絅すなわち実名蜂屋定章の編なる『円理発起』が享保十三年（1728）及び十四年（1729）の序跋を有することを思えば，新七郎の放逐後のことになるのであり，その年代のことについては再考しなければならぬのである．『寛政重修譜』のごとき貴重の史料をこれまで参照しなかったのは，誠に羞じ入る次第であるが，数学史の関係上には何人も参照しておらぬというのも，また奇縁であろう．

享保十二年よりも間もなき以前において博奕禁止の辻札の立てられたことなどもありて，そのことは『徳川実記』にも見え，これから間もなく新七郎が博奕の罪によって追放されたというのも，ありそうなことである．

この記載には新七郎と見える．ただし関孝和の菩提所浄輪寺の過去帳には新七とあり，その死去の記載は見当らぬ．

この享保十二年という記載は新史料であり，これは充分の考慮を要するのである．

『寛政重修譜』の記載は概して信頼してよいのであるが，関孝和に関してはその編纂当時は絶家のことでもあり，資料の出所も分からぬし，また関孝和と記さずして関秀和と記し，ひでともと仮名が附けられている．しかるにその実家内山の条においては考和と記し，たかかずと訓している．故に大体は信じてよろしいと思うけれども，かくのごとき不一致のあることもまた思わねばならぬ．この記載と過去帳とにおいて新七と新七郎とになっていることも，また幾分か信頼の程度を損傷する所以となるであろう．故に享保十二年と二十年のいずれが正しいかは，ほとんど判断に迷う．

関孝和の官歴のことなどはこの記載が最も拠るべきように思われる．

**19.**『円理綴術』『円理発起』『乾坤之巻』等の円理の諸書にはいずれも除法形式の代数記法が見えている．中に就き『円理綴術』には特に縦線の右方に書いたのが乗であり，左方に書いたのが除であることの辞(こと)わり書きがあるから，右乗左除の記法の用いられ始めた初期のものであろうとは，沢田君が説いている通りである．しかもこの諸書においてすべて右乗左除の記法に一定されているのでなく，他の様式もありて一定しておらぬ．その上，年紀ある文献中に除法形式の記法が記されているのは，前記の『円理発起』(1728)が初見であり，松永良弼の著述においてもこの年代の頃のものにおいては除法形式の記されたものを見ぬのである．また松永良弼と久留島義太とは懇親の間柄でありながら，除法形式の記法を異にしている．松永良弼がこれを使用するのはその晩年のことと思われる．

この事情は私が『円理綴術』及び『乾坤之巻』等をもって，関孝和の著述であるまいとすることの大きい理由の一つになるのである．

これは除法形式の記法という一つの事項を標準に取りながら，沢田君はこれをもって関孝和の作とする証拠とし，私は反対に関孝和でないことの証拠にしようというのである．

この際除法形式の記法を考証の準拠にしようということは，岡本則録翁の発意であることをここに断っておく．私はこれまでに調査し得た資料と研究の程度においては，未だこれによって関孝和から始まったという証拠を見出し得ぬけれども，この点の着目は卓見であることを認めたい．

『乾坤之巻』には繁簡の二種があり，その簡なる方は山路主住から仙台の戸板保佑へ伝えたというものが知られていたのであるが，このほかに延享中に有馬久留米侯から出たという写本があり，この両本は除法形式の記法を異にするという珍しき事実がある．これは写本の作製に当たりてその中の代数記法なども書き改められることのあるという証拠ともなり，また『乾坤之巻』は関流最高の秘伝書なりといいながら，関流の高弟ということにはならなかったであろうと思わるる所の久留米侯にも伝えられ，また久留米侯から他へも伝えられたという事実が知られるものであり，この秘伝書に関する見解もまた幾分か訂正を要することとなるのである．今まで伝えられたごとく爾(しか)く厳秘にされたものではないのであろう.

関流免許の五段階も山路主住から始まったらしく，教授の秘伝というのもまたこの人からであるらしく,『乾坤之巻』が最高秘伝書ということになったのも，おそらくこのときのことであったろう．この種のことは今その細説を省く.

因みにいう，久留米侯有馬頼徸は「よりゆき」と訓し，徸字が正しい．遠藤氏の『大日本数学史』等に僮字に作るのは正しくない．林博士が有馬頼僮と記しているのは(頁 34，35)この誤りを踏襲したのである.

**20.** 点竄術という名称は松永良弼が『絳老余算』中に解説してから，一般の筆算式代数学というごとき意義のものとなり，有馬頼徸の『拾璣算法』(1766 年編，1769 年刊)に至りて，さらに解説を加えて公表されたのであるが，これ以前においても多少は年代を溯りて点竄という名称の算書中の見えたものが見られるらしく，他の書中には解義または演段と記したものと同義に使われている. これらの場合には多くは右乗左除の記法を伴うのであるが，稀に点竄と記して解義を与えたものの中に，右乗の記法のみありて左除または他の除法形式の見られぬ場合がないでもない．また同一の書中において或る部分には点竄と記し，他の部分には演段と記し，その内容を検しても別に相違があるらしく思われないごとき場合もある．この種の記載はずいぶん多く見出されるけれども，点竄というのがはたして如何なる意味で使われたものであるかは，私は未だこれを決定し得ぬ．岡本則録翁の意見をも求めてみたが，やはり判らぬといわれるのである.

この種の記載は多くは著者名欠如の算書中に見られ，その一つは『円率真術』であって『算法集成』中にもそのままで入れられているのであるが,『算法集成』が松永良弼の作というのは信じてよいであろうから，松永良弼のごときも始めはこの種の意味で点竄ということをいい,『絳老余算』を編するに及んで点竄とは一般代数学というような風に見ることになったのではないかと思う.

しかもこの点竄ということの原始的の意義や，その使用上の実例，それから除法形式の見えたる諸算書等につき，つぶさに研究を進めて，除法形式，特に右乗左除が何人，何時代から行われたかは，これを決定することはなはだ興味ある問題なりといいたい.

角術などについてはこの関係は極めて重大であり，私はこれがために悩まされている．角術については私は大正初年の頃から研究する所あり，ずいぶん記述もしているが，実は点竄という名称の使用，並びに除法の記法の有無など無頓着に算法の性質のみ解説しておいたので，今もし歴史的発達の順序を決定すべき問題を打算して考うるときは，ほとんど意義を成さぬのである．算法の性質だけの解説は多くの場合に比較的容易であるが，著者名欠如の算書につきその年代の順序など打算したいことを思うとき，限りなく困難の増すことを感ずる．これはいずれ研究の完成を俟って記載するつもりである．

関孝和の招差法につき，脱差式と称するものがある．その脱差式を算式に綴るときはずいぶん複雑なものとなり，込み入った算式をも要するのである．この脱差式が招差法に関係して重要なものであることはいうまでもないが，しかも関孝和の時代からすでに現存のごとき形式で作られていたものであるか，それとも後の註解家の手に始まるのであるか，これは容易に判断ができぬ．また括要弧術についても『円率真術』及び同内容の『算法集成』等の記載を見るに，やはりこれに関して脱差式なるものが記されている．その記載には除算の記法をも行うのである．もしこれをもって直ちに関孝和がこの種の算法をも知り，また記載の代数記法をも用いていたに相違ないというならば，この事情を推して『円理綴術』等に除算の記法の記されているのは，関孝和の時代からのものであったろうと推定するの料ともなろう．否，場合によっては左様であるかも知れぬ．しかしながら，関孝和は未だかくのごとき所までその算法を運ばずして，後の解釈に過ぎないものであったならば，この種の議論は全く意義を失うのである．故にこれらのことは未だもって我等が判断の料とするに足らぬのである．

けれどもこの種の事項の詳細な研究からして，算法発達の真相が追々に闡明され得るであろうことを疑わぬ．私は自ら研究上に欠陥あることを認め，算法の発展した径路を明らかにしてこれを補わなければならぬことを記しておいたのは，これらの微妙な問題の残っていることを指したのである．

角術上の諸問題，括要弧術の解釈の委細，招差法の種々相の解説，演段術の種々相の解説，この他諸般の問題について，委細に算法の変遷を挙げて論ずるときははなはだ興味も深く，また議論も確実に運ばれるけれども，これは他日に譲り今すべてこれを略する．要するに今までの研究では代数記法のことなどから『円理綴術』及び『乾坤之巻』の解析方法が関孝和から来たという証拠となし得るに足らぬということだけ記しておく．

**21.** 普通に伝わる所によれば，

第一　関孝和は『乾坤之巻』所載のごとき円理の算法を発明した

第二　開孝和は高弟荒木村英には皆伝したけれども，他の高弟建部賢弘には皆伝はしなかった

第三　したがって建部賢弘は関孝和から円理の秘伝を受けなかった

第四　しかも建部賢弘には建不休先生撰『円理綴術』なるものあり，これは関孝和の養子新七から受けたものである

第五　『乾坤之巻』は関流最高の秘伝書であり，容易に人に伝えるものではなかった

第六　かくのごとくして関孝和から荒木村英，松永良弼，山路主住と相伝えた伝統は正系であり，建部賢弘から中根元圭等に伝えたのは傍系または庶流とも見られていた

この種の事情が関流の伝統の上に考えられて来たのである，しかしながらこれらの事項がすべて正確な事実ではなく，いずれの部分かは崩壊せねばならぬであろうと，私は感じた．種々の史料を調査することによりて，どうしても上述の諸項がすべて成り立つことは不可能であろうと思われたのである．

関流では秘伝が厳なりとは事実であったろうが，しかし松永良弼または山路主住からではなかったであろうか．今思うに，これは山路からであろう．その以前はさまで厳重な秘伝はなかったらしい．故に関孝和の発術にして，これを荒木村英に伝えながら，建部賢弘へは伝えないというごときものがあろうとは，私の考え得ざる所であった．建部賢弘は少年時代から関孝和の門下にありて錚々たる人物であり，かつ後には甲州公(すなわち後の六代将軍家宣)に召し出されて，その師孝和とは甲州家での同僚であり，その学力造詣においても荒木村英の下風に立つのではないらしく，かつ関孝和の晩年には関も関係してその兄賢明（かたあきら）と共に『大成算経』を編纂したというごとき関係もあり，『建部氏伝記』並びに『徳川実記』等の記載から見ても，はなはだ忠誠にして識見あり尊敬に値する人物であったらしいから，私はどうしても荒木松永は直伝であるのに，これに反して建部は関孝和の門下の庶流であったとは思わぬ．関孝和が如何なる気風の人物であったかはこれを徴すべき史料がないけれども，荒木村英に伝えたほどのものを建部賢明，賢弘の兄弟別して賢弘へ伝えなかったというごとき不当のことはあえてしなかったであろうと思う．故に上記の第二項はさまで重要視する必要はない．

『円理綴術』が関孝和の遺稿にして，その養子から建部賢弘へ伝えたというのが仮に事実であったとしても，『円理発起』(1728 年)が建部賢弘に関係のもので

あり，この書の記載形式は『円理綴術』よりもむしろ『乾坤之巻』に類するのであるから，『乾坤之巻』がもしそれ以前から存したとするならばこれもやはり建部賢弘の知っていたものと見るべきであり，『乾坤之巻』をもって単に荒木松永の方の直伝にして，建部賢弘へは伝わらなかったろうと見ることはできぬ．

故に『円理綴術』だけが関の養子の関係のものであったとする見解は成立せぬ．

これにおいて本多利明の記したこの説話を撤廃し，関孝和から荒木村英と共に建部賢弘へも伝えたものであったろうとも見ることができる．

かく考える場合には，除法形式の記法が使用されている諸算書の吟味によりて，この見解が肯定せらるべきであるかどうかを精細に研究することがますます大切となる．この除算記法の研究の結果では，場合によっては私は全く前説を翻さねばならぬことになるかも知れないけれども，今まで調査し得たところでは，今なお『円理綴術』および『乾坤之巻』を関孝和の作と見るべき理由を見出し得ぬのである．

これにおいて私は『円理綴術』は建不休先生撰と記されている通り，建部賢弘の作であろうと見る．

故に上述の六ケ条は，いずれかの一角が崩壊するばかりでなく，すべて成立しなくなる．私はいずれかの一角が崩れることとなるものと考えたけれども，全部すべて崩壊するのである．

**22.** 林博士は関孝和歿後の若干年間の時代において流派の対立抗争はさまではなはだしきものでなく，秘伝もさまで厳にされたのであるまいことをいい，次のごとくいう．

> 井上嘉林ナルモノ算法弧矢弦解ヲ著ハス．弧矢弦解トハ弧矢弦之法即チ円理弧背術ノ解トイフコトナリ．コレヲ享保五年 1720 トス．同書ニハ円理発起ノ著書〈者〉タル淡山尚絅ノ序文アリ……井上ハ中西流……ノ祖タル中西正好ノ弟正則ノ門人ナリト．ココニ於テ精粗ヲ問ハズトスレバ，中西流ニモ円理弧背術ハアリシモノト見ユ．
>
> 建部，中根ノ流派ヲ酌メル中根彦循ガ関，荒木ノ直系タル松永良弼ヲソノ友人ナリト云ヒ，此ノ両流派トハ全ク別ナル中西流モ亦同年代ノ頃ニ円理弧背術ニ論及セルモノアリ．サレバソレ等ノ流派ノ間ノ争ヒモ左程酷烈ナルモノニアラズシテ，彼我共通的ニ研究ヲ続ケタルニ非ザルナキカ，淡山尚絅ナル蜂谷(〈三上注〉実ハ蜂屋)定章ガ関ノ門人ナル久留重孫ノ弟子ナ

リトセラルルモ注意スベク，ソノ著円理発起ノ自序ニハ窃推考賢弘之意トアリ．賢弘ハ即チ円理綴術ヲ撰セル建部賢弘ナリ．サレバ蘊奥ニ達セシ程ノモノニハ，円理ノ術路ヲ左程秘蔵シタルニハ非ザルナキカ，秘蔵セントスルモ及バザリシカ．又円理ノ術路ハ秘シタリトスルモ，コレヲ適用スル問題トソノ術文トハ左程コレヲ隠匿シタルニ非ザルナキカ．

又建部賢弘ノ円理綴術ハソノ記述ノ体裁ヨリ見レバ甚ダ複雑ナルガ故ニ，当時ニアリテハコレヲ容易ニ上木セント欲スルモ能ハザリシナラン．コノ種類ノ円理ヲ誰人ニモ容易ニ示スコトヲナサザリシハ事実ナルベキモ，荒木，松永派ガ特ニ之ヲ秘密ニシ建部，中根派ガ寛裕ナリシトモ思ハレズ．

（頁 33-34）

この引用文において見るごとく，林博士はおよそ享保年中の頃において流派の対立などはさまで重要視すべきでなく，円理のごときもまた互いに相通じたであろうとするのである．如何にもさようであろう．私も全く同感である．私は『円理発起』が久留重孫（しげさね）の門人にて，建部賢弘またはその高弟中根元圭の門人とは記されておらぬ所の蜂屋定章の撰となり，しかも序文中において建部賢弘の発明なりと主張されているのを見て，建部賢弘及び中根元圭の手においては所載の円理が厳秘に伏せられたものでないことを考え，また久留島義太（よしひろ）は関流の人ではないけれども，中根元圭がその天才を認めて保護奨励し，関流の諸算法を伝えたらしく，松永良弼もまたこの久留島義太と研究の極意についても互いに示しあうような事情であったことを思い，円理の解析方法は建部賢弘から出て松永良弼へ伝わったとしても不思議でないことを説いたのである．また建部賢弘は久留島及び松永の主君たる石城平侯内藤政樹とも密接の関係を有したらしく，珍書を内藤侯に供給したこともあったのである．このことは内藤家の記録によって判断し得られる．

林博士は私の説いた事情を他方面から述べたものといってもよい．

しかも私がこの事情によって，建部中根の手から久留島及び松永の方へ伝わり得たろうと見ることに反し，林博士はこの同じ事情によって荒木松永派なるものが建部中根派なるものよりも秘密を厳守したものであるまいとするのである．その記載の中には荒木松永派なるものの手にも，関新七から建部賢弘へ伝わったという円理の方法と同様のものが存したろうことをも暗々裡にほのめかしているのである．

林博士の記載中には井上嘉林の『算法弧矢弦解』のことなど円理弧背術の書

なりとして述べられているが,『括要算法』においてすでに円理の補正公式並びに括要弧術が公刊された後において，この『弧矢弦解』のごとき算書が作られたからといって別にさまで注意するほどではないように思われる.

これより先関孝和在世の頃においても，ずいぶん関孝和の算法と同様のことを説いたものがある．京都の算家田中由真(あるいは吉真)のごときはそれであり，関孝和の『方陣円攢之法』の訂書されたのと同年に方陣について関孝和よりも遥かに委細の記述をした例もあり，この人は奇收約と称して連分数を使ったこともある．また括要弧術のごとき算法をも記す．同時に大坂の算家嶋田尚政またはその門人井関知辰は『算法発揮』において行列式の展開方法を説き，関孝和の『解伏題之法』に見えたる交式斜乗のことはいっておらぬけれど，関孝和が逐式交乗の法というものは，すなわち『算法発揮』の算法ではないかと思われる．その頃における京坂諸算家と関孝和との関係のごときも誠に趣味ある問題を提供する．沢口一之が関孝和の門人となり，京都にその算法が拡まったとは，関流での所伝であるが，京坂側の算家でしかも関流にも関係のある大島喜侍は八宗兼学というごとき態度を標榜しながら，沢口一之が関孝和の門人であることはいっておらぬ，この辺の関係を思うても，関孝和の数学が京坂に伝播したのか，それとも独立に発達したのか，もしくは共通の起原があったかなどいうことは，もちろん不明ではあるけれども，相当に学問知識の相通じたであろうことは想像してよいであろう.

中根元圭は建部賢弘の高弟として知られているが，もちろん建部よりも年長者であり，また京都におったもので，初めは田中由真等の一派であったらしいが，この人が後に建部賢弘の門に入り関流の数学を学んだことは，最も注意すべきであろう．たとい流派の対立はあったとしても，さらに他の流派に入門し秘伝を受けることもでき得るのであり，その事情は後代まで変わらぬのであった．そうして中根元圭の門人であった大島喜侍が八宗兼学的の免状を出していること並びにその趣意での学統の系図を記しているのは，最もこの事情を明瞭に物語っているのである.

この事情の中において蜂屋定章及び久留島義太が門人になったわけでもないらしいのに，最高の秘伝とも思わるるものを伝えられているのは，最も著しいのである.

私はこの最も著しい事象を捉えて，これを一つの論拠にしたつもりであり，この事情を論拠にすることについては，私の発意であることを記しておく.

**23.** 林博士は有馬頼僮(実は頼徸)の『輪台算書』(1762)及び『拾璣算法』(1766)を引きて，円に関する極大極小の二問題を記し，

> 此ノ両題ハ共ニ所謂円理極数術ニ属スルモノニシテ，円理弧背術ヲ用ヒズシテハ解クコトヲ得ズ．ソノ方法ハ近ク東北数学雑誌[9)]上ニテ発表スルコトトス．（頁35）

といっている．

和算上に円理極数の問題が初めて現れたものは，松永良弼及び久留島義太の間柄においてのことであり，これについては『久氏弧背草』『執中法』『求背極矢術』及び『無名氏算話』などの諸写本がある．『久氏弧背草』の算法は英文『和漢数学発達史』中に紹介しておいた[10)]．遠藤利貞の『増修日本数学史』にもまたこの問題のことを記しているが，建部賢弘または荒木村英が松永良弼へその問題を与えまたこれを解いたものならんと見たのは，誤りである．その誤りも文意の誤読から来ている．私は『無名氏算話』と題してもと松永良弼の筆跡であったという失名書状の写しが，数学史の史料としてははなはだ大切であるべきことを思い，この書状は松永良弼が久留島義太へ宛てたものであり，建部賢弘の歿後から松永病歿のときまで，すなわち1739-1744年の期間のものであり，円理極数の問題もまたこの期間に成立したことを論じたのである．

その後，岡本則録翁から有馬頼徸の一著書を見るべきことを注意せられ，これを披見して，円理極数の問題は寛保二年(1742)に松永が提出して同三年(1743)に久留島義太がこれを解いたものなることを知り得たのである．この書中には別のところに円理極数の別の問題をも記す．

この史料あるがために，私が嚮(さき)きに試みた所の作者並びに年代の考証は全く当を得たものであったことを知る．そうしていう所の失名書状は寛保三年の作なることも明らかに知られ，その書状の作者松永良弼は翌延享元年(1744)に歿したのであるから，この書状中にいう所の疾患のために斃れたものと思われ，年齢もまたおよそ五十一二歳であったろうと推定される．

林博士はなぜか松永良弼及び久留島義太の名を記しておらぬが，私の述べなかった所の有馬久留米侯の両書を紹介されたのは，あたかも私の記憶を補うも

---

9)　編者注：「和算ニ於ケル極大極小論ニ就テ」『東北数学雑誌』Vol. 34(1931)，pp. 349-396. https://www.jstage.jst.go.jp/article/tmj1911/34/0/34_0_349/_pdf.

10)　編者注：“II. 30. Kurushima's circle-measurement,” *The Development of Mathematics in China and Japan*, Leipzig, Teubner, 1913, pp. 217-222.［III. 2］

のである．しかも林氏が関孝和の円理を説く所の論文中において，その論旨にはほとんど関係のなきこの問題について，後出の久留米侯の記述のみを採り，そうしてその前に問題を提出し及びこれを解いたところの真の功労者である松永良弼及び久留島義太の二人の姓名を全く逸せられたのは，如何なる理由であろうか．我等はこれを知り得ないのである．この種のことはよろしく注意すべきであろうと思う．

なおいう，円理極数術の問題を解くために，円理弧背術を必要とすることは林氏もいっておられるのであるが，その円理弧背術は『括要算法』に記されたごとき結果が役立つのではなく，『円理綴術』または『乾坤之巻』に記載されたものに拠っているのである．このこともついでに記しておく．

上記の有馬頼徸の著書は林氏の記された両書とは別のものであるから，林氏の記述にはこの稿本をも参照されることが必要であろう．

**24.** 関孝和の円の算法につきて，林博士は極めて高次の方程式が用いられていることを示し，

> $2^{15}$ 斜ノ場合ノ弦ハ $2^{15}$ 次ノ方程式ヲ解クコトトナル．カカル煩雑ナル高次数字係数方程式ノ解法ハ和算家ノ耐エ得タルトコロナリ．（頁 25）

といい，また

> コノ小数ヲ得ルニハ十六回ニ渉リテ整係数ノ方程式ヲ解クコトヲ要ス．終ニハ $2^{16}$ 次方程式ナレバ其解法頗ル繁雑ナリ．コレヲ耐エ忍ビテ小数ニテ表ハサレタル $\pi$ ノ値ニ達ス．（頁 24）

といい，脚註において

> カカル繁雑ナル数字係数方程式ノ解法ノ実行ニツキテハ近々東北数学雑誌[11]上ニ於テ説述ヲ試ム．（頁 24）

と見えているが，$2^{16}$ 次方程式といえば 65536 次であって，和算家がこの高次の数字係数方程式を満足に解き得たならば，如何にもその巧妙な手腕に驚かされざるを得ぬ．私も和算書中に驚くべき高次の方程式がしばしば見えていることはこれを見聞するけれども，何千次，何万次という驚くべく高次の方程式が如何にして解法を試みられるかの記載については，今まで一つも見当たったことがない．また如何なる算書を点検してこれを見出し得られるかの見込みだにない．思うに高次の数字方程式は普通には算木を用いて解くのであり，仮にこの

11）　編者注：「和算ニ於ケル方程式論ニ就テ」『東北数学雑誌』Vol. 34(1931)，pp. 145–185. https://www.jstage.jst.go.jp/article/tmj1911/34/0/34_0_145/_pdf.

方法によったものとすれば，算木の盤の一格を方一寸と見做しても，十何万次という大きなものになると，盤の縦一里の長さに及ぶのである．その半分の六万何千次というものでは半里の盤を要する．故に算木を用いて普通の方法を採ることは，理論上はともかく実際には決して可能でない．

算木を用いずして，その算法を書いて行うことにしても，やはり非常なものである．

この他の仕方を考えても，何万次という方程式に作り上げてしまった上では，私には和算家が如何にして解き得たかの見当がない．もちろんかかる非常の高次方程式に作り上げずして，別の手段を採ることは別の問題に属する．

故に林博士が何万次という高次方程式を解くことの和算家の処理方法を解脱されるという予告は我々の全く思い設けぬ天来の福音であり，鶴首してその発表を待つ．

『括要算法』の円周及び弧背の算法において，はたして何万次という高次方程式を作ったものであるや否やは，私は未だ充分に考え及んでおらぬので，この点についてはしばらく賛否の意見の発表を差し控える．いずれこれは取り調べて述べることとしよう．

**25.** 林博士は，

> 関ノ発明トセラルル天元演段法ナルモノアレドモ，余ハコレヲ天元術ノ少シク発達セルモノトシテ，天元術ト区別スルノ必要ナカラント思フ．演段トハ段階ヲ演述スルノ義ニシテ，角術ニモ角術演段アリテ，解釈ノ稍々複雑ナルモノニ演段アリト思フ．（頁 19）

と説き，

> 後世ノ書ニ天元術ト点竄術トノコトヲ云フモ，天元演段法ノコトヲ云ハザルニ至リシハ，コノ為ナリ．コレニ就テノ愚見ノ説明ハ他日ヲ期ス．

との脚註が加えられている．

この記載は簡単であるけれども，林博士が和算上の演段術並びに点竄術，すなわち代数学の発達について懐抱せる見解は，これによりてほぼ窺うことができる．これについては他日の説明を俟つまでもなく，思うに林氏は全くその発達の真相を逸してその了解を誤っているのである．関孝和の演段術はいわば支那の天元術を二重に施したごときものであり，天元術では算木で算式を列することを主にするけれども，関孝和の演段術ではその算法が二重になり，あるいは多重になって，問う所の未知数のほかに補助数あるいは径数(parameter)とも称すべきものを用い，これを消去するのが主要な筋道であり，その補助数は算木では表し難いので，文字で書き表すこととするから，その原則としてすでに算木での布列であることを離れ，筆算式のものになるのである．この点に関孝和の演段術は天元術との間に根本的の相違がある．

しかもこれを天元演段術というのは，元来天元術から出たものであり，文字の記号を使用することは入り来たっても，やはり布列に天元術と同様の様式を採るし，天元術を二重に使ったものにほかならぬからである．この外形に捉われては，真相の看破はできぬ．天元術の器械的代数学から脱化して筆算式の代数学が新たに構成された所に真の意義がある．

関孝和の演段術の中にて最も注意すべくまた最も重要なものの一つは『解伏題之法』に見る所の行列式(determinant)の使用である．これは一つの問題を解くために前いうごとく求むる所の未知数のほかに他の一つの補助数を取りて二つの方程式を作り，この両式からその補助数を消去するに当たりて一つの行列式を構成し，その行列式の展開方法を講じたのである．

この算法のごときは関孝和の演段術の標本的のものといってもよろしい．

算木で数字を布列して方程式を立てるというだけの天元術と，その異同のはなはだしきことは，おそらく何人も拒み得ないであろう．

演段という術名はまた別に後の解義というのと同意義に使われておることもはなはだ多い．そうして演段図などいうこともいわれている．関孝和の『角法並演段図』という稿本の書名はこの種の術名の見えた初めであろう．

この『角法並演段図』は年紀も記され，関孝和編とありて，明らかに『括要算法』中の角術の原稿になったものであるが，刊本の方には脱誤多く，写本には正しく見えているのである．この事情から推して『括要算法』は関孝和の諸稿本をそのままに集めて編纂したものであろうと推察する．

点竄という術名の最初の起こり及びその意義は今ではまだ不明であるが，後には点竄といえば一般の筆算式代数学というような意味のものとなった．この意味からいえば前の演段術はことごとく点竄術中に包含されてよいはずである．そうして天元術と点竄術との対立となるのも当然であろう．いわゆる演段術なるものが天元術と点竄との間に介在して，その歴史的存立の意義少なきがために，天元演段術または単に演段術というものが影を潜めたのではないのである．

天元術などの支那の器械的代数学からして，別に筆算式代数学の構成樹立されたことが，和算すなわち日本の数学の著しく進歩発展し得た一つの大きな原動力となるのである．支那の清朝時代の数学とはおよそ時期を同じうして，相平行して進みながら，しかも支那でよりも遥かに優れたものになるのも，一つにはその結果であったともいうべきである．

この点においては林氏の記述に先だち，あらかじめその誤解を解いておく．

**26.** ついでに記しておくが，林氏の論文中に和田寧の濡円のことをいい，四つの放物線の頭部の結合せられたるものなりと記されている(頁19)．このことについては私は十五年前にこれを『東北数学雑誌』に紹介し[12]，林博士は放物線の結合したものであることを示されたのであるが，濡円が放物線の結合から成ることの知られた上は，その濡円という名称とこの形状とを結合して考えてみても，また無益ではあるまい．

濡という字は他に見ざる所にして，和田寧は誠にむずかしい字を使ったものである．和田寧はこのほかにもままむずかしい文字を使っているから，場合によっては特殊の意義を含蓄したものであろうと見ても無稽ではあるまい．

昭和五年の春，友人文学士白鳥清君は東京帝国大学内の東洋史談話会において龍について一場の講話をされたことがあるが，支那古代の龍というものは雨乞いに関係のあることを説き，そうして靈字のことにも論じ及んだのであった．その見解は次のごときものであった．

靈字は霝と巫の二字から成る．巫は「みこ」であり，宗教上の奉侍者であるから，巫の奉侍に関する文字であるのはいうまでもない．

霝は雨字を冠し，雨に関係ある字であって，下の㗊は雨の降る形象を表す．故に霝は雨降るという意味の文字である．

巫という字も人が天地の間を仲介して引き縛(つな)ぐということを形の上に表しているのであり，これは雨乞いに関係のあることも思われる．雨乞いをする人という意味にもなる．

要するに靈という字は，巫が天に祈って雨乞いをして，雨が降るという霊験を意味するのである．この意味から一般に霊妙なことをいうこととなる．

白鳥学士のこの説明は首肯すべきであるが，しからば霝とは雨降るという字であり，濡もまた同じ意義を表すことというまでもない．

---

12）編者注：「和田寧ノ濡円ニツキテ」『東北数学雑誌』第10巻第3号，1916，(大正4.7.12初稿，大正5.10.3書き改めて林氏に送付)，pp. 229-231.［Ⅱ. 95. 2］https://www.jstage.jst.go.jp/article/tmj1911/10/0/10_0_229/_pdf. また同誌の次の頁から pp. 232-233. 林鶴一「濡円ニ就キテ」https://www.jstage.jst.go.jp/article/tmj1911/10/0/10_0_232/_pdf.

和田寧がはたしてかくのごとき意義あることを知っていたかどうかは分からぬけれども，この文字を特に撰んで使ったところを見ると，おそらく同様に見ていたのではないであろうか．はたしてしかりとすれば，霑円とはすなわち雨降りの円ということであり，別の文字でいい表せば降線円と書いてもよかろう．物の落下するときに画く所の曲線から成る所の閉曲線ということで，とりもなおさず放物線の合成であることを承知して命名したものであるらしく思われる．

もしこの解釈が正しいならば，和田寧は『霑円求積』の書を作った頃に，放物線に関する知識があり，また物体落下の曲線なることを知っていたものと見ねばならぬ．

したがって放物線に関する西洋伝来の知識を有したであろうと見られる．和田寧がこの種の知識を有したと否とは，その時代における数学の構成に関して興味ある問題といわねばならぬ．

**27.** 林博士の所説に対して私は今上述のごとく弁明し，並びに多少の見解をも開陳したのである．博士もまたその論文の続篇を作られるというから，もちろん私の見解とは径庭があろうし，また私のこの一篇に対しても博士の批判を得るの光栄を望む．

私は今この弁明書を結ぶに当たり，少しばかり言っておきたいことがある．

沢田氏『日本数学史講話』には『円理綴術』の本多利明の両識語の一方のみ引用し，その文中に延宝と誤記されているのを，特に享保と正しく記しているのである．私は『円理綴術』の諸本を検して，すべて延宝と誤記せられ，一つも享保と正しく記されたものを見出すことができないので，場合によりては沢田君の点検された写本は享保と記されたものであったか．それとも沢田君が意をもって改訂されたものであるかを知りたいと思い，これを同君へ問い合わせたのである．しかるに同君の返事には，『講話』の出版を一段落として研究を打ち切り，住宅も手狭であるし，書類はすべて田舎の親戚へ処分したから再調査の余地がないという知らせであった．『講話』一冊の著作された主目的は円理発明の事項に関するものであり，これについて主要な算書は『円理綴術』と『乾坤之巻』とわずかに二部に関するのであり，またその伝本も極めて少数に限られているのであるから，自己の蔵本であったか，もしくは某所の蔵本に拠ったというくらいのことは記憶もあろうと思うけれども，その知らせをも得ないことをはなはだ遺憾に思う．もし史料の本文を意をもって改竄したものであれば，それははなはだ尤(とが)むべき処置である．元来沢田君は自説に不利なる史料はすべて棄て去っているのであり，私は態度に感服し得ない．

私はなお『円理綴術』の識語中に享保と記した写本がありや否やを知らんことを欲し，林博士にこの事情を告げて，同氏の所蔵または東北大学の蔵本を調べて戴きたいことを依頼したのである．林君からはまだ調べていないが，調べた上は直ちに報知すべしとの返事を一度のみならず貰っている．その後しばしば書状の往復はしたけれども，ついにこれについての知らせを得ることはできなかった．

また享保十三年(1728)以前の年紀ある算書中に除法形式の記法の記されたものは見ないし，この記法の問題ははなはだ重大であるから，その有無を調べて戴きたいこと，及びやはり同じ問題に関連して関流免許のことを調べているからもし初期の免状があるなら知らせてもらいたいことをも御願いしたのであった．これらについても御知らせを得ることはできないでいる．

しかるに林氏の論文を見ると，本多利明の識語が記されているので，さらに問い合わせてから後の報知によれば，本多利明の所蔵と思われる伝本があるのだということである．この本もまた延宝と誤記されたものと見える．私が二十余年前に故遠藤利貞翁から借覧した本は，本多利明の大きな丸い印章のある本であったように記憶するが，その本の行方は知られなくなっていた．仙台にある本というのは，あるいはその同一の本であるかも知れぬ．あたかも旧知に廻り会ったごとき心地がする．

林氏が『括要算法』の円理について記念号へ寄せられたことは，同氏からかねて報ぜられていた．この故に私は『輓近初等数学講座』中の『和算史雑観』に附記した中に，林博士の反対説云々と書いたのであるが，林氏はこれについて抗議を寄せられたのである．如何にも林氏は私が『円理綴術』等の内容が関孝和でなくして建部賢弘から始まったであろうとする見解に対し，反対でないとはいくたびか申し送られているけれども，その書信中には明らかに反対の意味が見えているのであり，全く反対意見が表示されているであろうと信じたので，信ずるままに書いたのであった．しかるにこれに対して抗議を聞き，実は驚かざるを得なかった．林氏の論文を読んでも反対意見が明らかに表明されていることを知る．

林氏も『円理綴術』をもって円理の標本と見るべしとし，いわゆる衆説はこの書もしくは『乾坤之巻』の円理をもって関孝和の発明とするものなるにかかわらず，同君はこの衆説に従って円理は関孝和の発明としておくといい，括要弧術をもって『円理綴術』中の結果の無限級数に比較せんとし，そうして『括要算法』の円理をこの中から検索せんとし，私が史料として多く価値を認むべきものでないとした所の本多利明の識語につき，誤記は誤記として，しかも全然信ずるに足らずとする理由を有せずといい，また，

建部賢弘ノ円理綴術　本多利明ノ誌ニヨリテ 1708–1735

と記しているが，これらはいずれも『円理綴術』をもって建部賢弘のものではなく関孝和から出たと見る精神の表現ではないであろうか．

もちろん林氏は『円理綴術』につきて「真ニ建部賢弘自身ノ撰ニシテ，関孝和ノ発明ニハアラズト仮定セン」といい「建部ノ円理綴術ハ建部ノ円理綴術ナラン．疑ヒアラバコレヲ其ノ師関ニ譲ルノ要ハナシ」といい，また，

余ハ今コノ論文ニ於テ建部ノ円理綴術ガ其ノ儘ニテ其ノ師関ノモノナリシカ否カニ就テ論ゼズ．（頁 31）

ともいってあるけれども，一面には上述のごとく反対の見解を表現されているのであり，そのことは瞭々として明白である．林君が私の所説に対して反対を唱えらるることは，決してこれを不快とはせぬ．勝敗は兵家の常というごとく，いやしくも学界において意見を公表した限り，賛否の説を聴くことは欣快の至りである．また斯界の耆宿たる林博士からして反対意見を恵まるることは，これを光栄とする．その反対意見に賛すべきであれば，これを採るべく，もし採るに足らざるものであれば，再びこれを駁すればよいのである．論戦はもとより我の望む所である．

けれども林君が上述のごとく明々白々に反対意見を流露しておきながら，なおかつ反対ではないと称し，また私が反対意見と信じてこれを記したについて抗議を申し送られ，かつ私からのかねての通告を無視して，私の意見をは求めず，直ちに続篇を作るなどいう通告をされたことなどは，私は博士のその精神を了解することができないのである．極めて真摯であり真剣であるべきはずの研究事項に対して，林博士のごとき態度を執ることには私は断じて敬服し得ない．私は切に博士の反省を望む．私の所説に対する反駁はどうか堂々と試みて戴きたい．私は博士から続篇を起草するとの通告に接し，礼を失するであろうことを思いながらも，あえて私からの先の通告に従い，まず私の弁明を聴いて戴きたいことにしたのも実は学説の如何ということ以外に，この忌むべき事情があったためである．この点はあえて識者の諒解を請う．

林博士は記念号の論文寄稿後において，私に対し，幾たびか荒木松永直伝の

『括要算法』及び『乾坤之巻』を円理と思わぬかというごとき質問を発せられたのであるが，『括要算法』の方はとにかく『乾坤之巻』を荒木松永の直伝といえば，これは全く私の所説に対する明白な反対なのであるが，博士がなおかつ反対でないといわれるのは私にはその精神が判らないのであった．別して私は論文中において円理の算法を略説し，『円理綴術』『円理発起』及び『乾坤之巻』の三書を挙げたのであるが，しかるにもかかわらず，博士がこの『乾坤之巻』を円理ではないかと質問されたのは，如何に解釈してよいであろうか．博士の論文を見れば『括要算法』中に円理と称すべきものがあろうことを模索しながら，未だこれを見出し得ないものであることは明らかであるから，私がもしすでに『括要算法』中において円に関する求極限法，または弧背冪の級数に対比し得べきものを知っているならば，そのこと教えてもらいたいという教えを請うためのものであったと思われる．しかしながら「括要算法ノ円理」という論文を寄稿したという人が，まさか『括要算法』中においていわゆる円理なるものの実質を捉え得ていないであろうとは私の考え及ばない所であった．故に私にとっては詰問としか思われなかった林氏の論文を見て全く意外に感じたのであるが，もし教えを請うものであるならば，また別して反対意見の主張者に対して自己の見解または見込みに有利なるべき事象の指示を求むるものであるならば，極めて簡単なる字句を用いて詰問的の質問をすることを扣え，今少し了解し得られるだけの説明を加えて質問するのが至当であろうと思う．否むしろ論文の草稿を示して意見を求めるのが最もよいのであろう．林博士が論文寄稿後において，なお続けて，その論文さえ見れば直ちに了解し得られる事柄であり，そうして簡単な記述では真意の徹底しない所の詰問的質問をあえて繰り返して試みられたことは，私のはなはだ不快に感ずる所である．私は研究道徳維持のためにあえて林博士に向かい学説の批判と共にこの事情の説明をこの同じ雑誌上で公開されることを公に要求する．

（昭和六年一月十四日稿）

# 13. 関孝和と微分学

〔本篇の起草は東照宮三百年祭記念会の研究補助によることを感謝する.その論旨の大体は昭和九年三月二十六日歴史地理学会において談話したことも，ここに附記しておく.〕

1. 東京日本橋の高島屋において，現に文部省主催の下に我等の日本皇国史大展覧会が開催せられ，徳川家康遺品の鉛筆と両脚具すなわちコムパス，スペイン人献上と伝えられる家康所用の時計，やはり家康の遺品で西洋での製作品たる熊の形状を成せる熊時計なども出品があり，元禄年間に安井算哲(《渋川春海》)が自作して伊勢の内宮文殿に奉納した地球儀もあるし，伊能忠敬の量程車，並びに地図なども陳列せられ，数多く国宝の類も見られ，誠に有益な意義深き展覧会として，感激なしには観覧することができない.

この展覧会において日本歴史の年表もまた掲げられている.その中に

宝永五年ニュートン，ライブニッツニ先立チテ微分ノ数理ヲ明ニセル関孝和歿ス

という一項がある[1].

一般歴史の年表に数学に関する事項が挙げられたのははなはだ嬉しい.これ以外には幕府で天文台を建てたこと，伊能忠敬の沿岸測量等のことは見えているが，別に数学の事項は一つも見当たらない.

しからば前記の一項は，少なくも江戸時代の数学発達の全般を代表するもの

1) 編者注：我等の日本皇国史大展覧会編『主催文部省　我等の日本皇国史大展覧会要覧』1934.4., p.59.「二三六八(二二六前)宝永五年　ニュートン，ライプニツツに先立つて，微分の数理を明にした関孝和歿す」.

として撰ばれたとも，見ることができよう．

けれども関孝和ははたして微分学を工夫したとか発明したとかいう事実があったであろうか．別して「微分ノ数理ヲ明ニセル」といえば，充分にその算法を解説したものであるらしく見えるのであるが，そうした内容を有する関孝和の著述，もしくは他の文献でも存在するのであろうか，特に Newton 及び Leibniz に先立って説いたといえば，確実な拠点がなくてはいわれぬことである．しかもこれを日本数学史全般の代表的事項として，文部省主催の皇国史展覧会に開陳されたというのは，すこぶる注意に値する．全く和算史上にとって，極めて重大であるから，そのいわゆる関孝和の微分学の解説と称するものは，充分に史料を指示して明らかにしなければならない．

しかるに我等は多年来和算史の研究に従事し幾多の和算書を披見しながら，不幸にして未だかつてこの年表の記事を立証するに足るほどの些末の文献だも発見し得ないことを，はなはだ遺憾に思う．

**2.** 如何にも関孝和は増約，損約のことを説いた，すなわち無限等比級数

$$a+ax+ax^2+ax^3+\cdots\cdots$$

及び

$$a-ax-ax^2-ax^3-\cdots\cdots$$

の総和の極限を求めたもので，前者を増約といい，後者の場合を損約というのである．増約と損約の区別はあっても，要するに無限等比級数の和の極限を求めることである．

この極限の求め方については，関孝和の記述は未だこれを見ないけれども，おそらくは

$$y=a+ax+ax^2+ax^3+\cdots\cdots$$

$$y\times x=ax+ax^2+ax^3+\cdots\cdots$$

故に

$$y(1-x)=a+0+0+0+\cdots\cdots=a$$

よって

$$y=\frac{a}{1-x}$$

としたのであろう．

これについては「増数が一以上に超ゆる者は極数なし」との条件をも記している．

**3.** 円の算法においても，円内に四角，八角，十六角，……を容れて，次第にその周の長さを算出し，これらを $a_1, a_2, a_3, \cdots$ と記すこととすれば，これを一つの級数と見做して考慮し，$n=\infty$ となる場合の $a_n$ の極限を算出することができれば，これはいうまでもなく円周の長さを表すものとなるべきはずである．

関孝和はこの極限を求めることを考えた．

この目的のためには，無限等比級数によって表されるものを求めて，これから推論したのであり，したがって増約の算法によるものといわれるのである．

この増約の算法はもちろん，円の場合のみならず，円弧の長さ，球の立積並びに球欠の場合，螺線の算法などにも同様に適用される．

『括要算法』にこれらの算法において，次々の三つの値を $a, b, c$ とすれば，極限は

$$b+\frac{(b-a)(c-b)}{(b-a)-(c-b)}$$

としたのは，関孝和門下の人達の著述類に見るところから考えると，全く無限等比級数と比較して得た結果に外ならぬのである．

この算法は求極限法であることはいうまでもなく，究極においては円弧についていえば，円弧を $2^n$ 等分して，その一部の長さへ $n$ を乗じ，$n$ が無限になるときの極限を求めるのであって，一種の積分方法であることもまたこれを認めてよい．

けれども積分方法としては，極めて限局された簡単な場合に限られたことも，また事実であった．

**4.** 関流の最秘書と称せられた『乾坤之巻』の円理というものは，かくのごとき求極限法の算法を代数的演算の施行によって取り扱うたものである．

後にはその処理方法が改良されて，円理の積分方法は次第に進歩する．

この種の算法はこれを増約術と称してもよいのである．

**5.** けれども微分の算法については，和算家の業績は積分の処理に比してすこぶる幼稚であった．後の時代になっても微分学らしいものの発生は，わずかにその萌芽を見たのみに過ぎない．極めて不完全であったといわなければならぬ．いわゆる適尽方級法なるものは，微分法に対応すべきものであったのは，もちろんであるが，しかしこれについて微分法らしい解説をしたものは，後のことであり，それもはなはだ幼稚なものであった．そうしてついに二次微係数を使って極大か極小かを決定すべきことなどは，和算の終末に至るまでも成立

しなかったのである．二次の微係数，三次の微係数というごときことは，和算家の間には思い及ばれなかったように思われる．ともかくも私は未だこの種のものに見当たらないのである．和算の一つの弱点は微分学を適当に構成し得なかったことに存し，西洋の数学に接触するに及んで，このことに痛感されたのではないかと思う．

**6.** 関孝和はいわゆる適尽諸級法と称するものを説いている．これはその著『開方翻変』の中に記され，あたかも逐次微係数を使用したものに相当する．

これは全く瞭乎たる事実であり，その点には寸分の疑団だにない．けれどもこの事実に原(もと)づいて，直ちにこれを微係数の応用であり，微分法によったものと解するものがあるならば，それは決して妥当の見解ではない．単に結果だけ見て，その結果の由来せる過程の本質を逸したものであり，畢竟痴人の夢に過ぎないのである．私はかくのごとく主張する．

私のこの主張にはもとより理由がある．けれどもその理由を詳論することは，別にこれを試みたこともあるし，今はこれを省く．要するに適尽諸級法なるものは，方程式解法の解説に資すべき図式すなわちいわゆるPascalの三角形に相当するものに基づいて構成されたのであり，微分法などいう根柢あるものではないのである．

適尽方級法は一次微係数の使用に相当する．これを用いて極大極小を求め得るこというまでもない．しかし別に条件もないのに，二次以上の微係数をもって極大極小を求めることはできないはずである．しかるにもかかわらず，適尽諸級法において妄りに二次以上の微係数に相当のものを使用して極大極小を求めることをいっているのは，根本的に誤るところであった．和算家の中にこれを指摘したものはほとんど見出されない．けれども，独り藤田嘉言がこれを説いたものがある．当然のこととはいいながら，一つの卓見であった．

適尽方級法すなわち一次微係数相当のものも，またその初めは微分法によってこれを得たのではなくして，方程式の二根の相等しという条件に基づくものと私は見る．方級法以上の適尽諸級法をそのままに極大極小の問題に適用せんとしたのは，単なる類推の誤りであり，深い根拠はない．決して関孝和は逐次微分法をも意識して行いながら，しかもなおかつその応用において誤ったというのではない．逐次微分法などいう深遠の算法は，関孝和の夢にも想わないところである．

関孝和の適尽諸級法なるものは，かくのごとき性質のものなるが故に，その門下の諸学者等が適尽法について解説することなく，微分法の意義を明らかにするものがないのも，当然であった．そういう性質の学問には，関孝和の門人や孫弟子の時代には未だかつて到達していないのである．

**7.** 和算家が球皮積すなわち球の表面積を求める算法には，全く微分法といってよいものがある．すなわち直径一尺の球の立積を，直径一尺に極めて少しく余れる場合の立積から引き去りその差を両直径の差にて割るときは，球の表面積を得るとしたのである．

この算法はあたかも関孝和と同時代に見えている．すなわち礒村吉徳の『算法闕疑抄』の頭書の中にこれを説く，貞享元年(1684)の刊に係る．

この書中では，単に算術的に試みられているが，後の算家はこれを代数的に行うことになった．和田寧などもその一人であり，和算の終末までもその算法は用いられた．

これは全く球立積の公式からして，微分法によって球の表面積を求めるのである．その算法はいたって簡単であり，またはなはだ了解し易いし，微分法の何たるかを説明するための教材としても，すこぶる有効であろうことを確信する．

**8.** この球皮積の算法は関孝和の時代において世に出たのである．けれども孝和はこれを用いなかった．孝和は球の中心を頂点とし，球の表面上に底を有する所の無数の小錐体からして，球が構成されるものと見做して球皮積を求めた．

ここにその球皮積は今いう合成分子たる小錐体の底面積の総和の極限であり，球の立積は小錐体の立積の総和の極限である．しかるに小錐体の底面積へ高さすなわち球の半径を乗じ，これを三にて除すれば小錐体の立積となるから，これから直ちに

$$(\text{球立積}) = (\text{球皮積}) \times \frac{\text{径}}{2} \times \frac{1}{3}$$

なる関係の成立を知る．

関孝和のこの算法もまた巧みなものである．これは無数の小錐体の和の極限として求めるのであるが，その算法は如何に簡単であっても，やはり一種の積分方法であることは，いうまでもない．孝和の『解見題之法』に今少し素朴的にこの算法が説述されている．

**9.** 関孝和の門人建部賢弘はその著『不休綴術』(享保七年，1722)において，

この問題につき論説する所がある．

まず球径を一尺とし，それから径 1.001 尺として『闕疑抄』頭書の術のごとくし，また径 1.00001 尺及び 1.0000001 尺としても同じ算法を行い，得る所の三件の値を用い，これに損約の術を施し，その結果を球皮積の真積と見做し，この数は

314 寸 159265359 弱

なることを求め，それから

$$= (\text{円周法})\times 100 = \text{径}^2\times(\text{円周法})$$

なることを探り求めると記す．

ここに損約というのは，無限等比級数に対比して求極限法を立てたことを指すのである．

**10.** 建部賢弘はこの算法を説いた上にて，次のごとき附記を添えている．

関氏万法ヲ理会スルハ，形ヲ見テ蹊条(ミチスヂ)ヲ立ルヲ以テ原要トセリ．是ハ此探ルコトヲ不レ為シテ，首ヨリ真法ヲ会スルノ奥旨也．

かくして前記の『解見題之法』所載のごとき算法を孝和が採ったことを述べ，さて

乃其球ノ形ヲ察シテ中心ヲ極トシ，錐形ト見造ハ，形ヲ見，蹊条ヲ立所以ナリ．是探ルコトヲ不用，直ニ真法ヲ理会スルコト，最奇捷タリ．故ニ前法ヲ以テ下等ナリトセリ．吾元来質ノ魯ナルヨリ観ルニ，総テ直ニ真法ヲ会セントスレバ，此題ノ如キ速ニ会シ得ベキニ逢トキハ最容易也ト雖モ，或ハ会シ難キニ到テハ，必得ベカラズ．大率(ムネ)辺(アタリ)ヨリ徐ク探テ拠有ルコトヲ会シ，其拠ニ就テ全ヲ探リ得テ後却テ真法ヲ成ス者，即綴術ノ本旨也．以此強テ下等ナリト不為．盖探ラセザレバ会シ難キコト有ルハ，是質ノ魯ナルニ依ルユヘ也．明達ナラバ，不探トテモ何ゾ事々会シ難キコト有ンヤ．然ドモ是ハ吾不臻処ナリ．凡ソ員数ニ於ル，術理ニ於ル，法則ニ於ル，皆元来(モトヨリ)自然ニ具レル者也．是ヲ会セルハ敢テ新ニ其道ヲ蹊(フミワケ)タルニ非ズ，自然ノ道ニ合会スル也．然トキハ其探テ会スルトモ又可ナラン歟．曾テ意フニ，関氏ガ生知ナルコト世ニ冠タリ．然トモ常ニ謂ラク，円積ノ類甚難シ，不可得者ト．嗚呼，是安行ニ住セル故乎．吾ハ言フ，円積ノ類ト雖モ易シテ必得ル者ト．即是苦行ニ止ルユヘ也．其関氏ガ不可得ト謂フハ，安行ニ住シテ安行ナルユヘ，探ルコト無シテ直ニ得ルヲ貴フニ依ル．必シモ不得ニハ非ザラン．吾質ノ魯ナル故，安

行ニ住シテ安行ヲ得ルノ地ニ到ルコトナシ．常ニ苦行ニ止テ而モ泰(ヤスキ)ニ居ル道ヲ得タリ．故ニ探索テ必ズ得ルト為(セ)リ．是ヲ以テ実ニ知ンヌ吾本質孝和ニ比スレバ減(ヲト)レルコト十ニシテ一ナルコトヲ．

**11.** 建部賢弘がかく説くところを見ると，関孝和は『闕疑抄』の頭書に記せるごとき，球皮積の算法を知っていたのは，いうまでもない．しかしこれを喜ばなかったものらしい．しかし賢弘はその算法を用い，かつ三件の結果から無限等比級数に対比しての求極限法を使用して，それから最後の公式を探会しようとするのである．そうして孝和はこの問題のごとき場合には，その処理を不必要として排したものらしい．けれどもかくのごとき処理方法そのものを排したのではなく，この問題については上記の『解見題之法』所載のはなはだ簡潔な方法があるので，かかる直覚的の方法のある場合には，何を苦しんで別のまわりくどい方法に依頼せんやと考えたのであろう．

孝和のその考えは如何にも尤もである．

けれどもまた賢弘の考えも，決して無下に棄てたものではない．『不休綴術』の書は帰納的の研究方法を数学的処理の上に活用しようというのが，その目的であり理想であって，全く一種の数学的方法論を主張するのである．孝和のごとき不世出の天才的人物ならば，いざ知らず，他の普通人にあっては，帰納的に探会の方法を採ることは，如何なる難解の問題に対しても必ず解決の蹊条を見出し得られるというもので，一見まわり路のようであっても，それがかえって普遍の公道なのである．そういう風に見て帰納的探会の術を説く．

この解説のために孝和と賢弘とかつて一つの特殊の問題についての見解の相違を来たしたのである．

**12.** しかるに賢弘は『不休綴術』の中において，球皮積を求めるために，球の立積の公式からして直接に解析的の微分法を用いて，直ちに皮積の公式を得べきことをば，寸分もいっておらぬ．

関孝和の著述類の中にも，かくのごとき算法を使ったと思われる証跡を見ぬ．

もし孝和がその解析的微分法の適用し得ることを知っていたならば，おそらく雀躍してこれを施行したであろう．『解見題之法』所載の処理方法ほどに簡潔ではないとしても，この方法もまたはなはだ簡潔である．賢弘のいうごとく，簡潔を喜ぶ孝和が，これをだも簡潔ならずとして排するであろうとは思われない．

賢弘もまた『不休綴術』を作ったとき，この解析的微分法による球皮積の算法の成立することを了解していたかどうか．これは誠に疑わしいのである．

**13.**『起源解』乾巻には球皮積の算法は見えないが，帯直立円の皮積があり，また立側円の皮積がある．立側円とは後代にいわゆる長立円すなわち回転楕円体のことである．

この算法について，『不休綴術』の球皮積のごとく試みるつもりであったらしいが，長径一尺，短径六寸として，まず長径1尺001，1尺0001，1尺00001，1尺000001とし，短径も同じだけの差のものを取りて，数字上の値を求め，この四つの値から次々の差を求めてみても，等比級数に比し得べきものにならないので，用うること能わずと称し，別の方法を適用することにした．すなわち解析的に代数式を用いてその算法を試みるのである．すなわち解析的の微分法を用いたものである．

かくして皮積に関するこの種の算法が現れることとなる．

**14.**『起源解』は実のところ誠に取り扱いにくい書物である．帝国学士院の『和算図書目録』に

起源解(乾坤二巻)．円率立円率起元解参照

とあり，また

円率立円率起元解(上下二巻)．即，上記円率真術と同書又起源解参照．

円理密術起源(即円率真術)

と見えているが，この三部はすべて内容が一致する．しかも『円率真術』とは全然一致するものではない．立側円の皮積のごときは，『起源解』には記されているが，『円率真術』には見えない．

故にこの記載は目録の作者岡本則録の失考である．

『円率真術』は松永良弼編の『算法集成』中の一部分と全く一致するものであり，おそらくは良弼の作であろう．

文政十一年(1828)五月に白石長忠が池田十左衛門に与えた本に『円理密術起源』と題し，宝暦八戊寅年(1758)八月下旬書及びその翌年書写の奥書あるものの写しである．

思うに『円率真術』に若干の事項を加筆したものであり，良弼かその門人山路主住あたりの作ではないかと見える．

私はかつてこの書をもって現存の『乾坤之巻』の前における『乾坤之巻』ではないかと考えたこともあるが，書中の代数記法から考慮して，どうもそう見るべきものであるまいことはいうまでもなく，松永良弼の晩年より早出のもの

ではないと見る.

したがって皮積に関する解析的微分法の初見は,『不休綴術』著作の時代には未だ求められない. 少なくも私は未だこれを見ないのである.

**15.** 球の立積についても, 代数記法を自由に使用してこれを行うときは, 松永良弼の『立円率』(享保十一年, 1726)並びに『円率真術』に見るごとき算法が直ちに成立するのであるが, しかしこの『立円率』は良弼が工夫したものであると称し, 久留島義太の評言を云々という記載があるし, これ以前の諸書にはかくのごとき解析的の算法は見えないのである. そうして『円率真術』の球の立積の算法は代数記法の使用において,『立円率』よりも後のものであると推定すべく, すなわち良弼晩年の改良であると見たい.

**16.** かくのごとく考察し来たるとき, 円や球に関する算法において, 数学的の処理による公式の作製は別として, 純乎たる解析的演算によれるものは,『不休綴術』作製の前後の頃までは, 未だ充分の発達を遂げていなかったのではないかと思う.

代数演算がかなり発達しているので, 無限微小数の取り扱いにおいても容易に解析的に処理されてしかるべしとも思われようけれども, 事実は決してそうでなかったのであろうかと考えたい. 立派に成立して後においては, 何でもない極めて容易のことでも, その成立の当初においては決してやすやすと簡単に産み出されるものではない. 解析的の微分法, 解析的の積分術の成立するについても, 明らかにそうした難関を通過して来たのであろう.

はたしてしからば関孝和の球皮積の算法は, 孝和の『解見題之法』に記され, また門人賢弘がこれを『不休綴術』中に論ずるところのものはあるが, しかし孝和の手では未だ『闕疑抄』頭書の算法を算術的の処理からして, これを解析的の微分法に翻訳し改造することも行われていなかったであろうと見る.

私のこの見解は決して無理ではあるまい.

**17.** 私は関孝和に微分法らしい算法のあることを知らない. 孝和の著述類は残存のものははなはだ多からず, 私が触目し得たものは単なる一部分に止まるであろうし, また私の検索にははなはだ至らぬところがあろうことを恐れる. 故に私は断乎として孝和に微分法の発明は決してなかったと, 最後の判断を下すことはできない. しかしながら私がこれまでに研究調査し得た範囲内においては, 全く絶無であると確言してもよい.

しかるに関孝和にもしも微分法の発明があり, しかも Newton 並びに Leibniz の創意に対比し得られるものであって，その上にこの西洋数学上の両偉人よりも年紀において先だつものであることが，確実な史料から求め得られるならば，私はこれを知りたいことに思う．

私のこれまでの研究範囲内においては，和算の終末に至るまでも，Newton 並びに Leibniz の微分学に対比すべきほどの程度において，微分学相当の算法が発達するまでにはならないのであった．いわんや関孝和の時代においてをやである．謹んで識者の教示を待つ．

昭和九年三月二十八日稿

# 14. 宅間流の円理

回顧すればすでに一年に垂(なんな)んとする．時は去年の十一月初めのことであった．余は宅間流の円理に一種の特色あるを見てこれを遠藤利貞翁に告げた．しかるに翁はさらに珍とされざりしのみならず，決してかくのごとき事実なしと主張された．その極みついに非常に立腹さるるに至った．されど余は余の見る所をもって和算史研究上に充分の価値あるものなることを信じて疑わざるが故に，余が研究の結果はこれを東京数学物理学会の記事にて公にする所があった[1]．その記事につき翁は再び雑誌『数学研究』の九月号において「驚くべき誤研究を以て仰々しくも書き立ててある」ものなりとされた．もし余が記述中に真にかかる驚くべき誤研究の存するならば，余はこれを学びて速やかに真知識に到達せんことを希望して止まないのである．しかも我等の愚昧なる，この数語のみをもってしては未だその真相を解することができぬ．すでにその誤研究なることを公然指摘せる遠藤翁たるものはもちろんその理由を発表するの義務あるものにして，またその発表は我が学界を利益すべきものなるが故に，翁もいずれ『数物会記事』もしくは『数学研究』の誌上において何らかの意見を記述されることと思うのであるけれど，余は今筐底を探りて数月前に公にせる英文記事の原稿となれる和文の草稿を得たるをもって，ここに改めてこれを公にし，切に大方識者の叱正を煩わすこととした．もし余が記述の誤れるものなるや否やを指摘さるるならば，独り余の幸いのみではない．切に望む所である．

本篇は大正元年十一月十一日に起草せるものなることを特に述べておく．

---

1) 編者注："The Circle-Measurement of the Takuma School." *Proceedings of the Tokyo Mathematico-Physical Society* (*Tokyo Sugaku-Buturikkai Kizi*『東京数学物理学会記事』2, 7, 3, 1913. 4. [IV. 11. 4]

**1.** 円理問題すなわち円周または円弧の長さを算出すべき問題は和算家のすこぶる苦心し努力せるものにして，その得る所の結果及び用うる所の方法には種々のものが現れたることなるが，宅間流の研究に成れるものは一種の特色を備えて趣味あるが故に，ここにこれを記述することとする．この記述につきては『宅間流円理』と題する五巻の写本と及び他の写本『宅間流円理秘術』とによることとした．前者は巻一より巻五までの五巻より成れるも，前後に連絡ある一部の完全なる成書ではない．種々のものがあったのを後の人が便宜のために『宅間流円理』と命名して巻数を附したものであろう．その第一巻には享保七年(1722)に鎌田俊清の作れる序文がある．この巻には円の内外に 879 60930 22208 角形を内接及び外接して円周率を算定されているが，鎌田の序にはこの円周率につきて「当家為円周要率者也」と記した．当家とはおそらくは宅間流という意味を表したものであろう．鎌田は宅間流の第三代である．

第二巻には円理に招差法を適用したものであるが，この巻には作者の氏名も見えず，また序文なども載っておらぬ．したがって年代も詳らかでない．

第三巻は球に関する算法であるが，松岡能一が宝暦十一年(1761)に作れる序文がある．松岡は宅間流の第五代であった．

第四巻も球に関する算法である．序文ようのものの終わりには元文元年(1736)と記して，宅間能清，阿座見俊次，鎌田俊清，三人の署名がある．その本文中には「宅間源左衛門能清口伝」などと記した所もある．巻末には「内田源兵衛秀富述之」と記せる一節が見えた．あるいは後に附記したものであるかも知れぬ．内田は宅間流第四代の人であった．

巻五は球などに関する雑題である．

『宅間流円理』五巻の書は以上のごときものであるから，全部一時に成れるものにあらざることはいうまでもない．また何人がこれを集めてこの書名を附せるものなるやも今はこれを詳らかにせぬ．

『宅間流円理秘術』は表紙にはこの書名を附してあるけれど，内部には「弧背密術」と見えている．作者も年代も共に未詳である．

宅間流はその流祖宅間源左衛門以来大坂で繁栄せるものにして，中国などでは後の時代までも勢力を及ぼしたものである．この派では関流とは異なれる代数記法の行われたのが著しいことである．その記法につきては余は別に記述しておいたけれど，未だ公表したものではない．しかし今この記法のことは別にいうことはすまい．けだし島田尚政門弟井関知辰の名にて元禄三年(1690)に出でたる刊本『算法発揮』より来たれるものなるか，もしくはこれと同じ源流から出たものなるに相違なく，宅間流はあるいは島田もしくは井関の系統を引けるものなるやも知れないのである．これらのことは未だ詳らかにされておらぬ．

宅間流の円理は八兆何億角という驚くべき大角数の多角形を使用せること，内接形のみならず外接形をも使用せること，招差法にて円理を説けることなどが，ほとんど他に見るを得ざる特色であった．その算法の結果は享保以後のものとしてはあまり珍重すべきものにあらずとするも，これらの特色あるが故に，日本数学史上における充分の価値あるものなることは否定し得られないのである．

**2.**『宅間流円理』巻の一に見えたる算法は次のごときものであった．この巻には前にもいうごとく，鎌田俊清が享保七(1722)年に作れる序文あるが故に，鎌田の手に成れるものであるか，もしくはそれ以前にできたものであるかは確かでないけれど，ともかくこの年代以後のものでないことだけは充分に明らかである．

まず直径 1 なる円内に四角を容れ，次に八角を容れ，次第に辺数を倍して，ついに

879 60930 22208 角形

に至りてその一辺を求め，よって円周率を算定した．この算法を行うには次々の内接多角形の辺を計算することをせずして，その辺の端においてこれに垂直に引ける弦の長さを求めたものである．これを求むるには次のごとく試みた．

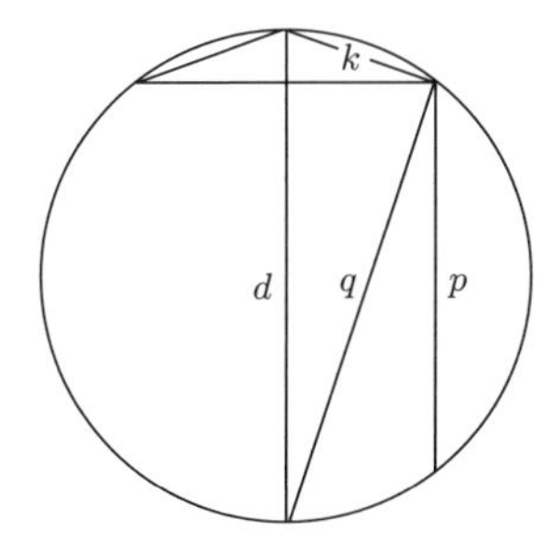


$n$ 角形の場合の垂直弦を $p$ とし，$2n$ 角形の場合のものを $q$ とし，$2n$ 角形の一辺を $k$ とすれば，

$$k^2=\frac{d-p}{2}\times d=\frac{1-p}{2}$$

故に

$$q^2 = d^2 - k^2 = 1 - k^2 = 1 - \frac{1-p}{2} = \frac{1+p}{2}$$

あるいは

$$q = \sqrt{\frac{1+p}{2}}.$$

よってこの関係を利用して次々の垂直弦の長さを次第に計算することができる.

よって四角形より始めて上記の多角形に至れば，垂直弦の長さは

0.99999 99999 99999 99999 99999 36219 17645 19597
38258 58391 38224

となる.

この長さを使用して一辺の長さを測れば

0.00000 00000 00178 57886 70980 41953 25333 71335 66

となる.

次にこの一辺の長さを $k'$ とし，

$$k'^2 = \frac{k^2}{1-k^2}$$

を求むるときは，$k'$ は外接形の一辺となる．その長さは

0.00000 00000 00017 85788 67098 04195 32533 37126 2135

となる.

この値によれば，内接形の一辺よりも外接形の一辺の方が短いようであるが，これはいずれか一方において 0 の数に書き損じがあったものであろう．その平方を記した所にはいずれも零を二十五だけ書きたる次に 3189… となっている.

さてこれらの一辺の長さへ辺数を乗じて周の長さを作れば

内周 = 3.14159 26535 89793 23846 26433 6658,

外周 = 3.14159 26535 89793 23846 26434 1667.

これを平均すれば

3.14159 26535 89793 23846 26433 91625

となり，よって

$\pi$ = 3.14159 26535 89793 23846 26434

なる値を取ることとする.

『宅間流円理秘術』にはこの内周と外周との相等しきだけを取りて定数とな

すとしている．

**3.**『宅間流円理』の第一巻にはまた最初に六角形を内容し，次第に辺数を二倍にして，前と同様の算法をも試みた．この場合には内接せる

2013 26592 角形

に至りて，その一辺を算出して

0.00000 00156 04459 51218 30359 6

となり，これに辺数を乗じて

$$\pi = 3.14159\ 26535\ 89793\ 11$$

を得た．この場合には外接形をば使用しておらぬ．

**4.** 円の弧もまた同様の算法に訴えて求めることができる．この説明は『宅間流円理秘術』に見えている．

円の直径を $d=1$ とし，求むる所の弧の弦を $c_1$，その弓形内に容れたる二等弦の一つを $c_2$ とし，$c_2$ の上の弓形内に容れたる二等弦の一つを $c_3$ とし，次第にかくのごとく $c_4, c_5, \cdots$ を作ることとする．また $c_1, c_2, \cdots$ に対する矢，すなわちこれらの弦を有する弓形の高さを $s_1, s_2 \cdots$ とすれば

$$s_r d = {c_{r+1}}^2,$$

あるいは $d=1$ なる値によりてこの関係は

$$s_r = {c_{r+1}}^2$$

となる．

次に $c_2, c_3, \cdots$ の端においてこれに垂直に引ける弦を $k_2, k_3, \cdots$ とすれば，

$$d = 1 = k_r + 2s_r,$$

あるいは

$$\frac{1-k_r}{2} = s_r = {c_{r+1}}^2$$

である．また

$${k_{r+1}}^2 = 1 - {c_{r+1}}^2 = 1 - \frac{1-k_r}{2},$$

$$\therefore \qquad k_{r+1} = \sqrt{\frac{1+k_r}{2}}.$$

よって初めに $s_1$ の長さを知れば，まず $k_2$ を求め，以下次第に $k_3, k_4, \cdots$ を算出することができる．

かくて最後に $k_r$ を得たりとする．しからば

$$s_r = \frac{1-k_r}{2}$$

及び

$$c_r = \sqrt{\frac{1-k_{r-1}}{2}}$$

は直ちにこれを算出することができる．故に弓形内に内接せる $2^{r-1}$ 等弦の長さは $2^{r-1}c_r$ となる．またこの内接 $2^{r-1}$ 等弦の全長（これを内接線とす）に対応する外接線の長さは

$$外接線 = \frac{内接線}{k_r}$$

である．

この算法によりて径 1，矢 0.1 なるものにつきて，13172 等弦を容れたる場合を考え，内接線及び外接線の長さを

0.64350 11087 90558 7

及び

0.64350 11088 06931 03

とした．

この二つの値より平均して弧の長さを定むるか，もしくはその両値の相一致せる部分だけを取ったものであろう．

**5.**『宅間流円理』巻二及び『宅間流円理秘術』に円の弧に関する三つの級数を求むる算法が出ているが，その算法はいずれも招差法を使用せるものにして，建部賢弘の『円理綴術』または淡山尚絅の『円理発起』等に見る所のものとはすこぶる異同あるが故に，はなはだ正確なるものにはあらざれども大いに趣味ありといいたいのである．『括要算法』の弧術のごときも招差法の変形らしきものである（この算法につきては拙著 *Development of Mathematics in China and Japan*, Leipzig, 1913, pp. 210–212 の参照を望む．さらに一歩を進めたる説明は近き内に発表する予定である）から，招差法の適用はあるいは新しきものではなかったかも知れぬ．上記二冊の写本共に年代作者の詳らかならざるは遺憾のことである．

遠藤利貞氏は宅間流の円理に招差法を使用せることは断じてないといわれたけれど，招差法に依頼せるものなることは『宅間流円理』の作者も明らさまに記述していることで，かつ用うる所の方法は全く招差法にほかならぬのである．

招差法は支那で発達した算法で，関孝和もこれを記述した．関の記述は支那で行われたものよりも著しく整頓し，その適用も一般のものになったものである．

『宅間流円理』巻二において円の直径 $d$ と矢 $s$ とを与えて弧 $a$ の級数を求むるには，

$$2\sqrt{ds}\left(1+\frac{1^2}{3!}\frac{s}{d}+\frac{1^2\cdot 3^2}{5!}\frac{s^2}{d^2}+\frac{1^2\cdot 3^2\cdot 5^2}{7!}\frac{s^3}{d^3}+\cdots\cdots\right)$$

なる結果に達したものであるが，おそらくは

$$\frac{a-2\sqrt{ds}}{2\sqrt{ds}}=A_1\frac{s}{d}+A_2\frac{s^2}{d^2}+A_3\frac{s^3}{d^3}+\cdots\cdots$$

なる級数を得べきことを予想して，招差法を適用したるものであろう．

まず $d=1$ として，

$$s_1=0.05,\quad s_2=0.10,\quad s_3=0.15,\quad s_4=0.20,\quad s_5=0.25,$$
$$s_6=0.30$$

に応ずる弧 $a_1, a_2, \cdots, a_6$ の長さを測り，よって

$$\frac{a_r}{2\sqrt{ds_r}}-1$$

なる量を作れば，これらと $s_r$ とによりて招差法を施したのである．これらの値をこれに対応する $s_r$ の値にて除したる商を $k_r$ とすれば，

$$k_1=0.17053\ 22171\ 98,$$
$$k_2=0.17464\ 59031\ 1,$$
$$k_3=0.17903\ 64679\ 2,$$
$$k_4=0.18373\ 78566\ 5,$$
$$k_5=0.18879\ 02047\ 84,$$
$$k_6=0.19424\ 17891\ 6$$

を得べく，これより次第に次のごとく計算する．

$$k_1'=\frac{k_2-k_1}{s_2-s_1}=0.08227\ 37182\ 4,$$

$$k_2'=\frac{k_3-k_2}{s_3-s_2}=0.08781\ 12962,$$

$$k_3'=\frac{k_4-k_3}{s_4-s_3}=0.09402\ 77746,$$

$$k_4' = \frac{k_5 - k_4}{s_5 - s_4} = 0.10104\ 69626\ 8,$$

$$k_5' = \frac{k_6 - k_5}{s_6 - s_5} = 0.10903\ 16875\ 2\ ;$$

$$k_1'' = \frac{k_2' - k_1'}{s_3 - s_1} = 0.05537\ 57796,$$

$$k_2'' = \frac{k_3' - k_2'}{s_4 - s_2} = 0.06216\ 4784,$$

$$k_3'' = \frac{k_4' - k_3'}{s_5 - s_3} = 0.07019\ 18808,$$

$$k_4'' = \frac{k_5' - k_4'}{s_6 - s_4} = 0.07984\ 72484\ ;$$

$$k_1''' = \frac{k_2'' - k_1''}{s_4 - s_1} = 0.04526\ 00293\ 3,$$

$$k_2''' = \frac{k_3'' - k_2''}{s_5 - s_2} = 0.05351\ 29786\ 6,$$

$$k_3''' = \frac{k_4'' - k_3''}{s_6 - s_3} = 0.06436\ 91173\ 3\ ;$$

$$k_1^{(4)} = \frac{k_2''' - k_1'''}{s_5 - s_1} = 0.04126\ 97466\ 5,$$

$$k_2^{(4)} = \frac{k_3''' - k_2'''}{s_6 - s_2} = 0.05427\ 56933\ 5;$$

$$k_1^{(5)} = \frac{k_2^{(4)} - k_1^{(4)}}{s_6 - s_1} = 0.05202\ 37868.$$

この $k_1^{(5)}$ はすなわち $A_6$ の値である．

次に

$$k_1^{(4)} - A_6(s_1 + s_2 + s_3 + s_4 + s_5) = 0.00225\ 19065\ 5$$

を求むれば，これは $A_5$ の値である．

さて $s_1, s_2, s_4, s_6$ につきて

$$k_r - (A_5 + A_6 s_r) s_r^4$$

なる量を作り，前のごとく処理して，

$$A_4 = 0.03568\ 02106\ 8,$$

及び

$$A_3 = 0.04394\ 57046\ 42$$

を算出し，それよりさらに

$$A_2 = 0.07504\ 31569\ 228,$$
$$A_1 = 0.16666\ 57047\ 3212$$

を算出する．

以上の算法にて級数の諸六項だけ算出したわけであるが，この算法が招差法なることは招差法の如何なるものなるやを知る人には直ちに首肯せられるのである．しかるにこの問題は元来無条件に招差法を適用し得べき性質のものでない，それへこれを適用したのであるから，今得たる結果を直ちに正確なるものとして考うることはできぬ．よって前の計算中における $s_5$ までに関する部分につきて $A_1$ より $A_5$ までを決定すべき演算を試むることとする．この計算には前の計算を利用し得らるるだけは利用すべきである．その結果は

$$A_5 = 0.04126\ 97466\ 5,$$
$$A_4 = 0.02462\ 51560\ 05,$$
$$A_3 = 0.04540\ 88737\ 3,$$
$$A_2 = 0.07495\ 40661\ 8,$$
$$A_1 = 0.16666\ 76556\ 24675$$

となる．

以上二組の $A$ の値につきて $A_1, A_2, A_3$ の両値を平均すれば

$$A_1 = 0.16666\ 66801\ 78397\ 5,$$
$$A_2 = 0.07499\ 86115\ 514,$$
$$A_3 = 0.04467\ 72891\ 86$$

となり，よって零約術(すなわち連分数)を用いて

$$A_1 = \frac{1}{6}, \quad A_2 = \frac{3}{40}, \quad A_3 = \frac{5}{112}$$

なる分数値を得るが，これを書き改むるときは，

$$A_1 = \frac{1}{6}, \quad A_2 = \frac{1}{6} \times \frac{9}{20}, \quad A_3 = \frac{1}{6} \times \frac{9}{20} \times \frac{25}{42}$$

あるいは

$$A_1 = \frac{1^2}{3!}, \quad A_2 = \frac{1^2 \cdot 3^2}{5!}, \quad A_3 = \frac{1^2 \cdot 3^2 \cdot 5^2}{7!}$$

となる．これらの値より推して級数を作ることができるのである．

**6.**『宅間流円理』巻二の第二の問題は円の直径 $d$ と弧の長さ $a$ とを与えて弦 $c$ を問うものであるが，この問題においては

$$s_1 = 0.05,\quad s_2 = 0.1,\quad s_3 = 0.15,\quad s_4 = 0.2,\quad s_5 = 0.25,$$
$$s_6 = 0.3,\quad s_7 = 0.4$$

なる矢を有する弧の長さ $a_1, a_2, \cdots, a_7$ と弦 $c_1, c_2, \cdots, c_7$ とを測りたる上にて，

$$k_r = \frac{a_r - c_r}{a_r}$$

なる量を作り，今日の術語にていえば $k_r$ を $a_r$ の函数と見做して招差法を施せばその函数の諸係数 $A_1, A_2, A_3, \cdots, A_7$ の値を定め得るのである．

またこの算法において $a_7$ を除きて別に $A_1, A_2, \cdots, A_6$ の値を定むることができる．

かくのごとくして得たる $A_1, A_2, A_3, A_4$ の二組の値を平均すれば，

$$A_1 = -0.00000\ 17366\ 07788\ 15169\ 43,$$
$$A_2 = \phantom{-}0.16667\ 88163\ 42886\ 1624,$$
$$A_3 = \phantom{-}0.00003\ 43805\ 16996\ 84224\ 125,$$
$$A_4 = -0.00828\ 11090\ 41108\ 29$$

となる．

今この四係数の中にて $A_1$ と $A_3$ とはその値が他に比してはなはだ小さく，さらに多くの項数を取りて招差法を施すときは必ず姿を匿すべきものである．よってこれを棄てて $A_2$ と $A_4$ とを採用することとする．この二つの数を零約術にて分数化すれば

$$A_2 = \frac{1}{6},\qquad A_4 = -\frac{1}{120} = -\frac{1}{6}\times\frac{1}{20}$$

となる．これより推して

$$A_6 = \frac{1}{6}\times\frac{1}{20}\times\frac{1}{42}$$

なることも知られる．

よって

$$c = a - \frac{1}{3!}\frac{a^3}{d^2} + \frac{1}{5!}\frac{a^5}{d^4} - \frac{1}{7!}\frac{a^7}{d^6} + \cdots\cdots$$

なる級数を得たのである．

**7.**『宅間流円理秘術』には弦 $c$ と矢 $s$ とにて弧 $a$ を求むる算法があるが，$d=1$ とし，矢

$$s_1=0.05,\quad s_2=0.1,\quad s_3=0.15,\quad s_4=0.2,\quad s_5=0.25,$$
$$s_6=0.3,\quad s_7=0.4$$

につきて弧 $a_1, a_2, \cdots, a_7$ と弦 $c_1, c_2, \cdots, c_7$ とを求め，$\frac{a}{c}-1$ を $s$ の函数と見て

$$\left(\frac{a}{c}-1\right)=A_1\frac{s}{d}+A_2\frac{s^2}{d^2}+\cdots\cdots+A_7\frac{s^7}{d^7}$$

と置き，ここに招差法を施したものである．よって $A_1, A_2, A_3, \cdots, A_7$ の値を得る．

次に $s_7$ に応ずる値を省きて招差法を試み，これに相当する $A_1, A_2, \cdots, A_6$ を得る．

また $s_7$ と $s_6$ とを省きたる場合において $A_1, A_2, A_3, A_4, A_5$ を求め，さらに $s_6$ のみ省き $s_1, s_2, \cdots, s_5, s_7$ につきてもその場合の $A_1, A_2, \cdots, A_6$ の値を求める．

これらの四つの場合の平均値を取れば，

$$A_1=0.66666\ 66289\ 40728,$$
$$A_2=0.53334\ 30134\ 27188\ 75,$$
$$A_3=0.45675\ 61728\ 77475$$

となり，零約術によりて

$$A_1=\frac{2}{3},$$

$$A_2=\frac{8}{15}=\frac{2}{3}\times\frac{4}{5},$$

$$A_3=\frac{16}{35}=\frac{2}{3}\times\frac{4}{5}\times\frac{6}{7}$$

となる．故にこれより推して

$$a=c\left(1+\frac{2}{3}\frac{s}{d}+\frac{2\cdot 4}{3\cdot 5}\frac{s^2}{d^2}+\frac{2\cdot 4\cdot 6}{3\cdot 5\cdot 7}\frac{s^3}{d^3}+\cdots\cdots\right)$$

$$=c\left(1+\frac{2}{3}m+\frac{2\cdot 4}{3\cdot 5}m^2+\frac{2\cdot 4\cdot 6}{3\cdot 5\cdot 7}m^3+\cdots\cdots\right),$$

ただし

$$m = \frac{1}{\left(\frac{c}{2s}\right)^2 + 1}$$

となることを知るのである.

# 解説

小林龍彦

## 1.

『三上義夫著作集』第2巻は，三上義夫の膨大な論文群の中から，関孝和の伝記研究と関研究に深く係わる関流数学形成史の研究および円理史研究の論考等を選択し，集録した．それら収録論文のいずれもが，三上の帝国学士院和算調査嘱託解任劇の引き金となった代表論文「文化史上より見たる日本の数学」(『哲学雑誌』第37巻第421-426号，1922年，本著作集第1巻，pp. 15-18参照．［II. 85. 9-14］*))に比肩できる論考群と言ってよいものばかりである．

三上義夫が生涯を賭して追究した和算史の一つに，関孝和の伝記と彼の数学業績をめぐる評価問題があった．関孝和が近世日本数学史上に屹立する数学者であることは和算史研究者が一様に認めるところでありながら，その業績の大きさに比して残された史料があまりにも乏しいため，関孝和の伝記や業績についてはさまざまな誤謬が市井に流布していた．三上はそのような世間一般に流布する偽りの関孝和像を払拭し，関の生涯とその数学的業績を精確に描写することに腐心したのである．他者との妥協を求めず，関の実像と数学の実態に肉薄しようとする鬼気迫る態度は，また，多くの論敵を生み出すことにもなった．だが，それは三上の科学史研究者としての潔癖性からくる所産でもあった．

三上の和算史研究の方法は二つの柱からなっていた．第一の柱は数学的内容の解読であり，第二は歴史学としての数学史研究であった(三上義夫著，佐々木力編『文化史上より見たる日本の数学』，岩波文庫，1999年，p. 303．［I. 9］)．そのいずれの場合にあっても，徹底した史料主義とそれら史料に対する冷徹な批判は欠かせないことになる．三上は，このような近代史学の基本的研究態度を堅持しつつ，研究者がしばしば陥りそうになる推測による歴史叙述の排斥に努めたのである．この研究態度は終生変わることはなかった．

---

*)　［　］は本著作集第1巻所収「三上義夫著作目録」の文献番号を表す．

遠藤利貞(1843-1915)の『大日本数学史』(1896年刊)以来，近世日本数学史に対する国民の関心は高まっていたが，戦時体制の強化にともない国威発揚政策に迎合する歴史研究が台頭するなかにあっても，厳密な歴史考証に基づく叙述態度を放棄することはなかった．そのような三上が数学史の研究を歴史学の研究として如何なる態度で極めるべきかを，いみじくも論文「関孝和伝の論難」(『小学校数学教育』第1巻4号，1937年，p.29．［Ⅱ.52.3-4］)の中で次のように語っている．

> 世間には数学史は容易の業であるかの如く心得る人もあるやに見受けられるけれども，其実は極めて困難であって，容易に真相を突き止め得ない事を，我等は恨みとする．高木貞治博士の如きすらも，歴史は過去に実現した事実の叙述であって，面白くないものであると云ふやうに説いて居られるが，其の過去に過ぎ去った事実も，明瞭に証跡を遺して居るものは乏しいのであって，残欠した遺品や記録を辿って，其事実を復原し描写するのは，条件の具備した場合には可能であるけれども，具備して居らぬからには不可能事となる場合も珍しくない．其復原の工作が直ちに巧拙の岐るゝ所となるし，誠に幾多の苦心を嘗めて来なければならぬ．面白いとか面白くないとか言ふのは，我等に取っては問題ではない．歴史の事実を復原して，真相に近かいものを描写したいのが，唯，我等の理想である．

歴史学は過去の事実を探求し，事象の因果関係を解明する学問である．三上は，過去に残された史料の分析から歴史事象に内在する虚実の顕在化を歴史事実の復原と定義する．しかし，その様な研究手続きは多くの時間と労力を要し，また退屈で単調な調査作業を強いられることもしばしばである．その意味では歴史の研究は陽の当たらない学問と見えるであろうし，面白くもなく，研究者から敬遠される向きがあることも確かであろう．

三上が先の論文で指弾した高木貞治(1875-1960)の数学史観は「わたしの好きな数学史」(「数学漫談(祝高数研発刊) 1. わたしの好きな数学史」『高数研究』第1巻第1号，考へ方研究社，1936年)と題する小品に著されたものを指すものと思われる．だが，三上にとって高木が言うような数学史が面白いか面白くないかはまったく別の次元の問題であった．数学史が歴史学研究の対象である以上，過去の彼方に存在する数学史としての真実を復原し，偏にその真相を現実の世界に浮かび上がらせることを最大の使命と捉えていたのである．そのような意味において，江戸時代から明治時代に創作された関孝和の虚像を糺し，数学史の研究に堪えられる実像を描き出すことに渾身の力を込めたとも言えるのである．

## 2.

さて，本巻の筆頭に収録した論文は関孝和の伝記研究をめぐる論考群である．三上にとって関孝和の研究上の大問題は，明治時代に至って浮上した関孝和寛永14年，同16年もしくは同19年生誕説の真偽と生涯の論敵と言える林鶴一(1873-1935)が主張した微積分学の有無の解明にあった．まさに，三上の数学史研究における二つの柱の真価が問われる課題でもあった．

関孝和の生年と生誕地をめぐる問題で，寛永19年上州藤岡説は，山口在住の九一山人の論文「算聖関孝和先生伝」(竹貫登代多編輯『数学報知』54-56号，1892年11月より三回掲載)がよく知られているが，実は，初めは寛永19年藤岡説を，後に寛永14年藤岡説を強力に主張したのは川北朝鄰であった．遠藤利貞の『大日本数学史』も上州藤岡生まれとした．三上はこれらの諸説の真偽を徹底した史料批判の態度で検証するのであるが，いずれの場合にあっても決定的証拠を見出すことはできなかった．もっとも三上は論文「川北朝鄰と関孝和伝」(『史学』第11巻第3号，1932年[II.41.6])において，寛永19年藤岡説の発信源が川北の「本朝数学史料」(『数学協会雑誌』第65号，1892年8月)であること，また，それは川北が内山氏系譜を改竄した産物であったことを見事に看破しているのである．

三上の関孝和伝記研究に関する収録論文は，上毛郷土史研究会が主宰する雑誌『上毛及上毛人』および『初等数学研究』(第2巻第7-8号，1932年)と『史学』(第11巻3号，1932年)に掲載された論考を中心にしている．いずれの論文も，文献記述を無批判に受け入れることなく，史料を柔軟かつ縦横に解釈することで歴史の実像に迫ろうとする三上数学史の姿がよく顕れたものである．その三上が『上毛及上毛人』に関孝和の論文を投稿するようになったきっかけは，同研究会の会員であった佐藤雲外が「漁書漫談」(『上毛及上毛人』第167号，1931年)と題する小論で関孝和に関連して三上の研究に触れ，これが三上の目にとまったことにあった．三上は同誌に4編の関孝和の伝記研究に係わる論文を投稿するが，なかでも「再び関孝和先生伝に就いて」(『上毛及上毛人』第181-182号，1932年4月6日識．[II.54.2-4])で展開された史料批判に基づく関孝和の生涯と業績についての複眼的分析は，第二次世界大戦以前における関孝和伝記研究の一つの到達点を示していると言える．

また，三上の数学史研究における批判的態度は，中央の論壇に限られたものではなく，地方の研究誌にも注意深く向けられていたことが論考「関孝和伝論評」(『上毛及上毛人』第215-216号，昭和8年．［II.54.21-22］)から窺える．和算史研究が歴史学研究の一斑を担う以上，一次文献に基づく厳密な考証と主観を排した客観的な記述によって，初めて和算史研究は歴史批判に堪えられる自立した地歩を確立することができる．ゆえに，川北朝鄰による憶説の成立以来，関孝和の出生地として支持されてきた群馬県の郷土史研究誌にも，歴史叙述の在り方を説いて止まなかった．

昭和9(1934)年，群馬県師範学校から『群師紀要』第一輯『郷土研究』が発刊された．この雑誌には同師範学校の数学者三木眞三の論文「関孝和及其事績(和算研究への導き)」(『群師紀要第一輯郷土研究』，昭和9年)が掲載されていたが，そこには三上が拒否して止まなかった関孝和像が依然として描かれていた．この頃の三上は先に触れたように『上毛及上毛人』に関孝和の研究論文を投稿し，遠藤や川北さらには林鶴一らが与えた関孝和の幻影の払拭に懸命であった．それにもかかわらず，群馬県師範学校の紀要は誤謬に満ちた関孝和像を再び描き伝えていたのである．もっとも，著者の三木は川北や林が描いた関像に依拠しながらも，三上の真摯な研究にも敬意を払い，その研究成果を紹介することも忘れなかった(『群師紀要第一輯郷土研究』，pp.90-94を参照)．だが，三上は「関孝和伝論評」をもって，歴史研究が如何なる態度をもっておこなわれるべきかを訴え，三木の態度を痛烈に批判するのである．三上はかく言う(『上毛及上毛人』第216号，p.48)．

> 終りに希望して置きたい事は，此種の発表に於ては必ず引用の出典を挙げて，従来の所説と新しい見解との区別を示めし，原典から直接の解説と孫引とが一目瞭然たるやうにして置くことは覧者の参考上に最も望ましいと思ふ．関孝和の招差法に直差があるとか，同じく零約術が連分数であるなど云ふことは，我等の知見に触れざる珍貴の文書でも有ると云ふなら兎も角，原典を一瞥しただけで直ちに其正邪に気附く筈である．同じ冊中(筆者注：『群師紀要第一輯郷土研究』のこと)の他の諸論文に於ては刻明に出典も挙げられ考証観察の厳に試みられて居る．数学史関係の事項と雖も，苟くも之を論ずる以上は，歴史研究の態度と方法を厳重にさるべき事を，我等は凡

ての場合に要求したい．

ここに披瀝される三上の和算史叙述における態度は，一人数学史のみならず歴史学研究全般において強く求められるべき在り方であろう．それはまさしく今日にも通用する普遍的態度と言わなければならないのである．

だが，三上の関孝和研究に関してここに一つの注目すべき事実がある．実は，三上も和算研究のごく初期において，関孝和の生年と生地を寛永 19 (1642) 年上州藤岡生まれと書いていたことがある．一例を挙げておこう．近代以前の中国と日本数学史を本格的に論じた三上の英文著書に *The Development of Mathematics in China and Japan* (Leibzig: Teubner, 1913) [Ⅲ. 2] がある．これの関孝和の事績 (*Ibid.*, p. 158) および日本数学史年表で三上は「日本数学の父関孝和，1642 年 3 月上野藤岡生」(*Ibid.*, p. 180) と記すに及んでいる．そしてそこには，後に三上が最も嫌悪することになる引用文献すらも明示されなかったのである．だが，このような彼の叙述態度は，続く D. E. Smith (1860–1944) との共著 *A History of Japanese Mathematics* (Chicago: The Open Court Publishing Company, 1914) [Ⅲ. 3] においても繰り返され，引用文献を示すことなく関孝和 1642 年 3 月藤岡説を踏襲し，川北朝鄰が『本朝数学講演集』で 1637 年説を唱えていることを注記するのみであった (*Ibid.*, p. 91)．こうした誤りもやがて修正されていくのであるが，このような事例は，反面として我々に歴史学研究としての数学史研究の難しさを教えてくれるのである．

## 3.

本巻第二群を構成する論文は関流形成史に関する論考である．その冒頭を飾る論文「関孝和の業績と京坂算家並に支那の算法との関係及び比較」(『東洋学報』, 第 20–22 巻, 1932 年．[Ⅱ. 97. 9–14]) は，関孝和の数学研究の全豹とも言える天元術，演段術，行列式，招差法，方程式論，適尽諸級法，円理の特徴を数学的コンテクストに沿って詳述するとともに，京坂和算家との数学表記法の異同や交流の有無の考察に加えて，中国古代の数学者である魏の劉徽 (3 世紀頃)，宋の祖冲之 (429–500) およびその子暅之 (不詳) の算法に現れる極限思想との比較を試みたもので，三上の和算研究の精華が鏤められた珠玉の論考と言える．本著作集では『東洋学報』に掲載された印刷論文を底本とし，三上が 1949 年に東北大学へ提出した学位申請論文を異本として校合したものを収録した．本来は学位申請論文を底本とすべきであろうが，このときの提出論文には少なからず書写ミスがあり，底本として使用する判断に至らなかった．ただ，東北大学へ提出するにあたって印刷論文で見過ごされた誤植や訂正ミスが直されており，提出論文の作成にあたって三上の修正指示があったことを窺わせることから，これと比較した結果を著作集のテキストに盛り込んだ．

さて，その「関孝和の業績と京坂算家並に支那の算法との関係及び比較」は，三上が東北大学へ学位申請にあたり主論文として提出したものである．1949年，太平洋戦争末期の戦火を避けて郷里の広島県甲立町に隠遁していた三上に，学位授与の動きが起きた．その発端は，東北大学数学教室の卒業生で和算史研究で一家をなす加藤平左ヱ門(1891-1975)の学位授与問題に関連していた(前出『文化史上より見たる日本の数学』，pp. 328-329 参照)．しかし，当時の東北大学数学教室では，加藤の学位論文を審査できる者がなく，かつて林鶴一のもとで助手を務めていた小倉金之助に審査問題が相談されるにおよび，小倉はまずもって三上への学位授与が先決であることを数学教室へ進言したのであった．その結果，三上は小倉金之助や大矢真一の勧めに従って本論文を主論文，『日本測量史之研究』(恒星社厚生閣，1947 年．［I. 10］)，「文化史上より見たる日本の数学」(初出『哲学雑誌』第 37 巻第 421-426 号，1922 年．［II. 85. 9-14］)，「行列式論」(本著作集第 1 巻収録)などを副論文として提出し，同年 12 月 5 日に理学博士の学位を得たのである．なお，三上の学位授与問題に一役買った大矢はこの一件を回顧して，後日，東北大学から多額の論文浄書料が請求され，平田寛氏(筆者注：早稲田大学教授，元日本科学史学会会長)に半分出してもらったことや，三上が理学博士よりも文学博士のほうがよかったと洩らしていたことを明らかにしている(大矢真一「小倉・三上両先生と私」，『数学史研究』通巻 100 号，1984 年，pp. 18-19)．先に触れた学位申請論文における誤字や脱文は，このときの論文書写の際に生じたものと思われる．

論文「関流数学の免許段階の制定と変遷」(『史学』第 10 巻 3-4 号，1931 年．［II. 41. 3-4］)は，関流数学の免許制度成立史に関する論考である．

日本の伝統文化の一つである華道や茶道には，世襲的な家元や免許制度があり，作法や所作の違いから様々な流派が形成されている．一般に，家元はそれら芸事の奥義を極めた流派の統帥として，組織の維持と発展を図ろうとする．そのために師である家元は，弟子の教育にあたって，芸道を粛々と教授することになる．一方，弟子は道を究めるために，逡巡することなく師の指導に従う．

そうした厳しい試練を乗り越えて，芸道の奥義を究めた者だけに，流派後継者の証となる免許状が授与されるのである．このようなシステムは華道や茶道だけでなく，武術や囲碁・将棋など日本文化全般に，共通して見られる現象である．

実は，和算にも日本の伝統文化に既存する家元や免許制度に酷似する因習があった(小倉金之助『日本の数学』,『中国・日本の数学』小倉金之助著作集 3 所収，勁草書房，1973 年，pp. 77-84)．近世の数学研究は，創始者の関孝和を算聖と崇める関流，関流と対立したことを契機にこれと拮抗する勢力を築き上げた会田安明(1747-1817)の最上流，京坂を中心に活動した宮城清行(生没年不詳)の宮城流や中西正好(生没年不詳)の中西流など流派を母体にしておこなわれていたが，なかでも関流は，最大の派閥として和算界に君臨し，活発な研究活動を展開していた．それらの流派にはそれぞれの免許制度を設けて，流派の創始者はまさに始祖として頂点に立っていたのである．そして，弟子は師の薫陶を受けて流派の維持と発展に奔走することになる．こうした薫陶と修業の結果とも言うべき免許は，弟子の算学研究の到達点を示すとともに，流派の後継者としての認定状にもなった．

三上は論考「関流数学の免許段階の制定と変遷」において，関流和算の大家に授与された見題，隠題，伏題の三題免許および別伝と印可の五段階免許状をことごとく検討し，次のような結論を導き出している．それは，関流始祖の関孝和が活動していた時代に算学免許制度の発想がすでに萌芽していたこと，五段階免許制度は山路主住の手で整えられたこと，そしてその時期が延享 4 (1747)年の頃と思われること，またこのとき，山路が創出した免許制度と伝授法が後代まで継承されたこと，などである．そしてこれらの検討を通じて，川北朝鄰が明治 23 (1890)年に，東京帝国大学理科大学に提出した『関流宗統之修業免状』の捏造と欺瞞を暴露すると同時に，川北が大正 5, 6 年頃に林鶴一と長沢亀之助(1860-1927)に与えた印可状の正統性がないことを指摘するに及んでいる．

小論「関流数学の免許段階の制定と変遷に就いて —— 長沢規矩也氏に答う」(『史学』第 11 巻第 2 号，1932 年．[II. 41. 5])は，長沢亀之助の孫で，後に漢文学者として一家をなした長沢規矩也の「「関流数学の免許段階の制定と変遷」を読みて」(『史学』第 11 巻第 1 号，1932 年)と題するわずか 1 頁の批判文に与えた三上の反駁である．長沢規矩也は，同批判文において，三上と岡本則録(1847-1931)の確執や祖父亀之助が，三上に免許状のことを話す必要がないと語っていたこと，さらには長沢家の家父と三上が面識を持たなかったことなどに触れた後，「(同三上論文の)四〇五至七頁の同氏の言，延いては岡本翁関係の同氏の説は，あまりにも自己本位であり，林博士に対しても相変わらず，含むところがあるような書振であるのは，私としてはうけとれぬ」と切り返した．これに対して三上は，虚言を弄する和算史家と見なされるようでは「学究としての生命は断たれたも同然である」とし，猛然と反論を加えたものが収録論文である．このような三上の猛反撃に対して，長沢は「史料の扱ひ方について」(『史学』第11巻第3号，1932年，pp. 155-156)とする小品をもって応酬した．この小品で長沢は「私は後日の為に，三上氏の引用せられた以外の，即ち他方の史料を補つたつもりであり，ひいて人の談話，殊に故人の説を引用することは考証学上あまり重んずべきでないといふ，朧げ乍ら研究法に触れたつもりである」と言い，「学徒として泥試合はしたくない」と述べ，三上とのそれ以上の論争を回避した．そのような長沢の再度の指摘に応えて，三上は「歴史の考察に対する科学的批判の態度」(『史学』第12巻第1号，1933年．［II. 41. 7］)をもって，史学にける史料の扱いとその批判的利用の態度を糺すに至るのである．これら二篇の小論文は長沢規矩也の批判に反発して書かれたものであるが，その発端が関流の免許制度と継承史にあることから，第2巻第二群に収めて読者に供することにした．

## 4.

本巻収録論文の第三は円理史研究に関する論考である．その主要部分を占める論文は東北帝国大学数学科教授林鶴一との間に発生した論争の所産であった．このときの主論点は，関孝和の伝記と和算の「無限小解析研究」にかかわる概念と規定できる円理の起源と発達についてであった．関孝和の伝記をめぐる問題は先に触れておいた．よってここでは円理について言及しておく．

円理という術語は，近世日本数学史において誕生した用語である．すなわち，近世日本数学の源泉である古代中国数学には存在しなかった用語なのである．では，和算家はどのような文脈において用語円理を使用したのであろうか．実は，17世紀の和算と18世紀以降の和算では意味合いが異なっていた．17世紀の和算にあって，最初に円理という用語を使ったのは沢口一之(不詳)であった．寛文11(1671)年，沢口一之が刊行した『古今算法記』の序文において，「夫レ算道ノ理，総テ之ヲ謂トキハ，則，方円ノ二ナリ．然ルニ，方理ハ得ヤスク，円理ハ明メ難シ」，「円理，測リ難キコト和漢共相ヒ似リ，既ニ算学啓蒙ノ如，古新密ノ三術有」と著したことを濫觴とする．この序言で沢口が与えた「方理」に対する「円理」は，直線図形の研究である方理は得やすいが，中国・日本数学においても曲線図形の研究に係わる円理(円周率)を正確に極めることは大変難しい，という意味において使ったのである．しかし，関は円理という用語を一度も用いることはなかった．関の円周率の研究に係わる術語は「環矩術」「周径率術」「円周率術」「弧術」あるいは「円率」「弧背率」などであった．

その後，関の高弟建部賢弘の時代に入ると円理は再び登場することになる．三上は，享保13(1728)年，久留重孫の門弟蜂屋定章が著した『円理発起』の序文と算法を徹底検証し，新たな意味を内包する用語円理は建不休先生撰の『円理綴術』(『円理弧背術』)に求められると主張したのである．いうまでもなく建不休は建部賢弘のことであるが，ここにおいて建部が使用した円理とは，円弧背の長さを無限級数展開で求める方法(綴術)を表していた．これ以後和算では，円理は円弧背の求長法の意味する算法として重要視されることになった．そして19世紀以降の和算では，円周率や弧背の求長法の研究という限定的な意味だけでなく，相貫体の求積，輪転曲線の求長やそれら回転体の求積および重心の研究など，今日の積分学研究に包含されるような総合的数学研究の意味において使用するようになった．

三上・林論争は，当初，関孝和の円理研究の起源と数学的解釈をめぐって闘わされたが，その後の議論は，関・建部らの円周率の導出法や弧背術の研究へと進展していった．和算史研究史上もっとも著名な論争として知られる三上・林の円理論争は，1909年1月『東京数学物理学会記事』に掲載された三上の論文 “A Question on Seki's Invention of the Circle-Principle” (2,4,22, pp. 442-446. [IV. 11. 1])によって火蓋が切られた．三上の論敵となった林も同巻に「三上義夫君ノ論文ニ就テ」を投稿し，早くも三上の指摘に反論を加えていたのである．以後，両者の論争は林鶴一が1935年に没するまで，およそ26年に及んだのである．「円理の発明に関する論証――日本数学史上の難問題」(『史学雑誌』第41編第7-12号，1930年．[II. 43. 3-6])はまさにそのような論争の渦中で書かれた秀作論文であり，円理は「関孝和の発明と云ふ事を否定せんとした論拠は基礎甚だ薄弱なものであり，論証も亦甚だ幼稚なものであった．此の如き議論をもって普通の定説を動かさうと云ふのは，因より無理がある」(pp. 3-4)とする問題認識に基づいて執筆されたものであり，いわば，三上円理研究の集大成の感がある論文である．また「円理の発明に就て」(『東京物理学校雑誌』第472-475号，1931年．［II. 92. 60-63］) も林鶴一に対する反論として書かれたものであるが，分量と内容ともに「円理の発明に関する論証——日本数学史上の難問題」に匹敵するものである．我々は，この2篇の長編論文から，三上の円理研究の全容を知ることができる，と確信している．

三上・林論争の基底には，数学史研究における方法論の違いが横たわっていた．一言で言えば，林は現代数学の視点から数学の解釈と評価を試みたのに対して，三上は文献史料を厳密に考察する歴史学研究の立場から，和算史の発展とその本質を見極めようとしていたと言えるであろう．しかし，三上の林に対する批判は，数学史研究の枠を越えて，研究者としてのモラルにまで及ぶのであった．例えば，依然として誤謬に満ちた旧説に基づく関孝和像を描き続ける林に対して，三上は「若し真に学的良心を有する人であつたならば，決して此篇の如きものを今日において開示する筈は無かつたと確信する」(「関孝和伝に就いて」，『初等数学研究』第2巻第8号，1932年，p. 11. ［II. 54. 1］) と断じる有様であった．林の態度を非難するこの種の発言は，本巻収録論文「関孝和の業績と京坂算家並に支那の算法との関係及び比較」の冒頭にも顕れており，両者の論争は，まさに研究者としての学問的態度と良心を問うところまでに発展したのである．

論文「関孝和と微分学」(『東京物理学校雑誌』第510号，1934年［II. 92. 78］) は，積年の課題であった関孝和の算学研究と微分学に関する論考である．この問題についての三上の見解は，否定的立場で貫かれている．その見解は終生変わることはなかった．しかし，アイザック・ニュートンと関孝和の業績比較に関しては，三上も筆を滑らせ西洋数学史家による批判を浴びる苦い経験を持つ．それは三上が *The Development of Mathematics in China and Japan* において「もし，関孝和が彼の業績においてニュートンを凌ぐことはないとしても，それでもなお関はガリレオとニュートンより劣ることはないだろう」(*ibid.*, p. 158) と評価したのに対して，ミシガン大学のカルピンスキーは「少なくともこの驚くべき記述を裏付ける証拠が何も提示されていない」(*Science*, N.S., Vol.XL. No. 1036, November 6, 1914, pp. 676-677. カルピンスキーの同様の三上書評は *The American Mathematical Monthly*, Vol. XXI, No. 5, 1914, p. 155 にも見られる) と指弾したのであった．ここに我々は，異文化間の歴史研究の評価と異言語による文化伝達の難しさの一例を見る思いがする．言うまでもなく，三上のこうした西洋数学史との比較評価も彼自身の手によって修正が加えられていくことになる．

また，本論考群の最後を飾る論文として「宅間流の円理」(『数学世界』第7巻第13-16号，1913年．［II.67.54-56］)を配置した．この論文は，三上が「関孝和の業績と京坂算家並に支那の算法との関係及び比較」の「十二　円に関する招差法の適用」で触れているように，遠藤利貞との間に鋭い意見の対立を見た宅間流円理の数学的方法を解説した論文である．

## 5.

三上義夫が鬼籍に入ってからおよそ60年が過ぎた．その後の和算史研究者の間には，もはや関孝和に係わる新史料の発見などは期待できないだろうという，絶望感にも似た空気が漂っていた．しかし，近年の調査では，そのような期待を裏切るような，新史料の出現と新たな知見が得られる状況が生まれている．それらの場合の多くが，三上義夫以後の新発見であったり，もしくは先行研究が精査を怠ったことから得られた収穫であることは言うまでもない．そこで，第2巻収録論文の関孝和伝記研究に関連して，以下に，今日までの関孝和の伝記研究に関する新しい見解を些少ながら読者に供し，さらなる研究の発展を期待することにしよう．

先にも触れたように，近世日本数学の鼻祖たる数学者であるにもかかわらず，関孝和の生涯を正確に知ることのできる資料はあまりにも少ない．このことが三上義夫を含めた和算史研究者を深い混迷の淵に追いやった大きな原因である．その状況は今日においても劇的に改善されたわけではない．現在においてもなお，関孝和の出自や生涯を窺い知る基本文献として文化9(1812)年に完成を見た『寛政重修諸家譜』(以下単に『諸家譜』と記す)が用いられることが，そのことを雄弁に語っている．三上は『諸家譜』の記述の真偽を質すために，『寛永系譜図』や牛込浄輪寺の過去帳の調査，さらには孝和の本家である内山家とその養子先と目される関家の記録を丹念に調べ上げたのである．その『諸家譜』は関孝和の生涯の次のように伝えている(編集顧問高柳光壽，岡山泰四，斎木一馬『新訂寛政重修諸家譜』第二十二，待望社，昭和41年，p.404)．

関(せき)

秀和實は内山七兵衛永明が二男にして，関氏の養子となる．

秀和(ひでとも)

新助

桜田の館にをいて文昭院殿につかへたてまつり，勘定方の吟味役をつとむ．宝永元年西城にうつらせたまふのときしたがひたてまつり，御家人に列し，廩米二百五十俵月俸十口をたまひ，十二月十二日西城御納戸の組頭となり，後月俸をあらためられ，すべて廩米三百俵となる．三年十一月四日務を辞し，小普請となる．五年死す．

『諸家譜』は，大名家・幕臣の諸家が提出した由緒書をもとにして，文化９年に完成を見た徳川幕府家臣団の一大系譜である．一見，江戸幕府創設以来の正確な系譜図と錯覚するが，それらの記述内容が必ずしも史実を正確に反映しているとは限らないのである．関孝和についても例外ではなかった．三上が再三指摘するように，関孝和は内山七兵衛永明の第二子として生まれたが，内山系図では考和(たかかず)(新助，関五郎左衛門某が養子)，また上記の関家の系図では秀和(ひでとも)と書かれるなど，その名の漢字すらも一致を見ないのである．ましてや，生年と出生地については全く明記されておらず，それらに関する情報は不詳と言わざるを得ない．もっとも『諸家譜』等の史料分析から，関は寛永19(1642)年もしくはその数年前に生まれたと推定されるが，その出生地も生誕年如何によって上州藤岡あるいは江戸のいずれかになる可能性を秘めているのである．

一方，三上を含めた過去の研究者が見落としていた史料に『断家譜』がある．『断家譜』は書名が示す通り，江戸幕府が開かれてより以後の家系が断絶した幕臣諸家を世に伝えるために，田畑吉正が紀伝や諸家譜を調査して三十巻に纏め官庫に納めたものである．編者の田畑はこれの序文を文化6(1809)年に与えているが，そこでは(校訂斎木一馬，岩沢愿彦『断家譜』第一，待望社，昭和43年， p.4)

自慶長至文化二百年ノ間，幕府ニ奉仕スル諸士ノ中ニ廃亡セル其数凡八百八十余家系図ヲ爰ニ著ス，最モ本家或ハ末家ノ系譜ハ子孫存スルカ故ニ是ヲ記サス．

と述べて，『断家譜』に八百八十余家系図が修まったことを認めている．もちろん，廃亡せる諸士の中に関家も含まれている．いま，筆者が読者に注意を喚起したいことは，『断家譜』が川北や三上などが盛んに論究した『諸家譜』の完成する３年前の系譜であるという点である．すなわち，田畑は書中に出典史料を

藤原
　関　　本国信濃
　　　　紋
　　　関
　某
　　桜田殿御勘定，寛文五年乙巳八月九日没，葬牛込浄輪寺，法名雲岩宗白

　　　　新助
　孝和
　　実御天守番内山七兵衛永明次男
　　生江戸，桜田殿御納戸頭，賜二百俵，宝永元年甲申十二月十二日西丸御納戸組頭，同五年戊子十月二十四日没，葬牛込浄輪寺

　女子
　　貞享三年丙寅正月十六日夭，法名妙想童女
　女子
　　元禄十一年戊寅五月二十一日夭，法名夏月妙光童女
　　新七
　久之　　　　　　　　　　　　　　　断絶
　　実内山松軒永行子
　　宝永三年丙戌十月朔日始御目見，同五年戊子十二月二十九日跡目二百俵，為小普請大久保淡路守組，享保九年甲辰八月十三日甲府勤番，同二十年乙卯八月六日重追放

一々に挙げていないが，紀伝や諸系譜を克明に調査したと吹聴していることから，今日までの和算史研究者が見聞したことのない史料に基づいて記述されたとも考えられるからである．その『断家譜』には関家はどのように描かれているのであろうか．『断家譜』の関家を見てみよう（『断家譜』第三，平文社，昭和 44 年，p. 205）．

上記の系図に見えるように『断家譜』には『諸家譜』が書かなかった関家を克明に伝えている．なかでも驚くべきは関を「生江戸」と断言することであろう．『断家譜』の記事に従えば，孝和の父永明は“寛永十六年めしかへられて御天守番”（前出『新訂寛政重修諸家譜』第四，昭和 39 年，p. 184）となり，藤岡から江戸に上ったとされるから，川北朝鄰が力説した関孝和寛永 19 年誕生説が浮上することになる．だが『断家譜』が言う江戸出生説は正しいのであろうか．確かに，田畑は紀伝や諸家譜を調べて『断家譜』として纏めたと言うが，『断家譜』が編

まれる以前の寛保3(1743)年に出版された神谷保貞の『開承算法』の序文では，関は「東武」に生まれると書いていたし，また寛政13(1801)年に水戸彰考館の小澤正容が作成した『算家譜略』にも「江戸人也」と書かれていた．故に，田畑がそれらを見て，関を江戸生まれと判断したとも考えられるのである．

また田畑は，関家の菩提寺である浄輪寺へ出向いて，同寺の過去帳を調べたのかも知れない．三上の調査によれば，浄輪寺の過去帳には関家は次のように記録されているという(三上義夫「再び関孝和先生伝に就いて(上)」,『上毛及上毛人』第181号，昭和7年，p.17.［Ⅱ.54.2］).

| | | |
|---|---|---|
| 寛文五年八月九日 | 雲岩宗白信士 | 関新助養父 |
| 天和二年三月廿九日 | 茂奄貞繁 | 関新助母 |
| 貞享三年正月十六日 | 妙想 | 関新助娘 |
| 元禄十二年八月廿一日 | 夏月妙光 | 関新助子 |
| 宝永五年十月廿四日 | 法行院殿宗達日心大居士 | 関新助孝和事 |

三上が上記のように報告した過去帳の記録は，平成19年の筆者等の同過去帳の調査よってほぼ正しいことが確かめられている．ただし，新助母の戒名の「奄」は正確には「菴」であり，また,「新助子」の「夏月妙光」の没年は元禄11年，また,「関新助孝和事」とする添書きは「関新七養父」が正しい(小林龍彦，佐藤健一，真島秀行，山司勝紀『浄輪寺調査資料集』，平成19年，p.9).『断家譜』の編者の田畑は，孝和の養子縁組み先の父を「某」と記すだけで，その養父の名前を書かなかった．いま『断家譜』の某の経歴と浄輪寺過去帳の記事を比較してみると，関孝和の養父が「寛文五年八月九日」に没し，法名を「雲岩宗白」とすることなどは全く一致する.『断家譜』では某とあった人物が,『諸家譜』では関五郎左衛門と書かれることになった．いま,『断家譜』が「某」と記する人物を『諸家譜』の言う関五郎左衛門と仮定すれば，孝和は少なくとも寛文5年以前に関五郎左衛門の養子となり，関孝和と名乗るようになったということになろう．ただ，関五郎左衛門の名前は，国立公文書館内閣文庫にある『諸家系譜』(請求番号156-23)の内山系譜では「関五郎右衛門」となっていることは注意しなければならない．そして，養家を襲った関は徳川綱重の家臣となった．また，関の藩邸での用向きは,『断家譜』は養父を「御勘定」と記するから，その職務を継いだ可能性は高いことになる．確かに，後述するように桜田邸での孝和の職務から見れば，関五郎左衛門が勘定の役人であったことは頷けるし，孝和は

養父の職位を継いだと見なせるのである．しかし，関五郎左衛門が甲府藩の勘定の役人であったかどうかについては今のところ確証はない．

最近，関孝和の出自と履歴に関して，真島秀行が重要な史料を閲覧し，その詳細を公表している(真島秀行「関新助孝和の履歴について――ある甲府分限帳の記載について」,『数学史研究』No. 204，2010 年，pp. 36-37)．詳細はそれに譲るとして，『断家譜』の記事に絡んで重要と思われる記事を抜粋してみよう．なお，文中の(略)は筆者が便宜的に挿入したものであることを断っておく．

関新助　辛巳五十七
実父内山七兵衛
生国武蔵
　養父関十郎右衛門
　本国常陸
　弐百五拾俵御役料拾人扶持
寛文五乙巳年養父十郎右衛門病死，同年跡式被　仰付，御切米高
百三拾俵之内百俵被下之，小十人組御番被　仰付
(中略)
元禄五壬申年　御賄頭被　仰付
同十四辛巳年　御勘定頭ニ差添可相勤旨被　仰付
(後略)

まず，上記の史料によれば，関孝和は生国を「武蔵」とし，養父は「十郎右衛門」であったことになる．そして，その養父が没した寛文 5 年に跡目を継ぐが，最初の職位は「小十人組」であって，勘定方ではなかった．その職位を拝命するのは，ずっと後の元禄 14 (1701)年のことであった．そして，このような由緒書が作成されたであろう年が「辛巳」であり，このとき孝和は「五十七」歳であった．「辛巳」の年は，また関孝和が御勘定頭を拝命した元禄 14 年を指しているのである．すると関は，正保 2 (1645)年の生まれにして，61 歳で亡くなったことになる．正保 2 年は，関の父の内山七兵衛永明が寛永 16 (1639)年に御天守番になったあとのことであるから，正保 2 年誕生説は矛盾なく説明できることになる．ただ，真島秀行が新たに見出したとする「ある『甲府分限帳』」は，何かの理由があって史料の所在場所もしくは所有者が公表されていないのである．この解説の冒頭で記したように歴史の研究は証拠主義であり，その

証拠としての史料を誰でもが閲覧し確認できることが議論の信憑性を担保する必要条件であることはいうまでもない．その意味において，真島秀行が提示した新史料による議論は，それが全面的に公開され白日のもとに明らかになることをまって始めて活きたものとなるのである．したがって，ここでの議論は「仮説」として止めておかなければならないと思われる．

議論を『断家譜』の記述に戻ることにしよう．さて，『断家譜』では，関孝和の子供のことが書かれていた．法名を「夏月妙光」とする孝和の「子」の没年が『断家譜』と三上の調査した過去帳とでは一年異なるが，これは『断家譜』の年紀が正しい．さらにその子を童女とし，過去帳が子と記することの違いを除けば，その他は一致している．このような記述の一致から察すれば，田畑が浄輪寺の過去帳を調査して，関家の記述に及んだ可能性は十分に考えられるのである．

三上も憂いたように，浄輪寺過去帳の記事には既存史料の記述と齟齬をきたす語句が散見される．だが，浄輪寺過去帳と『断家譜』からは孝和に二人の娘が居たことは確実のように思われる．実は，その娘たちの没年，法名および号から関孝和の生涯の一断面が微かに浮かんでくる．貞享 3 (1686) 年正月に亡くなった妙想童女は系譜の最初に書かれているから長女であろう．法名の字数が 2 字で童女とすることは幼くして死んだことを意味しよう．また，三上の過去帳では元禄 12 (1698) 年 8 月に亡くなったとする次女の夏月妙光童女は，法名の字数が 6 字であるから，最初の女子より長く生きていたと思われる．だがそれも，せいぜい 15 歳位まででではなかったか．いま，孝和の生年を 1640 年前後と仮定すると，二人の女児はいずれも孝和が 40 代前後に生を受けたことになる．もっとも，真島の史料によれば，30 代の後半の出生とも考えられる．子供の出生が 40 代である理由は，孝和の婚期が遅かったことにあるのではないだろうか(小林龍彦「晩年の関孝和とその家族」,『和算史研究の泰斗平山諦先生長寿記念文集』, 平山諦博士長寿記念文集刊行会編集，1996 年，pp. 43-44)．あるいは，桜田邸での職務の多忙さか，はたまた算学研究に没頭するあまり，家庭を顧みなかったせいかもしれない．そして，長女の没する頃は孝和の算学研究はピークに達していたに違いない．また，次女の死は孝和が没する 10 年前のことであった．その頃はまた，関が暦学研究に精力を傾けていた時期に重なっている．

さて，『諸家譜』では孝和の最初の養子を平蔵と書き，ついで，新七郎を養子に迎えて関家を嗣がせた，と記している．一方，『断家譜』は平蔵のことは全く触れていないが，孝和の弟である内山永行の息子新七郎を得て，家督を嗣がせたと記している．その新七郎が「重追放」となる関家の断絶を『諸家譜』は享保12(1727)年8月5日と伝えた．他方，『断家譜』は享保20(1735)年8月6日とした．関家断絶の時期決定は三上もその判断に迷っていた(例えば三上義夫「関孝和伝に就いて」,『初等数学研究』2巻8号，昭和7年，p.7を見よ)．この件に関しては，享保20年8月5日に御目付松前広隆によって重き追放の沙汰が下された，とすることが正しいようである．よって，『諸家譜』が享保12年としたのは享保20年の書き誤りと見なしてよい．また『断家譜』の8月6日の日付は，新七郎追放の沙汰が出た翌日を指していることになる．

ここで関家断絶の顚末を触れておこう．関孝和の養子となった新七郎(あるいは新七)は，宝永5年12月29日遺跡を嗣いで関家の当主になった．『徳川実紀』(以下単に『実紀』と記す)によれば，この日に父死にて家督を相続するもの18人と記録している(黒板勝美編『新訂国史大系徳川実紀』第六編，吉川弘文館，平成3年，p.719)．その新七郎は享保9(1724)年8月13日に甲府勤番の士となった．甲府勤番は，同年8月11日に創設された甲府勤番組頭のもと，小普請の士200人，医員4人，そのほか与力20人，同心50人をもって任に命ぜられたのである(前出『新訂国史大系徳川実紀』第八編，p.345)．江戸東京博物館に収蔵される『甲府勤番日記』(壱)には，同日の甲府勤番に配属された者の氏名，甲府城下での居所，石高およびその他若干の動静が書き留められている．関新七郎についても次のようにある(『山梨県史』資料編8近世1，平成10年，p.980参照)．

郭外百石町
一　三百俵　享保二十卯年　追放被仰付　　関　新七郎

上記の『甲府勤番日記』では，享保20年の新七郎追放のことが割注で書き加えられているから，享保9年の勤番赴任時の様子を正確に記録したものとは，必ずしも言い切れない．しかし，『実紀』の享保9年7月4日の記事によれば，甲府城下での新七郎の住まいは『甲府勤番日記』の記す「郭外百石町」であったと確実視できる．その同日の記事には小普請組支配有馬内膳純珍と興津能登守忠閭らへの甲府勤番支配赴任命令と併せて，勤番士の処遇を下記のように記している．

内膳純珍は従五位下に叙せられ，出羽守とあらため，忠閭にはこれまで足し給はる廩米其ままに給はり，かつこれまでの所属のうち，五百石以下二百石までに，年齢十七歳より六十歳までのものを，各百人属せしめられ，純珍，忠閭をはじめ，所属にも，各彼地にて宅地下さるべければ，江府の宅地はかへし奉るべし，また純珍，忠閭，及び所属，各家族をひきつれ，彼地に居をうつすをもて，純珍，忠閭には各金三百両恩貸せられ，所属には，二百石より三百石までは各金三十両，四百石より五百石までは各金五十両恩貸せらる(前出『新訂国史大系徳川実紀』第八編，p. 341.あるいは前出『山梨県史』資料編 8 近世 1，p. 973).

上記引用の『実紀』から窺えば，新七郎は甲府勤番拝命に伴い江戸の居宅を幕府に返上し，甲府城下に新居を構えたのである．そして，享保 20 年の追放直前まで，同所に住んでいたのであろう．このことは『甲府勤番日記』が勤番士の住居変更を記録していることから見て，新七郎のそれは変わらなかったことを意味するからである．新七郎の居宅があった百石町は明治 6 年頃まで存在した地名で，甲府城西南の二の濠の西に隣接する一画を指す．現在は甲府市丸の内地区にあたり(『角川日本地名大辞典 19　山梨県』，角川書店，1984，pp. 687-688)，甲府市の中心市街地となっている．新七郎はその一画に住んでいたのである．

また，新七郎は関孝和没後の宝永 5(1708)年 12 月 29 日に関家相続の許可を得ていた．跡目相続が認められた時の新七郎の年齢は不詳であるが，『実紀』は甲府勤番士は 17 歳以上と記するから，どんなに若く見ても 20 代後半の年齢に達していたと見なしてよい．新七郎の歳に関しては，幕府が作成した『御家人分限帳』(国立公文書館内閣文庫蔵：請求番号 151-198)では，宝永 6 (1709)年に「丑二十」歳と書かれている．すると甲府勤番士は 36 歳であったことになる．そして甲府勤番士として，組頭支配は小普請組伊丹覚左衛門から有馬純珍の配下に入った(前出『山梨県史』資料編 8 近世 1，pp. 979-980.)．このことは『断家譜』が小普請大久保淡路守組とする記事と一致しない．すると大久保淡路守配下とは伊丹覚左衛門配下以前のことであろうか．

さらに，『断家譜』では新七郎の禄高は 200 俵であったが，甲府勤番に赴く頃は 300 俵取りになっていたと思われる．『諸家譜』は関孝和の最終禄高を 300 俵と記していたが，養子新七郎も養父と同禄になったことになる．あるいは『諸家譜』は『甲府勤番日記』の記録から孝和の禄高を 300 俵と記するに至ったのかも知れない．

甲府勤番の役務は甲府城守備にあったが，その実，江戸を離れた山間地での勤務であったから一般に敬遠される向きがあった．また，小普請組や首尾のよくない武士が派遣されたので，山流しや甲州勝手とも呼ばれた（笹間良彦『江戸幕府役職集成（増補版）』，雄山閣出版社，昭和 47 年，p. 286）．新七もあるいは甲府勤番の対象となるような素行のよくない幕臣の一人であったのであろうか．

享保 19（1734）年 10 月，建部賢弘の従兄弟で甲府藩用人の建部広昌の子，建部民部少輔広充が甲府勤番支配となり，同年 12 月に甲府勤番支配として赴任することになった．ところが着任直後の 12 月 24 日，甲府城庫中税金紛失事件が発生したのである．甲府勤番の警備の目を盗んで発生した一大事件を『実紀』は，翌年の 1 月 19 日に記事として次のように伝えている（前出『新訂国史大系 徳川実紀』第八編，pp. 665–685）．

> 一月十九日　甲府城に賊あり．庫中の税金のうせけるをもて，査検のこと仰かうぶり，勘定奉行松波筑後守正春，目付松前主馬広隆いとま下さる．所属も同じ．

また，同年 5 月 25 日には事件の様子と関係者の処分を伝える記事が次のように書かれている．

> 五月二十五日　さきに甲城の府金うせしにより，勘定奉行，目付をつかはされて検視せしめられしに，愛宕町口門傍の柵やぶれ，金庫のほとりまでの塀をもこぼち，人かよいたるあとさだかにみえかれば，またく平常警衛の怠りより，かかる事いでくろとて，宮崎若狭守成久勤番支配（筆者注：宮崎成久は享保 13 年 1 月 11 日に甲府勤番を拝命）の職をはがれ寄合とせらる．建部民部少輔広充は同職なれども，命蒙りていまだいくほどもへざるをもて，ただはやく注進せざるのみをとがめられ，御前をとどめらる．

享保 19 年 12 月 24 日夜，甲府城に賊が侵入し金庫が襲われた．幕府はことの重大さに鑑み，勘定奉行松波正春と御目付松前広隆を派遣して事件の究明に乗り出した．そして，盗賊の侵入を未然に防ぐことができなかったのは「またく平常警衛の怠り」によるものであり，勤番の監督不行届をもって甲府勤番支配宮崎成久を解任する．もう一人の勤番支配であった建部広充は勤務に就いて日が浅いことから口頭による厳重注意だけで事なきを得たのである．

事件の探索は同 20 年 3 月には入ると新たな展開を見せるようになった．事件当日の勤番の警備体制が問題となったのである．探索は勤番の面々の尋問に始まり，閏3月には追手門当番であった与力・同心が江戸表で吟味され，8月に「御仕置」の処分が言い渡された．そして，にわかに郭内で博奕しているものに捜査の手が伸びた．同年6月18日には博奕を理由に，関新七郎以下6人の番士が取り調べを受けた（前出『山梨県史』資料編8近世1，pp. 1036–1037）．そして，これら郭内で賭博に係わった勤番の面々に処分が下されることになったのである．『実紀』は処分を次のように描く（前出『新訂国史大系徳川実紀』第八編，p. 691）．

> 八月五日　甲府勤番原田藤十郎某，関新七郎某，永井権十郎某，八木三郎四郎某，依田源太郎某，富士巻四郎某追たる．同心四人も同じ．これは博奕の罪によりてなり．組頭能勢清兵衛頼胤は，居宅にて下部等あつまり，博奕せし事あらわれ，常の暁諭のとどかざるをもて，差控を仰付らる．

甲府城金庫盗難事件の付けは勤番士・与力など勤番の面々に廻ってきたのである．事件当日の当直に関新七郎もあたっていたが（来椒堂仙鼠『裏見寒話』，宝暦2（1752）年序，三田村鳶魚編『未刊随筆百種』第九巻，中央公論社，昭和52年所収，p. 352），新七郎は勤務をさぼり，勤番仲間6人と賭博に興じていたのである．「これは博奕の罪によりてなり」と追放の理由を『実紀』はわざわざ強調している．だが真相は，甲府勤番の職務怠慢が第一の理由とは言え，甲金千両におよぶ盗難事件に託けた綱紀粛正のための見せしめ処分ではなかったか．

幕府一大不祥事の甲府城金庫盗難事件には，甲府勤番支配として建部一族の建部広充も関係していた．だが，建部広充は辛うじて処分から免れたのである．そして，勤務怠慢と賭博が理由とあっては，徳川吉宗から重用される建部賢弘であっても，さすがに新七郎を擁護することはできなかったであろう．

> 補記：甲府城金庫盗難事件は，事件発生からおよそ8年後の寛保2（1742）年5月13日，捜索の網に掛かっていた高畑村の百姓次郎兵衛が“白状”し，同年6月18日，町中引き回しの上磔刑に処して，一応の決着を見たことになっている（『山梨県史』資料編8近世1，pp. 1054–1057）．また，耕間弦一の『甲州の和算家』（「文学と歴史の会」発行，昭和62年，p. 3）によれば，盗難にあった金額は小判393両2分，甲金1029両3分であったと言う．

つぎに関孝和の甲府藩への出仕時期と職務について触れてみよう．

第3代将軍徳川家光の第三子の綱重（1644–1678）は，父の家光が没する直前の慶安4(1651)年4月3日に駿河，甲斐，上野，信濃，近江，美濃など六州の領地15万石を受け(前出『新訂国史大系徳川実紀』第三編，p.689)，江戸城外の桜田の地に屋敷を構えて領国経営にあったことから桜田殿と呼ばれるようになった．そして，寛文元(1661)年閏8月9日に10万石加増されて甲府藩25万石の領主となった(前出『新訂増補国史大系徳川実紀』第四篇，p.396)．延宝6(1678)年9月15日，綱重が卒するに及んで，その子の綱豊が甲府藩を継いだ．延宝6年10月25日のことである(前出『新訂増補国史大系徳川実紀』第五篇，pp.295-297)．

先の『断家譜』では，桜田殿の御勘定にあった関孝和の養父は寛文5(1665)年8月9日没と記していた．この『断家譜』の記述を信じるならば，孝和は寛文5年以前に関家の養子に入っていたことを認めなければならない．真島の史料では同年「跡式」とあったが，これは関家の跡目相続をしたということであって，養子縁組はそれ以前に終わっていなければ辻褄が合わないことになる．すると，孝和の最初の主君が徳川綱重であることは動かない．寛文年間の関孝和と言えば算学者の道を本格的に歩み始めていた時期にあたる．この時代の彼の研究状況を知る手がかりは全くと言ってよいほどない．だが，彼の算学者としての才能が，桜田殿御勘定の役職にあった某の養子になることと決して無縁ではなかったのであろう．また，その数学的能力はその後の桜田邸勤務で活かされたことも容易に想像される．そのことを想像させる逸話がある．三上も言及したことのある史料であるが，淡路の広田家に伝わった文献の『数学紀聞』(日本学士院蔵：請求番号5738)の下巻に

○　演段之術ハ異国ニナシ，甲府君之御内関新介カ工夫也．当時，其君，算法ノ難題数多新介ニ命ス．新介蟄居シテ考之，経年終此術ヲ作ル．橋本ヨリ後ノ人也．今，建部彦十郎ハ其弟子也．

とする記事が書かれている．関新介は新助であることに間違いないが，その新助が甲府君の命により数学の研究をし，数年を経て，終に演段術を考案した，と言うのである．この話の出所は不明であるが，後述するように当時の甲府藩には和算家柴村藤左衛門盛之がいたことと考え併せれば，歳の若い関孝和の数学的才能を見込んでの要請であったのであろうか．真偽のほどは分からない．ちなみに文中の橋本とは，大坂川崎に居た数学者橋本伝兵衛正数のことであろう．

ところで，関は桜田邸でどのような職務に就いていたのであろうか．また，

彼の周辺には，どのような家臣がいたのであろうか．

元禄6(1693)年10月，徳川幕府の儒者木下順庵の推挙により，甲府藩儒生として新井白石(1657-1725)が召し抱えられることになった．白石の任用にあたって藩邸側は「三十人扶持」での召し抱えを伝えたが，白石側は「せめて五十人扶持」と申し出た．しかし，「御家難準之間」の理由で，結局のところ間を取って「四十人扶持」で落ち着いた(東京大学史料編纂所『大日本古記録新井白石日記(上)』，岩波書店，平成3年，pp. 1-2)．そして，元禄15(1702)年12月25日，白石は200俵20人扶持に加増されることになった．このときの白石の加増を承認する甲府藩邸御用人7名の裏書き保証が『新井白石日記』(以下単に『日記』と記す)に記録されている．この日，白石の加増を保証した藩邸御用人名の書き順は次のようになっていた．以下に書き出してみよう．なお，(　)内の氏名は，『日記』の編纂者が書き加えたものであることを予め断っておく(前出『大日本古記録新井白石日記(上)』，p. 172)．

元禄十五午
十二月廿五日　　新助(関孝和)
作左ヱ門(奥山通顕)
七郎右ヱ門(河村広支)
新衛ヱ門(深谷盛歳)
遠江(井上正長)
土佐(小出有仍)
長門(戸田忠利)

署名は「新助」を筆頭にして，「長門」を末尾とする7名連記である．前半4名の署名は通称で書かれているが，後半の3名は官位で書かれている．最後に署名した長門は甲府藩家老戸田忠利のことであるから，加増のための裏書き保証は，職位下位者から順に署名したことが分かる．よって通称で署名した最初の4人が甲府藩邸の財政担当者であったということになろう．最初に署名した新助が誰であるかは判然としないが，後述するような調査から，これがこの頃甲府藩の「御勘定之方御用改」にあった関孝和であることは，ほぼ間違いない．そして，その序列から窺えば，関は財政担当者の末席に位置しており，甲府藩邸の財政担当官の中でも，下位の席を温めていたことになる．ようするに新井白石の加増は，関孝和を含めた甲府藩家老以下の裏判連署によって保証されたのである．

ところで，新井白石の『日記』の編纂者は，新助の署名に「関孝和」とする注記と「勘定吟味役関孝和」とする頭注を与えているが，後者の「勘定吟味役」と記した根拠は，何に基づくのであろうか．

江戸幕府の職制によれば，諸国の代官を掌握し，幕府天領から収税や徭役，金穀の出納と領内の領民訴訟を扱う職務を御勘定奉行と定めているが，寛永19(1642)年当時の名称は勘定頭であり，元禄に至って御勘定奉行と呼ばれるようになった．そして，幕府の財務を扱う御勘定奉行勝手の配下に，御勘定吟味役が置かれていたことも知られている(前出『江戸幕府役職集成(増補版)』，pp. 211-213)．甲府藩も幕府と同じ職務体制を維持していたと思われるから，『日記』の編者は甲府藩での関孝和の役職である「御勘定之方御用改」を幕府の御勘定吟味役と同職と理解したものと思われる．また，『諸家譜』が「勘定方の吟味役」と記していたことも根拠になったのであろう．

宝永元年12月5日，徳川綱重の子綱豊は，第5代将軍徳川綱吉の世嗣として，桜田邸から江戸城西丸に移ることになり，同12月9日には家宣と改名した．家宣の西丸入城にともなって，甲府藩では大幅な人事異動が発生した．『実紀』にはそのときの人事異動の様子がわずかに記録されている．いま，『実紀』の宝永元年12月12日の記事を読むと，「同邸(筆者注：桜田邸のこと)納戸頭三人，勘定吟味役一人は共に西城納戸組頭になり．…… 勘定頭三人，…… ともに西城桐間番となり」(前出『新訂増補国史大系徳川実紀』第六篇，p. 557)と伝えている．このような『実紀』の記録から見ると，『諸家譜』が関孝和の桜田邸での役職を「勘定方の吟味役」と書き，「十二月十二日西城御納戸の組頭」になったと断言することと符合するから，宝永元年12月12日の記事の「勘定吟味役一人」とは，関孝和を指しているように思えてくる．しかし，これが『断家譜』の記述と異なることは言うまでもない．『断家譜』では「桜田御殿御納戸頭，賜二百俵」であり，徳川綱豊が江戸城西丸に移居して後は「西丸御納戸組頭」になるとあった．したがって，これらの記録から，江戸城西丸での孝和の職務は「御納戸組頭」であったことの一致は見る．だが，江戸城西丸移居以前の甲府藩邸での関の職務が，「勘定方吟味役」か「御納戸頭」であったのかは判然としない．

『実紀』は大学頭林衡を総裁として，成島司直が撰述に係わり，文化6年の起稿に始まり，嘉永2(1849)年に完成を見たものである(前出『新訂増補国史大系徳川実紀』第一篇の凡例を見よ)．江戸幕府の正史となる『実紀』の編纂者は，桜田邸家臣団の異動を「日記」に由ったと示すが，それがどのような「日記」であるかを具体的にしていない．もちろん，『実紀』の撰述にあたっては参照史料として，『寛政重脩譜』や『断家譜』も使われている．だが，関孝和の動静に係わる記事は少なくとも『諸家譜』とは異なっている．

ところで，先の『日記』に登場してきた関孝和の同僚たちは徳川綱豊の西丸入城に際して，どのような処遇を受けたのであろうか．『諸家譜』を調べてみると，宝永元年 12 月 12 日における関の同僚の動向が垣間見えてくる．まず，新助についで署名をした奥山作左ヱ門通顕から見てみよう．『諸家譜』は，奥山通顕の経歴を次のように描いている(前出『新訂寛政重修諸家譜』第十八，p. 395)．

> 桜田の館にをいて小姓組をつとめ，のち目付を歴て勘定頭に転ず．宝永元年文昭院殿にしたがひたてまつり，御家人に加へられ廩米四百俵をたまひ，十二月十二日西城の桐間番に列し，…… 享保二十年正月十日死す．年八十二．

河村七郎右ヱ門広支については(前出『新訂寛政重修諸家譜』第二十，p. 114)，

> 桜田の館にをいて書院番をつとめ，のちしばしば転役して勘定頭にすすむ．宝永元年文昭院殿西城にうつらせ給ふのとき従ひたてまつり，御家人に列し，十二月十二日西城の桐間番となり，廩米四百俵を賜い，…… 享保三年五月十九日死す．年六十六．

と記している．深谷新衛ヱ門盛歳の場合は次のようである(前出『新訂寛政重修諸家譜』第十八，p. 243)．

> 桜田の館にをいて書院番をつとめ，のち使役を経て勘定頭に転ず．宝永元年文昭院殿にしたがひたてまつり，御家人に列し，十二月十二日西城の桐間番となり，廩米四百俵を賜い，…… 享保三年七月八日死す．年七十四．

このように『諸家譜』は関孝和の同僚であった奥山，河村，深谷の 3 名が宝永元年の綱豊の入城にともなって，甲府藩邸勘定頭から西城桐間番になったと伝えている．このことは『実紀』が「同邸(筆者注：桜田邸)……，勘定頭三人，……」と記し，その他の藩士と一緒に西城桐間番の役務に就いたとする記録と一致することになる．しかし，奥山等が西丸入城に際して，いずれも廩米 400 俵を賜うようになったことと較べてみると，後に昇給し廩米 300 俵になったとは言え，

関孝和の廩米250俵月俸10口(『断家譜』は廩米200俵)は少ない．西丸入城にともなう昇給以前の甲府藩の俸給は『断家譜』では廩米200俵であったと思われるから，わずかに50俵月俸10口の加増でしかない．もっとも，奥山，河村，深谷ら同僚の職位と比較すれば，あるいは妥当な昇給かもしれない．すなわち，新井白石の『日記』から窺う限りでは，元禄15年ころ，関孝和はまだ「御勘定之方御用改」の地位にあり，奥山ら勘定頭の配下にあったと思えるのである．そしてこの後に関孝和は「桜田御殿御納戸頭」に就任したのかもしれない．

また，勘定頭3名のいずれもの没年齢が書き残されている点も興味深い．『諸家譜』に従えば，奥山は享保20(1735)年82歳没であるから承応3(1654)年生，河村は享保3(1719)年66歳没であるから，奥山と同じ承応3(1654)年生，深谷も享保3(1719)年に74歳で没するから，生年は正保3(1646)年となる．すると，関孝和はこれら3人に近い年齢か，もう少し年長であった可能性もでてくる．さすれば，算学者としての名声と豊かな実務経験を持ちながらも，低い俸給に甘んじ職務に励む関孝和の胸中が思いやられてくる．

また，甲府藩邸での関孝和の仕事が，必ずしも財務担当だけでなかったことを伝える，次のような史料も現存している．関は，貞享元(1684)年7月から8月にかけて，甲府領内の検地に関与していたようで，そのことを示す史料が『甲州北山筋千塚村御検地水帳』や『甲州北山筋羽黒村御検地水帳』として残されている．このときの検地の具体的様子は不明であるが，これらの御検地水帳には検地役人としての関孝和の署名が見えているのである(小林龍彦，田中薫「村井中漸の「算学系統・弧背密術」について」，『科学史研究』第II期第25巻，No. 159，p. 139)．こうした御検地水帳における署名の事実は，関が甲府藩の職務の一端として，甲府領内の測量に深く係わっていたことを示唆している．甲府藩の財務担当の職務に検地業務も含まれていたと考えられなくもないが，いずれの場合であっても算学者よりも測量技術者としての側面が強く滲み出た記録と言えるであろう．このような甲府領内での検地事業が，斉東野人の『武林隠見録』(元文3：1738年序)が語るような関像を生み出したのではないだろうか．その『武林隠見録』(日本学士院編『明治前日本数学史』第2巻，新訂版，1979年，p. 142)では関孝和を，

> 有時江戸より甲府へ御用有て行れしとき，駕籠に乗て往来せし，江戸より甲府迄の道のり，方角地形の高低迄を悉く絵図に認て差上られしと也．

と描いている．この伝承によれば，関は甲府藩の御用で江戸と甲府を往復する

間に，江戸甲府間の道のり，方角，地形の高低までを書き込んだ絵図を作り献上した，と言うのである．絵図の献上もあったかも知れないが，甲府藩領までの道のりを測量したことなどは，あながち嘘ではないかもしれない．先に取り上げた『日記』には，元禄年間の甲府藩邸における関の職務が見えていたが，元禄8(1695)年の「御賄方」の職務以前にあっては検地役人として活動していた可能性もなくはないのである．

関孝和を測量家として描こうとする史料は，甲府藩領内の検地帳や『武林隠見録』だけに限らない．いま，享保9(1724)年9月に浪華隠士大島芝蘭(？-1733)が書き残した写本『用方』(日本学士院蔵書登録番号：6483)がある．この『用方』にも関を測量家として伝える記事が載っているのである．まず，大島が語る『用方』の著述目的から聞いてみよう(前掲資料，第1丁オ)．

> 此ハ丁見ニアラス．日用普請方絵図ナトヲ作リ，或ハ高下ヲ計リテ，水ヲ遠方ヨリ取リ，又ハ山ヲ田ニ直スヤウナル事ニ用ル類ヲ集テ用方ト名ツク．丁見ヨリ前ニ用方ヲ伝授ト云テ，此義ヲ伝テ後，時ヲ待テ町見ナトヲ伝授ス．妄リニ伝授スルコトニモ非ス．

ここでの大島の主張を簡潔に纏めればつぎのようになろう．

> この『用方』で述べる測量術は，所謂，丁見(町見)術とは異なり，日常の土木の方法や絵図などの作り方，あるいは土地の高低差を測って用水路を引くこと，さらには，林野の開墾に及ぶような土木技術の基礎知識を集成したものである．そのような土木技術の基礎を学んだ後に，本格的な測量術である丁見術を伝授すべきであり，時機を見定める必要がある．よって，妄りに丁見術を伝授してはならない．

要するに本格的な測量術を修得する以前の基礎教育として，国絵図の作り方，灌漑用水路の施工法や土地開墾などの土木技術の基礎的知識を身に付けることが肝要であり，それを学ぶための教材が『用方』であると言っているのである．このような測量技術教育の在り方を述べた後，『用方』の奥書において(前掲資料，第15丁オ)，

> 右用方十一箇條者橋本正数，中西正好，島田尚政，関孝和之伝，而抜粋親切于日用事業名之用方，実為秘蔵之奇術，就中国図，扇形之二品秘中之秘

也，殊妄不命傳泄者也

享保九年甲辰年九月日

浪華隠士

大島芝蘭書

と記するに至っている．すなわち,『用方』に著された丁見術の基本十一箇条は,京坂の和算家橋本正数たちや関孝和から伝えられたものを抜粋しているが，日用の事業に親切であることから,『用方』と名付けた，と告白する．そして,『用方』は秘蔵の奇術であり，中でも，早絵図(曰く国図)作成法と水盛り扇形測器による勾配の測定法は秘伝中の秘伝であるから妄りに伝授してはならない，と述べてその取り扱いについて注意を促すのである．

『用方』の書かれた享保9年は，関孝和没後16年目にあたり，大島の記録は関を含めたその当時の測量術者の伝聞を書き留めたものと言えなくもない．しかし，関が甲府領内の検地に係わっていたことは御検地帳の署名から明らかであり，したがってこの時代の測量術者が，関孝和は測量術の知識を持ちこれを世に伝えた，と描くことは不自然ではない．

大島の『用方』の奥書に描かれる関孝和は，まさしく測量術者の姿であり，また，橋本正数，中西正好，島田尚政ら京坂の和算家も測量術者の様相を見せている．さらに言えば，彼ら京坂の和算家たちと関孝和の名前を連続して書き連ねることで，彼らの間に測量術の伝授に何らかの関係があったかような思わせぶりになっている．これら京坂の和算家と関孝和の関係の考察は今後の重要な研究課題となろう．また付言して言えば,『武林隠見録』に見えた関の国絵図の作成と献上の話は,『用方』が言うように，関に国絵図作成の知識があったとすれば，案外事実に近い伝聞を伝えている，とも考えられる．

『用方』以外にも関孝和を測量術者と伝える史料がある．いま，筆者は『漢術和術町見秘伝巻』(星埜親庸所蔵，宝暦3(1753)年1月の年紀あり)と題する写本を収蔵している．表題からこの写本は，古代中国と日本の測量術の秘伝を著したものと解せるが，実際には，日本国内で流布していた測量術の基本を纏めたものに過ぎない．だが，その1ページに測量の「伝来之図」として,「関孝和先生，延宝年中，御勘定御奉行」(前掲資料，第10丁ゥ)と書きとどめている．延宝年間の関は，甲府藩邸で勤務していたが，その職務として御勘定御奉行の地位にあったとは考えられないから，記述史料としての信憑性が疑われる．しかし，関が甲府領内の検地に係わっていたことは動かし難い事実であり，そのような関の活動の一面が，測量家として伝承されたものと考えてよい．

また，その成立時期と記載内容をめぐっては，甚だしい疑惑が存在する遠藤利貞旧蔵の『関流宗統之修業免状』にある「町見術免許」も，関孝和を測量術者と伝える残滓と見なすことができよう(三上義夫「関流数学の免許段階の制定と変遷」,『史学』第10巻3号，1931年，pp. 43-47. ［Ⅱ. 41. 3］).

さて近年，佐藤賢一が調査した元禄8年の『甲府様御人衆中分限帳』(山梨県立図書館蔵：請求番号甲-0931-274)によれば，関孝和は同僚の矢守助十郎とともに禄高200俵，家紋を「蝶」にして「御賄頭，御役料拾人扶持」，そして，関の江戸での住まいは「天龍寺前」(現新宿区3丁目近辺)と記録されている．また，元禄12年以降に成立したと考えられる『甲府分限帳』(国立公文書館内閣文庫蔵：請求番号151-220)では「御勘定之方御用改，三百俵拾人扶持」と書かれているのである(佐藤賢一「関孝和を巡る人々」,『科学史研究』第42巻，No. 225，2003年，pp. 50-51).『甲府分限帳』に載る関の俸給は，これまで見てきたいずれの史料よりも高給であり，とくに『諸家譜』の禄高に関する記述は，いよいよ怪しくなる.『断家譜』の記述にも疑いが生じる．他方，甲府藩邸における関の職位は『甲府分限帳』は正しく伝えていると見てよい．いずれにしても，関孝和は甲府藩では検地役人，あるいは藩の出納担当，会計検査役などを勤め，徳川綱豊の江戸城西丸入城後は，御納戸組頭として将軍嗣子家の財産管理を司る管理職にあったということになろう．このように関孝和は武家社会の，しかも幕府権力中枢に近傍する財務担当の一小吏として生涯を終えたのである．

続いて，甲府藩邸における関孝和の同僚について考察しておこう．関孝和が桜田藩邸に出仕し始めた頃，甲府藩士に和算家柴村藤左衛門盛之がいた．甲府藩に柴村盛之がいたことは，三上義夫が既に紹介するところであった(例えば三上義夫「和算の社会的・芸術的特性について」,『社会学』第3号，森山書店，昭和7年．［Ⅱ. 50. 1］)．その柴村は，明暦3(1657)年12月に，朱黒二色による色刷本の『格致算書』3巻を上梓したことがある．算術書に彩色を施すことは，吉田光由(1598-1672)の寛永8(1631)年版『塵劫記』に端を発するが,『格致算書』も『塵劫記』の影響を受けて，色刷り算術書の出版に数学的意味を与えようとした一冊であった．その『格致算書』は，上巻の冒頭に天地生数図，五行始生図，陰陽国方図など五行陰陽の趣意を与え，続けて日月長短図，塩盈虚図(筆者注：汐の満ち干きのこと)などの暦法を見た後に，円弦截，円法(筆者注：円周率3.162)そして

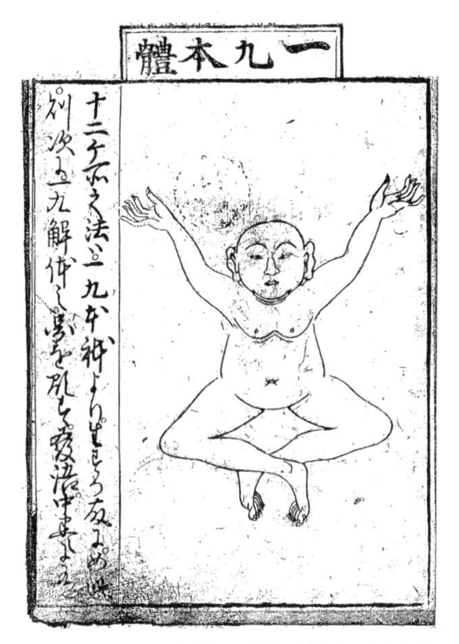

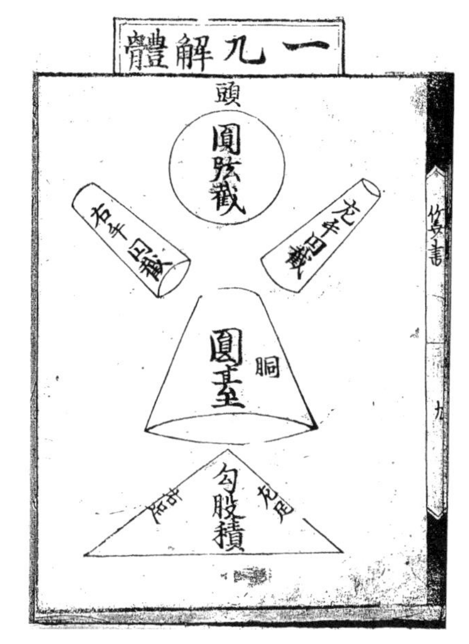


資料1　『格致算書』(筆者蔵)の一九本体問題(左)とその解(右)

角術，測量術，日用応用問題へと繋げている．そして中巻はそれらの解答集の体裁をなしている．また，上巻の「一九本体」と題する問題では，人体を平面と立体図形に分解して，その体積を計算させるなど特異な問題も出題されていた(資料1参照)．

和算家でもあった柴村は，甲府藩邸での職務として，勘定方の席を温めていたと思われる．いま，国立公文書館内閣文庫に収蔵される『甲府日記』の寛文4(1664)年4月22日から11月21日の条を読むと，「御勘定」の柴村盛之が藩命を受けて甲府城普請番として派遣され，その忠勤よろしきを得て金銀の褒賞を授けられる姿が描かれている(前出『山梨県史』資料編11近世4，pp. 486-493)．柴村が徳川綱重に出仕した時期は明確でないが，『実記』の記録によれば，慶安4(1651)年9月29日に「長松(筆者注：綱重の幼名)と徳松(筆者注：第5代徳川綱吉の幼名)両御方へ付らるる者七十四人．その外諸番士の子弟百五十人召出されて，両邸にたまふ」(前出『新訂増補国史大系徳川実紀』第四編，p. 30)とあるから，このときより桜田邸での勤仕が始まったのではなかろうか．

ところで柴村の『格致算書』は明暦3(1657)年12月に刊行された算術書であるが，この年の1月18日，本郷丸山本妙寺を火元として江戸は大火に襲われ，江戸城本丸，二の丸も焼け落ちてしまった．明暦の大火である．いわば『格致算書』は江戸の再建に向けて発信された算術書とも見えなくもないのである．さて，明暦年間の関孝和と言えば，まさしく彼の算学修養時代にあたっている．『断家譜』に依拠して推測すれば，関は少なくとも寛文5年の8月以前に甲府藩に出仕しているから，勤務の合間をぬって算学研究に勤しんでいたことになる．そして，藩邸の職務としては養父の職務である勘定方を後に継いだとも考えられることから，柴村盛之は同職の上司として存在していた可能性も出てくる．もっとも関孝和の養父は柴村盛之と全く同僚の関係にあったとも言えるであろう．しかし，柴村の勤務ぶりを伝えていた『甲府日記』には養父と比定される関五郎左衛門の名を見ることはできない．加えて言えば，関孝和が出仕した頃の勘定方には，いまだ『格致算書』出版の余韻が残っていたのではないだろうか．想像を逞しくすれば，関は柴村から算学の手ほどきを受けたのではないかとも思えてくるのである．今のところ，関孝和が同書を学習したと判断できる痕跡を見出していない．だが，今後の関孝和研究の射程に入れるべき算術書であることは間違いないであろう．

関孝和が徳川綱重の家臣であった時代の弟子に，建部兄弟がいる．建部賢明(1661-1716)と賢弘(1664-1739)がそうである．建部賢明が死の前年に完成させた自家の族譜『六角佐々木山内流建部氏伝記』(この伝記は三上義夫が岡嶋伊八氏を通じて再発見したものである．詳しくは三上義夫「岡嶋君と和算」『故岡嶋伊八翁記念誌』昭和8(1933)年参照．［Ⅱ.28.1］)によれば，賢明が16歳のときに，弟の賢弘と一緒に関孝和の門を叩いた(佐藤賢一「関孝和，建部賢明，建部賢弘編『大成算経』の研究：角術の分析を中心にして」，平成9年度東京大学大学院総合文化研究科提出学位申請論文，pp. 42-47)と記している．この伝記に従えば，賢明が16歳とは延宝4(1674)年のことになる．関孝和は延宝2(1672)年に『発微算法』を上梓し，当時の算学者の注目を一身に集める時の人になり始めていた．『発微算法』の編纂には三瀧郡智と三俣久長が携わっていたから，三瀧と三俣は建部兄弟の兄弟子という立場になろう．また，賢明と賢弘の長兄の建部賢雄(賢之，1654-1723)も関の門人であったというから，賢雄は延宝4年以前の入門のように思える．そして，賢弘も元禄5年に徳川綱豊の家臣となった．いま，甲府藩家臣として関の門人であった者は，建部賢弘を除いて見つかっていない．

また，貞享2(1685)年，建部賢弘の『発微算法演段諺解』に跋文を書いた建部賢之・賢明らは「同門ノ末弟演段ノ片端ヲ聞得テ，邪説ヲ以テ愚蒙ヲ誑(タブラカ)ス者」

がいると指摘し，同門の末弟の行動を痛烈に非難している．この『発微算法演段諺解』の跋文が伝えた一門内部の事情とは，『発微算法』が刊行された頃，関の創出した演段術の本旨を理解できない門弟がいたことを白状すると同時に，これに対する他門からの熾烈な攻撃に対して，門弟内部に動揺が走ったことであった．もっとも，そのとき邪説を説いた門人は匿名になっているから，それが甲府藩邸に係わる者であったかは特定できない．また，末弟の意味は建部兄弟より遅れて関の門を叩いた弟子と解してよいであろう．

関孝和は主君徳川綱豊の侍講を務める新井白石と学術上の交流を持ったことがある．関の資料中にそのことを示す証拠はないが，白石の備忘録である『退私録』と『白石先生紳書』に，その様子がはっきりと記録されている．まず『退私録』から見てみよう．同書巻之上には，次のことが書かれている（国書刊行会『新井白石全集』第五巻，明治 39 年，pp. 578–579）．

関新助和漢間数の話

一　関新助とて同寮に数学に達せし人に間数の事を尋しに答えて

一歩六尺倭の四尺八寸也

一百歩倭の六十四歩也倭の歩は一歩六尺也

一百畝の頃倭の六千四百歩也即廿一反三畝十歩也

一九夫倭の五万七千六百歩也即十九丁二反也

一周尺はかねにて七寸五分也

この『退私録』の記事によれば，あるとき，新井白石が「数学に達せし人」の関孝和に日本と中国の間数ついて尋ねたところ，関からは上記のような数値が返ってきた，と言うのである．「話」と記するところから，白石は直接関孝和に尋ねたように思える．そして，そのような数値を回答した関を白石は「同寮」と呼んでいるから，白石が関に和漢の間数を質問した時期は，白石が綱豊の儒講生となった元禄 6 年以後であることは動かない．よってこの時期に白石は，関を数学の達人として認識していたことになる．

ところで，元禄 8 年の『甲府様御人衆中分限帳』には関孝和は 200 俵とあった．また，元禄 12 年以降になったと思われる『甲府分限帳』では 300 俵 10 人扶持となっていた．白石の 200 俵 20 人扶持への加増は元禄 15 年のことであった．両者の年収の差 100 俵は大きいが，白石が同格意識で関を「同寮」と呼ぶところから察すれば，和漢間数の尋問は元禄 15 年頃のように思えてくる．関は，延宝8(1680)年に『八法略訣』と題する度量衡の研究書を纏めていた．白石に与えた関の回答を分析すると『八法略訣』以後の研究成果も含まれているようにも思えるが(小林龍彦，田中薫『関孝和と新井白石』,『数学史研究』通巻94号，1982年，pp.3-5)，現在のところその確証はない．

一方，『白石先生紳書』巻六では(前出『新井白石全集』第五巻，p.696)

一　関新助名は孝和(タカカズ)建部彦次郎名は賢弘

と記している．この『白石先生紳書』には孝和の名に「タカカズ」とする振り仮名が付いている．白石と関は同僚であったから直接に聴き及んだものであろう．もっとも貞享4(1687)年に刊行された『改算記綱目』にも「たかかず」の振り仮名はあったから，広く知られた呼び名であったとも言えよう．因みに，日本学士院所蔵の『算法記』(日本学士院蔵書：登録番号1596)に収録される『算脱之法』では「孝和」に対して「タカマサ」の振り仮名が付けられている．現在まで筆者が調査した写本『算脱之法』において，このような振り仮名が書かれているのは日本学士院本一本だけである．また，天明4(1784)年に京都中根派の算学家村井中漸が著した『算法童子問』首巻の「算学淵原」では「孝和」に「こうわ」の振り仮名を付けている(同書，原二丁ゥ)．こうした事例から窺えば近世の算家たちは「たかかず」と「こうわ」の両様で呼んでいたとも思えるのである．

また，弟子の建部賢弘が徳川綱豊に仕えたのは元禄5年12月のことであった．そして，建部が彦次郎と改名したのは元禄16年であったと言われている．この頃，関孝和は言うに及ばず，建部賢弘も算学者としての名声を獲得していた(前出『関孝和と新井白石』，p.4)．白石はそのことをよく知っていたのであろう．故に，関・建部を同列において書き出したと思われる．あるいは甲府藩中の家臣団にあって，抜群の数学能力を持つ算学者と認識した結果とも解釈できよう．

関孝和の伝記に関連して，これまであまり語られて来なかった記事を一つ紹介しておこう．明和8(1771)年，中根派の和算家村井中漸(1708-1797)が撰じた写本『算学系統』(早稲田大学付属図書館小倉文庫蔵書登録番号：イ16-216)がある．その一節に「貞享のころ甲府の侍臣関の孝和といふ人生質敏速にして，尚又天元術に演段を附翼し，翦管招差諸約の法及び索術を伝ふ．是より算学大に備りて其術はるかに中花に超たり」と述べて，関孝和の数学的業績を賞賛する内容が連ねられている．そしてこの賛辞に続けて，関は「円欠弧背の真術」を浄写して「日光常憲廟」に奉納した，とも言う．関が弧背の研究をしたことは事実である．だが，その真術を得たことは聴かない．弧背の真術とは建部賢弘の綴術を意味するのであろう．また，「常憲廟」とは第5代将軍徳川綱吉(1646-1709)のことである．宝永5(1708)年に没した関が綱吉の墓陵の「常憲廟」に写本を献上することはあり得ない．なお，「算学系統」に付記された算学系統図では，関孝和を「甲府水戸人」と書いている．この記述は，甲府宰相徳川綱豊に仕える家臣の関孝和を指しているのであろうが，「水戸人」と記す理由は分からない(前出『村井中漸の「算学系統・弧背密術」について』, pp. 138-141).

この項の締め括りとして，関孝和の算学修養と江戸初期の学問状況について若干触れておきたい．それは，関孝和は幼年の頃，どのような算学教育を受けたのであろうか，という問題意識に基づくものである．残念ながら，その様子を語る資料は全くない．しかし，関が徳川忠長卿の家臣内山永明の次男として，士族の子に生まれた意味は大きいと言わねばならない．すなわち，長男に万が一事があれば，次男が家督を襲うことになる．その意味において，士族の嫡子が学ぶであろう一通りの教養教育を受けていたと考えなければならない．そのことは，関孝和の養家にあっても同然のことであった，と思われる．では，このときの教養教育とはどのようなものであったのか．

関孝和が生きた時代は，江戸幕府の政治姿勢が大きな転換を迎えた時期でもあった．一言で言えば，開幕当初の武断政治から文治政治への転換である．この文治政治とは，武力で圧伏する武断政治に対して，儒教的徳治主義の治世を全面に押し出した政治姿勢を指している．文治政治の根幹思想をなす儒教では，礼(礼儀作法)，楽(音楽)，射(弓術)，御(馬車の制御．ただし近世日本では馬術と理解された)，書(書法)，数(算術)の六芸を修めることが重んじられていた．通俗的には，武士は金勘定の商いに通じる算用を蔑んだと言われる．しかし，近世日本の封建支配者の武士と威張っては見ても，領国と領民支配の必要から，さらには教養の一斑として数的知識を身に付ける必要があった．つまり為政者として身につけなければならない教養の一つに数(算術)が置かれていたのである．

藤原惺窩(1583-1619)に師事し，徳川家康を始め4代に渉って侍講を勤めた儒学者の林羅山(1583-1657)は，子弟教育に関連して六芸修得の意義を次のように説いている．

> 大学トハ大人ノ学也．大人トハ聖人・賢人ノ事也．…… 人生テ八ノ年ヨリ十五マデ小学ニテ，…… 物ノ読ミ書キト，算用ノシヤウト，又弓馬・礼楽ノ道ヲシルセル物ノ本ナドヲナラヒマナブ也．是，小学ノ法也．サテ十五ヨリ大学ニ入テ，聖賢ノ道ヲマナブ也．…… 其大学ノ道ハ，物ノ理ヲ窮メ知リ，心ヲ正クシ，吾身ヲ修メ，又人ヲモ教ヘ治ムル也．(『三徳抄』,『藤原惺窩・林羅山』日本思想体系 28，岩波書店，1975 年，p. 172)

いつどのような時代であろうと，人は人としての教養を身につけなければならない．その教養を 8 歳から 15 歳までの間に『小学』を学び，15 歳からは『大学』において聖賢の道を学ぶのである．その『小学』で修養する学問として六芸がおかれていた．六芸の中には「算用」(数)があった．そして，『大学』では「物ノ理ヲ窮メ」るとともに，「吾身ヲ修メ」て「人ヲモ教ヘ治ムル」ことを学ぶと説いていた．まさしく『大学』は「修己治人」を目指す学問であったのである．このように当代きっての儒者も，数学である算用を『小学』で学ぶべき立派な学問と認知していたのである．実は，このような儒教における教育観は時代が下っても基本的に変わることはなかった．

陽明学者として岡山藩主池田光政に仕え，後に幕政批判の咎から下総の古河に幽閉された熊沢蕃山(1619–1691)も自著『大学或問』の中で，武士教育の在り方を次のように説いている．

> 学校は人道を教る也．…… 学校は文武を兼習はしむ．…… 武士の子は八九歳より学に入て，其子の成易き事よりをしへ，…… 十四五より弓馬ををしふ．…… 数学は各々宿々にても学び，又日永く夜長きいとま，心懸次第，学校にても学ぶべし(『大学或問』,『熊沢蕃山』日本思想体系 30，岩波書店，1971 年，pp. 452–454)．

蕃山によれば，学校は人の道を教えるところであり，武士の子は八，九歳で「学」に入って修学を開始するのがよい，と言う．ここでの学は，羅山の言う『小学』と『大学』を含む学問の総称と見なせるであろう．その学校での修学の初期段階では『小学』を，子弟の能力と関心に注意を払いながら，まず，読み書きから始めて，六芸の一つ一つを年齢や学問の修得状況に応じて教えることが望ましいのである．そして，十四，五歳の年齢にあっては弓馬と数学を修めさせよ，と言う．しかも，数学は学校のみならず，各々の家々においても自習自得させ，かつまた時間が取れる余暇を活用して問題を長考することにも心がけよ，と強調しているのである．敷衍すれば，武士の日常生活や行政上に必要な初等算術の修得は当然として，物の真理を究め，聖人・賢人の道をめざす学問の修得には時間と手間が掛かる，よってこれの学習に不断の努力を欠いてはならない，ということになろう．

おそらく，関もこの時代の一般的な数学教育方針に従って，『小学』修得のある段階で数学の基礎的修養を積み，その後，数学の道を究めるために本格的な修養を積んだものと想像してよいだろう．そのような推測を裏付ける格好の一例がある．建部賢明と賢弘の兄弟が関孝和へ入門した年齢がそれである．建部賢明が一族の系譜を纏めた『建部氏伝記』(1715 年序)では，彼ら二人は延宝 4 (1676)年に関の門を叩くのであるが，このとき，賢明は 16 歳，賢弘は 13 歳であった，と述べている．賢弘の年齢はやや若いかも知れないが，まさしく，賢明のそれは羅山が説いた 15 歳にして大学に学ぶとした年齢にふさわしいのである．このような事例から見れば，15 歳は『大学』に言う数学訓練に叶う年齢であったと言えるであろう．

17 世紀中葉の和算家も，『小学』の教養科目として位置づけられた六芸の数を明確に意識していた．そして数学の専門家として算術書を上梓するとなれば，六芸修得の一斑としての算学修養の意義は自ずから強調されることになる．また，それ自身は『小学』での六芸教育の経験を反映したものと見なすこともできる．例えば，先に紹介した甲府藩の柴村盛之は『格致算書』の序文において，数学と六芸および『小学』の関係を次のように認めている．筆者による読み下し文で要点のみを引用しておこう．

> 夫れ天地万物は一に根す．一は天なり．算数の事を為るは一に本く．……蓋し物数，幾千万と雖も一と九の中を出でず．則ち，日月星辰の妙を覚り，九を致(きわ)むるは，則ち，造物変化の功を観る．古の聖賢は豈に之を外にせんや．…… 尤，六芸に出せりは，小学に似たりと雖も，其の格致に至ては，則ち童蒙の及ぶ所に能ず．(筆者注：以下略)

ここで柴村が強調したことを整理すれば次のようになろう．すなわち，天地万物の根源を理解するには算数が必要である．日月星辰の動きを測る暦学もまさに算数に基づく．まさしく古来，聖人や賢人たちが造物の変化を正しく見極めようとしたことも算数によっている．もっとも六芸の一つである算数は，

『小学』の教養科目として置かれているが，算数の真理のすべてを理解することは童蒙の及ばないところである，と．

まさに柴村は，万物の根源が数学をもって解明できることを強調したのであり，その数学は『小学』における六芸の中でも中心的科目であるべきと認識していたのである．そしてまた，『小学』にあって万物の真理と数学の蘊奥を極めることの限界も指摘するに及んでいるのである．すると，『小学』での数学修養の限界は，必然的に『大学』で「物ノ理ヲ窮メ」ることに期待が寄せられることになろう．ここに柴村が自著の算術書に『格致算書』と付けた所以が見える．すなわち，書名の格致とは「格物致知」の略語である．その格物致知の意味は事理と物理の道理を窮め，わが天賦の明知を窮め尽くすことであり，その語源は『大学』の「致知在格物」に由来するのである．

柴村の考えに同調するような数学と六芸への認識は関孝和の一門からも発せられている．関孝和の『発微算法』に対する批判に反駁して上梓された一冊に建部賢弘の『研幾算法』がある．『研幾算法』は天和3(1683)年の出版であるが，賢弘はこれの序文で「数ハ，陰陽造化之消息ヲ顕シ，聖教六芸之該通ヲ審ニス」と述べて，算学研究の意義を強調するに及んでいる．ここでも数は，万物陰陽の消長を顕現化させるとともに，六芸の修得と普及に極めて有効であることが指摘されるのである．

関も建部もともに武士の子として生まれた．武家の子としての教育は，徳川幕府もしくは封建藩主に忠誠を誓う従者として，あるいは封建支配機構を維持する行政上の一吏員として，仁義礼智の四つの徳目の修養を尊び，六芸修得を武士の教養として重視するものであったに違いない．そして，六芸の一角を占める数こと算術は，礼楽射御書の修得ほど重きは置かれなかったかも知れないが，必ずしも，卑しいものとして見られてはいなかった．いや，むしろ森羅万象の根源を極めるための学問として，かつまた民政上に必要な実学として正当に評価されていたと言うべきなのである．そして，民政上に必要な学問的要請には，封建領主として正しい時刻を民に授けるための枢要な学として暦学研究も含められていた．

さて，関孝和が数学に関心を抱き始めた時期，わが国の数学研究の潮流は一つの分岐点に差し掛かっていた．それは，吉田光由(1598-1672)の『塵劫記』(1627年初版)や礒村吉徳(未詳-1710)の『算法闕疑抄』(1659年初版)に代表される平仮名まじりの数学書と今村知商(未詳-1668)の『竪亥録』(1639年刊)に象徴される漢文書きの数学書の様態問題であった．換言すれば，漢字表記による古代中国数学の継承・発展か，それともわが国独自の文化様式による数学真理の探求・構築かという二者択一的様態と指摘できるかもしれない．

今日に伝わる関孝和の資料中に平仮名文字によるものはない．かつては存在したかも知れないが，少なくとも現在には伝わっていない．関の算学研究の初期にあって，関が『塵劫記』や『算法闕疑抄』などを研究していたことは否定されるものではない．しかし，『算法闕疑抄』が平仮名文で遺題100を提出したのに対して，関はそれらを漢文表記法をもって答えたのである．それは，村瀬義益が『算法勿憚改』(1673年刊)の遺題で与えた問題に対しても全く同様の態度を取ったことからも分かる．ここに関の中国古代数学への憧憬，すなわち漢文表記法へのこだわりが見えていると言えまいか．

関は，明の程大位が著した『算法統宗』(1592年刊)と朱世傑の『算学啓蒙』(1299年刊)，さらには南宋の楊輝による『楊輝算法』(13世紀後半刊)を徹底的に研究した．それはまさしく『大学』にあって「物ノ理ヲ窮メ」ることに徹したと換言できよう．このときの成果は，後年，弟子の建部賢弘が片仮名混じりで著した『算学啓蒙諺解大成』(1690年刊)に反映していると見てよい．関は『算学啓蒙』の研究から天元術の真意と算木による器械的代数学を修得するとともに，特に後者の計算法による数学的限界も感じ取ったのである．中国古代数学からの脱却の第一歩は，傍書法の創出にあったと見なせる．まさに，筆算式代数学の確立である．その基本的アイディアは『算学啓蒙』にあったから，これをいかに改良・工夫するかが残された課題であった．そこにはかつて漢字から片仮名を考案したような，天才がしばし見せる一種の直観的閃きがあったに違いない．この直観的閃きこそが，伝統的漢字数学の限界を打ち破る原動力となったのであり，その後の関の数学研究を保証した独創性の全てであった，と指摘することは短絡的であろうか．

## 6.

また我々は，この第2巻における収録論文第二群の関流数学形成史の論考に関連して，今日の関孝和の数学研究史において顕現した諸問題および視達点を明らかにしておく必要があると感じる．それらとは，関流形成過程における関流伝書の流伝経路と編修の有無，さらには関孝和の数学研究に関連した書誌学的諸問題などである．以下，やや長くなるが問題点を逐一指摘しながら，それらの今日における研究の到達点，ならびに幾つかの新知見を披瀝していくことにする．

『発微算法』は，延宝2(1674)年，関孝和が生前出版した唯一の算術書である．その『発微算法』に，初版の改訂版とも言うべき，異版本が存在することはこれまで全く知られていなかった．もっとも過去の研究者が『発微算法』の版行に疑念を抱かなかった理由は，『発微算法』が日本学士院に一本しかなかったことに加えて，建部賢弘が貞享2(1685)年に上梓した『発微算法演段諺解』に，改訂版が平然と収録されていたことにもあろう．また，その後の版本の出現に際しても，書誌学的比較調査を怠ったことにある．

今，筆者が所在を知り得る『発微算法』は，日本学士院本，下平和夫本(和算研究所蔵)，佐々木力本，関西大学付属図書館本(佐藤賢一のご教示による)の4本である．これらは初版に属する日本学士院・佐々木・関西大本(A本と呼ぶ)とその改訂版にあたる下平本(B本と呼ぶ)の2系に分けることができる．『発微算法』は，寛文11(1671)年に沢口一之が著した『古今算法記』の遺題15問を解いたものであるが，いま，A本とB本を比較してみると三ヵ所の違いがあることに気が付く．それらの相違を，総論的に言えば，B本はA本の原版木を使用しながら二ヵ所の修正と一ヵ所の削除をおこなったと指摘できる．二ヵ所の修正とは，初版A本における第7問の誤答(佐藤賢一『関孝和『發微算法』の研究――異版の存在について』，『科学史研究』第Ⅱ期第35巻，No. 199，pp. 179–187)を全面的に訂正したこと(資料2参照)に加えて，第7問に関連した巻末の数値の訂正である．関は『発微算法』第7問の術文を52次の開方式で与えたが，これの誤りに気付き，B本では36次の開方式へ修訂した．このときの改訂版の版行に連動して，A本にあった書肆名「本屋嘉兵衛刊行」がB本では削除されたのである．書肆名を削除した理由はにわかに分からないが，大胆に推測することを許せば，関が改訂版版行の事実を隠滅しようとしたか，もしくは，書肆の手を経ず関自身が直接版行した故の削除であったかも知れない．この件の真相解明は後日の調査に期待したい．

今回，筆者が調査した関西大学本『発微算法』について一言触れておこう．実は，同所蔵本の巻末には，『発微算法』の校正者三瀧と三俣の名前に続いて「田中氏吉真　花押」とする署名と花押が書かれている(資料3参照)．これは本書の最初の所有者が書き残したものと断定してよいであろう．その田中吉真と

見商數餘為中鈎為實閉三乘方之見商數三自乘之為中鈎寄乙位㊄列甲位自乘之得內藏乙位冪餘寄丙位㊁只云數甲位四乘冪乙位相乘六段只云數三乘冪甲位冪丙位相乘三段甲位五自乘一段右三位相併得數寄丁位㊂只云數冪甲位三乘冪丙位相乘三段只云數五乘冪丙位冪相乘一段甲位五乘冪乙位冪相乘二段右三位相併得數寄戊位㊀只云數再乘冪甲位再乘冪乙位丙位相乘十二段得數寄己位㊁丙位丁位冪相乘一段戊位己位相乘二段右二位相併得數寄左㊄戊位冪與己位冪相併之得數與寄左相消得開方式五十一乘方飜法開之得鈎為實

見商數餘為中鈎為實閉三乘方之見商數三自乘之為中鈎寄乙位○列甲位自乘之得內藏乙位冪餘為短弦冪寄丙位○只云數三乘冪甲位冪丙位相乘三段只云數再乘冪甲位乙位丙位相乘二段甲位五自乘一段右三位相併得數寄丁位○只云數五乘冪丙位相乘一段只云數冪甲位三乘冪相乘三段甲位冪乙位冪相乘一段右三位相併得數寄戊位○只云數甲位再乘冪乙位相乘六段得數寄己位○丙位戊位己位相乘二段丁位自乘一段右二位相併得數寄左戊位冪與己位冪相併以丙位相乘之得數與寄左相消得開方式三十五乘方飜法開之得鈎為實

資料２『発微算法』の第７問
左側の影印が初版本（佐々木本）である．右側の異版本（下平本）には改版の様子が字体などにはっきりと現れている．

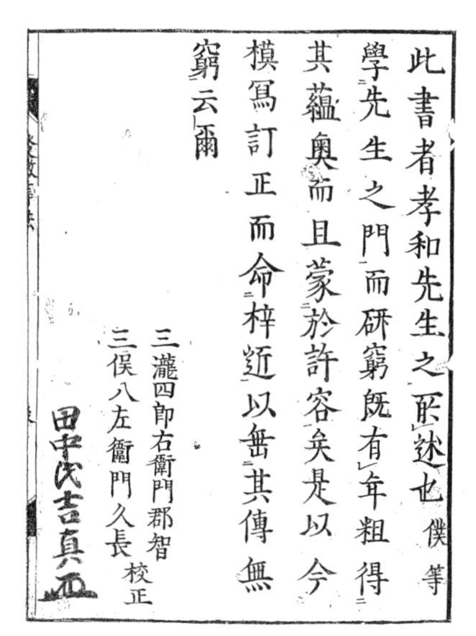
此書者孝和先生之所述也僕等學先生之門而研窮既有年粗得其蘊奥而且蒙於許容矣是以今模寫訂正而命梓近以無其傳無窮云爾

三瀧四郎右衛門郡智
三俣八左衛門久長　校正
田中氏吉真

資料３『発微算法』（関西大学付属図書館蔵）
奥付に続いて田中氏吉真の署名と花押が遺されている．

は，田中由真(また由眞とも書く．1651-1719)の別称である．田中由真は京都椹木町に住していた算学者で，『算学紛解』『算法明解』(延宝6 (1678)年序)や『洛書亀鑑』(1683年刊)を著したことで知られる．後者の『算法明解』の上巻は，沢口一之の『古今算法記』遺題15問の解答となっており，関孝和が過ちを犯した第7問は36次の開方式で解かれている(竹之内脩注解『古今算法記自問十五好』近畿和算ゼミナール報告集〔6〕，2003年，本文 p. 67)．かつて藤原松三郎は「由眞はこの書(筆者注：『算法明解』のこと)を著すとき，孝和の発微算法を見ていたことは確かである」と推断したが(『明治前日本数学史』第3巻，p. 471)，その事実が今回の文献的証拠をもって証明されたことになる．また，関西大学付属図書館の書誌情報では「本屋嘉兵衛刊行」は「大坂」の書肆としているが，このときの本屋嘉兵衛は大阪淡路町切町に存在した書肆を指しているのであろう(日本書誌学大系76『改訂増補近世書林板元総覧』，青裳堂書店，平成10年，p. 654)．すると，田中は延宝2年に『発微算法』が発刊されるや，直ちに初版本を入手し研究に及んだと言えることになる．いずれにせよ，関西大学本における新たな発見は，三上も大いに関心を寄せた，関孝和と京坂の和算家との算学交流を考察する上で，重要な書誌資料になるであろうことは間違いない．

宮城県立図書館の伊達文庫には，安永9 (1780)年，山路主住門人の戸板保祐が筆写した関流数学書が収蔵されている．『関算四伝書』である．四伝書中の『関算前伝』第九十五は『病題明致』を収めている(宮城県立図書館編『伊達文庫目録』，大空社，昭和62年，p. 112)．これの題簽は『病題明致』とするが内題は『病題明致算法』であり，『関孝和全集』(以下単に『全集』と記す)に載録した同問題の表題が『病題明致之法』とすることと若干異なっている．また，山形県米沢市立図書館には米沢藩校興譲館の旧蔵書が多数収蔵されている．興譲館は，藩主上杉治憲(上杉鷹山)が安永5年(1776年)に創設した「修身治国」のための実学教育が行われた藩校である．その興譲館の旧蔵書の一冊に『病題明致算法凡三條』(内田智雄編『米澤善本の研究と解題　附　興譲館舊蔵和漢書目録』，臨川書店，昭和63年復刻版，p. 300参照)が含まれている．一目瞭然にして，本写本に「算法」の用語が使われていることが分かる．この用例は伊達文庫の『関算前伝』の場合と一致しており，「算法」を書名とする同写本が流布していたことを裏付けている．だが，写本の書名の相違よりも筆者の注意を惹きつけるものが，奥付に登場する和算家とその注記である．伊達文庫本と興譲館本には次のような墨付き署名がある(この年紀を持つ同名の写本は日本学士院蔵書：登録番号535，607，608，609，611，612などがある).

貞享乙丑麋角解日重訂　関子印
享保丙午四月既望　東岡冩
元文庚申正月既望　訂書

『病題明致算法』のいずれの写本にも「貞享乙丑麋角解日」に，関孝和が重訂したと記している．貞享乙丑は貞享2(1685)年にあたり，麋角解日はなれ鹿の角が脱落する冬至を指すのであろう．すなわち，関の奥書は貞享2年冬至の日の重訂を表していることになる．この関の奥書よりもさらに重要な問題は，それに続く松永良弼(1692-1744)の筆写にある．関に続く署名であるから，『病題明致算法』は，享保11(1726)年に,「東岡」こと松永良弼が書写したことになる．そして，元文庚申(1740)年に「訂」したとも記している．訂者の名はない．だが，これに続く奥書が「寛保壬戊十二月　連貝再冩」であるから，再写者は山路主住であり，その前の訂者は，最初にこの写本を書写した松永良弼と見なせる．しかし，例えば『全集』に再録された同写本と校合をした場合，松永が『病題明致算法』のどこを訂正したのか判然としない．いや，両者に全く違いはないと言える状況にある．

その松永良弼は関流数学の確立に奔走していた．松永による関流数学の制度確立において，免許制度の樹立と写本整備の数学史的意義は大きい．すなわち，免許制度の樹立は算術の教育課程の有様とも連動するから，算法書の体裁の見直しも図られることになる．そのような一連の作業過程で，彼の手によって関の諸写本の整理・再編集がおこなわれたとは考えられないだろうか．ただ，その場合にあっても元文庚申の年の訂ではやや遅すぎる感も否めない．

ところで松永は『病題明致算法』をどこから入手したのであろうか．それは荒木村英からではなかったか．先に述べた興譲館旧蔵書中の『病題明致算法凡三條』の奥付には既出の「元文庚申正月既望　訂書」の後に，以下のような署名が続いている．

寛保壬戊十二月　連貝再冩
宝暦壬午四月　　藤田雄山冩
文化辛未六月　　穴沢春山冩
文政　　正月　　佐々木知嗣

本間長寧

初出の署名と上記の筆写順から見れば，松永は関の直弟子であったかのように見える．だが，松永は関孝和のことを「吾先師自由亭関先生」と呼んでいたから，関の直弟子ではないことは明らかである．しかも，松永が『病題明致算法凡三條』を筆写した時期は「享保丙午四月既望」であり，この時期の松永は，荒木村英に師事していたことが分かっている．すると『病題明致算法凡三條』は荒木から伝わったのではなかろうか．そのことを推測させる資料が興譲館旧蔵書中に見える．同館所蔵の『七部抄』巻五は関孝和編『算脱之法俗謂之継子立験符之法俗謂之目付字』(前出『米澤善本の研究と解題　附　興讓館舊藏和漢書目録』，p. 300，以下単に『算脱之法験符之法』と記す）であるが，この写本の奥付には「荒木氏村英　正徳五乙未如洗日訂書」とあって，関孝和の史料が荒木にも伝わっていたこと裏付けている．奥書の年紀の「如洗」は三月を表す姑洗の誤写であろう．ところで『算脱之法験符之法』の奥書から判断すると，関の弟子である荒木村英が正徳5(1715)年に同写本を「訂書」したことになるが，荒木は『算脱之法験符之法』のどこを訂正したのであろうか．そこで『全集』に載る『算脱之法験符之法』(平山諦，下平和夫，広瀬秀雄編『関孝和全集』，大阪教育図書，昭和49年，本文 pp. 213-218）と伊達文庫本（前出『伊達文庫目録』，p. 112）および興譲館本のそれら3本間の校合をおこなってみたところ，若干の字句に相違が存在することが確認できた．しかし，それらは本質的な問題ではなく，書写の時に生じた誤写や脱字の結果と思える．ただ『験符之法』は目付字の総字数と各段の行数の表に違いを見出すことができた．

補記：『関孝和全集』の「験符之法」では目付字の「字数八十字，第一段三行，第二段四行，第三段十行」(同書，p. 215）とするが，伊達文庫本と興譲館本は共に「字数八十四字，第一段三行，第二段四行，第三段七行」(伊達文庫本第7丁オ，興譲館本第5丁オ）とする．各段の行数を掛けたものが字数であるから，いずれも正しいと言える．しかし，第三段の行数の変化を考慮すれば第三段は七行のほうが適切と思える．

だが，それは3本間の決定的な違いと言えるものではなく，訂書の意味を正確に掌握することはできない．また，興譲館本の『験符之法』には「天和癸亥小夏日訂書」とする奥付がない．すると荒木には『全集』収録本や伊達文庫本とは全く異なる『験符之法』が伝わった可能性もでてくることになろう．

ここで『全集』の編集と関孝和の新史料発見に係わる事例を挙げておきたい．

関孝和の初期の著作として『規矩要明算法』が知られている．『規矩要明算法』が関孝和の著作であると最初に認めたのは和算家高橋織之助であり，それは文化7(1810)年のことであった(前出『関孝和全集』，本文 p. 2)．文化7年以前の記録で，同写本を関の著作とする資料は今のところ見つかっていない．『全集』の編者は，高橋織之助の記述および関孝和の授与した算法許状の術語と『規矩要明算法』のそれが酷似することから(このような見解は藤原松三郎も『明治前日本数学史』第2巻の pp. 260-261 において与えている)，日本学士院と東北大学付属図書館に収蔵される同写本をもとにして『全集』に復元して収録したと言う．このことは言い換えれば，『全集』の編纂当時，編者らが入手し得た『規矩要明算法』は学士院本と東北大学本の2本に限られていたということになる．なぜ復元であったかと言えば，これら2本の編集内容が異なっていたことに起因している．だが，高橋織之助の指摘からおよそ150年の間に2本しか見いだせなかった同写本を，平成10(1998)年に野口泰助らが神奈川県の旧家に発見し(野口泰助，川瀬正臣『皆川家本『規矩要明算法』と『算法諸率根源記』』，『数学史研究』通巻159号，1998年，pp. 9-20)，また平成13(2001)年には，群馬県内の古書店から小林龍彦が購入するに至っている．わずか4年間で2本の新発見は驚嘆に値するであろう．そして，それら写本の発見にもまして驚くべきは，4本間の内容を比較するとき，いずれにも関孝和の名前はなく，またそれらの内容構成が異なることおよび用語の異同が著しいことである．このような全く編集内容のことなる『規矩要明算法』を，果たして関孝和の著作と断定できるのであろうか．このことは裏返せば，誰でもが自由に手を加えることのできるメモ書き程度のもので，統一した編集方針に基づかない算術書であったことを意味していることになる．そして，そのような再編集可能な算術書が，関孝和伝書として伝わることこそが異様と言わざるを得ないのである．

もっとも，『規矩要明算法』を「関孝和先生伝書」として紹介した『算話拾穫集』の編集と著述内容に，疑問を挟む声もあった．東北大学付属図書館に収蔵される『算話拾穫集』(東北大学付属図書館所蔵狩野文庫：登録番号31243)の扉には，古川氏清(1758-1820)の識語が書かれている．そこでは『算話拾穫集』は，極めて杜撰にして誤写が多いと指摘し，読者に注意を喚起しているのである．古川の識語を引用してみよう(前掲資料，第1丁オ)．

算話拾穫集小引

此書は御勘定評定所改方高橋織之助万記する所ニして門人御勘定伊藤斧五郎に授る処なり．尤杜撰写誤枚挙すへからすといへとも，又勤たり．高山氏これを請需て書写してたづさへ来る．みるもの能く察せよ．

文化七午年五月五日　古川随誌　印

古川随は名を氏清，字は珺璋，不求と号し，文化 13 (1816)年 8 月には勘定奉行の要職にあった旗本であり，また，至誠賛化流という一派を立てた和算家でもあった(前出『明治前日本数学史』第 4 巻，p. 147)．『算話拾摭集』の小引では，高橋織之助は御勘定評定所改方の役人であると言っているから，『算話拾摭集』を著した文化 7 (1810)年頃，高橋は古川配下の小吏として勤務していたと思われる．また，幕末に編纂された『元治二年武鑑』を繙くと，高橋は 30 俵 2 人扶持にして，元治元(1864)年 12 月 11 日，勘定より勘定組頭勝手方になり，慶応元(1865)年 10 月「願之通隠居」と記録されている(小川恭一編著『寛政譜以降旗本家百科事典』，第 3 巻，東洋書林，1997 年，pp. 1587–1588)．すると『算話拾摭集』は彼の若年の著作と言えることになろう．その高橋織之助はいかなる系統に属する和算家であったのであろうか．『算話拾摭集』に記された算学系統図では(前出『算話拾摭集』，第 30 丁オ)

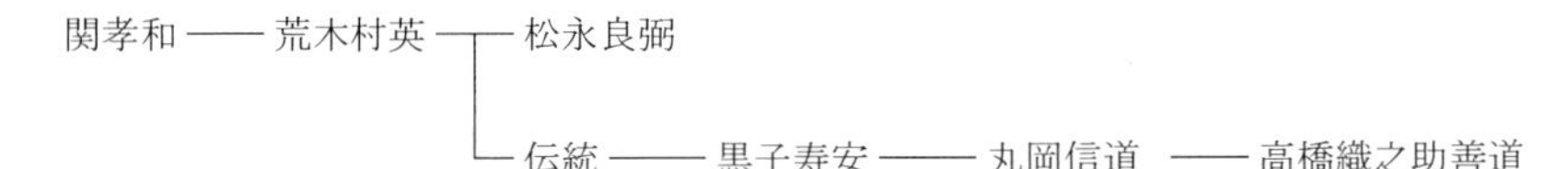


と記してある．この系統図から高橋が荒木村英の流れを汲む和算家であることが判明するが，彼の数学的実力のほどは不明である．高橋が『算話拾摭集』において，「関孝和先生伝書」として書き出した写本類は，遠藤利貞も『大日本数学史』で関孝和遺著と認めるところであった(遠藤利貞遺著，三上義夫編，平山諦補訂『増修日本数学史』，恒星社厚生閣，昭和 56 年，p. 178)．遠藤も高橋の記録によって「関孝和先生伝書」を関の著作と信じたのであろう．だが，古川が指摘したように，『算話拾摭集』を冷静に眺めてみると，幾つかの問題点が浮き彫りになる．例えば，関の初期の著作と考えられる『闕疑抄答術』や『勿憚改答術』は「関孝和先生伝書」として記録されていない．確かに，これら二冊の写本は和算家の間でもわずかに知られるだけであり，その成立過程をめぐっても慎重な検討が必要であることは言うまでもない．だが，流布する写本が少ないことをもって「関孝和先生伝書」とする関流元祖の重要な著作情報を欠落させる理由になる

のであろうか．こうした関孝和の伝書をめぐる問題は関の暦学研究書についても同様のことが言えて，慎重な検討が求められる．

関の弟子の荒木が師の研究書を書写していたことは，先の興譲館旧蔵本の奥書が明らかにしている．しかし，その書写あるいは伝本の実態は全くと言ってよいほど分からない．いま，確実に指摘できることは，荒木が関の弟子であったこと，その結果として師の著作を書写することができ，師の没後の正徳 2 (1712)年にそれらを『括要算法』として出版したということだけである．すなわち，高橋が荒木の系統を継ぐ和算家であることをもってしても，関孝和の著作情報が正確に伝わっていたということにはならないのである．

関伝書として現存する『規矩要明算法』に対して，既に失われてしまった著作に『根元記円術十六問』があった．未だ多くを知られることのない，関孝和の失われたノート『根元記円術十六問』も触れておこう．

元文 4 (1739)年に刊行された入江脩敬(1699-1773)の『探玄算法』は，中根彦循(1701-1761)の『竿頭算法』(元文 3 年刊)や中尾斎政の『算法便蒙』(元文 3 年序)と同様に，関孝和門人青山利永が上梓した『中学算法』(享保 4 年刊)の遺題12 問に解答を施した算術書である．その『探玄算法』の第 2 問は，『中学算法』で佐野重好が出題した，円柱の中心軸を正五角形で穿去したときの残りの体積を求める貫通体問題となっている．和算における貫通体の研究は関孝和の時代にも現れていたが，17 世紀後半にあってこの問題に解答を与えた者はわずかに関孝和だけであった．もっとも貫通体問題は，18 世紀中葉の和算界にあっても難問の領域に属する問題として扱われていた．関の求積法では，円の面積の一部分である弧積を最初に求めなければならないが，入江は『探玄算法』の凡例第 1 丁において，関孝和の解法を次のように解説しているのである．

> 一　第二問術中所用求弧積術，関孝和先生根元記円術十六問所用之法也，雖固非真術惟取其捷簡耳

入江脩敬が『探玄算法』第 2 問の解答で用いた弧積の計算法は

(2 弦＋矢)矢×円積率×0.4 ＝ 弧積

とするものであった．そして，この式は「関孝和先生根元記円術十六問」に載るものであり，「固非真術」であることも認める．ここで入江が，関の著作であると断定した『根元記円術十六問』は，関が沢口一之の『古今算法記』(寛文 11 年刊)と佐藤正興の『算法根源記』(寛文 9 年刊)を研究したノートと見てよい．

『古今算法記』の著者沢口一之も佐藤正興が与えた『算法根源記』の遺題の解答に挑んだ．しかし，“円理妙術有之明，故有厚志人可面授焉，是以根源記之内円闕十六問除答術而已”（同書第1巻の跋文を見よ）と述べて，遺題150問中の円闕問題16問は解答を示すに至らなかったのである．沢口が術文を公表することに躊躇した円闕問題十六問の解答に，関孝和は挑んだのであろう．これが今に伝わることのなくなった『根元記円術十六問』であると思われる（小林龍彦，田中薫「関孝和の失われた著書“根元記円術十六問”について」，『科学史研究』第Ⅱ期第27巻，No. 166，1988年，pp. 110–115）．

また，つぎのような情報も残されている．関が生きた時代はいわゆる遺題継承が全盛を迎える時期にあった．そのような時代の空気の中で，関が遺題を考えていたとしても不思議ではない．松永良弼と親好のあった和算家に田村豊矩がいる．田村の活動についてはいまのところ不詳と言わざるを得ないが，彼の編集に係わる遺題集『算術珍好大海集』（ここでは東北大学付属図書館林文庫収蔵：登録番号808を利用した）が伝わっている．その内の第70問は「関新助孝和好」と銘打ってある（同書，第24丁オ．小林龍彦「田村豊矩と関孝和の“好”」，日本科学史学会第44回年会『研究発表講演要旨集』，1997年，p. 55参照）．「好」とは遺題の意味において『塵劫記』が最初に使った用語である．今のところ関が遺題を考えていたかどうかは不明であるが，『算術珍好大海集』の記録は今後の検討を要する事項と言えるであろう．

## 7.

現在，関孝和研究にあって新史料が発掘される可能性は少ないと言わざるを得ない．しかし，現代の数学史研究の進展と研究者層の拡大に鑑みたとき，全くの絶望感に打ちのめされることもなかろう．いまや遠藤や三上の活きた時代に比して，遥かに資料整理は進み，研究調査に必要な環境は整いつつあると言えるからである．そうした研究の進展にたって新たな関孝和像が構築されることを願って止まないのである．

最後に，筆者が味わった関孝和研究にまつわる経験を披露して第2巻解説の幕を降ろすことにしたい．筆者は，数年前に群馬県藤岡市教育委員会に請われて「一郷一学和算講座」の講師を務める機会があった．このとき筆者は，藤岡市が関孝和ゆかりの地であることに敬意をはらい，講演の題材として関孝和の生涯と業績を選ぶことに躊躇はしなかった．読者も想像されるように，話の内容は関孝和の出生年やその場所に及んだし，また，川北朝鄰らが厳密な史料批判に基づくことなく虚説を流布させたことや，三上が関孝和の実像を精確に描くことに躍起したことどもを，史料を示しながら平易に語ったつもりであった．講演終了後，中年女性が質問にやってきて次のように発した．「郷土のために関孝和先生の事績を伝えようと調査しているのですが，寛永19年説と16年説などがあるんですね．一体どちらが正しいのでしょうか．」この一言は，筆者の講演の拙さを自覚させると共に，ひとたび蔓延した憶説を払拭するためには，どれだけの時間と労力を必要とするのかを身をもって体験した瞬間ともなった．三上義夫はまさにそのことを恐れていたのであり，それが故に生涯をかけて戦い抜いた孤高の数学史家であったのである．

資料調査に関して東北大学付属図書館，宮城県立図書館，米澤市立図書館，日本学士院，関西大学付属図書館などに厚く御礼申し上げたい．

2004年（平成16年）5月　脱稿
2011年（平成23年）5月　改稿
大学研究室にて

# 初出一覧

1. 関孝和先生伝に就いて(『上毛及上毛人』第180号1932年)[Ⅱ.54.1]
2. 再び関孝和先生伝に就いて(『上毛及上毛人』第181-183号1932年)[Ⅱ.54.2-4]
3. 関孝和伝論評(『上毛及上毛人』第215-216号1935年)[Ⅱ.54.21-22]
4. 関孝和伝に就いて(『初等数学研究』第2巻第7-8号1932年)[Ⅱ.57.3-4]
5. 沢口一之と関孝和の関係(『上毛及上毛人』第184号1932年)[Ⅱ.54.5]
6. 川北朝鄰と関孝和伝(『史学』第11巻第3号1932年)[Ⅱ.41.6]

7. 関孝和の業績と京坂の算家並に支那の算法との関係及び比較(『東洋学報』第20巻第2,4号，第21巻第1,3-4号，第22巻第1号1932-34年)[Ⅱ.97.9-14]
8. 関流数学の免許段階の制定と変遷(『史学』第10巻第3-4号1931年)[Ⅱ.41.3-4]
9. 関流数学の免許段階の制定と変遷に就いて――長沢規矩也氏に答う(『史学』第11巻第2号1932年)[Ⅱ.41.5]
10. 歴史の考証に対する科学的批判の態度(『史学』第12巻第1号1933年)[Ⅱ.41.7]

11. 円理の発明に関する論証――日本数学史上の難問題(『史学雑誌』第41編第7-8,10-12号1930年)[Ⅱ.43.3-6]
12. 円理の発明に就て(『東京物理学校雑誌』第472-475号1931年)[Ⅱ.92.60-63]
13. 関孝和と微分学(『東京物理学校雑誌』第510号1934年)[Ⅱ.92.78]
14. 宅間流の円理(『数学世界』第7巻第13,15-16号1913)[Ⅱ.67.54-56]

●著者

# 三上義夫（みかみ・よしお）

1875（明治8）年2月16日　広島県高田郡上甲立村（現在，安芸高田市甲田町）有数の大地主，三上本家の安国に，十代目三上助左衛門安忠を父に，勝を母として生まれた．

1890（明治23）年12月25日　広島県広島市広島高等小学校高等小学科卒業．

1891（明治24）年4月　千葉県尋常中学校二年級入学．

1895（明治28）年4月　国民英学会・東京数学院をともに卒業．

1896（明治29）年5月21日　近藤タケと結婚（義夫21歳，タケ17歳）．

1896（明治29）年　仙台第二高等学校（工科理科農科）に入学．が，眼疾のため休学，のちに退学．

1901（明治34）年から1902（明治35）年　文部省中等教員検定試験受験，中等学校数学科免許状授与．

1905（明治38）年　ハルステッド博士から和算史を調査して西洋へ紹介することを勧められる．

1908（明治41）年11月　菊池大麓博士に紹介され，帝国学士院で和算調査開始．

1911（明治44）年10月　東北帝国大学の林鶴一の助手招請を断り，東京帝国大学文科大学哲学科選科に入学．

1913（大正2）年　*The Development of Mathematics in China and Japan*（Leipzig, Teubner）を公刊．

1914（大正3）年　*A History of Japanese Mathematics*（David Eugene Smith との共著）（Chicago, Open Court）を公刊．

1914（大正3）年7月　東京帝国大学文科大学哲学科選科を修了し，同大学院進学．

1918（大正7）年9月10日　遠藤利貞『増修日本数学史』（岩波書店，三上義夫増補訂正）刊行．

1922（大正11）年3月より「文化史上より見たる日本の数学」（『哲学雑誌』東京帝大哲学研究室）発表．

1923（大正12）年12月　帝国学士院和算史調査嘱託を解雇される．

1929（昭和4）年5月21日　国際科学史委員会通信会員に唯一の日本人として選ばれる．

1930（昭和5）年5月24日　来日したスミスと会う．

1933（昭和8）年〜1944（昭和19）年　東京物理学校講師，のちに教授となり，和漢数学史を講義．

1945（昭和20）年1月22日　妻タケが66歳で病没，まもなく空襲で家も失う．

1945（昭和20）年4月2日　千葉大原へ避難．

1945（昭和20）年5月18日　広島県の郷里へ疎開．

1947（昭和22）年7月10日　『文化史上より見たる日本の数学』（創元社）刊行．

1947（昭和22）年　『日本測量術史之研究』（恒星社厚生閣）ならびに『日本数学史』（東海書房）を刊行．

1949（昭和24）年12月5日　東北大学から理学博士の学位を授与される．

1950（昭和25）年12月31日　永眠，享年75歳．戒名は理学院教導義仙居士．

●総編集

## 佐々木 力（ささき・ちから）

1947年宮城県生まれ．東北大学理学部と同大学院で数学を学んだあと，プリンストン大学大学院でマイケル・S・マホーニィやトーマス・S・クーンらから数学史並びに科学史・科学哲学を修学，Ph. D.(歴史学)．1980年から東京大学教養学部講師，助教授を経て，1991年から2010年まで教授．定年退職後，2012年から北京の中国科学院大学人文学院教授．2016年9月から中部大学中部高等学術研究所特任教授．北京化工大学客座教授．東アジアを代表する数学史家．著書に，『科学革命の歴史構造』，『近代学問理念の誕生』，『科学論入門』，『数学史』(以上，岩波書店)，『デカルトの数学思想』，『学問論』(以上，東京大学出版会)，『マルクス主義科学論』，『二十世紀数学思想』(以上，みすず書房)，『数学史入門』，『21世紀のマルクス主義』，『ガロワ正伝』(以上，筑摩書房)，*Descartes's Mathematical Thought*(Kluwer Academic Publishers)〔『デカルトの数学思想』の英語版〕，『東京大学学問論』(作品社)，『反原子力の自然哲学』(未來社)など多数．

●編集補佐

## 柏崎昭文（かしわざき・あきふみ）

1957年岩手県生まれ．早稲田大学第一文学部人文専攻卒業，東京理科大学理学部二部数学科卒業．その後，東京大学大学院総合文化研究科広域科学専攻相関基礎科学系にて数学史を専攻，2005年博士課程単位取得退学．三上義夫の生涯と業績の研究が専門．東京理科大学非常勤講師．啓明学園中学校高等学校非常勤講師．

●第2巻編集解説

## 小林龍彦（こばやし・たつひこ）

1947年高知県生まれ．法政大学第二文学部卒．群馬大学工学部で道脇義正教授に師事して和算を学ぶ．2004年，東京大学より博士(学術)を取得．樹徳高校教論を経て，1994年から前橋市立工業短期大学助教授，1997年より2013年まで前橋工科大学教授，現在，同大学名誉教授．1998年より中国内蒙古師範大学客座教授．2013年より四日市大学関孝和数学研究所研究員．1986年日本数学史学会桑原賞受賞．著書に，共著『教養数学入門』(1985年)，『好きになる数学Ⅰ』(1994年，以上東京図書)，共著『和算家の生涯と業績』(1985年)，『幕末の偉大な数学者・その生涯と業績』(1989年，以上多賀出版)，共著『東アジアの天文・暦学に関する多角的研究』(2001年，大東文化大学東洋研究所)，共著『関孝和論序説』(2008年，岩波書店)，共著『一八世紀日本の文化状況と国際環境』(2013年)，共著『徳川社会と日本の近代化』(2015年，以上思文閣出版)など．

三上義夫著作集 第2巻 関孝和研究

2017年1月30日 第1版第1刷発行

著 者……………………三上義夫
総編集……………………佐々木 力
編集補佐…………………柏崎昭文
第2巻解説………………小林龍彦
発行者……………………串崎 浩
発行所……………………株式会社 日本評論社
〒170-8474 東京都豊島区南大塚3-12-4
TEL：03-3987-8621［営業部］ https://www.nippyo.co.jp
企画・制作………………亀書房［代表：亀井哲治郎］
〒264-0032 千葉市若葉区みつわ台5-3-13-2
TEL & FAX：043-255-5676
印刷所……………………株式会社 精興社
製本所……………………牧製本印刷株式会社
装 釘……………………駒井佑二
図版制作…………………亀書房編集室

ISBN978-4-535-60216-8 Printed in Japan